全国科学技术名词审定委员会

公　布

科学技术名词·工程技术卷（全藏版）

43

资 源 科 学 技 术 名 词

CHINESE TERMS IN RESOURCE SCIENCE AND
TECHNOLOGY

资源科学技术名词审定委员会

国家自然科学基金
国土资源部科技司　资助项目
中国科学院地理科学与资源研究所

科 学 出 版 社

北 京

内 容 简 介

本书是全国科学技术名词审定委员会审定公布的资源科学技术名词，内容包括资源科学总论、资源经济学、资源生态学、资源地学、资源管理学、资源信息学、资源法学、气候资源学、植物资源学、草地资源学、森林资源学、天然药物资源学、动物资源学、土地资源学、水资源学、矿产资源学、海洋资源学、能源资源学、旅游资源学、区域资源学、人力资源学 21 部分，共 3 339 条，每条名词都给出了定义或注释。本书公布的名词是科研、教学、生产、经营以及新闻出版等部门应遵照使用的资源科学技术规范名词。

图书在版编目(CIP)数据

科学技术名词. 工程技术卷：全藏版 / 全国科学技术名词审定委员会审定.
—北京：科学出版社，2016.01
ISBN 978-7-03-046873-4

I. ①科… II. ①全… III. ①科学技术–名词术语 ②工程技术–名词术语
IV. ①N-61 ②TB-61

中国版本图书馆 CIP 数据核字 (2015) 第 307218 号

责任编辑：邬　江 / 责任校对：陈玉凤
责任印制：张　伟 / 封面设计：铭轩堂

科学出版社 出版
北京东黄城根北街 16 号
邮政编码：100717
http://www.sciencep.com
北京厚诚则铭印刷科技有限公司印刷
科学出版社发行　各地新华书店经销
*
2016 年 1 月第　一　版　　开本：787×1092 1/16
2016 年 1 月第一次印刷　　印张：22
字数：540 000
定价：7800.00 元(全 44 册)
(如有印装质量问题，我社负责调换)

全国科学技术名词审定委员会
第五届委员会委员名单

特邀顾问：吴阶平　　钱伟长　　朱光亚　　许嘉璐

主　　任：路甬祥

副 主 任(按姓氏笔画为序)：
　　于永湛　　朱作言　　刘　青　　江蓝生　　赵沁平　　程津培

常　　委(按姓氏笔画为序)：
　　马　阳　　王永炎　　李宇明　　李济生　　汪继祥　　张礼和
　　张先恩　　张晓林　　张焕乔　　陆汝钤　　陈运泰　　金德龙
　　宣　湘　　贺　化

委　　员(按姓氏笔画为序)：
　　马大猷　　王　夔　　王大珩　　王玉平　　王兴智　　王如松
　　王延中　　王虹峥　　王振中　　王铁琨　　卞毓麟　　方开泰
　　尹伟伦　　叶笃正　　冯志伟　　师昌绪　　朱照宣　　仲增墉
　　刘　民　　刘　斌　　刘大响　　刘瑞玉　　祁国荣　　孙家栋
　　孙敬三　　孙儒泳　　苏国辉　　李文林　　李志坚　　李典谟
　　李星学　　李保国　　李焯芬　　李德仁　　杨　凯　　肖序常
　　吴　奇　　吴凤鸣　　吴兆麟　　吴志良　　宋大祥　　宋凤书
　　张　耀　　张光斗　　张忠培　　张爱民　　陆建勋　　陆道培
　　陆燕荪　　阿里木·哈沙尼　　阿迪亚　　陈有明　　陈传友
　　林良真　　周　廉　　周应祺　　周明煜　　周明鉴　　周定国
　　郑　度　　胡省三　　费　麟　　姚　泰　　姚伟彬　　徐　僖
　　徐永华　　郭志明　　席泽宗　　黄玉山　　黄昭厚　　崔　俊
　　阎守胜　　葛锡锐　　董　琨　　蒋树屏　　韩布新　　程光胜
　　蓝　天　　雷震洲　　照日格图　　鲍　强　　鲍云樵　　窦以松
　　蔡　洋　　樊　静　　潘书祥　　戴金星

资源科学技术名词审定委员会委员名单

顾　问(按姓氏笔画为序):

刘建康　　阳含熙　　李文华　　宋永昌　　张新时

庞雄飞

主　任:孙鸿烈

副主任:石玉林　　陈传友　　孙九林　　王　浩　　刘纪远

崔　岩　　史培军　　何贤杰　　成升魁　　李晶宜

委　员(按姓氏笔画为序):

尹泽生　　吕国平　　朱鹤健　　关凤峻　　苏大学

李　飞　　李世奎　　吴太平　　何建邦　　谷树忠

汪　松　　沈　镭　　沈长江　　张经炜　　张敦富

陈敏建　　周荣汉　　郎一环　　封志明　　施惠中

姚治君　　夏　军　　倪祖彬　　唐咸正　　容洞谷

鹿守本　　董锁成　　谢庭生　　霍明远

秘　书:王安宁　　高迎春

各分支学科负责人和主要编写人员名单(按姓氏笔画为序)

尹泽生　　艾万铸　　石玉林　　史培军　　成升魁

吕国平　　朱亮峰　　关凤峻　　孙九林　　苏大学

李　飞　　李世奎　　杨　勇　　吴太平　　吴平生

何贤杰　　何建邦　　余际从　　谷树忠　　汪安佑

沈　镭　　沈长江　　张　红　　张经炜　　张敦富

陈传友　　陈沈斌　　周荣汉　　郎一环　　封志明

段金廒　　姚治君　　袁德成　　夏　军　　容洞谷

鹿守本　　董锁成　　谢高地　　雷涯邻

编写与工作人员名单(按姓氏笔画为序)

于宝华	于静洁	马洪云	王　玲	王　琴
王　斌	王中根	王丽艳	王卷乐	王素艳
王海英	王晶香	王静爱	牛亚菲	方叶兵
孔　锐	左其亭	叶　苹	叶裕民	史晓新
史登峰	付晓东	白新萍	朱华忠	刘　剑
刘　晶	刘业森	刘春兰	刘慧芳	江　东
江学俭	孙久文	李　爽	李　静	李山梅
李玉江	李晓兵	杨小唤	杨子明	杨艳昭
杨海军	余　格	谷春燕	闵庆文	宋星原
宋献方	沙景华	张　欣	张　翔	张东奇
张国华	张满银	张蓬涛	陈　田	陈　婧
陈丽琴	陈其刚	陈卓奇	陈智立	邵东国
范振军	林宝法	林青慧	罗　春	金东海
周　涛	郑　璟	郑海霞	赵　安	赵连荣
赵恒海	胡兴宗	钟林生	姜　燕	姜文来
姜志宏	柴志恒	晏　波	郭家梁	诸云强
曹希绅	曹淑艳	鹿爱莉	梁　宏	董　文
董　普	韩丽红	鲁春霞	雒文生	廖顺宝
燕云鹏	薛昌颖			

路甬祥序

我国是一个人口众多、历史悠久的文明古国,自古以来就十分重视语言文字的统一,主张"书同文、车同轨",把语言文字的统一作为民族团结、国家统一和强盛的重要基础和象征。我国古代科学技术十分发达,以四大发明为代表的古代文明,曾使我国居于世界之巅,成为世界科技发展史上的光辉篇章。而伴随科学技术产生、传播的科技名词,从古代起就已成为中华文化的重要组成部分,在促进国家科技进步、社会发展和维护国家统一方面发挥着重要作用。

我国的科技名词规范统一活动有着十分悠久的历史。古代科学著作记载的大量科技名词术语,标志着我国古代科技之发达及科技名词之活跃与丰富。然而,建立正式的名词审定组织机构则是在清朝末年。1909年,我国成立了科学名词编订馆,专门从事科学名词的审定、规范工作。到了新中国成立之后,由于国家的高度重视,这项工作得以更加系统地、大规模地开展。1950年政务院设立的学术名词统一工作委员会,以及1985年国务院批准成立的全国自然科学名词审定委员会(现更名为全国科学技术名词审定委员会,简称全国科技名词委),都是政府授权代表国家审定和公布规范科技名词的权威性机构和专业队伍。他们肩负着国家和民族赋予的光荣使命,秉承着振兴中华的神圣职责,为科技名词规范统一事业默默耕耘,为我国科学技术的发展作出了基础性的贡献。

规范和统一科技名词,不仅在消除社会上的名词混乱现象,保障民族语言的纯洁与健康发展等方面极为重要,而且在保障和促进科技进步,支撑学科发展方面也具有重要意义。一个学科的名词术语的准确定名及推广,对这个学科的建立与发展极为重要。任何一门科学(或学科),都必须有自己的一套系统完善的名词来支撑,否则这门学科就立不起来,就不能成为独立的学科。郭沫若先生曾将科技名词的规范与统一称为"乃是一个独立自主国家在学术工作上所必须具备的条件,也是实现学术中国化的最起码的条件",精辟地指出了这项基础性、支撑性工作的本质。

在长期的社会实践中,人们认识到科技名词的规范和统一工作对于一个国家的科技发展和文化传承非常重要,是实现科技现代化的一项支撑性的系统工程。没有这样一个系统的规范化的支撑条件,不仅现代科技的协调发展将遇到极大困难,而且在科技日益渗透人们生活各方面、各环节的今天,还将给教育、传播、交流、经贸等多方面带来困难和损害。

全国科技名词委自成立以来,已走过近20年的历程,前两任主任钱三强院士和卢嘉锡院士为我国的科技名词统一事业倾注了大量的心血和精力,在他们的正确领导和广大专家的共同努力下,取得了卓著的成就。2002年,我接任此工作,时逢国家科技、经济飞速发展之际,因而倍感责任的重大;及至今日,全国科技名词委已组建了60个学科名词审定分委员会,公布了50多个学科的63种科技名词,在自然科学、工程技术与社会科学方面均取得了协调发展,科技名词蔚成体系。而且,海峡两岸科技名词对照统一工作也取得了可喜的成绩。对此,我实感欣慰。这些成就无不凝聚着专家学者们的心血与汗水,无不闪烁着专家学者们的集体智慧。历史将会永远铭刻着广大专家学者孜孜以求、精益求精的艰辛劳作和为祖国科技发展作出的奠基性贡献。宋健院士曾在1990年全国科技名词委的大会上说过:"历史将表明,这个委员会的工作将对中华民族的进步起到奠基性的推动作用。"这个预见性的评价是毫不为过的。

科技名词的规范和统一工作不仅仅是科技发展的基础,也是现代社会信息交流、教育和科学普及的基础,因此,它是一项具有广泛社会意义的建设工作。当今,我国的科学技术已取得突飞猛进的发展,许多学科领域已接近或达到国际前沿水平。与此同时,自然科学、工程技术与社会科学之间交叉融合的趋势越来越显著,科学技术迅速普及到了社会各个层面,科学技术同社会进步、经济发展已紧密地融为一体,并带动着各项事业的发展。所以,不仅科学技术发展本身产生的许多新概念、新名词需要规范和统一,而且由于科学技术的社会化,社会各领域也需要科技名词有一个更好的规范。另一方面,随着香港、澳门的回归,海峡两岸科技、文化、经贸交流不断扩大,祖国实现完全统一更加迫近,两岸科技名词对照统一任务也十分迫切。因而,我们的名词工作不仅对科技发展具有重要的价值和意义,而且在经济发展、社会进步、政治稳定、民族团结、国家统一和繁荣等方面都具有不可替代的特殊价值和意义。

最近,中央提出树立和落实科学发展观,这对科技名词工作提出了更高的要求。我们要按照科学发展观的要求,求真务实,开拓创新。科学发展观的本质与核心是以人为本,我们要建设一支优秀的名词工作队伍,既要保持和发扬老一辈科技名词工作者的优良传统,坚持真理、实事求是、甘于寂寞、淡泊名利,又要根据新形势的要求,面向未来、协调发展、与时俱进、锐意创新。此外,我们要充分利用网络等现代科技手段,使规范科技名词得到更好的传播和应用,为迅速提高全民文化素质作出更大贡献。科学发展观的基本要求是坚持以人为本,全面、协调、可持续发展,因此,科技名词工作既要紧密围绕当前国民经济建设形势,着重开展好科技领域的学科名词审定工作,同时又要在强调经济社会以及人与自然协调发展的思想指导下,开展好社会科学、文化教育和资源、生态、环境领域的科学名词审定工作,促进各个学科领域的相互融合和共同繁荣。科学发展观非常注重可持续发展的理念,因此,我们在不断丰富和发展已建立的科技名词体系的同时,还要进一步研究具有中国特色的术语学理论,以创建中国的术语学派。研究和建立中国特色的术语学理论,也是一种知识创新,是实现科技名词工作可持续发展的必由之路,我们应当为此付出更大的努力。

当前国际社会已处于以知识经济为走向的全球经济时代,科学技术发展的步伐将会越来越快。我国已加入世贸组织,我国的经济也正在迅速融入世界经济主流,因而国内外科技、文化、经贸的交流将越来越广泛和深入。可以预言,21 世纪中国的经济和中国的语言文字都将对国际社会产生空前的影响。因此,在今后10 到 20 年之间,科技名词工作就变得更具现实意义,也更加迫切。"路漫漫其修远兮,吾今上下而求索",我们应当在今后的工作中,进一步解放思想,务实创新、不断前进。不仅要及时地总结这些年来取得的工作经验,更要从本质上认识这项工作的内在规律,不断地开创科技名词统一工作新局面,作出我们这代人应当作出的历史性贡献。

2004 年深秋

卢 嘉 锡 序

科技名词伴随科学技术而生,犹如人之诞生其名也随之产生一样。科技名词反映着科学研究的成果,带有时代的信息,铭刻着文化观念,是人类科学知识在语言中的结晶。作为科技交流和知识传播的载体,科技名词在科技发展和社会进步中起着重要作用。

在长期的社会实践中,人们认识到科技名词的统一和规范化是一个国家和民族发展科学技术的重要的基础性工作,是实现科技现代化的一项支撑性的系统工程。没有这样一个系统的规范化的支撑条件,科学技术的协调发展将遇到极大的困难。试想,假如在天文学领域没有关于各类天体的统一命名,那么,人们在浩瀚的宇宙当中,看到的只能是无序的混乱,很难找到科学的规律。如是,天文学就很难发展。其他学科也是这样。

古往今来,名词工作一直受到人们的重视。严济慈先生 60 多年前说过,"凡百工作,首重定名;每举其名,即知其事"。这句话反映了我国学术界长期以来对名词统一工作的认识和做法。古代的孔子曾说"名不正则言不顺",指出了名实相副的必要性。荀子也曾说"名有固善,径易而不拂,谓之善名",意为名有完善之名,平易好懂而不被人误解之名,可以说是好名。他的"正名篇"即是专门论述名词术语命名问题的。近代的严复则有"一名之立,旬月踟蹰"之说。可见在这些有学问的人眼里,"定名"不是一件随便的事情。任何一门科学都包含很多事实、思想和专业名词,科学思想是由科学事实和专业名词构成的。如果表达科学思想的专业名词不正确,那么科学事实也就难以令人相信了。

科技名词的统一和规范化标志着一个国家科技发展的水平。我国历来重视名词的统一与规范工作。从清朝末年的科学名词编订馆,到 1932 年成立的国立编译馆,以及新中国成立之初的学术名词统一工作委员会,直至 1985 年成立的全国自然科学名词审定委员会(现已改名为全国科学技术名词审定委员会,简称全国名词委),其使命和职责都是相同的,都是审定和公布规范名词的权威性机构。现在,参与全国名词委领导工作的单位有中国科学院、科学技术部、教育部、中国科学技术协会、国家自然科学基金委员会、新闻出版署、国家质量技术监督局、国家广播电影电视总局、国家知识产权局和国家语言文字工作委员会,这些部委各自选派了有关领导干部担任全国名词委的领导,有力地推动科技名词的统一和推广应用工作。

全国名词委成立以后,我国的科技名词统一工作进入了一个新的阶段。在第一任主任委员钱三强同志的组织带领下,经过广大专家的艰苦努力,名词规范和统一工作取得了显著的成绩。1992年三强同志不幸谢世。我接任后,继续推动和开展这项工作。在国家和有关部门的支持及广大专家学者的努力下,全国名词委15年来按学科共组建了50多个学科的名词审定分委员会,有1800多位专家、学者参加名词审定工作,还有更多的专家、学者参加书面审查和座谈讨论等,形成的科技名词工作队伍规模之大、水平层次之高前所未有。15年间共审定公布了包括理、工、农、医及交叉学科等各学科领域的名词共计50多种。而且,对名词加注定义的工作经试点后亦已逐渐展开。另外,遵照术语学理论,根据汉语汉字特点,结合科技名词审定工作实践,全国名词委制定并逐步完善了一套名词审定工作的原则与方法。可以说,在20世纪的最后15年中,我国基本上建立起了比较完整的科技名词体系,为我国科技名词的规范和统一奠定了良好的基础,对我国科研、教学和学术交流起到了很好的作用。

在科技名词审定工作中,全国名词委密切结合科技发展和国民经济建设的需要,及时调整工作方针和任务,拓展新的学科领域开展名词审定工作,以更好地为社会服务、为国民经济建设服务。近些年来,又对科技新词的定名和海峡两岸科技名词对照统一工作给予了特别的重视。科技新词的审定和发布试用工作已取得了初步成效,显示了名词统一工作的活力,跟上了科技发展的步伐,起到了引导社会的作用。两岸科技名词对照统一工作是一项有利于祖国统一大业的基础性工作。全国名词委作为我国专门从事科技名词统一的机构,始终把此项工作视为自己责无旁贷的历史性任务。通过这些年的积极努力,我们已经取得了可喜的成绩。做好这项工作,必将对弘扬民族文化,促进两岸科教、文化、经贸的交流与发展作出历史性的贡献。

科技名词浩如烟海,门类繁多,规范和统一科技名词是一项相当繁重而复杂的长期工作。在科技名词审定工作中既要注意同国际上的名词命名原则与方法相衔接,又要依据和发挥博大精深的汉语文化,按照科技的概念和内涵,创造和规范出符合科技规律和汉语文字结构特点的科技名词。因而,这又是一项艰苦细致的工作。广大专家学者字斟句酌,精益求精,以高度的社会责任感和敬业精神投身于这项事业。可以说,全国名词委公布的名词是广大专家学者心血的结晶。这里,我代表全国名词委,向所有参与这项工作的专家学者们致以崇高的敬意和衷心的感谢!

审定和统一科技名词是为了推广应用。要使全国名词委众多专家多年的劳动成果——规范名词,成为社会各界及每位公民自觉遵守的规范,需要全社会的理解和支持。国务院和4个有关部委[国家科委(今科学技术部)、中国科学院、国家教委(今教育部)和新闻出版署]已分别于1987年和1990年行文全国,要求全国各科研、教学、生产、经营以及新闻出版等单位遵照使用全国名词委审定公布的名词。希望社会各界自觉认真地执行,共同做好这项对于科技发展、社会进步和国家统一极为重要的基础工作,为振兴中华而努力。

值此全国名词委成立15周年、科技名词书改装之际,写了以上这些话。是为序。

卢嘉锡

2000年夏

钱 三 强 序

科技名词术语是科学概念的语言符号。人类在推动科学技术向前发展的历史长河中,同时产生和发展了各种科技名词术语,作为思想和认识交流的工具,进而推动科学技术的发展。

我国是一个历史悠久的文明古国,在科技史上谱写过光辉篇章。中国科技名词术语,以汉语为主导,经过了几千年的演化和发展,在语言形式和结构上体现了我国语言文字的特点和规律,简明扼要,蓄意深切。我国古代的科学著作,如已被译为英、德、法、俄、日等文字的《本草纲目》、《天工开物》等,包含大量科技名词术语。从元、明以后,开始翻译西方科技著作,创译了大批科技名词术语,为传播科学知识,发展我国的科学技术起到了积极作用。

统一科技名词术语是一个国家发展科学技术所必须具备的基础条件之一。世界经济发达国家都十分关心和重视科技名词术语的统一。我国早在 1909 年就成立了科学名词编订馆,后又于 1919 年中国科学社成立了科学名词审定委员会,1928 年大学院成立了译名统一委员会。1932 年成立了国立编译馆,在当时教育部主持下先后拟订和审查了各学科的名词草案。

新中国成立后,国家决定在政务院文化教育委员会下,设立学术名词统一工作委员会,郭沫若任主任委员。委员会分设自然科学、社会科学、医药卫生、艺术科学和时事名词五大组,聘任了各专业著名科学家、专家,审定和出版了一批科学名词,为新中国成立后的科学技术的交流和发展起到了重要作用。后来,由于历史的原因,这一重要工作陷于停顿。

当今,世界科学技术迅速发展,新学科、新概念、新理论、新方法不断涌现,相应地出现了大批新的科技名词术语。统一科技名词术语,对科学知识的传播,新学科的开拓,新理论的建立,国内外科技交流,学科和行业之间的沟通,科技成果的推广、应用和生产技术的发展,科技图书文献的编纂、出版和检索,科技情报的传递等方面,都是不可缺少的。特别是计算机技术的推广使用,对统一科技名词术语提出了更紧迫的要求。

为适应这种新形势的需要,经国务院批准,1985 年 4 月正式成立了全国自然科学名词审定委员会。委员会的任务是确定工作方针,拟定科技名词术语审定工作计划、实施方案和步骤,组织审定自然科学各学科名词术语,并予以公布。根据国务院授权,委员会审定公布的名词术语,科研、教学、生产、经营以及新闻出版等各部门,均应遵照使用。

全国自然科学名词审定委员会由中国科学院、国家科学技术委员会、国家教育委员会、中国科学技术协会、国家技术监督局、国家新闻出版署、国家自然科学基金委员会分别委派了正、副主任担任领导工作。在中国科协各专业学会密切配合下,逐步建立各专业审定分委员会,并已建立起一支由各学科著名专家、学者组成的近千人的审定队伍,负责审定本学科的名词术语。我国的名词审定工作进入了一个新的阶段。

这次名词术语审定工作是对科学概念进行汉语订名,同时附以相应的英文名称,既有我国语言特色,又方便国内外科技交流。通过实践,初步摸索了具有我国特色的科技名词术语审定的原则与方法,以及名词术语的学科分类、相关概念等问题,并开始探讨当代术语学的理论和方法,以期逐步建立起符合我国语言规律的自然科学名词术语体系。

统一我国的科技名词术语,是一项繁重的任务,它既是一项专业性很强的学术性工作,又涉及到亿万人使用习惯的问题。审定工作中我们要认真处理好科学性、系统性和通俗性之间的关系;主科与副科间的关系;学科间交叉名词术语的协调一致;专家集中审定与广泛听取意见等问题。

汉语是世界五分之一人口使用的语言,也是联合国的工作语言之一。除我国外,世界上还有一些国家和地区使用汉语,或使用与汉语关系密切的语言。做好我国的科技名词术语统一工作,为今后对外科技交流创造了更好的条件,使我炎黄子孙,在世界科技进步中发挥更大的作用,作出重要的贡献。

统一我国科技名词术语需要较长的时间和过程,随着科学技术的不断发展,科技名词术语的审定工作,需要不断地发展、补充和完善。我们将本着实事求是的原则,严谨的科学态度做好审定工作,成熟一批公布一批,提供各界使用。我们特别希望得到科技界、教育界、经济界、文化界、新闻出版界等各方面同志的关心、支持和帮助,共同为早日实现我国科技名词术语的统一和规范化而努力。

1992 年 2 月

前　言

资源是人类生存与发展的基石。过去几千年,由于人口有限,生活水平也不高,年均消耗资源的数量一般都小于资源(指可更新资源)本身生长的速度,因而人类社会与资源的矛盾并不突出,当然也不必要把资源作为一门学科从事专题研究。所以长期以来在自然科学目录中,没有资源科学的学科地位。随着社会经济的发展,人类和他们的物质文化生活水平不断提高,资源消耗迅速增长。由于过度消耗资源,全球不少地区出现食物短缺、石油危机、物种消亡、水资源不足等现象。不仅如此,资源不合理的利用,又带来一系列的生态与环境问题:水土流失、土地沙化、酸雨、山洪等不断袭击城乡居民。这些都直接危及到人类的生存与发展。严酷的现实和严峻的未来,使人类不得不重新审视过去发展的道路,并提出和认证人类社会可持续发展新模式,即走经济可持续发展、资源可持续利用的道路。1992 年 6 月在巴西里约热内卢举行的世人瞩目的联合国环境与发展大会,是继 1972 年以来的一次规模最大、级别最高的讨论资源、环境与发展问题的大会。研究资源已成为各国政府高度重视的战略问题;资源科学已成为世纪之交人们普遍关注的热点科学。

我国是世界上人口大国,人均资源量偏少,因此资源问题尤为突出。加强资源科学研究,着力解决我国的资源问题已刻不容缓。20 世纪 50 年代为查清我国自然资源、提出开发利用方案,国家就在中国科学院设立自然资源综合考察委员会。在该委员会的组织下,60 ~ 80 年代在我国开展了大规模的自然资源综合科学考察研究。80 年代后期,中国科学技术协会根据资源科技工作者的要求,批准成立"中国自然资源研究会"。这表明学术界和社会对资源的研究得到政府的高度重视,有力促进了资源科学的研究与发展。10 年后,中国科协根据国内外科技发展的要求以及"研究会"学术工作的进展,批准成立"中国自然资源学会"。这进一步表明资源科学应该作为一门独立学科而存已得到学术界和政府的共识。随后,国家成立国土资源部,几十所大专院校也相继设立资源与环境学院、学系、教研室,有的学院还借用相关学科招收了资源方面的博士和硕士生。在短短几十年间,我国资源科技工作者队伍不断成长壮大,作了大量卓有成效的工作,成为一支不可忽视的资源科学研究的中坚力量。在资源科学研究方面最具代表性的成果有四项:一项是从 1993 ~ 1996 年,由原国家计委牵头、综合考察委员会,自然资源学会等单位协助组织、近千位专家学者参加编撰的《中国自然资源丛书》,共 42 卷,约 1500 万字。一项是从 1996 ~ 2000 年,由中国自然资源学会牵头,几十个单位 600 多名专家学者参加编撰的《中国资源科学百科全书》,共 320 万字和近 1000 幅图表。上述两项成果表明了资源科学的实践总结与理论体系在我国已初步完成,为建立资源科学奠定了基础。2001 ~ 2006 年,主要根据上述两项成果,学会又组织几十位专家学者,完成了第三项成果,即《资源科学》(普及本和学术本)专著。这是我国比较全面系统的第一部资源科学专著,从理论的高度总结并展望了我国资源科学发展的历史、研究任务、研究对象和内容以及资源科学的学科体系,成为资源科学在我国的启蒙代表作。第四项成果,即本次公布的《资源科学技术名词》,它是上述三项成果以概念的形式历炼出来的,亦是我国资源科学正式建成的标志性成果。

为了高质量地完成《资源科学技术名词》的撰写,中国自然资源学会在全国科学技术名词审定委员会的领导下,于2002年8月1日在京成立"资源科学技术名词审定委员会"。该委员会由全国著名的资源科学专家和学者40名组成。会议决定"十五"期间编撰出版,并确定了撰写的总原则、范围、方法与内容,同时讨论通过了组织形式、负责人以及撰写计划。在工作过程中,100多位专家学者不计报酬,任劳任怨,坚持业余工作。据不完全统计,在3年多的时间里,召开各种形式的讨论会几十次,其中大型审查会两次:一次在筛选名词阶段。各分支学科首次选定的本学科名词,总计近6000条,本着不求全而求精的原则,通过讨论压编到近4000条。另一次在名词释义阶段,各分支学科首次释义的文字,总计达50余万字。本着释义准确、文字精练,减少外延的原则,通过讨论压缩字数40%左右。会后,各分支学科的委员,对各自分支学科的名词又作了认真细致的审查。此外,审定委员会根据实际需要,还请孙鸿烈、石玉林、崔岩、陈传友对全部名词进行审查;石玉林、容洞谷、沈长江、何贤杰、陈传友对总论部分进行审查;王庆一对能源学部分进行审查;秦大庸对水资源学部分进行审查;容洞谷、文跃然对人力资源学部分进行审查;沈长江对草地资源学部分进行审查;孙九林、张荣祖、李世奎受全国科技名词委委托对全稿进行了复审;全文由陈传友整理、协调与统稿。

本次公布的3347个资源科学技术名词是资源科学领域使用的基础名词和常用名词,分为21个分支学科。由于资源科学研究刚刚起步,一些不够成熟或有争议的分支学科和名词,没有列入此次审定工作。所以公布的名词还不能涵盖资源科学的全部。同时,又由于资源科学综合性很强,又是在有关学科的基础上发展起来的,因此部分名词与相关学科的名词存在重复现象。从学科的完整性和发展的角度审视,这种名词既不能完全弃舍,又不能重新释义,故只能从相关学科引用。在此对原学科名词的作者深表谢意!在编写过程中还得到全国科学技术名词审定委员会、中国科学技术协会、国土资源部、中国科学院地理科学与资源研究所以及参加编写者的单位的大力支持与帮助,也得到了许多同行专家的帮助,谨再此一并表示衷心感谢。由于这一工作是首次尝试,加上人力、财力和时间所限,不成熟和不妥当之处在所难免,希望广大资源科技工作者和海内外同行在使用过程中不断提出宝贵意见和建议,以便以后研究修订,使其更趋科学与完善。

资源科学技术名词审定委员会
2006年6月

编 排 说 明

一、本书公布的是资源科学技术名词,共 3 339 条,每条名词均给出了定义或注释。

二、全书分 21 部分:资源科学总论、资源经济学、资源生态学、资源地学、资源管理学、资源信息学、资源法学、气候资源学、植物资源学、草地资源学、森林资源学、天然药物资源学、动物资源学、土地资源学、水资源学、矿产资源学、海洋资源学、能源资源学、旅游资源学、区域资源学、人力资源学。

三、正文按汉文名词所属学科的相关概念体系排列,定义一般只给出其基本内涵,注释则扼要说明其特点。汉文名后给出了与该词概念相对应的英文名。

四、当一个汉文名有不同概念时,其定义或注释用(1)、(2)分开。

五、一个汉文名对应几个英文同义词时,英文词之间用","分开。

六、凡英文词的首字母大、小写均可时,一律小写;英文除必须用复数者,一般用单数。

七、"[ ]"中的字为可省略部分。

八、主要异名和释文中的条目用楷体表示。"简称"、"全称"、"又称"、"俗称"可继续使用,"曾称"为被淘汰的旧名。

九、正文后所附的英汉索引按英文字母顺序排列;汉英索引按汉语拼音顺序排列。所示号码为该词在正文中的序码。索引中带"＊"者为规范名的异名或释文中出现的条目。

目　　录

正文

01. 资源科学总论

01.01 研 究 对 象

01.001 资源 resources
"资财之源",是创造人类社会财富的源泉。马克思认为创造社会财富的源泉是自然资源和劳动力资源。

01.002 自然资源 natural resources
自然界存在的有用自然物。人类可以利用的、自然生成的物质与能量,是人类生存的物质基础。主要包括气候、生物、水、土地和矿产等5大门类。

01.003 社会资源 social resources
在一定时空条件下,人类通过自身劳动在开发利用自然资源过程中所提供的物质和精神财富的统称。社会资源包括的范围十分广泛,在当前的技术经济条件下,主要是指构成社会生产力要素的劳动力资源、教育资源、资本资源、科技资源等非实物形态的资源。

01.004 国土资源 territorial resources
国土资源有广义和狭义之分。狭义指一个国家主权管辖疆域范围内从上空到地下的自然资源,主要包括土地资源、气候资源、水资源、生物资源、矿产资源5大类自然资源;广义除了包含前者外,还有被称为社会资源的人力资源,以及人类通过开发利用自然资源所创造出来,并且作为进一步开发利用自然资源重要条件的各种设施。

01.005 资源科学 resource science
研究资源的形成、演化、数量、质量特征与时空分布和开发、利用、保育及其与人类社会和自然环境之间相互关系的科学。

01.02 资 源 特 征

01.006 资源特征 resource characteristics
资源本身具有的、区别于其他事物的征象。

01.007 自然资源系统 natural resource system
各种自然资源在一定空间范围内构成的相互联系的统一整体。

01.008 自然资源类型 natural resource type
自然资源综合体依一定条件而存在的一种形式。

01.009 自然资源结构 natural resource structure
在某一特定的地域范围内自然资源的组成及空间组合状况。

01.010 资源分布 resource distribution
资源在空间所处的位置及其格局的特征。

01.011 资源分区 resource zoning
资源区域的等级系统划分。

01.012 自然资源属性 natural resource attribute
自然资源固有的性质、特点,包括状态、外在关系等,是由自然资源内部矛盾性质所决定的。

01.013 自然物 natural material

自然界存在的具有实体与能量的物质。

01.014 自然资源可用性 usability of natural resources

在一定技术、经济条件下,自然资源可被人类利用的功效和性能。即自然资源可用性,亦以此与自然条件相区别。

01.015 自然资源整体性 integration of natural resources

各类自然资源之间不是孤立存在的,而是相互联系,相互制约而组成一个复杂的资源系统。

01.016 自然资源层位性 gradation of natural resources

自然资源系统的结构排列和各类资源内部的组成,都具有一定的序列,表现为明显的层位性。如果我们把自然资源层位看成一个垂直的剖面,则矿产资源主要存在于土地的下层,岩石圈内部;土壤生物与陆地水资源则位处土地的表层,即生物圈和水圈;气候资源则处于垂直系统的最上层,即大气圈。

01.017 自然资源区域性 regionalization of natural resources

各类自然资源在地理空间分布上的差异性。

01.018 自然资源有限性 finity of natural resources

在一定的时间和空间范围内某一种或某一类自然资源的总量是一个有限的常量。

01.019 自然资源稀缺性 deficiency of natural resources

在一定的时空范围内能够被人们利用的自然物(资源)是有限的,而人们对物质需求的欲望是无限的,两者之间的矛盾构成资源的稀缺性。

01.020 自然资源可更新性 renewability of natural resources

自然资源通过自身繁殖或复原,得以不断推陈出新,从而能被持续利用的特性。

01.021 自然资源耗竭性 exhaustibility of natural resources

自然资源在被开发或利用过程中导致明显消耗或资源蕴藏量为零的过程状态或改变其位置、形态、存在形式等。

01.03 资源分类

01.022 自然资源分类 classification of natural resources

按照自然资源的特点或功能进行的类别划分。

01.023 可再生资源 renewable resources

又称"可更新资源"。具有自我更新、复原的特性,并可持续被利用的一类自然资源。

01.024 不可再生资源 non-renewable resources

又称"耗竭性资源"。指储量有限且不可更新的资源。如矿产资源。

01.025 农业资源 agricultural resources

人们从事农业生产或农业经济活动所利用或可利用的各种资源的总称。

01.026 工业资源 industrial resources

直接进入工业生产领域,为工业生产提供原料或提供动力的资源。如矿产、化石燃料等。

01.027 实物性资源 material resources

客观存在的稳定的并能为人们察觉和可利用的自然资源及其衍化形态。具体表现为生产要素中的劳动力资源和劳动对象。

01.028 公共资源 common resources

地球上存在的,不可能划定所有权或尚未划定所有权从而任何人都可以利用的自然资源。

01.04 资源调查与评价

01.029 自然资源评价 natural resource evaluation

按照一定的评价原则或依据,对一个国家或区域的自然资源的数量、质量、地域组合、时空分布、开发利用、治理保护等方面进行定量或定性的评定和估价。

01.030 自然资源数量 natural resource quantity

在一定社会经济技术条件下,能够被人类开发利用的各种自然资源的多少。它是表征自然资源的丰富程度的量化指标,可以反映出自然资源的有限性、稀缺性和时间性。

01.031 自然资源质量 natural resource quality

在一定社会经济技术条件下,各种自然资源满足人类和社会环境需要的优劣程度,或获取经济效益、社会效益和生态效益的多少和价值高低的表征。

01.032 自然资源丰度 abundance of natural resources

表明一个地域单元所拥有的某种自然资源的总量及其与可比地域相比较的状况,或一个地域单元所拥有某种自然资源中可利用品位或高品位资源所占的比例。

01.033 资源态势 resource situation

不同尺度地域范围内(全球、国家或地区)资源存在、分布、空间组合和开发利用的状态及其远景预测,是对资源现实状况及发展趋势的描述。

01.034 自然资源综合考察 integrated survey of natural resources

为达到特定目的,组织多学科的科技人员对自然资源进行系统全面的科学调查研究,并从综合的角度做出开发、利用、保护和评价意见,是一种重要的综合科学研究方式。

01.035 自然资源调查 natural resource survey

查明某一地区资源的数量、质量、分布和开发条件,提供资源清单、图件和评价报告,为资源的开发和生产布局提供第一手资料的过程。

01.036 资源遥感 resource remote sensing

一般指采用航空、航天运载工具,不同类型的遥感器、光学和计算机处理系统及各种传输系统,对地球表层自然资源及其背景信息进行采集、处理、分析、存储及以影像、图表及文字形式输出,以满足对自然资源的调查、动态监测、预报及评估等方面的生产与科研、教学任务的需要。

01.037 资源信息 resource information

反映资源的数量、质量、分布状况、演变规律、开发利用、保护的文字、语言、图像、影视等信号和资料。

01.038 自然资源制图 natural resources mapping

用地图形式反映各类自然资源的空间分布状况,提供各类自然资源数量、质量的清单,表明资源利用的状况与开发潜力。

01.039 资源统计 resource statistics

在大量调查、观测的基础上,对某类或某种

资源数量、质量、利用状况与存在问题进行统计的工作。

01.040 自然资源数据库 natural resource database

为满足用户的需要,按照一定的数据模型在计算机系统中组织、存储和使用的互相联系的自然资源数据集合。

01.041 资源监测 supervision of natural resources

对自然资源数量、质量性状、利用状况及其变化等方面的监控、测定。

01.05 资 源 规 划

01.042 资源规划 resource planning

根据可持续发展的原则,对资源的开发利用与保育方案,作出比选与安排的活动过程。

01.043 资源战略 resource strategy

从全局、长远、内部联系和外部环境等方面,对资源开发利用与保育等重大问题进行谋划而制定的方略。

01.044 资源配置 resource allocation

根据一定原则合理分配各种资源到各个用户的过程。

01.045 资源布局 resource layout

根据资源配置而进行的区域资源生产安排。

01.046 资源政策 resource policy

国家为实现一定时期内社会经济发展战略目标而制定的指导资源开发、利用、管理、保护等活动的策略。

01.06 资 源 开 发 利 用

01.047 资源开发利用 resource exploitation and utilization

人类通过一系列的技术措施,把资源转变为人类社会和自然环境所需生产资料和生活资料的全过程。

01.048 自然资源集约利用 intensive utilization of natural resources

集中投入较多的劳动、资金、技术和其他生产要素,以获取更多产出和经济收益的资源利用方式。

01.049 资源可持续利用 sustainable utilization of natural resources

既能满足当代人的需求,又对满足后代需求不会构成危害的资源永续利用方式。

01.050 自然资源综合利用 integrated use of natural resources

以先进的科学技术与方法,对自然资源各组成要素进行的多层次、多用途的开发利用。

01.051 资源储备 natural resource stock

个人、企业和政府为应付自然资源可能的供给时滞和升值,对资源采取一定规模的储存行为,以保证未来生活、生产和社会正常运转。

01.052 资源替代 resource substitute

人类通过在各类资源间不断进行的比较选择和重新认识,逐步采用具有相似或更高效用的资源置换或取代现有资源的行为。

01.053 自然资源保护 natural resource conservation

保护存在于自然界的尚未为人类开发利用的一切自然资源。指人类采取行政、法律、经济等手段合理利用、保护和恢复、重建自然资源（或条件），使可能造成不利于人类生存与发展的条件得到控制，以建立人类社会最适合生活、工作和生产的环境，满足当代人和后代人的物质与文化需求。

01.054　资源耗竭　resource depletion
指自然资源的数量逐渐减少、质量恶化直至完全消失或变质的过程。

01.055　资源危机　resource crisis

当资源耗竭和破坏作用累积到一定程度时，受损资源系统的部分或整体功能已难以维持人类经济生活的正常需要，甚至可能直接威胁到人类生存与发展的状态。

01.056　资源安全　resource security
保证一个国家或地区可以持续、稳定、及时、足量和经济地获取所需自然资源的状态或能力。

01.07　资 源 管 理

01.057　资源管理　resource management
为了合理地开发利用和保护各种资源所采取的行政、经济和法制手段。

01.058　资源行政管理　administration management of resources
国家资源管理机构采用行政手段对资源开发利用与保护进行的管理。

01.059　资源经济管理　economic management of resources
利用价格、税收等经济手段对自然资源的供给、需求、利用和保护等方面的管理。

01.060　资源法制管理　legal system management of resources
用法制的手段调整人类在资源开发、利用、保护和管理过程中可能发生的各种不规范行为。

01.061　资源资产管理　resource asset management
将资源资产作为能够获取收益的生产资料和财富来进行管理。这种管理不仅强调资源的实物管理，而且强调产权管理、价值管理。

02. 资 源 经 济 学

02.01　资源经济学概论

02.001　资源经济学　resource economics
以经济学理论为基础，通过经济分析来研究资源的合理配置与优化使用及其与人口、环境的协调和可持续发展等资源经济问题的学科。

02.002　资源资产　assets of resources
为特定的权属主体所拥有或实际控制，能以货币计量并能在生产经营过程中为其权属

主体带来未来经济利益的一切社会、自然资源。

02.003　资源产品　resource product
通过对各类自然资源进行开发加工而形成的、供社会进行生产或消费利用的成品。

02.004　资源企业　resource enterprise
资源产业的基本经济单位。包括从事资源勘探、开采、加工及提供服务的组织和单位。

02.005 资源产业 resource industry

资源经济活动的载体,是从事资源的生产、再生产等经济活动的企业集合体。现代资源产业是以资源开发为目的,集生产、经营、服务三重性质于一体并以经营为主导的产业。

02.006 资源经济 resource economy

从事各类自然资源的勘查、开发、加工、利用、流通以及再利用为主导产业的经济。

02.007 资源经济特征 economic feature of resources

资源经济特征包括资本、技术、经济结构等基本要素及其引起的各种现象。如各产业发展平衡状况、对自然资源的依赖性及所在地自然环境的脆弱性等等。

02.008 资源社会特征 social feature of resources

社会经济与人类生活水平的提高建立在资源的大量投入和消耗的基础上的所构成的社会现象。

02.009 资源效用特征 utility feature of resources

资源产品满足用户或消费者某种需要的性能及特点。

02.010 资源权属关系 relationship of resource property right

资源的财产关系、所有制关系或经济主体对资源资产的权力关系在法律上的反映。

02.02 资源经济制度

02.011 资源经济制度 resource economic systems

在一定阶段的经济活动中,为研究经济发展与资源开发、利用、保护和管理之间的相互关系而人为设定的规则。

02.012 自然资源所有制 systems of natural resource ownership

反映一定的社会中人与人之间对自然资源所享有的占有权、使用权、收益权和处分权的法律关系的制度。

02.013 资源经济分配制度 resource economic distribution systems

根据一定的原则合理分配各种资源到各个用户,通过资源的分配使有限的资源产生最大效能的制度。

02.014 资源收益分配 resource income distribution

国家用于控制稀缺资源收益在各个不同社会阶层之间及内部进行分配的经济行为。

02.015 资源业国民收入分配 national income distribution of resource industry

是以资源要素为基础参与国民收入分配的方式,其所有者为国家,其收入主要为资源租金。

02.016 资源企业分配 resource enterprise distribution

在满足国家税收的前提下,使资源企业能分配到合理收益的行为。

02.017 资源产权制度 systems of resource property right

资源产权的产生、界定、行使、交易和保护等进行规定的一系列制度的总称。它是资源法律管理的一部分。

02.018 自然资源产权制度 systems of nature resource property right

自然资源的所有、使用、经营等法律制度的总称。主要包括自然资源所有权制度、自然资源的使用权制度、自然资源的经营权制度等。

02.019 资源企业制度 resource enterprise systems

资源开发、利用、保护的企业进行经营、管理等方面规范的制度。

02.03 资源经济运行理论

02.020 资源经济运行 running of resource economy

资源在市场中的运行过程、运行机制、运行状态的总称。

02.021 资源经济运行主体 running subject of resource economy

从事资源的开发利用和保护,优化资源配置和协调资源利用与经济发展关系的法人及个人,包括个人、企业、政府、非政府组织等。

02.022 资源经济运行客体 running object of resource economy

经济运行中所要开发、利用和保护的各种资源本身。

02.023 资源经济运行机制 running mechanism of resource economy

资源经济运行系统中优化资源配置与协调各种利益关系的方式和机理。

02.024 市场机制 market mechanism

通过市场竞争配置资源的方式,即资源在市场上通过自由竞争与自由交换来实现配置的机制,也是价值规律的实现形式。

02.025 计划机制 planned mechanism

以政府干预和经济计划调节资源配置的一种重要手段,也是政府管理经济的一种高级形式。

02.026 供求机制 supply and demand mechanism

反映价格、利率、工资等市场要素与供求关系之间内在联系的机制。

02.027 资源需求理论 demand theory of resource demand

研究在自由竞争的市场经济状态下,资源供求关系中需求方面的理论。它包括资源需求的涵义、需求的价格、需求的影响因素、需求函数、需求定律、需求曲线、需求曲线的移动、需求弹性等。

02.028 资源品需求 resource goods demand

人们对资源品的需要,即人们对资源品的依赖或欲望。

02.029 资源需求层次性 hierarchy of resource demand

人们对资源的需求具有层次性,它是由人们的社会生活层次决定的。

02.030 消费资源品需求函数 demand function of consumption resource goods

把影响消费资源品需求的因素作为自变量,把消费资源品需求作为因变量,则可以用函数来表示它们之间的关系,这种关系称为消费资源品需求函数。

02.031 资源品需求定律 law of resource goods demand

影响资源品需求的其他因素保持不变的情况下,一种资源品的需求量与其价格通常呈反方向变化的规律。

02.032 资源品需求弹性 demand elasticity of resource goods

资源品需求量对影响其变动的各因素变动的反应灵敏度,以相对量变动的比值来表示。即:资源品需求弹性等于资源品需求量变化的百分比与影响资源品需求的因素变动的百分比之比。

02.033　消费资源品需求价格弹性　price elasticity of resource goods demand

在其他条件不变的情况下,某种消费资源品价格变动所引起的该消费资源品需求量变动的程度。

02.034　消费资源品需求收入弹性　income elasticity of resource goods demand

在某种消费资源品价格和影响其需求的其他因素不变的条件下,该消费资源品的需求量对消费者收入变化的反应程度或灵敏程度。

02.035　消费资源品需求交叉价格弹性　cross price elasticity of resource goods demand

在影响某一种消费资源品需求的各种因素不变的条件下,该消费资源品的需求量对另一种消费资源品的价格变动作出反应的程度。

·02.036　消费资源品需求预期价格弹性　anticipative price elasticity of resource goods demand

在某种消费资源品现期价格和影响其需求的其他因素不变的条件下,该消费资源品的现期需求量对消费者预期的该消费资源品未来某一时期价格变化的反应程度。

02.037　需求曲线　demand curve

是在消费者的收入、偏好及其他商品的价格不变情况下,商品需求量与价格之间的数量关系。

02.038　资源品价格效应　price effect of resource goods

某种资源品价格变化对该资源品需求量的影响。用绝对量表示价格效应,它是替代效应和收入效应之和。

02.039　资源品替代效应　substitute effect of resource goods

在消费者的实际收入不变的情况下,由于一种消费资源品的价格发生变化,使消费者增加对降价消费资源品的购买量,以替代另一种消费资源品消费的现象。

02.040　资源品收入效应　revenue effect of resource goods

当某种消费资源品价格变动而其他条件不变时,消费者实际收入变动对产品需求量的影响。

02.041　资源供给理论　supply theory of resources

研究在自由竞争的市场经济状态下,资源供求关系中供给方面的理论。包括资源供给的含义、供给价格、供给的影响因素、供给函数、供给定律、供给曲线、供给曲线的移动、供给弹性等。

02.042　资源供给　resource supply

指资源的自然供给。即实际存在于自然界的各种资源的可得数量。

02.043　资源经济供给　resource economy supply

在自然资源的自然供给范围内,某用途的资源供给随该用途收益的增加而增加的现象。

02.044　资源品供给层次性　hierarchy of resource goods supply

指资源品的供给具有层次性特征。它是由厂商的供给层次决定的。

02.045　资源品供给函数　supply function of resource goods

把影响资源品供给的因素作为自变量,把资源品的供给作为因变量,则可以用函数关系来表示影响资源品供给的因素与供给量之间的关系。这种关系称为资源品供给函数。

02.046　资源品供给定律　law of resource

goods supply

假定影响资源品供给的其他因素既定不变，在市场上，资源品供给量在自然供给范围内将随着资源品价格涨落而增减，即资源品供给量与资源价格呈正方向变化，把这一规律称为资源品供给定律。

02.047　资源品供给弹性　supply elasticity of resource goods

指资源品供给量对影响其变动的各个因素变化的反应灵敏度，以相对量变动的比值来表示，即资源品供给弹性等于资源品供给量变化的百分比与影响资源品供给的因素变动的百分比之比。

02.048　资源品供给价格弹性　price elasticity of resource goods supply

在其他条件不变的情况下，一定的资源品的价格变动所引起的该资源品供给量的反应程度。

02.049　资源品供给交叉价格弹性　cross price elasticity of resource goods supply

表示在影响某一种资源品 X 供给的各种因素，即在该资源品的价格给定不变的条件下，当相关资源品 Y 的价格变动时，资源品 X 的供给量相应作出的反应程度。

02.050　资源品供求静态关系　static relationship of resource goods supply and demand

在不考虑时间因素时，只在一定假设前提下所确定的资源品可供量与社会有支付能力的资源品需求量之间的对比关系，是二者关系在市场上的瞬间反映。

02.051　资源品供给和需求总量关系　relationship between aggregate supply and aggregate demand of resource goods

在某一价格水平下资源品市场供给量和需求量的对比关系。这个对比关系反映了在某一价格水平下，资源品的供给量和需求量是否达到了均衡。

02.052　资源品供给和需求结构关系　structural relationship between supply and demand of resource goods

不同资源品供给量占资源品总供给量的比重与相应资源品经济需求量占资源品总需求量的比重之间的对比关系。

02.053　资源品供求动态关系　dynamic relationship between supply and demand of resource goods

考虑时间因素，研究不同时点上的变量的相互关系，以推测未来资源品可供给量与社会有支付能力的资源品需求量之间的比例关系。这个比例关系是供与求在市场上的连续反映。

02.054　资源品消费行为理论　theory of resource goods consumption behavior

研究消费者在消费资源品时决定购买的众多资源品的种类和不同资源品的不同数量的消费者行为的理论。包括边际效用论和无差异曲线论。

02.055　消费资源品效用　utility of consumption resource goods

在特定时期内消费一定数量的资源品所获得的满足程度。包括两层含义：1.资源品本身具有满足人们欲望的自然属性，即物质性和可得性；2.资源品有无效用或效用大小还取决于消费者的感受。

02.056　消费资源品总效用　aggregate utility of consumption resource goods

消费者在一定时间内消费某种资源品而获得的效用总量。

02.057　消费资源品边际效用　marginal utility of consumption resource goods

每增加一个资源品的消费单位所增加的总

效用。

02.058　边际效用论　marginal utility
用基数测量消费者从消费某种产品中得到满足的一种效用理论。

02.059　边际效应递减规律　diminishing marginal utility
当生产要素的投入增至一定数量后,收益的增量将逐渐递减的规律。

02.060　货币边际效用　monetary marginal utility
每增长一个货币单位支出给消费者带来的满足程度的变化。

02.061　消费者均衡　consumer equilibrium
在其他条件不变的情况下,消费者实现效用最大化并保持不变的状态。

02.062　消费者剩余　consumer surplus
消费者在消费一定数量的资源品时愿意支付的最高价格与实际支付的价格之差。

02.063　无差异曲线　indifference curves
描述给消费者带来相同满足程度的不同资源品组合的曲线。

02.064　边际替代率　marginal rate of substitution
在保持同等效用水平的条件下,消费者增加一单位某种商品的消费可以代替的另一种商品的消费量。它是无差异曲线的斜率。

02.065　预算约束线　budget constraint line
消费者由于受收入的限制而可能选择的机会集合的边界。

02.066　资源品生产理论　resource goods production theory
从资源品生产函数出发,以一种可变生产要素的生产函数,来考察短期生产的规律和不同生产阶段的特点;或以两种可变生产要素的生产函数,运用等产量曲线和等成本线的

分析手段来考察厂商在长期生产中实现最优生产要素组合的均衡条件的理论。

02.067　资源企业生产要素　factor of resource enterprise production
资源品在企业生产中所使用的各种投入,主要包括劳动、资本、土地和企业家才能。

02.068　资源品生产函数　function of resource goods production
在一定的技术条件下,生产要素投入量的组合与其能生产出来的资源品最大产量之间的依存关系。

02.069　边际报酬递减规律　law of diminishing marginal returns
又称"边际收益递减规律"。在一定的生产技术水平下,当其他生产要素的投入量不变,连续增加某种生产要素的投入量,在达到某一点以后,总产量的增加额将越来越小的现象。

02.070　资源企业要素投入合理区　rational input region of resource enterprise
在其他要素固定不变,只有一种要素可变的生产中,可以将资源品生产企业的生产过程分为三个阶段:可变要素的平均产量递增阶段;可变要素的平均产量递减到总产量最大的阶段;可变要素的边际产量小于零的阶段。在第一阶段,固定要素的投入量过多,可变要素相对不足,增加可变要素投入是有利的。在第三阶段,伴随着可变要素投入量的增加,总产量反而下降,减少投入是有利的。可见,厂商的生产无论在第一阶段,还是在第三阶段都是不合理的,厂商可变要素投入的合理区域是第二个阶段。

02.071　等产量曲线　isoquant curve
在一定的技术条件下,生产同一产量的两种可变生产要素的各种不同组合的轨迹。它表示在一定的技术水平下,同样数量的产品可以由两种生产要素的各种不同组合去生

产。

02.072 边际技术替代率 marginal rate of technical substitution，MRTS

在维持产量不变的条件下,增加一个单位的一种生产要素的投入量所能替代的另一种生产要素的投入量。

02.073 生产的经济区域 economic region of production

又称"脊线内的区域"。经济学家使用脊线来说明生产的经济区域。脊线以内的区域为生产的经济区域,如果生产选择在这一区域,就不会造成资源的浪费。

02.074 等成本线 iso-cost curve

表示用既定的成本可以实现的两种生产要素最大数量组合点的轨迹。等成本线上的任意一点所表示的两种生产要素的组合,其成本都是相等的。

02.075 规模经济 economy of scale

由于生产专业化水平的提高等原因,使企业的单位成本下降,从而形成企业的长期平均成本随着产量的增加而递减的经济。

02.076 边际产品价值 value of marginal product，VMP

增加一个单位生产要素所增加的产量的价值等于边际物质产品与价格的乘积。

02.077 扩展线 expansion path curve

又称"生产扩张线"。当生产要素的价格不变时,随着成本的增加,等成本线不断向右上方移动,结果新的等成本线与更高水平的等产量线相切,把各个均衡点连接起来,就是扩展线。它表示在生产要素价格不变的条件下,与不同总成本支出相对应的最优要素投入组合的轨迹。

02.078 生产要素替代效应 substitution effect of production factor

纯粹由于生产要素相对价格变化而维持产出不变时,引起的生产要素间的相互替代所形成的效应。

02.079 生产要素产量效应 output effect of production factor

在成本支出既定的条件下,由于某种生产要素降价或提价,用既定的成本支出可以购买更多或更少的生产要素,达到更高或更低的产量,由此所产生的要素组合的变化。

02.080 生产可能性 production possibility

指现有资源在一定的技术条件下可能生产的最大产量组合。

02.081 资源企业生产规模报酬 returns to scale of resource enterprise

规模报酬反映了企业生产规模的改变对产量从而对收益的影响。当各种生产要素按同一比例增加时,如果产量也以相同的比例增加,称为规模报酬不变;如果产量增加的比例大于生产要素增加的比例,称为规模报酬递增;如果产量增加的比例小于生产要素增加的比例,称为规模报酬递减。

02.082 会计成本 accounting cost

资源企业生产过程中实际支付的成本或费用。

02.083 机会成本 opportunity cost

某项资源未能得到充分利用而放弃掉的获利机会所带来的成本。

02.084 显明成本 explicit cost

在形式上必须由厂商按照合同支付给其他生产要素所有者作为报酬的成本,厂商直接支付货币购买生产要素而构成的成本。如购买原材料的支出、工资支付、地租和利息的支付等。它是"隐含成本"的对称。

02.085 隐含成本 implicit cost

在形式上没有按合同支付报酬义务的成本。包括厂商本身所拥有的各种生产要素如资金、土地和人力资源等的报酬,这部分报酬并没有按合同支付的义务,但产品的实际成本却包含这一部分。它是"显明成本"的对称。

02.086 生产成本 production cost
又称"私人成本"。指厂商在生产过程中所使用的生产要素的价格,即生产要素的所有者必须得到的补偿和报酬。

02.087 社会成本 social cost
是从社会角度来看的成本,等于生产成本加上给他人和社会所带来的损失。

02.088 固定成本 fixed cost
指资源企业不受业务量变化影响而保持不变的成本。

02.089 可变成本 variable cost
指资源企业随着业务量变化而变化的成本。

02.090 资源企业销售产品总收益 total revenue of resource enterprise
指资源品生产企业出售一定产品后所实现的货币收入,等于单位产品价格与销售量的乘积。

02.091 会计利润 accounting profit
销售收入与会计成本之间的差额。

02.092 正常利润 normal profit
是"经济利润"的对称。企业家才能这一生产要素所获得的报酬,等于成本中支付雇佣生产要素费用之后的余额。具体形式是企业家的收入,它是企业家从事其生产经营活动的机会成本。

02.093 经济利润 excess profit
又称"超额利润"。是"正常利润"的对称。即企业利润中超过正常利润的那部分利润。

02.094 资源品短期成本函数 short-run cost function of resource goods
资源品生产企业在既定生产规模下的成本支出与产量变化之间的相互关系。

02.095 资源品长期成本函数 long-run cost function of resource goods
资源品生产企业在生产规模可以变化的情况下,生产资源品的成本支出与产量变化之间的相互关系。

02.096 资源品市场结构 structures of resource goods market
某一资源品市场上企业组织的结构形式。根据竞争的程度,资源品市场结构分为四大类:完全竞争、完全垄断、寡头垄断和垄断竞争。

02.097 完全竞争市场 perfect competitive market
竞争不受任何阻碍和干扰的市场结构。在完全竞争市场,买卖人数众多,买者和卖者是价格的接受者,资源可自由流动,产品同质,买卖双方拥有完全的信息。

02.098 完全竞争资源品市场条件 conditions of perfect competition in resource goods
完全竞争资源品市场应具备的条件包括:1. 资源品的买者和卖者众多,且都是价格的接受者;2. 资源品同质,没有差别,可以完全替代;3. 资源品市场没有进入或退出的障碍;4. 资源品买卖双方拥有完全的信息,市场交易不存在交易成本。

02.099 完全竞争资源企业收益 revenue of the resource enterprise in perfect competition
完全竞争资源企业的总收益是所销售的资源品数量与由市场供求决定的资源品价格的乘积,其平均收益、边际收益均为资源品的市场价格。

02.100 完全竞争资源企业短期均衡 short-run equilibrium of the resource enterprise in perfect competition
指在短期内由资源品市场供求决定的资源

品价格和企业的生产技术条件给定的情况下,企业根据边际成本等于边际收益的利润最大化原则确定自己的产量后,不愿意偏离此产量的状态。

02.101 完全竞争资源企业长期均衡 long-run equilibrium of the resource enterprise in perfect competition

在长期中资源企业通过调整生产规模,使其长期边际成本等于边际收益即为资源品市场价格,并据此来确定产量,从而获得最大的长期利润的状态。

02.102 完全垄断市场 perfect monopoly market

在市场上只存在一个供给者和众多需求者的市场结构。对于垄断者所出售的产品,市场上不存在相近的替代品。

02.103 完全垄断资源品市场条件 conditions of monopoly in resource goods

完全垄断资源品市场应具有的条件,包括:1.完全垄断资源企业独自控制某种资源品的供给;2.完全垄断资源企业是价格的制定者;3.完全垄断资源企业所供给的资源品没有相近的替代品;4.完全垄断资源品市场存在进入障碍。

02.104 垄断资源企业垄断利润 monopoly profit of monopolistic resource enterprise

指垄断资源企业由于处于垄断地位而获得的超过正常利润的那一部分利润。

02.105 垄断资源企业短期均衡 short-run equilibrium of monopolistic resource enterprise

指在短期内消费者的需求和企业的生产技术条件均保持不变的情况下,企业根据边际成本等于边际收益的利润最大化原则确定自己的产量,然后再根据消费者的需求曲线确定向消费者索要的价格后,垄断资源企业

不愿意偏离此产量和价格的状态。

02.106 垄断资源企业长期均衡 long-run equilibrium of monopolistic resource enterprise

在长期中企业通过调整生产规模,使其长期边际成本等于边际收益也与短期边际成本相等,并以此确定产量,然后再根据消费者的需求曲线确定可以向消费者索要的价格,从而获得最大的长期利润的状态。

02.107 垄断资源企业价格歧视 price discrimination of monopolistic resource enterprise

垄断资源企业对于同样的资源品收取不同价格的定价策略。并分为一级价格歧视、二级价格歧视、三级价格歧视三种。

02.108 垄断竞争市场 monopolistic competition market

那种许多企业出售相近但非同质、而是具有差别的商品市场结构。这种市场组织既带有垄断的特征,又带有竞争的特征。

02.109 价格竞争 price competition

在不完全竞争条件下,资源企业通过改变价格,以使自己的利润最大化的竞争行为。

02.110 非价格竞争 non-price competition

在不完全竞争市场上,资源企业通过改变产品品质、营销策略、广告等非价格方式来最大化实现自己利润的竞争行为。

02.111 寡头垄断市场 oligopoly monopoly market

该市场只有少数几个企业,每个企业所生产的产品可以是同质的,也可以是异质的,行业进出障碍较大。

02.112 非勾结资源品寡头垄断 independent oligopoly

在资源品寡头垄断市场上,每个企业各自独立地作出产量或价格决策,并以某种或多种

方式相互竞争。

02.113　有勾结资源品寡头垄断　collusive oligopoly

在资源品寡头垄断市场上,寡头企业为了使它们的利润最大化而串谋起来,联合决定它们的产量,然后再在它们之间瓜分利润。

02.114　资源生产要素供求均衡理论　supply and demand equilibrium theory of production element

研究在不同类型的资源要素市场上,需求和供给的变化对资源生产要素的价格变化和市场效率影响的理论。

02.115　要素市场结构　structure of element market

要素市场的结构包括完全竞争要素市场、垄断竞争要素市场、寡头要素市场和垄断要素市场。

02.116　完全竞争要素市场　perfect competitive element market

竞争上不受任何阻碍和干扰的要素市场结构。在完全竞争要素市场上,竞争要素可以完全自由流动转移,供求双方具有完备的竞争信息,没有一个厂商可以影响其市场价值。每个企业所面临的需求是同水平的,等于企业剩余需求,即整个市场需求减去市场上其他企业的供应,需求的弹性无穷大。企业的边际收益等于市场价格。

02.117　不完全竞争要素市场　imperfect competitive element market

除完全竞争要素市场以外的所有的或多或少带有一定垄断因素的要素市场结构。依垄断程度从低到高,包括垄断竞争要素市场、寡头要素市场和垄断要素市场。

02.118　市场组合　market combination

竞争要素市场与资源产品市场的组合形式,包括四种情况:在资源品市场上完全竞争,但在要素市场上不完全竞争;在要素市场上完全竞争,但在资源品市场上不完全竞争;在要素市场和资源品市场上都完全竞争;在要素市场和资源品市场上都不完全竞争。

02.119　资源生产要素需求　resource production factor demand

指厂商对资源生产要素的需求。厂商对资源生产要素的需求是从消费者对产品的直接需求中派生出来的,具有派生性和共同性。

02.120　借贷资本　loan capital

为了取得利息而暂时贷给职能资本家、产业资本家和商业资本家使用的货币资本。其来源是产业资本循环中产生的大量闲置货币资本。

02.121　投资净生产力　return rate of investment

又称"投资收益率"。指投资项目建成投产达到正常生产能力时期的年平均收益额与投资总额之比。这个比值反映了投资回收期内单位投资每年可提供多少收益。

02.122　借贷资本利息率　loan capital interest rate

一定时期内借贷资本利息量与借贷资本的比率,即借贷资本利息率等于借贷资本利息量被借贷资本总量除之商。

02.123　资本现值　present value of capital

由于存在资金时间价值,等量资金在不同时点价值不等。把未来不同时点的资本按照一定的折现率折算成现在时点的资本,即为资本现值。

02.124　资本未来值　future value of capital

由于存在资金时间价值,等量资金在不同时点价值不等。把现在或未来不同时点的资本按照一定的折现率折算成未来某一时点的资本,即为资本未来值。

02.125 投资成本 investment cost

厂商投资于资源品生产的资本成本。

02.126 劳动供给 labor supply

劳动者在各种可能提供的工资条件下,对在市场中愿意并能够提供的劳动时间数量。

02.127 资源税 resource tax

开发利用国有资源的单位和个人为纳税人,以重要资源品为课税对象,旨在消除资源条件优劣对纳税人经营所得利益影响的税类。如矿产资源税等。

02.128 资源使用费 resource use fee

国家以资源所有者身份将一定年限的资源使用权出让给资源使用者,而向资源使用者收取的资源出让金。如土地使用权出让金等。

02.129 资源权利金 resource royalty

资源开发和利用者,为占用或耗用资源而向资源所有者支付的经济补偿。多以货币形式支付,也以实物形式支付。如矿产资源补偿费等。

02.130 自然资源的基础功能 function of resource foundation

自然界为人类的生产和消费提供了丰富自然资源,即提供了人类生存与发展物质基础的功能。

02.131 资本储备替代功能 function of capital reserve substituting

资本资源经济运行中产生的物质和知识储备替代某些自然界的功能。如宇宙空间站可使人们生活在生物圈之外,替代生命支撑系统功能;污水处理厂可以替代自然界的废物沉淀功能等。

02.132 物质平衡模式 material balanced mode

资源经济活动遵循物质守恒定律。即资源经济运行过程中,物质既不产生,也不消灭。

经济在本质上是从自然界取得物质的转化过程。但所有从自然界取得的物质最终必然回到自然界中。

02.133 地球自然系统经济服务承载力 economic service carrying capacity of natural system on the earth

在地球的自然环境系统中,一定范围内的自然资源或生存条件可持续供养的最大人口或种群数量。

02.134 国民经济中资源经济运行 operation of resource economy in national economy

自然资源在国民经济运行中的占有、配置和生产、流通状况。

02.135 资源经济循环流动 circular flow of resource economy

一种与环境和谐的经济发展模式。它要求把经济活动组成一个"资源—产品—再生资源"的反馈式流程,其特征是减量化、高利用、低排放、回收、回用。

02.136 资源经济部门 sections of resource economy

与资源的占有和配置有关的部门。包括家庭、企业、政府、国外四部门。

02.137 四部门资源经济循环流动 circular flow in four sections of resource economy

资源在家庭、企业、政府、国外四部门之间循环流动的经济,是循环经济的表现形式之一。

02.138 国民经济核算体系 national economic accounting system

(1)广义上指关于国民经济核算的理论、方法、指标体系。世界各国主要采用的核算体系分为两大类:国民核算体系和物质产品平衡表体系。(2)狭义上专指国民核算体系,也称国民账户体系,是从国民经济总体出发,按照借贷必相等的原则,对社会产品的生产、分配、流通和使用进行综合考察和统一核算的制度。

02.139　综合环境和经济核算体系　accounting system of comprehensive environment and economics

国民经济核算体系的一个附属体系,该体系将常规的经济账户与环境和自然资源账户相联系,通过一种综合的数据信息系统来反映监测经济活动引起的环境变化,为可持续发展政策建立合适的数据基础。

02.140　国民大核算体系　gross national accounting system

在一般的国民经济核算基础上,建立包括社会人口核算、科技教育核算、环境资源核算在内的广泛的综合核算体系。

02.141　资源经济核算　resource economic accounting

以资源经济为核算单位和核算总体,运用经济理论和相关学科最新研究成果,采用数学和统计学的方法对各行业的生产条件、生产过程、生产结果、生产中的相互联系、生产结构以及生产发展过程进行全面、系统、综合、客观的核算。

02.142　资源经济交易者分类　classification of resource economics transactor

在资源经济核算中从事交易的主体类型。即能够进入资源经济活动范围内的机构和单位。包括政府、管理者、企业或个人。

02.143　资源经济交易分类　transaction classification of resource economics

资源经济交易,具有八种最基本的类型:有偿货币交易、货币经常转移、货币资本转移、易货交易、实物报酬和实物报酬以外的实物支付、实物转移、内部交易。这些交易分类可以覆盖现代化经济中的所有资源经济交

易活动。

02.144　资源经济平衡表　balance schedule on resource economics

将资源经济运行中的资源经济现象,如资源的供需、投入和产出等建立平衡关系的表格。大致分为收付式平衡表、并列式平衡表、棋盘式平衡表三大类。

02.145　资源业国民收入核算　national income accounting for resource industry

将资源业的生产和消耗等纳入国民收入核算的方法。

02.146　资源业资产负债核算　assets and liabilities accounting for resource industry

对资源业所拥有的资产和所承担的负债的数量规模和结构情况及其变动进行的核算。以此来反映某一时点的一个国家、地区和部门所拥有的资产负债和净值的数量、规模、构成及其变化。

02.147　资源业国际收支核算　balance of international payment accounting for resource industry

对一个国家与其他国家在资源业经济交流过程中实际发生的商品、劳务、股息、援助、直接投资和证券投资以及储备资产的交易结果进行系统汇录和分析,是国民核算体系的五大组成部分之一。

02.148　资源与环境核算　resource and environment accounting

在国内生产总值核算中,专门进行资源与环境的核算,以调整国内生产总值(GDP)指标的方法。

02.149　资源使用价值　use value of resources

当代人使用某一资源获得的经济效用,包括直接使用价值和间接使用价值,是资源价值中最直观,也是最容易计算的部分,其值可以直接根据市场信息计算得出。

02.150 资源价值 resource value

资源所具有的价值,包括效用价值和劳动价值。

02.151 资源贴现价值 convertible value of resources

资源在未来一定时期内形成的现金流入量或流出量按规定贴现率计算出的现值之和,是一种年金现值。资源在未来某一时点的现金按规定贴现率计算出的现值为复利现值。

02.152 资源价格 resource price

在资源市场交换中由供求竞争形成,反映资源价值水平,是资源价值的货币表现形式。资源价格包括资源市场价格和资源影子价格。

02.153 资源贴现率 convertible ratio of resources

银行受理票据贴现时所扣收的贴现利息与票面金额的比率。

02.154 资源影子价格 shadow price of resources

又称"资源核算价格"。通过线性规划计算,反映资源稀缺状况下最优配置的一种资源虚拟价格。

02.155 资源估价方法 resource evaluation method

确认和计算资源价格的方法。包括现值法、机会成本法、市场价值法等。

02.156 现值法 present value method

通过估算自然资源未来预期收益,并按一定的贴现率折算成现值,借以确定被评估自然资源价值的一种资产评估方法,也是内在价值的计算方法。

02.157 机会成本法 opportunity cost method

运用机会成本计算资源价值的方法。将某种资源安排特种用途,而放弃其他用途所造成的损失、付出的代价,就是该种资源的机会成本。

02.158 市场价值法 marketing value method

又称"现行市价法"。是按市场现行价格作为价格标准,据以确定自然资源价格的一种资源评估方法。它是比照与被评估对象相同或相似的资源市场价格来确定被评估资源价值的一种方法。

02.159 资源品投入产出模型 input and output model of resource product

依据资源品价值型投入产出表或实物型投入产出表建立的、能够反映各部门各类产品间生产和分配、使用情况的一种平衡关系模型。

02.160 实物型资源品投入产出表 input and output table of material-type resource product

在资源品投入产出表中,除个别品种、规格繁多的产品采用货币单位计量之外,绝大多数产品均用实物单位计量的投入产出表,即为实物型资源品投入产出表。

02.161 价值型资源品投入产出表 input and output table of value-type resource product

以货币单位计量的资源品投入产出表。

02.162 资源品静态投入产出模型 static input and output model of resource product

反映一个时期内国民经济中资源品的分配和使用情况以及价值构成等的投入产出模型。

02.163 资源品动态投入产出模型 dynamic input and output model of resource product

反映一个连续时期国民经济中资源品的分配和使用情况以及价值构成等的投入产出

模型。

02.164 资源品投入产出优化模型 optimization of input and output model of resource product

将资源品投入产出法和最优化方法相结合的模型,其任务是在一定的资源约束条件下,以特定的优化标准为依据,评价和选择最佳计划方案。

02.165 消费函数 function of consumption

在假定其他条件不变的情况下,消费与收入水平之间的依存关系,即消费取决于收入水平。

02.166 资源业国民收入缺口 national income gap in resource industry

一定失业率下造成的损失,即潜在的国民收入与名义上的国民收入之间的差额。

02.167 资源业国民收入波动 national income fluctuation in resource industry

投资影响资源业的收入和消费乘数作用,反过来,资源业的收入和消费又影响投资加速数作用。两种作用相互影响,所形成累积性的经济扩张或萎缩的现象。

02.168 乘数理论 multiplier theory

表示投资变化如何引起收入变化的理论。即一定量投资在已知边际消费倾向的条件下对收入的影响。

02.169 简单加速原理模型 model of simply accelerator principle

产量增长速度加快时,投资增长是加速的;当产量增长减缓或停止增长甚至减少时,投资则加速度地减少。

02.04 资源经济发展理论

02.170 资源经济增长 resource economic growth

一定时期内人类对资源开发、利用能力和人均资源利用率的增加,一般用人均实际占有或实际消费资源水平的提高量来衡量。

02.171 资源经济发展 resource economic development

以资源经济增长为物质基础使一系列促进和完善资源经济增长目标实现的发展。

02.172 不变消费论 invariable consumption theory

将开发不可再生资源得到的收益收入超过边际开采成本的部分储蓄下来,再作为生产物质性资本投入。在这一条件下,产出和消费的水平在时间上保持为常数。

02.173 生产潜力不变论 invariable potential productivity theory

为子孙后代保存生产机会,即现代人无权减少资源基础而把它提供给后代人的理论。

02.174 自然资源不下降论 non-descending natural resource theory

根据自然资源的自然再生经济原理、人工再生经济原理和再资源化经济原理所决定的自然资源的恒定变化。

02.175 可持续产出论 sustainable output theory

即能无限地维持产出水平。它可以通过使每年的产出等于每年的人口净增长所需要来获得。

02.176 生态可持续论 ecological sustainable theory

人们在制定改造自然的实践活动和实施改造自然的实践过程中,必须考虑到生态系统自身的需要,注重生态的可持续承载力与生态系统的弹性指标,维护生态平衡,实现生态与人类社会的可持续发展。

02.177 能力和共识构建论 ability and consensus structuring theory

在社会选择的机制和过程中,人们尽可能广泛地参与,并在磋商的过程中,使各方都可以从规避环境灾难中受益。

02.178 发展变量 development variables

指一系列促进、影响事物或组织由小到大、由简单到复杂、由低级到高级运动的因素。包括:人口指标、经济的增长或衰退指标、环境的改善或破坏指标、资源的开发利用与保护指标、社会发展指标、生活质量指标、教育水平指标和创新能力指标等。

02.179 消费标准 consumer's criterion

消费者根据自己的意愿,对可能消费的商品组合进行排列,用来描述消费的具体主观感受程度,即判断消费的标准。

02.180 福利标准 welfare criteria

传统福利经济学以效用理论为基础,提出了以消费者剩余和希克斯-卡尔多补偿原则来衡量社会福利的观点。前者主张用消费者剩余来衡量社会的福利;后者认为如果资源配置的结果使福利受益者补偿福利受损者后,受益者福利水平仍可以提高,则整个社会的福利也会相应提高。

02.181 狭义福利标准 special welfare criterion

用来衡量人的心理满足程度的尺度。

02.182 广义福利标准 general welfare criterion

用来衡量人和社会的健全、和谐和发展状况的尺度,即衡量人类生活中的幸福和正常状态的尺度。

02.183 竞争市场资源最优配置静态模型 static optimum resource allocation model in competitive market

在竞争市场环境下,资源配置实现利润最大化时需满足的要素等量关系的模型。

02.184 消费者效用最大化静态模型 static consumer utility maximization model

在不考虑代际效用的影响下,实现消费者效用最大化时需满足的要素等量关系的模型。即利益分配应使得每个人的边际效用相等。在资源经济研究领域,消费者效用就是社会福利。

02.185 厂商成本最小化静态模型 static firm cost minimization model

在一定产量下,等成本线与等产量线斜率相等时,实现成本最小化时的厂商均衡状态模型。

02.186 厂商利润最大化静态模型 static firm profit maximization model

在一定成本下,当等产量线的斜率等于等成本线的斜率时,实现产量或利润最大化时的厂商均衡状态模型。

02.187 静态效率条件 static condition for efficiency

在竞争市场、忽略代际间效率等条件下,实现资源配置最大效率应满足的条件。

02.188 效用现值最大化条件 condition for efficiency current value maximization

资源进行跨期配置时,实现配置效用最大所必须满足的条件,即满足当前消费转换成未来消费的比率等于当前消费相对于未来消费的边际值时,其效用的现值是最大的。

02.189 利润现值最大化条件 condition for profit current value maximization

指生产厂商在进行代际生产时,实现潜在价值最大化所必须满足的条件。

02.190 代际综合效率条件 condition for intergenerational synthesize efficiency

资源跨期有效配置必须满足社会福利效率的特定条件。

02.191 外部性 externality

一个经济主体的经济活动对另一个经济主体所产生的有害或有益的影响。

02.192 公共物品 public goods

具有非竞争性、非排他性、不能依靠市场力量实现有效配置的产品。

02.193 两厂商联合利润最大化条件 condition for two firm's profit maximization

在有外部性的情况下,两厂商联合利润最大化条件要求劳动投入应达到其在甲商品生产中的边际贡献等于其对乙商品造成的边际损失。

02.194 单一种类不可再生资源最优开采 optimal extraction of a single kind of non-renewable resources

单一均质不可再生资源与资本作为两种投入要素进入生产函数,并且两者的替代弹性是其相应变化的比率与边际产出相应变化的比率之比,此时达到最优开采。

02.195 单一种类不可再生资源最优开采模型 optimal extraction model of a single kind of non-renewable resources

开采单一种类不可再生资源,并使其社会福利的效用达到最优的函数模型。

02.196 单一种类不可再生资源最优开采条件 condition for optimal extraction of a single kind of non-renewable resources

单一种类不可再生资源有效配置、最优开采的静态效率条件与动态效率条件。

02.197 单一种类不可再生资源开采成本函数 function of extraction cost of a single kind of non-renewable resources

不可再生资源的开采成本随着资源存储量

趋近于零而不断增长的函数关系。

02.198 社会福利最大化必要条件 necessary condition for social welfare maximization

将开采成本纳入资源消耗模型后,欲使社会福利达到最大的函数的约束条件。

02.199 非单一种类不可再生资源最优开采 optimal extraction of non-single kind of non-renewable resources

针对一系列不同形式的不可再生资源的开采,使其社会福利达到最大化的开采状态。

02.200 非单一种类不可再生资源两时段最优开采 two-period optimal extraction of non-single kind of non-renewable resources

拥有已知固定存量的不可再生资源,其初始存量处于 0 时段,开采阶段处于 1 时段。在此种两时段状态下社会福利达到最优的模型与假设。

02.201 非单一种类不可再生资源最优开采模型 optimal extraction model of non-single kind of non-renewable resources

满足不可再生资源最优开采的假设,使开采达到社会福利最大的模型。

02.202 社会净收益最大化必要条件 necessary condition for social net benefit maximization

社会效用贴现率等于资源所有权净价格的增长率。

02.203 可再生资源最优利用理论 optimal utility theory of renewable resources

在可开发利用可再生资源的情况下,使资源的收获行为更接近社会最优过程的理论。

02.204 可再生资源收获函数 renewable resource harvest function

可再生资源的收获量依存于努力程度和资

源存量大小的函数。

02.205 延迟收获回报 delay harvest return
是指当期收获因故需推迟到未来某一时间再收回而获得的收获增加量,或支付方应当期支付却推迟支付所需增加的支付量。

02.206 社会收益现值最大化收获模型 harvest model of social benefit present value
指在考虑时间价值的条件下,实现资源配置的社会净收益最大化应满足的各要素的平衡关系。

02.207 在强制性私人产权和竞争市场下利润现值最大化收获模型 harvest model of profit present value maximization in compulsory private property right and competitive market
在不承认公共物品存在的竞争市场环境下,实现资源配置动态最优化,即实现资源配置的利润现值最大化应满足的要素平衡关系。

02.208 在强制性私人产权和垄断市场下利润现值最大化收获模型 harvest model of profit present value maximization in compulsory private property right and monopoly market
在不承认公共物品存在的垄断市场环境下,实现资源配置动态最优化,即实现资源配置的利润现值最大化应满足的要素平衡关系。

02.209 预防支出效率条件 condition for allocative efficiency in defensive expenditure
要求污染清除支出的最佳数量应使得清除的边际成本和边际效益相等。

02.210 动态效率条件 dynamic efficiency condition
描述污染的影子价格如何沿着最优路径变动,它需要每种资源或资产获得同样的报酬率,且该报酬率在任何时点相同,并等于社会贴现率。

02.211 资源静态价格霍特林效率条件 Hotelling efficiency condition of resource static price
时间序列上的任何有效率的不可再生资源开采过程必需的效率条件。它表明环境资源影子净价格的增长率应等于社会效用贴现率,也表明资源的贴现价值在所有的时间序列上应该相等。

02.212 物质资本回报效率条件 condition for physical capital returns efficiency
物质资本回报效率条件要求物质资本回报及其价格增值加上其边际生产力必须等于社会贴现率。

02.213 污染控制经济手段 economic instrument for pollution control
政府通过矫正污染带来负外部效应,以实现经济效率的经济手段。

02.214 排污税手段 means of pollution tax
政府通过对排污者征税,使外部成本内部化,从而调整商品的私人价格,使之与社会价格达成基本一致的手段。

02.215 污染削减补贴手段 subsidy on pollution abatement
政府通过对企业削减污染进行补贴,也是减少污染的一种手段。

02.216 可交易排放许可手段 marketable permit and quota
政府为控制污染物排放总量而设立的在企业之间有偿转让和自由交易污染物排放权的一种手段。

02.217 污染控制最小成本定理 theorem for least-cost pollution control
所有企业边际削减成本相等,则可以最低的成本实现污染控制目标,做到费用有效。

03. 资 源 生 态 学

03.01 资源生态学概论

03.001 资源生态学 resource ecology
从生态学的角度研究自然资源形成、分布、流动、消耗及其过程和规律的学科。并强调研究这些过程产生的生态环境影响及其自然资源维护与重建的理论与方法。

03.002 生命支持系统 life support system
人类及其他生物赖以生存与发展的地球表层系统。

03.003 资源生态系统 resource ecosystem
资源与其生物环境和非生物环境相互作用、相互影响所形成的复杂的、动态的过程系统。

03.004 资源生态系统结构 structure of resource ecosystem
资源生态系统构成要素在空间和时间上所有关联方式的总称。

03.005 资源生态系统功能 function of resource ecosystem
资源生态系统与外部环境之间以及系统内部各要素之间相互联系、相互作用的过程、秩序和能力。

03.006 资源生态系统动态 dynamic of resource ecosystem
资源生态系统的结构和功能在时空尺度上的运动和变化。

03.007 生态系统管理 ecosystem management
基于生态系统知识,对生态系统进行合理经营使其达到社会所期望的状态的一种过程。

03.008 生态系统适应性管理 adaptive ecosystem management
在生态系统功能和社会需要两方面建立可测定的目标,通过科学管理、监测和调控活动,以满足生态系统容量和社会需求方面变化的过程与管理方法。

03.02 资源生态学原理

03.009 资源生态学原理 principles of resource ecology
资源生态学研究领域中事实和现象的相互关系的生态学原理。

03.010 生态锥体 ecological pyramid
又称"生态金字塔"。在生物群落中,小型动物的繁殖力比大型动物的繁殖力强、个体数量多。通常前者为被食者,后者为捕食者。在群落中其数量等级变化,形成金字塔形。

03.011 物质循环 matter cycle
资源生态系统中组成生物有机体的基本元素如碳、氮、氧、磷、硫等在生物与生物之间,生物与环境之间循环的过程。

03.012 生物地球化学循环 biogeochemical cycle
营养元素在生态系统之间的输入和输出、生

物间的流动和交换以及它们在大气圈、水圈、岩石圈之间的流动和转化过程,即物质从环境－生物－环境之间的循环过程。

03.013　氮循环　nitrogen cycle
进入生态系统的氮,经过生物、工业和大气等固氮过程被固定为氨或氨盐,经过硝化作用转化成硝酸盐或亚硝酸盐,然后被植物吸收利用,并转化为氨基酸、蛋白质。于是氮素进入生态系统的生产者有机体,进一步为动物取食,转变为含氮的动物蛋白质。动植物排泄物或残体等含氮的有机物经微生物分解为二氧化碳、水和氨气返回环境,氨气可被植物再次利用,进入新的循环。

03.014　食物链　food chain
生态系统中植物制造的初级能源,通过生物进行一系列转化,形成的一种取食与被取食的食物营养连锁关系。

03.015　生物浓缩　bioconcentration
指生物体从周围环境中吸收的某些物质、元素或难分解的化合物,在体内积累,使生物体内该物质的浓度超过环境中浓度的现象。

03.016　生物放大　biomagnification
生物体内某些物质、元素或难分解的化合物的浓度随着食物链的延长和营养等级的增加而增加的现象。

03.017　营养级　trophic level
又称"营养水平"。某个生物在食物链(网)中,初级生产者属于第一级营养水平;次级生产者依取食层次即离生产者的不同距离构成不同的营养水平。

03.018　初级生产　primary production
生产者通过光合作用和化学合成作用,把辐射能以可用于食物的有机物形式转化和储存起来的过程。

03.019　次级生产　secondary production
消费者在食物链上通过取食生产者生物或

次级消费者生物,而把能量或生物质转化为本级消费者生物质的过程。

03.020　资源生态系统的生产作用　productivity of resource ecosystem
生产者把太阳能转化为化学能(即初级生产作用),消费者把已固定的能量转化为自身新陈代谢所需的能量(即次级生产作用)。此外,还包括人类利用生态系统初级和次级生产作用生产消费品的过程。

03.021　资源生态系统的分解作用　decomposition of resource ecosystem
生物的残株或尸体等复杂的有机物质被分解者逐步分解为简单的无机物质的过程。人类社会利用一定的工程技术手段将物质进一步降解或重新利用的过程的统称。

03.022　生态位　niche
表示生态系统中每种生物生存所必须的自然条件最小阈值。内容包含外在条件和生物本身在生态系统中的作用和功能。

03.023　生态演替　ecological succession
一定地区内,群落的物种组成、结构及功能随着时间进程而发生的连续的、单向的、有序的自然演变过程。

03.024　顶极群落　climax community
每一个演替系列中,最后出现的一个与环境相对稳定平衡的群落阶段。

03.025　生态对策矛盾　contradiction between ecological strategies
在资源生态系统中,自然生态系统发展的对策是获得最大的保护,即力图达到对复杂生物量结构的最大支持;而人类的目的则是获得最大资源生产量,即力图获得最高可能的资源产量。这两者常常发生矛盾,成为人类对策和自然对策之间的基本矛盾。

03.026　生态效率　ecological efficiency
生态系统中各营养级的生物在能量流动过

程中的能量摄入或利用的比率。

03.027　生态平衡　ecological balance
生态系统的结构和功能均处于适应与协调的动态平衡状态。

03.028　生态系统稳态机制　stabilization mechanism of ecosystem
作用于生态系统而导致生态系统稳态的机制。包括营养物质贮存和释放的调节、有机物质生产和分解的调节。

03.029　生态胁迫　ecological stress
又称"生态压力"。指危及生物个体生长、发育的外界干扰（如干旱、寒冷）及其所产生的生理效应，以及危及种群、群落和生态系统稳定性的外界干扰（如人口增长、资源短缺、环境污染）所产生的生态效应。

03.030　利比希最低量法则　Liebig's law of minimum
又称"利比希最小因子定律"。原指植物的生长取决于处在最小量状况的营养元素，后延伸为：低于某种生物需要的最小量的任何特定因子，是决定该种生物生存和分布的根本因素。

03.031　谢尔福德耐受性定律　Shelford's law of tolerance
任何一个生态因子在数量上或质量上的不足和过多，即当其接近或达到某种生物的耐受限度时，会使该生物衰退或不能生存。谢尔福德把最大量和最小量限制作用的概念合并成耐受性定律。

03.032　空间原理　principle of space
资源生态系统中的生物有机体，其生物量的大小直接依赖于可利用的空间范围。空间原理包括：1. 不论个体还是群体，可利用的空间总是有限的，其可利用的空间比其所属的生态系统分布的面积要小；2. 保证个体生长的可利用空间的减少速度，高于个体密度

的增加速度；3. 生物种群对其他资源的转化效率与种群密度相关，但最适密度值则取决于其他因子的质量与数量；4. 资源生态系统中的非生物资源的空间分布及所占空间大小，与该资源开发利用的价值密切相关。

03.033　时间原理　principle of time
时间是资源生态系统及其资源组分的成熟阶段进化的函数。在一个生长周期中，生物对生态因子忍耐的时间长短，决定了能够占据环境的群落类型；在一定的群落生境中，任何物种和群落的存在，都首先取决于是否有足够长的有利于生物正常生长发育的时间。只有在足够时间的条件下，才能积累足够的生物量来维持生物在不适季节的生长发育。影响生物生长发育的时间因子影响着生物完成某些关键的生态过程。

03.034　生态系统服务　ecosystem service
生态系统作为一个整体，通过其生态过程，为人类提供的维持生命所需的和社会经济发展所需的产品与服务。

03.035　生态足迹　ecological footprint
又称"生态占用"。指生产区域或资源消费单元所消费的资源和接纳其产生的废弃物所占用的生物生产性空间。

03.036　生态承载力　ecological capacity
在不削弱某一地区的生产能力的情形下，该区域所能持续支持某一种群的最大生物数量。用生态足迹来衡量时，指在不损害有关生态系统的生产力和功能完整性的前提下，一个区域所拥有的生物生产性空间的总面积。

03.037　生态赤字　ecological deficit
一个区域的资源消耗超过其从当地可获得资源的部分。用生态足迹来衡量时，指该区域生态足迹超出其生态承载力的部分。

03.038　生态盈余　ecological remainder

一个区域的资源消耗小于其从当地可获得资源的差值部分。用生态足迹来衡量时,指该区域的生态承载力超出其生态足迹的部分。

03.03 资源生态系统

03.039 陆地资源生态系统 terrestrial resource ecosystem
在一定时间和陆地空间范围内,生物资源和环境因子之间通过不断的物质循环、能量传递和信息联系而相互作用、相互依存的统一整体。

03.040 农田资源生态系统 field resource ecosystem
人为干预下的、用于农作物种植生产目的的资源生态系统。

03.041 湿地资源生态系统 wetland resource ecosystem
由湿地生境内的生物资源与其环境相互作用所形成的生态系统。

03.042 水体资源生态系统 water-body resource ecosystem
以水体为栖息地的生物群落与其非生物环境相互作用所形成的生态系统。

03.043 海洋资源生态系统 marine resource ecosystem
由海洋资源及其环境因子共同构成的资源生态系统。

03.044 大陆架资源生态系统 continental shelf resource ecosystem
处于大陆架范围内的资源生态系统。包括近岸生态系统、浅海生态系统和珊瑚礁生态系统和部分深海生态系统等类型。

03.04 自然资源开发风险与保护

03.045 最大持续产量 maximum sustainable yield, MSY
在不危害资源更新能力的情况下,最大限度的可持续资源生产量或资源采收的最大产量。

03.046 生态灾害 ecological disaster
由于生态系统平衡改变所带来的各种始未料及的不良后果。

03.047 自然资源退化 natural resource degradation
人类活动或自然原因造成的自然资源基础被削弱甚至破坏后,生态系统的自然进程发生逆向演替,生态功能出现衰退的现象。

03.048 自然资源再生 natural resource regeneration
自然资源及其生存条件通过自然力以某一速率保持或增加,从而可以恢复、更新、再生产甚至不断增长的能力与现象。

03.049 生态危机 ecological crisis
由于人类活动引起的环境质量下降、生态系统的结构与功能受到损害,甚至生命维持系统受到破坏从而危及人类的福利和生存发展的现象。

03.050 生态报复 ecological retaliation
当人类干预自然的强度超过系统的承载阈值范围时,自然界以反作用的方式如资源衰竭、生态失衡、环境污染、物种灭绝等对人类的生产和生活产生负面影响的过程。

03.051　生态等价　ecological equivalence

不同的种在不同地区相似的生态条件下具有相似的生态要求、相同的竞争力和相同的生态功能的现象。

03.052　风险分配　risk allocation

根据环境风险的类型、风险源的位置、风险大小以及影响风险源的环境管理的技术和经济承受能力等因素,以税收与补偿的分配模式为基本指导思想,对区域的环境风险进行合理的配置,以便以公平合理且用最小的费用达到区域的经济、环境和社会发展目标。

03.053　自然保护　nature conservation

能使自然环境和自然资源得以持续利用而不被破坏的各种措施。

03.054　生物资源　biological resources

对人类具有实际的或潜在的价值与用途的遗传资源、生物体、种群或生态系统及其中的任何组分的总称。

03.055　自然保护区　natural conservation area

将具有典型代表性的自然生态系统或自然综合体以及其他为了科研、监测、教育、文化娱乐目的而划分出的保护地域的总称。

03.056　自然保护区分类　classification of natural conservation area

我国依据自然保护区的主要保护对象,将自然保护区分为自然生态系统、野生生物、自然遗迹三个类别和森林生态系统、草原与草甸生态系统、荒漠生态系统、内陆湿地和水域生态系统、海洋和海岸生态系统、野生动物、野生植物、地质遗迹、古生物遗迹等九个类型。

03.057　世界遗产地　world heritage site

被联合国教科文组织和世界遗产委员会确认的具有普遍价值、人类罕见、无法替代的文化和自然财富。

03.058　中国自然保护区　China's natural reserves

在中华人民共和国领土包括海域内设立和管理的自然保护区。

03.059　中华人民共和国自然保护区条例　Regulations of the People's Republic of China on Nature Reserves

中华人民共和国国务院于1994年10月9日颁布、同年12月1日起实施的一项关于加强自然保护区的建设和管理,保护中国的自然环境和自然资源的法令。

03.060　生物多样性　biodiversity

地球上所有的生物——植物、动物和微生物及其生存环境的总和,包括遗传多样性、物种多样性、生态系统多样性、景观多样性四个层次。

03.061　遗传多样性　genetic diversity

(1)广义指地球上所有生物所携带的遗传信息的总和。(2)狭义指种内不同群体之间或一个群体内不同个体的遗传变异总和。

03.062　物种多样性　species diversity

物种水平的生物多样性。

03.063　生态系统多样性　ecosystem diversity

生物圈内生物群落的多样化以及生态系统内栖息环境的差异、生态过程变化的多样性,导致生态系统多样化。

03.064　景观多样性　landscape diversity

由不同类型的景观要素或生态系统构成的景观在空间结构、功能机制和时间动态方面的多样化或变异性。

03.065　生物多样性保护　biodiversity protection

以挽救生物多样性、研究生物多样性和持续、合理利用生物多样性为宗旨的理论研究与实践。

03.066　生态系统服务价值　ecosystem services value

自然资本的能流、物流、信息流形成的生态系统服务所产生的人类福利。

03.067　世界自然资源保护大纲　World Conservation Strategy

国际自然和自然资源保护联合会受联合国环境规划署的委托起草,并经有关国际组织审定,于1980年3月5日公布的一项保护世界生物资源的纲领性文件,也是一个保护自然和资源的行动指南。

03.068　中国自然保护纲要　Chinese Programme for Natural Protection

1987年国务院环境保护委员会公布的中国第一部关于自然保护特别是生物多样性保护方面的纲领性文件。

03.069　就地保护　in site conservation

在原来生境中对濒危生物实施保护的一种生物多样性保护策略。

03.070　易地保护　ex situ conservation

将生物多样性的保护对象迁移到其原来栖息地之外实施保护的一种生物多样性保护策略。

03.071　生物安全　bio-safety

(1)狭义指现代生物技术的研究、开发、应用以及转基因生物的跨国越境转移可能对生物多样性、生态环境和人类健康产生潜在的不利影响。(2)广义指与生物有关的各种因素对社会、经济、人类健康及生态系统所产生的危害或潜在风险。

03.072　最小可生存种群　minimum viable population,MVP

种群为了保持长期生存持久力和适应力应具有的最小种群数量。

03.073　集合种群　metapopulation

斑块生境中存在隔离,彼此间通过个体扩散而相互联系的同种局部小种群的集合体。

03.074　保护生物学　conservation biology

解决由于人类干扰或其他因素引起的物种、群落和生态系统出现的各类问题,提供生物多样性保护的原理和措施的一门综合学科。

03.075　国家公园　national park

政府对某些在天然状态下具有独特代表性的自然环境区域划出一定范围而建立的属于国家所有并由国家直接管辖的公园。

03.076　生物圈保护区　biosphere reserve

受国际认可和保护的有代表性的典型自然保护区。它是促进自然保护区与区域社会经济发展密切结合的开放式生物多样性管理模式。

03.077　生物多样性保护策略　strategies for biodiversity protection

国际社会为保护生物多样性而采取的举措,通常被分为三个基本部分:抢救生物多样性;研究生物多样性;持续、合理地利用生物多样性。

03.078　生物多样性编目　biodiversity inventory

国际《生物多样性公约》确定的在生态系统与栖息地、物种与种群、遗传资源三个层次上,按其在生物多样性保护与合理利用中的稀有与濒危程度、保护的紧迫性、利用潜力与改良利用方法的必要性等进行区划、排列和描述的一项生物多样性保护的基础工作。

03.05 资源生态工程

03.079　生态保护　ecological conservation
对人类赖以生存的生态系统进行保护,使之免遭破坏,使生态功能得以正常发挥的各种措施。

03.080　生态恢复　ecological restoration
恢复被损害的生态系统到接近于被损害前的自然状况的管理过程,即重建该系统干扰前的结构与功能及有关的物理、化学和生物学特征的过程。

03.081　恢复生态学　restoration ecology
研究在自然灾变和人类活动压力胁迫下受到破坏的自然生态系统的恢复和重建的一门生态学分支学科。

03.082　生态规划　ecological planning
指运用生态学原理,综合地、长远地评价、规划和协调人与自然资源开发、利用和转化的关系,提高生态经济效率,促进社会经济可持续发展的一种区域发展规划方法。

03.083　生态工程　ecological engineering
着眼于生态系统结构改善,功能提高,物质分层多级利用的技术手段。

03.084　生态农业　ecological agriculture
遵循生态经济学原理和生态规律发展的农业生产模式。

03.085　生态林业　ecological forestry
按照生态学、生态经济学及系统工程学等学科的原理,培育、管理与调控人工林或天然林,使森林达到生态、经济和社会效益相统一的林业生产体系。

03.086　生态畜牧业　ecological animal husbandry
运用生态系统的生态位原理、食物链原理、物质循环再生原理和物质共生原理,采用系统工程方法,并吸收现代科学技术成就来发展畜牧业的牧业产业体系。

03.087　生态渔业　ecological fishery
以生态学、经济学原理为基础,运用生态系统工程技术进行设计、生产和管理的一种新型渔业。

03.088　复合农林业　agroforestry
指在同一土地管理单元上,人为地把多年生木本植物与其他栽培植物、动物,在空间上或按一定的时序安排在一起而进行管理的土地利用和技术系统的综合。

03.089　退耕还林还草　return farmland to forestland or grassland
从生态、社会、经济条件实际出发,将不适合农耕的土地转为林地和草地的措施。

03.090　天然林保护　natural forest conservation
以可持续发展为指导思想,对天然生长的森林和经采伐或破坏后天然更新的次生林采取各种措施,防止人为和自然破坏的过程。

03.091　小流域治理　minor drainage basin management
根据自然条件和生产发展方向,采取配套的生物措施和工程措施,对小流域内的水、土资源进行的综合治理。

03.092　矿区复垦　reclamation of mining area
对因采矿等人为或自然因素毁坏或退化的土地采取因地制宜的整治措施,使其恢复到可供利用状态的过程。

03.093　生态旅游资源　eco-tourism resources
以生态美吸引游客,为旅游业所利用;在保

护的前提下,能够产生可持续的生态旅游综合效益的资源。

03.094 生态补偿 ecological compensation
使生态影响的责任者承担破坏环境的经济损失;对生态环境保护、建设者和生态环境质量降低的受害者进行补偿的一种生态经济机制。

03.095 循环型社会 circular society
一种以物质闭环流动为特征的社会经济发展模式。

03.096 循环经济 circular economy
将生产所需的资源通过回收、再生等方法再次获得使用价值,实现循环利用,减少废弃物排放的经济生产模式。

03.097 零排放 zero discharge
应用清洁技术、物质循环技术和生态产业技术等,实现对天然资源的完全循环利用,而不给大气、水和土壤遗留任何废弃物。

03.098 生态示范区 ecological demonstration region
对一个行政区域内的自然、经济、社会复合系统通过资源的合理利用与生态环境的保护建立起来的一个良性循环的区域生态经济系统。

03.099 生态村 ecological village
运用生态系统的生物共生和物质循环再生原理及以系统工程方法,将传统农业精华与现代科技进行有机结合,因地制宜地配置农业各子系统的结构和比例,使生态、经济和社会发展进入良性循环及资源综合合理利

用的村级行政区域。

03.100 生态县 ecological county
社会经济和生态环境协调发展,各个领域基本符合可持续发展要求的县级行政区域。

03.101 生态省 ecological province
社会经济和生态环境协调发展,各个领域基本符合可持续发展要求的省级行政区域。

03.102 3R 原则 3R principles
减量化原则(reduce)、再利用原则(reuse)、再循环原则(recycle)的简称。

03.103 生态文明 ecological civilization
指人们在改造客观物质世界的同时,以科学发展观看待人与自然的关系以及人与人的关系,不断克服人类活动中的负面效应,积极改善和优化人与自然、人与人的关系,建设有序的生态运行机制和良好的生态环境所取得的物质、精神、制度方面成果的总和。

03.104 可持续消费 sustainable consumption
提供服务以及相关产品以满足人类的需求,提高生活质量,同时尽量减少对环境不利的行为,从而不危及后代需求的消费模式。

03.105 生态消费 ecological consumption
既符合物质生产的发展水平且又符合生态保护的发展水平,既能满足人类的消费需求而又不对生态环境造成危害的绿色化的或生态化的消费模式。

03.106 绿色消费 green consumption
人们追求美好、洁净环境,既满足生活需要,又不浪费资源和不污染环境的消费模式。

04. 资 源 地 学

04.01 资源地学概论

04.001 资源地理学 resource geography
研究资源格局、过程、动力学的地理学规律、探求解决资源开发、利用、保护过程中所产生的地理问题的学科。

04.002 资源地质学 resource geology
研究资源形成、演变与分布的地质学规律，探求解决资源开发、利用、保护过程中所产生的地质问题的学科。

04.003 资源地学 geo-resource science
资源地理学与资源地质学的总称。

04.004 地球表层资源 earth surface resources
人类和一切生物所依存的和社会发展可能开发利用的地球表层的自然资源。

04.005 地球中层资源 mid-earth resources
人类和一切生物所依存的和社会发展可能开发利用的地球中层的自然资源。

04.006 地球深层资源 inner-earth resources
人类和一切生物所依存的和社会发展可能开发利用的地球深层的自然资源。

04.007 自然资源总量 total natural resources
一个国家或地区自然资源的总量，是反映该国家或地区自然资源富裕程度的指标。

04.008 自然资源富集区 abundant region of natural resources
自然资源在空间分布上相对密集的区域。

04.009 自然资源贫乏区 lack region of natural resources
自然资源在空间分布上相对贫瘠的区域。

04.010 自然资源源 source of natural resources
自然资源集中形成的地区，或是资源开发过程发生的地区。

04.011 自然资源汇 pool of natural resources
自然资源汇集的地区，或是资源利用过程发生的地区。

04.012 自然资源流 flow of natural resources
自然资源从源到汇的空间流动。

04.013 自然资源地图集 natural resource atlas
描述各种自然资源的分布特征与规律的地图集。

04.014 自然资源数字地图 digital map of natural resources
以数字形式表达的自然资源地图。

04.015 自然资源地带律 regionalization of natural resources
指自然资源地带性分布规律。

04.016 可再生自然资源地带性 renewable resource regionalization
可再生自然资源分布所具有的地带性规律。

04.017 可再生自然资源非地带性 renewable resource non-regionalization
可再生自然资源分布所具有的非地带性规律。

04.018 自然资源空间律 spatialization of natural resources

自然资源的空间分布规律。

04.019 可再生自然资源稳定度 stability of renewable natural resources

表征可再生自然资源持续供给的能力。取可再生的自然资源消耗速率与更新速率之比值,该值小于等于 1 时,可认为再生自然资源是稳定的。

04.020 不可再生自然资源保障度 indemnificatory of non-renewable natural resources

表征不可再生自然资源现有储量在人类寻找到替代资源之前满足人类需求的程度。

04.021 自然资源保证率 assuring ratio of natural resources

某一区域自身自然资源供应量与需求量的比率,表征自然资源对区域发展限制或促进作用。

04.022 纬度地带性 latitudinal zonation

自然资源要素如气候、土壤、生物等由于太阳辐射在地表不同纬度区域不均匀分布而形成的沿纬度带分布的地带性规律。

04.023 经度地带性 longitudinal zonation

自然资源要素如气候、土壤、生物等由于距海洋远近的不同而形成沿经度带分布的地带性规律。

04.024 垂直地带性 vertical zonation

山地自然环境下,自然资源要素如气候、土壤、生物等由于不同海拔高度带上的水热组合特征不同而呈现的沿海拔高度带分布的地带性规律。

04.02 地学与自然资源

04.025 岩浆 magma

在地壳深处或上地幔天然形成的、富含挥发组分的高温黏稠的硅酸盐熔浆流体。它是形成各种岩浆岩和岩浆矿床的母体。

04.026 岩浆作用 magmatism

岩浆发生运移、聚集、变化及冷凝成岩的全部过程。

04.027 火成岩 igneous rock

又称"岩浆岩(magmatic rock)"。地下深处的岩浆侵入或喷出地表冷凝而成的岩石。

04.028 沉积作用 sedimentation

母岩风化和剥蚀产物在外力的搬运途中,由于水体流速或风速变慢、冰川融化以及其他物理、化学条件的改变,使搬运能力减弱,从而导致被搬运物质的逐渐沉积的现象。

04.029 沉积岩 sedimentary rock

暴露在地壳表层的岩石在地球发展过程中遭受各种外力的破坏,其产物在原地或者经过搬运沉积下来,再经过复杂的成岩作用而形成的岩石。

04.030 变质作用 metamorphism

地壳中的岩石,当其所处的环境变化时,岩石的成分、结构和构造等常常也会随之变化,而达到新的平衡关系的过程。

04.031 变质岩 metamorphic rock

由变质作用形成的岩石。

04.032 火山喷发 volcano eruption

地球内部物质快速猛烈地以岩浆形式喷出地表的现象。

04.033 构造运动 tectonic movement

内营力引起地壳乃至岩石圈变形、位移的作用。

04.034 构造变动 diastrophism

由构造运动引起岩石的永久变形。

04.035 新构造运动 neotectonic movement
指晚新生代以来的地质构造运动。

04.036 造山运动 orogeny
地壳或岩石圈物质大致沿地球表面切线方向进行的运动。这种运动常表现为岩石水平方向的挤压和拉伸,也就是产生水平方向的位移以及形成褶皱和断裂,在构造上形成巨大的褶皱山系和地堑、裂谷等。

04.037 陆相生油 terrestrial facies of petroleum
陆相沉积条件下的石油资源形成过程。

04.038 海相生油 marine facies of petroleum
海相沉积条件下的石油资源形成过程。

04.039 陆相成煤 terrestrial facies of coal
陆相沉积条件下的煤炭资源形成过程。

04.040 海相成煤 marine facies of coal
海相沉积条件下的煤炭资源形成过程。

04.041 陆相成气 terrestrial facies of gas
陆相沉积条件下的天然气资源形成过程。

04.042 海相成气 marine facies of gas
海相沉积条件下的天然气资源形成过程。

04.043 风化作用 weathering
地表岩石与矿物在太阳辐射、大气、水和生物参与下理化性质发生变化,颗粒细化,矿物成分改变,从而形成新物质的过程。

04.044 风化壳 weathering crust
经过风化与剥蚀后依然残留原地覆盖于母岩表面的风化产物。

04.045 山地 mountain
山岭、山间谷地和山间盆地的总称,是地壳上升背景下由外营力切割形成的地貌类型。

04.046 平原 plain
一种广阔、平坦、地势起伏很小的地貌形态类型。

04.047 盆地 basin
平原四周被山地环绕时,由平原及面向平原的山坡共同组成的地貌类型。

04.048 河流阶地 river terrace
河流下切侵蚀,原先的河谷底部超出一般洪水位以上,呈阶梯状分布在谷坡上的地形。

04.049 洪积扇 proluvium fan
干旱半干旱区的季节性或突发性洪水在河流出山口因比降剧减、水流分散、水量减少而形成的扇形堆积地貌。

04.050 冲积平原 alluvial plain
大面积的河漫滩、三角洲以及山前和山间盆地中的冲积物构成的平原。

04.051 河漫滩 floodplain
汛期洪水淹没而平水期露出水面的河床两侧的谷地。

04.052 河流袭夺 river capture
一条河流溯源侵蚀导致分水岭外移,从而占据相邻河流流域的过程。

04.053 牛轭湖 oxbow lake
自由河曲发生裁弯取直后,被裁去的河湾积水而形成的水体。

04.054 构造湖 tectonic lake
地壳断陷、下沉后积水形成的湖泊。

04.055 冰川湖 glacial lake
由冰川作用形成的大面积洼地积水。

04.056 喀斯特地貌 karst landform, karst physiognomy
地下水与地表水对可溶性岩石溶蚀与沉淀、侵蚀与沉积,以及重力崩塌、塌陷、堆积等作用形成的地貌。

04.057 喀斯特作用 karst process

又称"岩溶作用"。水对可溶性岩石（碳酸盐岩、硫酸盐岩、石膏、卤素岩等）以化学溶蚀作用为主，以流水冲蚀、潜蚀和机械崩塌作用为次的地质过程。

04.058 喀斯特平原 karst plain
又称"岩溶平原"。岩溶盆地继续扩大以后形成的平原。

04.059 地下河 underground river
发育在地下的河流。

04.060 暗湖 underground lake
发育在地下与地下河相通的湖泊，可储存和调节地下水。

04.061 冰川冰 glacier ice
当降雪的积累大于消融时，地表的积雪逐年增厚，经一系列物理过程，由积雪逐渐转变成的微蓝色透明体。

04.062 冰川 glacier
冰川冰受自身重力作用沿斜坡缓慢运动或在冰层压力下缓缓流动的天然冰体。

04.063 冻土 frozen ground
温度低于0℃的含冰土。有多年冻土和季节冻土之分。长年处于冻结状态的土层称为多年冻土；如果冬季温度低于0℃土层冻结，

夏季则全部融化，称为季节冻土。

04.064 风蚀湖 aeolian lake
风蚀洼地或风蚀盆地大面积蓄水形成的湖泊。

04.065 大气环流 atmospheric circulation
指大范围内具有一定稳定性的各种气流运行的综合现象。

04.066 洋流 ocean current
指海洋中具有相对稳定流速和流向的海水，从一个海区向另一个海区大规模的非周期性运动。

04.067 产状 occurrence
岩层在地壳中的空间方位。

04.068 断陷盆地 fault subsidence basin
由断层所围限的陷落盆地。

04.069 大陆架 continental shelf
大陆周围较为平坦的浅水海域，从岸边低潮线开始向外海直至海底坡度显著增大的边缘为止的海底区域。

04.070 大陆坡 continental slope
大陆架外缘的陡坡，是大陆和海洋在构造上的边界。

04.03 资源不合理开发利用的地学响应

04.071 滑坡 land slip
由岩石、土体或碎屑堆积物构成的山坡体在重力作用下沿软弱面发生整体滑落的过程。

04.072 泥石流 debris flow
指山区介于挟沙水流或滑坡之间的土（泛指固体松散物质）、水、气混合流。

04.073 地面沉降 land subsidence
在一定的地表面积内地面高程累进下降的

现象。

04.074 海水倒灌 seawater encroachment
沿海地区由于陆地内河道水位低于海平面，从而引起海水向陆地回流的现象。

04.075 水土流失 water loss and soil erosion, soil and water loss
在水流作用下，土壤被侵蚀、搬运和沉积的过程。

04.076　全球[气候]变暖　global warming
全球的平均气温逐渐升高的现象。其原因可能是多方面的,如气候变化周期、温室效应等。

04.077　臭氧空洞　ozone hole
人类生产生活中向大气排放的氯氟烃等化学物质在扩散至平流层后与臭氧发生化学反应,导致臭氧层反应区产生臭氧含量降低的现象。

04.078　资源短缺　resource shortage
区域资源开发利用中由于资源自然分布贫乏或是资源过度消耗等造成资源需求量超过资源供应量的现象。

04.079　大气污染　atmosphere pollution
大气中污染物质的浓度达到有害程度,以至破坏生态系统和人类正常生存和发展的条件,对人或物造成危害的现象。

04.080　环境污染　environmental pollution
由于自然或人为原因引起的环境中某种物质的含量或浓度达到有害程度,危害人体健康或者破坏生态与环境的现象。

04.081　沙尘暴　sandstorm
强风将地面大量沙尘吹起,使大气浑浊,水平能见度小于1000m的灾害性天气现象。

05.　资 源 管 理 学

05.01　资源管理学基础

05.001　资源管理学　science of resource administration
基于自然资源变化规律和管理学基本原理,研究自然资源勘查、开发、利用和保护等过程的计划、组织、协调、监督、约束和激励等行为方式及其合理化的科学。

05.002　动态管理　dynamic administration
管理主体根据管理进程与管理环境间的关系及其变化,对管理目标、管理原则和管理方式等不断进行修正的管理行为。

05.003　适应性管理　adaptive administration
管理主体基于或适应国家、地区及公司管理环境、法律、政策、文化或规章等而确定并实施有针对性的管理理念、原则、目标和方式的管理行为。

05.004　市场失灵　market failure
对于非公共物品而言,由于市场垄断和价格扭曲,或对于公共物品而言,由于信息不对

称和外部性等原因,导致资源配置无效或低效,从而不能实现资源配置零机会成本的资源配置状态。

05.005　政府失灵　government failure
政府由于对非公共物品市场的不当干预而最终导致市场价格扭曲、市场秩序紊乱,或由于对公共物品配置的非公开、非公平和非公正行为,而最终导致政府形象与信誉丧失的现象。

05.006　公共选择　public option
国家、地区或社区,由辖区公民采取辩论、协商、投票等形式,决定所属公共物品的分配、使用、转让等处置方式的行为。

05.007　行政许可　administrative permission
行政机关根据公民、法人或者其他组织的申请,经依法审查,准予其从事特定活动的行政性管理行为。

05.008 激励机制 enthusiasm mechanism

管理者依据法律法规、价值取向和文化环境等,对管理对象之行为从物质、精神等方面进行激发和鼓励以使其行为继续发展的机制。

05.009 约束机制 constraint mechanism

管理者依据法律法规、价值取向和文化环境等,对管理对象之行为从物质、精神等方面进行制约和束缚以使其行为收敛或改变的机制。

05.010 安全管理 safety management

基于安全保障目标对相关过程与行为进行管理的行为或活动。

05.011 博弈 game playing

在多决策主体之间行为具有相互作用时,各主体根据所掌握信息及对自身能力的认知,做出有利于自己的决策的行为。

05.012 博弈论 game theory

根据信息分析及能力判断,研究多决策主体之间行为相互作用及其相互平衡,以使收益或效用最大化的一种对策理论。

05.013 寻租 rent seeking

企业等寻求经济收益如利润最大化机会,或政府寻求政治收益如政治局势稳定或政治关系牢固最大化机会的行为或过程。

05.014 政府寻租 government rent-seeking

政府以行政权力为主要手段寻求其利益最大化实现机会的行为或过程。

05.015 公地悲剧 tragedy of the commons

当资源或财产有许多拥有者,他们每一个人都有权使用资源,但没有人有权阻止他人使用,由此导致资源的过度使用,即为"公地悲剧"。如草场过度放牧、海洋过度捕捞等。

05.02 资源管理及其他

05.016 资源技术管理 technical management of resources

政府等管理主体运用遥感、地理信息系统、实地测量、报表汇总等技术手段对资源进行管理的行为总称。

05.017 资源公共管理 public management of resources

政府依据一定范围内的公众的意愿,直接或间接地对公共资源进行管理的行为之总称。

05.018 资源业主管理 owner management of resources

资源由业主、所有者或占用者自行管理的资源管理方式。

05.019 资源规划管理 planning management of resources

政府等管理主体运用规划手段对资源进行

总量、结构、空间等方面管理的行为总称。

05.020 资源系统管理 systematic management of resources

管理主体基于保持和提高资源系统之结构、功能与效率的目标,对资源进行系统及有针对性管理的资源管理方式。

05.021 资源属地化管理 local management of resources

资源由所在地政府进行管理的资源管理方式。

05.022 资源社区管理 community management of resources

基于社区福利最大化目标;社区成员在公共选择基础上,对社区所能支配的资源进行管理的资源管理方式。

05.023 资源垂直管理 vertical management

of resources

管理主体对管理客体及其相关资源行为,无需经过中间环节或中间层次而进行高端对末端直接管理的资源管理方式。

05.024 资源过程管理 process management of resources

着眼于资源勘察、开发、利用、保护和分配等过程的合理化的资源管理方式。

05.025 资源目标管理 target management of resources

着眼于资源效率或公平等最终目标实现程度的资源管理方式。

05.026 资源参与式管理 participatory management of resources

管理主体约请或允许管理客体在一定程度上参与资源管理活动的非被动式资源管理方式。

05.027 资源产业管理 resource-oriented industry management

管理主体对资源产业的界定、标准、运行、布局等进行的管理。

05.028 资源集权管理 centralized management of resources

管理权限相对集中在法定最高管理层次或最高机构的资源管理方式。

05.029 资源统一管理 uniform management of resources

在一个国家或地区内,资源法规、政策及管理体制统一的资源管理方式。

05.030 资源分散管理 separate management of resources

管理权限相对分散在不同管理主体或管理机构的资源管理方式。

05.031 资源分级管理 resource management level by level

中央及地方各级政府均承担相应独立管理责任和管理权限的资源管理方式。

05.032 资源核算管理 resource accounting management

运用资源数量核算、质量核算、价值量核算等资源核算方法,以及资源报告制度等,对资源进行系统动态管理的资源管理方式。

05.033 资源价格管理 resource price management

政府及组织等对资源及资源性产品价格的形成、变化、评估等进行管理的资源管理方式。

05.034 资源成本化管理 resource cost management

将资源消耗纳入生产成本范畴以进行经济增长和产品生产全成本核算的资源管理方式或程序。

05.035 资源成本管理 cost management of resources

资源勘察、开发、利用和保护的成本核算及其结果分析的行为或过程。

05.036 资源市场管理 resource market management

通过制定和执行规则,直接或间接地对资源市场的形成、布局、运行等进行管理以保证资源市场平稳有效运行的过程。

05.037 资源数量管理 resource quantity management

政府等管理主体对资源数量的增加、减少、平衡及其原因和过程等进行记录和管制的行为或过程。

05.038 资源质量管理 resource quality management

政府等管理主体对资源质量的提高、下降及其原因和过程等进行记录和管制的行为或过程。

05.039 资源信息化管理 resource management by information technology
运用信息手段对有用信息进行资源管理的资源管理方式或行为。

05.040 资源配给 resource quotation
资源短缺情况下,政府为满足社会各成员基本或最低需求而按人均定额进行非市场供给的资源分配方式。

05.041 资源配给制度 resource quotation system
资源短缺情况下,政府关于满足社会各成员基本或最低需求而按人均定额进行非市场供给的资源分配方式的系列规定。

05.042 资源寻租 resource rent seeking
在不同竞争和信息通道水平下,资源以不同成本或代价向收益或利润最高的部门或企业、个人转移,以使自身价值最大化的现象或过程。在不完全竞争或垄断、信息不对称或信息成本较高时,资源寻租的成本或代价也较高。

05.043 资源公示 resource management bulletin
政府等管理主体,就所控制范围内资源的供给总量与需求总量、资源开发利用和保护情况、相关计划等进行公布并征求意见的过程或行为。

05.044 资源公示制度 system of bulletin
政府等管理主体关于资源公示内容、形式、频率、对象及意见和建议处理方式等的一系列规定。

05.045 资源报告 resource reporting
政府向最高权力机构或下级政府向上级政府,就所管辖资源的数量、质量及开发利用等动态和平衡情况进行报告的管理方式或管理程序。

05.046 资源年报 resource annual reporting
政府向最高权力机构或下级政府向上级政府,每年就所管辖资源的数量、质量及开发利用等动态和平衡情况进行的报告。

05.047 资源核算 resource accounting
又称"资源会计"。政府等管理主体对一定空间和时间内的某类或若干类资源,在其真实统计和合理评估的基础上,从实物、价值和质量等方面,运用核算账户和比较分析的方法反映资源变化情况的行为或过程。

05.048 资源登记 resource register
资源占有或使用者就其资源的名称、类型、位置、数量、质量、用途、权属等情况,按规定程序以书面记录或电子登录等方式,在其所在地政府机构进行登录、核实、备案的过程。

05.049 资源审计 resource audit
权力机构或行政机构就一定时空范围内的资源行为及其结果所做的审计。

05.050 资源评估 resource appraisal
政府、团体、机构及个人自主或受托对一定时空范围内的资源,进行数量、质量、价值等方面进行评价的过程或行为。

05.051 资源估价 resource pricing
政府、团体、机构及个人自主或受托,对一定时空范围内的资源进行价格评定的过程或行为。

05.052 资源勘察 resource reconnaissance
政府、团体、机构及个人,自主或受托,对某个预定空间内的所有或主要资源及其开发利用保护状况等,或者对所选定某种资源的数量、质量、分布和开发利用保护状况等进行的调查过程或行为。

05.053 资源普查 resource censor
一个国家或地区的政府对辖区内资源的数量、质量、分布状况及开发利用和保护等情况所进行的全面调查。包括土地资源普查、水资源普查、矿产资源普查、生物资源普查、气候资源普查、旅游资源普查、海洋资源普查等。

05.054 资源开发 resource development
政府、企业或个人等具有独立行为能力的主体,主观有意地采取措施对资源数量、质量、分布等状况进行干预和改变以获取预期效益行为的总称。

05.055 资源开发利用外部性 externality of resource development and utilization
资源开发利用等行为超出资源系统而对生态、环境及社会系统等所产生的影响的总称。

05.056 资源拍卖 resource auction
资源产权主体或管理主体,将特定资源、资源性产品或资源区域的全部或部分权利,委托给具有相应资质的中介等机构,以公开信息、公平竞价和公正交易的方式,转让给合乎相关规定的最高应价者的资源交易方式。

05.057 资源租赁 resource rent
资源所有权与使用权产生分离时,资源使用者为取得一定时间内的资源使用权而向资源所有者支付一定费用即租金,且使用权期满后将资源使用权归还资源所有者的一种经济活动或经济关系。

05.058 资源转让 resource transfer
资源使用者在其所取得的使用期限内,以出售、赠与、继承、交换、作价出资或其他合法方式,将剩余期限内的资源使用权转移给其他单位或个人的行为。在中国资源转让主要包括土地使用权转让和矿业权(含探矿权)、采矿权的转让。

05.059 资源托管 resource trusteeship
资源所有者将一定时间和空间的资源的管理权力委托给具有某种资质的机构或个人,按约定或其他相关规定进行相应管理的资源管理方式或资源管理关系。

05.060 国土规划 territory programming
根据国家社会经济发展战略方向、目标和要求,以及规划区自然资源、生态环境、经济基础、社会条件、科技水平等,按规定程序制定的全国或区域性的国土开发整治方案。

05.061 国土整治 territory reconstruction
按照自然规律、经济规律及社会发展要求,在资源调查、评价基础上,运用经济、技术、法律等措施,对国土资源进行有计划的治理、开发、利用和保护的行为或活动的总称。

05.062 资源意识 resource knowledge
国家、民族、组织、机构和公民等关于自然资源数量、质量、功能,以及开发、利用、保护与节约等方面的了解和认识的总称。

05.063 资源观念 resource concept
国家、民族、组织、机构和公民等关于自然资源数量、质量、功能,以及开发、利用、保护与节约等方面的基本看法。

05.064 资源文化 resource culture
国家或地区、民族或公民关于自然资源形成与演化、开发与保护、利用与节约等方面的物质和精神财富的总称。

05.065 资源行为 resource behavior
政府、组织、机构、个人对自然资源勘察、开发、利用、保护等方面的一切活动的总称。

05.066 资源消费偏好 resource consumption preference
资源消费者对资源或资源品数量、质量、价格、时间、地点等方面的偏爱、喜好等倾向性要求。

05.067 资源伦理 resource ethics
民族或个人针对资源的物性、人与资源间关系、当代人际资源关系以及代际资源关系等方面的基本态度。

05.068 资源所有制 resource ownership

国家或地区基于法律体系的关于自然资源所有、占有、支配、受益等方面的基本规定或制度。

05.069　资源治理　positive intervening to resources

基于增加资源品种或数量、提高资源质量、改善资源功能,对资源及其自然过程进行定向干预的行为或活动。

05.070　资源仲裁　resource arbitration

行政机构或其委托机构,依据相关法律等制度,对资源所有权、使用权、占有权和受益权等权益争执的公平裁决。

05.071　资源监督　resource supervision

立法机构、上级行政机构或民间机构对某级行政机构的资源调查、开发、利用、保护和分配等行为及其合理性、合法性所进行的监督的总称。

05.072　资源效率　resource efficiency

单位资源所产生的经济、社会、生态和环境等有益效果的相对数量。

05.073　资源平衡　resource balance

资源供需数量、质量在时空上相对吻合的状况。

05.074　资源纠纷　resource conflicts

不同产权主体之间关于资源所有、占有、使用和受益等权利的争执。

05.075　资源私有化　resource privatization

将国家和集体所有或无明确产权的资源,由政府或其委托机构,按照一定规定和程序,无偿或有偿地转化为私人所有的活动或过程。

05.076　资源国有化　resource nationalization

将私人或集体所有或无明确产权的资源,由政府按照规定和程序,以无偿或有偿地、赎买或非赎买方式,转化为国家所有的活动或过程。

过程。

05.077　资源报告制度　resource reporting system

关于资源报告主体、形式、内容、频率、批准或通过相关事宜的一系列规定或安排。

05.078　资源统计制度　resource statistics system

关于资源统计项目、统计主体、统计频率、统计形式、统计内容等的一系列规定或安排。

05.079　资源核算制度　resource accounting system

关于资源核算主体、对象、内容、形式、账户、频率及结果处置等相关事宜的一系列规定或安排。

05.080　资源审批制度　resource examining and approving system

关于政府或其委托机构对法人或自然人所提出的资源诉求,进行权益人资格认定、资源用途及其规模和期限认定、资源贸易形式及对象认定等方面的系列规定。

05.081　资源质询　resource interpellation

公众或其代言人,对本地区的资源开发、利用、保护及储备等行为之合理性、及时性等,进行质疑、询问及督促的行为或过程。

05.082　资源功能区划　functional zoning of resources

一个国家或地区,根据社会和经济发展总体目标及由此所决定的资源需求,以及内部各空间单元的资源比较优势格局等,明确各空间单元资源开发前景、相对地位,划分出资源开发区、资源保护区、资源储备区和资源接替区等功能区域的行为或过程。

05.083　资源准入　resource entrance

政府依照法律法规及其他相关规定,对法人或自然人开发和利用某种资源进行资格限制和认定的行为或过程。

05.084 资源准入制度 resource entrance system

政府依照法律法规及其他相关规定，所做出的关于法人或自然人开发和利用某种资源的资格限制和认定的系列规定。

05.085 资源许可 resource permission

政府依照法律法规及其他相关规定，允许某个法人或自然人开发、利用某些或某类资源的行为或过程。

05.086 资源管理效能 effectiveness of resource management

资源管理实现预期效果的程度，或单位资源管理投入所产生的预期效果。

05.087 资源全球化 resource globalization

在经济全球化及反资源垄断环境中，所出现的资源国际自由流动和无障碍贸易。任何国家或地区均不同程度地依靠其他国家或地区的资源供给的现象或过程。

05.088 资源交易 resource dealing

国家之间或地区之间，就资源开发利用和供给等所达成的交换、合作等关系的行为或过程。

05.089 资源贸易 resource trade

国家之间或地区之间，基于资源供求关系及其他考虑，所达成的关于资源交换的关系。分为国际资源贸易和区际资源贸易。

05.090 资源集团 resource group

若干相同资源条件的国家、地区或企业，基于保护自身利益考虑，为增强在资源供给或资源需求方面的发言权或谈判能力，而结成的以资源统一供给或统一需求为主要特征的资源组织。如统一石油供给行为的石油输出国组织。

05.091 资源共同体 resource community

在共同需要的基础上，基于保护各自利益的考虑，国家之间、地区之间、企业之间或个人之间，在资源供给、资源需求或资源供求方面所达成的内部协调协商和相互依存，并一致对外的资源利益集团。

05.092 资源决策 resource decision making

国家、地区、企业或个人关于资源处置的策划和决定的行为或过程。

05.093 资源国策 state policy of resources

为国家最高权力机构确认并被置于国家最高政策层面，在全国均高度统一并长期延续执行的资源政策。如资源节约国策、资源保护国策，以及建立开放稳定高效的资源安全保障体系等。

05.094 资源法规 resource law

国家或地区立法机构所通过的关于资源所有、占有、使用、转让、受益等方面的法律和法规。

05.095 资源组织 resource organization

政府间或民间为了某种共同的资源需求和目标，而自愿以某种约定形式结成的组织。如石油输出国组织、绿色和平组织等。

05.096 资源机构 resource agency

从事或涉及资源勘察、开发、利用、保护、贸易、研究等立法、执法、行政、民意、科研、教学等机构的总称。

05.097 负责的资源政策 responsible resource policy

着眼于本国、本地区、本民族根本和长远利益，基于多数民众意见和价值取向，所制定的具有较长时效性、较高稳定性和较大包容性的资源政策。

06. 资源信息学

06.01 资源信息学概论

06.001 资源信息学 resource informatics
资源信息学是研究与人类生存和发展密切相关的各种自然及社会资源信息的形成机理及其获取、处理、存储、管理、分析、传输、应用相关联的理论与方法论的科学。

06.002 资源信息学方法论 methodology of resource informatics
运用资源信息学的观点,把资源学研究的对象看作是一个资源信息流动的系统,通过对信息流程的分析和处理,达到对资源学研究对象运动规律认识的一种科学方法。

06.003 资源信息学技术体系 technical system for resource informatics
由信息技术和资源工程技术融合而成,可分为:底层公共信息技术,上层资源工程信息技术。

06.004 信息论 information theory
应用数理统计方法研究信息处理和传递的理论。

06.005 狭义信息论 narrowly informatics
以数学方法研究通信技术中关于信息的传输和变换规律的理论。

06.006 广义信息论 broadly informatics
研究物质和能量信息时空分布不均匀度的理论。它研究的对象不是事物本身,而是事物的表征,是事物发出的信号、消息等所包含的内容,是表征事物的运动状态、事物之间的差异或相互关系。

06.007 资源信息产生 formation of resource information
资源的获取和利用首先依赖于资源信息,是资源对象本身属性的表征。从古人类开始,资源信息就以各种方式被人类记录和传承。

06.008 资源信息源 source of resource information
所要传输的资源信息的原始消息或信息的来源。

06.009 资源信息获取 resource information acquisition
从各种资源信息源搜集信息开始、到获得资源信息的全过程。

06.010 资源信息分类 classification of resource information
从不同的角度,按照资源信息某种特征和体系进行分门别类。

06.011 资源信息存储 resource information storage
按照一定的格式及管理模式将资源信息保存到存储介质中的过程。

06.012 资源信息数据库 resource information database
一种由资源信息记录组成的文件。每个记录包含若干个字段及其相应的一组操作,可以进行查询、排序、重组等处理。是资源信息进行科学地组织和管理的实体和一种存储方式的统称。

06.013 资源信息属性数据库 attribute database for resource information

以一定的数据结构存储和管理资源信息属性数据的数据库,内容有定性数据、定量数据和文本数据。

06.014 资源信息空间数据库 spatial database of resource information

以一定的数据结构存储和管理现实资源空间实体要素(元素)的数据库,不仅能够反映数据本身的内容,而且反映数据之间的空间联系。

06.015 资源信息处理 resource information processing

对获取的资源信息,用一定设备和手段,按一定的要求、目的和步骤进行加工的全过程。包括信息加工、分析、传递、存储、检索和输出等。

06.016 资源信息管理 resource information management

在计算机系统中对资源信息活动各种要素(信息、人、机器、机构等)进行合理的组织和控制的全部内容。

06.017 资源信息管理系统 management system for resource information

面向资源信息的、基于计算机的处理和组织信息的系统。

06.018 资源信息分布式管理 distributing management of resource information

通常是指将资源信息分布在不同地点服务器(或其他设备)上,通过网络环境进行管理的方式。

06.019 资源信息建设 resource information construction

为满足客观实际需要,采用现代信息技术,按照一定的标准收集、整理和加工资源信息的过程。

06.020 资源信息维护 resource information maintenance

保持资源信息的真实性、完整性和实时性的操作和管理工作。主要内容是数据更新,即指时间上的更新、空间上的更新和方法上的更新。

06.021 资源信息传输 resource information transmission

资源信息从一地(发送端)通过介质向另一地(接收端)的传递。主要指有线传输和无线传输;数据传输、数字传输和模拟传输。

06.022 资源信息应用 resource information application

以科学研究、经济建设或社会与环境效益为目的、直接或间接地利用资源信息为其服务的过程。

06.023 资源信息用户 users of resource information

资源信息的使用者。

06.024 资源信息标准 resource information standard

对资源信息中的重复性事物或概念所做的统一规定。由主管部门批准,以特定形式发布,并成为共同遵守的准则和行动依据。

06.025 资源信息规范 resource information criterion

在资源信息生产和使用过程中,在一定范围内经协商制定的、需要大家必须遵循的一系列明文规定或约定俗成的规则。

06.026 资源信息标准化 standardization of resource information

按照资源信息科学分类、统一编码和规范名词术语等对资源信息整合和集成的过程。

06.027 资源信息编码 resource information code

在信息分类的基础上将分类的结果用一种易于被计算机和人识别的符号体系表示出来的代码。

06.028　资源信息元数据　resource information metadata

元数据是关于数据的数据。在资源信息数据中,元数据是说明数据内容、质量、状况和其他有关特征的背景信息的数据。

06.029　资源信息元数据标准　metadata standard of resource information

编制资源信息元数据时必需遵循的规则,它是数据生产者和用户在处理元数据的交换、数据共享和数据管理等诸多问题时的共同语言。

06.030　资源信息元数据库　metadatabase of resource information

存储资源信息元数据的数据库,其目的是便于计算机管理。

06.031　资源信息数据词典　dictionary of resource information data

记录和描述资源信息数据库数据项内容和相互关系的一种文本,或者说是一种关于资源信息数据描述的信息。

06.032　资源信息特征　characters of resource information

有别于一般信息,是资源信息特有的特点,即区域分布性、时序性、交叉相关性、持续动态性、多维结构性等。

06.033　资源信息结构　resource information structure

资源信息结构由资源信息元数据和数据体两大部分所构成。

06.034　资源信息类型　type of resource information

从不同角度对资源信息进行分类,形成的不同体系类型。

06.035　资源信息图形数据　graphic data of resource information

以图形格式进行存储的资源信息数据。主

要表达各类资源要素、资源现象的空间坐标及空间拓扑关系。

06.036　资源信息影像数据　image data of resource information

通过航空、航天或其他遥感方式所获得的资源影像数据,采用拍摄、扫描或其他方式获得的资源对象的形象再现,以及经过处理后具有视觉特征的选择性数字记录。

06.037　资源信息属性数据　attributive data of resource information

描述或修饰资源要素属性的数据。包括定性数据、定量数据和文本数据。

06.038　资源信息空间分布　spatial distribution of resource information

资源信息尤其是自然资源信息具有地理位置属性,即空间属性。在地理位置上的分布是变化的、不均的。

06.039　资源信息时间序列　time-series of resource information

资源信息具有时间属性。对资源的历史信息和现时信息的记录,构成资源信息的时间系列。

06.040　数字资源信息　digital resource information

采用现代数字技术和手段,将各种自然和人文资源以文字、图像、图形、语言、声音等形式记录下来的所有信息。

06.041　资源信息量　resource information quantity

资源信息多少的量度。有不同的计量方法,可以按十进制、二进制、十六进制、比特数等方式表达。

06.042　资源信息存量　resource information inventory

人们对各种资源认识的知识总和。在资源信息学中多指建成数字化的资源信息总量。

06.043 资源信息增量 resource information increment

指人们有关资源信息存量不断增加的部分。在资源信息学中多指建成数字化的资源信息的增加量。

06.044 资源信息评价 resource information evaluation

对资源信息从概念框架、组织方式、结构模型、系统功能、信息获取、信息存储、信息传输、信息加工处理和信息质量等方面的科学性所进行的总体和局部的评判。

06.045 资源信息质量 resource information quality

资源信息的评价标准之一。包括信息的准确性、完整性、一致性、相关性、时限性、有效性以及需求的满意度等。

06.046 资源信息共享 resource information sharing

按照一定规则供用户无偿或有偿使用的过程。是一种开放的服务方式，但它并不是随意的，在信息密级、使用范围、使用权限等方面都受到一定的约束。

06.047 资源信息共享规则 regulation of resource information sharing

协调数据生产者、数据发布者和用户之间关系的一种约定，是数据共享活动中各方共同遵守和使用的规范性文件。

06.048 资源信息发布 publication of resource information

数据生产者把完整的资源信息或数据集信息向社会公开的过程。是资源信息共享的最直接服务方式。

06.049 资源信息价值 resource information worth

资源信息中凝的人类劳动。包括资源信息功用在内的、通过科学、社会、经济和市场体现的价值。

06.050 虚拟资源研究 virtual resource research

以计算机、网络为基础，综合采用虚拟现实技术、仿真技术、地理信息系统技术、遥感技术、可视化等技术手段对资源研究对象时空变化进行的模拟研究，能够输出多种直观的、自然演变的可能性和经过人为干预后的情景，为资源管理决策提供科学依据。

06.051 资源研究虚拟环境 virtual environment for resource research

利用信息技术和设备（如虚拟现实技术、仿真技术、地理信息系统技术、遥感技术等）构建的、具有身临其境感觉的、能够进行资源研究的模拟三维环境。

06.052 资源信息网络 network of resource information

为资源信息交换所建立的组织和技术体系。在信息科学技术中指为资源信息数据库之间、资源信息用户之间、应用系统间，以及它们相互间进行信息交换的基础设施。

06.053 资源信息网站 website of resource information

在万维网上，以传播、交流、服务于资源科学领域综合的，或分专业信息的超文本传送协议（HTTP）服务器，能提供一组有关联的超文本置标语言（HTML）的资源信息文档及相关文件、过程和数据库。

06.054 资源信息服务网络 service network of resource information

以资源信息服务为目的的组织和技术体系，是在信息科学技术中集信息服务系统、网络管理系统、资源信息用户于一体，为各种资源信息用户提供综合信息服务的计算机网络体系。

06.055 资源信息用户网络 user network of

resource information

通过万维网使用资源信息的用户的集合。

06.02　资源信息技术基础

06.056　信息技术　information technology
利用电子计算机、遥感技术、现代通信技术、智能控制技术等获取、传递、存储、显示和应用信息的技术。

06.057　计算机　computer
一种用于高速计算的电子计算机器,可以进行数值计算,又可以进行逻辑计算,还具有存储记忆功能。

06.058　个人计算机　personal computer
面向个人使用的计算机。键盘、鼠标、主机、显示器为最基本的组成部分。

06.059　巨型计算机　supercomputer
又称"超级计算机"。融入了当今最尖端技术、具有每秒千亿次以上计算速度的、价格昂贵的计算机。

06.060　服务器　server
局域网中,一种运行管理软件以控制对网络或网络资源(磁盘驱动器、打印机等)进行访问的计算机,并能够为在网络上的计算机提供资源使其犹如工作站那样地进行操作。

06.061　计算机技术　computer technology
研究计算设备的科学技术。包括计算机硬件、软件及其应用等诸多内容。

06.062　计算机软件　computer software
计算机程序或使机器硬件工作的指令集。

06.063　数据库软件　database software
用于数据管理的软件系统,具有信息存储、检索、修改、共享和保护的功能。目前流行的数据库软件有 Access、Sybase、SQL server、ORACLE、Foxpro 等,它们都属于关系型数据库软件。

06.064　地理信息系统软件　GIS software
能够提供地理空间信息存储、分析和显示功能的工具的软件。一般分两部分:核心软件和应用软件。核心软件包括数据处理、管理、地图显示和空间分析等部分;应用软件提供一些特殊的功能,如网络模型、数字地形模型分析等。

06.065　万维网　World Wild Web,WWW
连接着驻留在世界各地的超文本传送协议(HTTP)服务器上超文本文档的总体集合。万维网上的文档称为页面或网页,是由超文本置标语言(HTML)编写,用统一资源定位地址(URL)标识。

06.066　因特网　Internet
世界范围内网络和网关的集合体,使用通用的 TCP/IP 协议簇进行相互通信,是一个开放的网络系统。有三层结构特征:用户驱动网;区域网;骨干网。

06.067　内联网　intranet
一种基于网际协议,为一个企业、公司或组织内部设计的专用网络。

06.068　遥感技术　remote sensing technology
在一定距离以外不直接接触物体而通过该物体所发射和反射的电磁波来感知和探测其性质、状态和数量的技术。

06.069　地球观测系统　earth observation system,EOS
从 20 世纪 80 年代开始,美国与欧洲空间局、加拿大、日本进行合作,提出的一项研究全球变化的计划。

06.070　航天遥感　space remote sensing
在地球大气层以外的宇宙空间,利用太空平

台(以人造卫星为主体,包括载人飞船、航天飞机、太空站和各种行星探测器)上的探测器对行星进行探测的遥感技术系统。

06.071　卫星遥感　satellite remote sensing
以人造地球卫星作为遥感平台的各种遥感技术系统的统称。主要是利用卫星对地球和低层大气进行光学和电子探测。

06.072　航空遥感　aerial remote sensing
以航空飞行器(飞机、飞艇、气球等)为平台,装载各种遥感仪器在大气层内获取地面遥感信息的技术。

06.073　地面遥感　ground remote sensing
以高塔、车、船为平台的遥感技术系统。将地物波谱仪或其他传感器安装在这些平台上,进行各种地物波谱测量、探测和采集地物目标信息。

06.074　可见光遥感　visible light remote sensing
利用 $0.4 \sim 0.7 \mu m$ 可见光光谱波段本身和在大气中传输的物理特性的遥感技术。

06.075　反射红外遥感　reflected infrared remote sensing
利用电磁波谱中反射红外($0.7 \sim 2.5 \mu m$)波段本身和在大气中传输的物理特性的遥感技术统称。

06.076　热红外遥感　thermal infrared remote sensing
利用电磁波谱中 $8 \sim 14 \mu m$ 热红外波段本身和在大气中传输的物理特性的遥感技术统称。

06.077　微波遥感　microwave remote sensing
利用波长 $1 \sim 1000 mm$ 电磁波本身和在大气中传输的物理特性的遥感技术统称。微波遥感对云层、地表植被、松散沙层和冰雪具有一定的穿透能力,可以全天候工作。

06.078　多谱段遥感　multispectral remote sensing
又称"多波段遥感"。将观测物体发射(反射)的电磁波分成几个窄的波段,分别记录的遥感技术。

06.079　高光谱分辨率遥感　hyperspectral remote sensing
在紫外到中红外波段范围内,划分成许多非常窄且光谱连续的波段来进行探测的遥感系统。与多谱段遥感相比,其光谱分辨率较高。

06.080　合成孔径雷达　synthetic aperture radar, SAR
一种高分辨率的二维微波对地成像系统。能够全天候工作,有效地识别伪装和穿透掩盖物。

06.081　激光遥感　laser remote sensing
利用激光的物理化学性质制成的设备进行遥感的技术。

06.082　全球定位系统　global positioning system, GPS
具有在海、陆、空进行全方位实时三维导航与定位能力的卫星导航与定位系统。包括地面控制部分、卫星系统和用户装置部分。

06.083　计算机仿真　computer emulation
借助高速、大存储量数字计算机及相关技术,对复杂真实系统的运行过程或状态进行数字化模拟的技术。

06.084　虚拟现实　virtual reality, VR
一种模拟三维环境的技术,用户可以如在现实世界一样地体验和操纵这个环境。

06.085　3S 集成技术　3S integrated technology
以遥感(RS)、地理信息系统(GIS)、全球定位系统(GPS)技术为基础,辅以其他相关高技术有机地构成的新型空间信息集成技术。

06.086　资源遥感调查　resource remote sensing survey

通过遥感技术获取地球表面地物的反射、辐射信息,以此为基础研究地球上各种资源的数量、质量及空间分布信息的过程。

06.087　资源信息观测　resource information observation

对资源要素及其环境中的物理、化学和生物要素进行观察、测量和记载的过程。

06.088　定位观测　observation of fixed station

在典型地域设置长期或短期资源定位观测站点,并定时或连续进行资源要素及环境要素观测的过程。分人工观测和自动观测。

06.089　流动观测　moving observation

指不固定时间和地点的观测形式。

06.090　观测台站网络　observing station network

根据资源观测的目的,在一定地域合理地布设一批资源观测站点,在空间分布上呈网络状,在观测内容方面按统一的规范标准进行。

06.091　资源对地观测　earth observation for resources

以遥感技术作为主要手段从空间对地球资源进行的观测,获取信息并用于研究其状态、分布和变化的过程。

06.092　农业遥感　remote sensing in agriculture

应用遥感方法获取地面农业信息,以及应用这些信息为农业科学研究、生产和管理等服务的理论、方法和技术。

06.093　遥感农情监测　agricultural condition monitoring using remote sensing

应用遥感信息和遥感方法监测农作物生长的过程。

06.094　林业遥感　remote sensing in forestry

应用遥感方法获取林区地面物体信息和应用这些信息为林业科学研究、生产和管理等服务的理论、方法和技术。

06.095　草地遥感　remote sensing in grassland

应用遥感技术获取草地信息和应用这些信息进行草地资源的调查、评价和监测等工作的理论、方法和技术。

06.096　地质遥感　remote sensing in geology

利用遥感技术,结合表层物体的波谱特征和空间分布进行区域地质、矿产调查、环境地质勘查与监测的理论、方法和技术。

06.097　油气遥感　remote sensing in oil and gas

利用遥感技术获得地球表层的电磁波信息,在油气地质学理论的指导下,通过目视解译及计算机图像处理等手段,提取油气地质构造和油气藏烃类微渗漏信息,为油气勘探提供科学依据。

06.098　海洋遥感　remote sensing in ocean

利用遥感技术监测海洋中各种现象和过程。

06.099　城市遥感　remote sensing in city

应用遥感技术和手段获取城市环境、生态、资源利用等方面的信息,服务于城市规划、城市建设、路网布局等。

06.100　全球变化遥感　remote sensing in global change

应用遥感技术获取地表和大气的信息,研究和监测全球环境变化活动。

06.101　灾害遥感　remote sensing in disaster

应用遥感技术,作为宏观、综合、动态,快速而准确的监测手段,获取自然灾害的发生、发展及受灾的损失情况信息,进行区域调查研究及预测、预报。

06.102　资源动态监测　resource dynamic monitoring

为了解资源本身及其反映它们的信息时空动态变化过程为目的的监测。

06.103　资源普查统计　resource census statistics

专门组织的对一种或多种资源数量及其特征,定期或不定期进行全面调查的工作。

06.104　资源抽样统计　resource sampling statistics

按照随机原则从资源开发利用现象的总体中,抽取一部分个体进行统计调查,用调查的个体样本推断总体的某些指标的一种非全面调查统计。

06.105　资源信息整合　information conformity of resources

通过各种有效的手段和工具将已有资源信息集合在一起,生成满足不同用户需求的新的资源信息集合体。

06.106　资源信息集成　integration of resource information

在一定的计算机软、硬件环境下,通过对各种资源信息数据的规范化处理,形成统一的数据标准和体系,并把它们有机地融合在一起,进行有效管理。

06.107　资源信息录入　resource information inputting

将资源信息(数字、文字、图形、图像、语音等)录入计算机的过程。常用方法有键盘录入、扫描录入、数字化仪录入、语音录入等多种方式。

06.108　资源信息数字化　digitizing of resource information

非数字的资源信息转换为数字资源信息的过程。

06.109　资源信息空间化　spatialization of resource information

将统计、观测、遥测等手段获得的不连续资源信息,用空间插值、中间变量等方法按照一定的分辨率连续地分布在地理坐标空间中的过程。

06.110　资源信息可视化　visualization for resource information

利用可视化技术,并结合资源信息的特点以人们易于理解和接受的图形和图像形式,将资源科学研究、资源开发、利用和保护等活动展现出来的过程。

06.111　资源遥感图像处理　image processing of resource remote sensing

以资源调查、研究、应用等为目的,将获得的资源遥感信息进行图像处理的过程。主要有光学处理和计算机数字图像处理。

06.112　资源信息压缩　compression of resource information

以一定的质量损失为容限,按照某种方法从给定的信息源中推导归纳出已简化的或被"压缩"的资源信息表达式。

06.113　资源信息融合　fusion of resource information

在几个层次上完成对多源资源信息的处理,其中每一个层次都表示不同级别的信息抽象,通过对不同层次的资源信息探测、互联、相关、估计以及信息组合,以获得更为准确的资源信息的过程。

06.114　资源信息图形编辑　graphic editing of resource information

为对资源图形数据(包括相应的属性数据)

进行存储、查询、检索、分析、管理和应用,实现对图形的有效组织,需要对资源数字图形进行修改和处理的过程。

06.115 资源信息存储介质 storage medium of resource information

能够存储资源信息的物理介质。在信息领域主要指计算机系统的用于存储信息的物理介质,如计算机硬盘、磁带、光碟等。

06.116 资源信息数据编码 data coding of resource information

在资源信息数据分类的基础之上,根据信息处理、应用需要而设计的,并按科学原理和一定的规则赋以代码。

06.117 资源信息仓库 resource information warehouse

一个用于支持管理决策的、面向主题的、集成的、相对稳定的、反映历史变化的资源信息集合体。

06.118 资源信息数据备份 backup of resource information data

在系统遭受破坏或其他自然的和人为的灾难发生的时候,不至于造成更大损失而对现有资源信息数据和系统进行拷贝和异地存放的复制品。

06.119 地理信息系统 geographical information system, GIS

能集成、存储、检索、操作和分析地理数据,生成并输出各种地理信息的系统。

06.120 资源信息数据输入 resource information data input

将资源信息转换为计算机可识别形式所进行的工作,以及从甲设备向乙设备传输资源信息的过程。

06.121 资源信息数据输出 resource information data output

从数据处理装置(一般指计算机)或存储器中取出资源信息的过程。

06.122 资源信息回放 resource information replay

将已存储在计算机磁盘(硬盘或软盘)、光碟或磁带等输出媒体里的数据,用计算机显示终端或屏幕显示器在程序控制下读出并显示的操作。

06.123 资源信息数据显示 resource information data display

资源信息在计算机显示屏幕上的展现。

06.124 资源信息检索 resource information search

人们在计算机或计算机检索网络的终端机上,使用特定的检索指令、检索词和检索策略,从万维网上、局域网或特定资源信息数据库中搜寻所需信息,再由终端设备显示或打印的过程。

06.125 资源信息更新 resource information update

由于资源信息的"时空性"和"相对性",需要定期和不定期地用新的资源信息替换或修改已有资源信息的过程。

06.126 资源信息挖掘 resource information mining

一般指从大型数据库(或基于网络的分布式数据库)的数据中提取人们感兴趣的知识,形成结论性的、有用信息的过程。

06.127 资源信息系统产品 product of resource information system

按照人们的需要,应用资源信息系统或其他系统处理后形成的资源信息成果。有数字、图像、语音、文字、数据集等多种形式。

06.128 资源信息通信 resource information communication

利用通信设备将数据、文字、图形、图像、声音等各种形态的资源信息从一个资源信息系统或网络结点传送到另一个系统或结点的过程及技术。

06.129 资源信息概念模型 resource information conception model

根据应用需求的不同层次,从传统经验出发,对资源领域客观事物和现象进行抽象和定性描述的思维过程而形成的模型。

06.130 资源信息结构模型 resource information structure model

表征资源系统客观实体的内部组成以及各主要控制因子之间的相互关系和作用方式的静态模型。

06.131 资源信息数学模型 mathematic model of resource information

用数学概念、数学理论体系、各种数学公式以及由公式系列构成的算法表达形式。

06.132 资源评价指标体系 resource evaluation index framework

以评价资源为目标,对资源系统及各子系统的内在特征和外部联系进行描述和界定的指标序列。

06.133 资源评价模型 resource evaluation model

在特定的时空范畴内,以概念、结构或数学公式反映资源对人类生存及社会经济可持续发展的适宜程度的应用形式。

06.134 资源评价专家系统 expert system of resource evaluation

以资源评价为目标的基于知识的智能程序系统,通过对资源科学专家的知识和经验规则的总结,模拟专家进行资源评价问题的推理、判断和决策。

06.135 资源利用决策支持系统 decision support system for resource utilization

在计算机人工智能技术支持下,综合利用各种资源数据、信息、知识和模型,辅助各级决策者解决资源开发利用中的半结构化决策问题的应用系统。

06.136 资源信息时间序列分析 time-series analysis of resource information

应用数理统计方法对资源的各类特性和数量依时间序列而发生变化的规律进行分析的过程。

06.137 资源信息空间分析 spatial analysis of resource information

从空间分布角度出发,分析资源信息的状态、特征,为资源开发、利用和保护服务。

06.138 资源信息多维分析 multi-dimension analysis for resource information

通过对资源信息二维地理要素及其相关的不同类型的 z 坐标值的计算、比较等,获得符合某种应用要求的数据和三维曲面图形的方法。

06.139 资源信息综合分析 synthetical analysis of resource information

从系统的观点出发,对资源利用过程进行分析和综合,提出几种决策方案,供决策者选择最佳方案的整个过程。

06.140 资源综合评价信息系统 information system for synthetical evaluation of resources

在单项资源评价基础上,从总体角度对资源进行的综合鉴定和分等定级处理的应用系统。

06.141 可持续发展评价指标体系 evaluation index system for sustainable development

为可持续发展的目标,依据一定基本原则进行设置的一组具有典型代表意义、同时能全面反映可持续发展各要素(经济、科技、社会、军事、外交、生态、环境等)及子要素状况特征的指标体系。

06.142　可持续发展综合评价信息系统 synthetical evaluation information system for sustainable development

以可持续发展指标体系为框架,对特定区域可持续发展的潜力、状态、趋势进行综合分析、评判的应用软件系统。

06.143　资源演变模拟 simulation of resource evolvement

对资源领域复杂的现实世界进行抽象和简化成模型系统,通过模型系统状态参数、结构参数的调整和设置,对特定区域特定类型的资源演变进行计算机仿真的处理过程。

06.144　资源情景 resource scenario

根据资源现状和历史演变趋势,对某区域特定时间可能出现的资源状况所作的预测。

06.145　虚拟资源建模 virtual modeling of resources

在虚拟现实技术支持下,对现实资源系统进行模型化、形式化和计算机化的抽象描述和表示,从而建立现实资源系统在虚拟地理环境之中的映射的处理过程。

06.146　资源信息模型库 resource information model base

存储在计算机上的有组织、可重用、能共享的资源信息模型集合,是原始数据分析的工具库。

06.04　资源学科信息

06.147　资源学科信息 information of science of resources

反映资源学各子学科研究对象、方法、理论等内容的,可以用数字、文字、符号、声音、图像、图形、遗迹和比特等表征它们的信号和消息的总称。

06.148　地球资源信息 earth resource information

表征地球资源对象的理论、方法、数量、质量等的信号和消息。其中有些信息能够被人类感知、探测、接收、处理、分析,尚有大量的信息还不能被理解和发现。

06.149　自然资源信息 natural resource information

表征自然资源学科研究对象、理论、方法、数量、质量以及开发、利用、保护等的信号和消息。

06.150　土地资源信息 land resource information

表征土地资源学科研究对象、理论、方法、数量、质量以及开发、利用、保护等的信号和消

息。

06.151　水资源信息 water resource information

表征水资源学科研究对象、理论、方法、数量、质量以及开发、利用、保护等的信号和消息。

06.152　气候资源信息 climatic resource information

表征气候资源学科研究对象、理论、方法、数量、质量以及开发、利用、保护等的信号和消息。

06.153　农业资源信息 agricultural resource information

表征农业资源学科研究对象、理论、方法、数量、质量以及开发、利用、保护等的信号和消息。

06.154　林业资源信息 forest resource information

表征林业资源学科研究对象、理论、方法、数量、质量以及开发、利用、保护等的信号和消

息。

06.155 生物资源信息 biological resource information

表征生物资源学科研究对象、理论、方法、数量、质量以及开发、利用、保护等的信号和消息。

06.156 矿产资源信息 mineral resource information

表征矿产资源学科研究对象、理论、方法、数量、质量以及开发、利用、保护等的信号和消息。

06.157 能源资源信息 energy resource information

表征能源资源学科研究对象、理论、方法、数量、质量以及开发、利用、保护等的信号和消息。

06.158 海洋资源信息 marine resource information

表征海洋资源学科研究对象、理论、方法、数量、质量以及开发、利用、保护等的信号和消息。

06.159 人口资源信息 population resource information

表征人口资源学科研究对象、理论、方法的信号和消息。主要包括人口分布数量、人口

结构、自然增长状况及计划生育等方面的内容。

06.160 社会经济信息 social-economic information

表征社会经济学科研究对象、理论、方法、数量、质量、分布状况等的信号和消息。广义的社会经济信息是一定区域范围内除自然资源信息以外的所有其他资源信息的总称。

06.161 旅游资源信息 tourism resource information

表征旅游资源学科研究对象、理论、方法的信号和消息。包括旅游资源分布,拥有量,开发潜力及开发利用程度、状况方面的信息。

06.162 太空资源信息 outer space resource information

表征太空资源学科研究对象、理论、方法的信号和消息。太空资源范围很广,如微重力环境、太阳能及其他环境资源。

06.163 月球资源信息 lunar resource information

表征月球资源学科研究对象、理论、方法的信号和消息。是利用太空对月球观测平台或载人登月探测等方法获取的有关月球资源的信息。

07. 资 源 法 学

07.01 资源法学概论

07.001 资源法学 science of resource law
又称"自然资源法学"。它是研究资源法并随着资源法的产生和发展而形成发展起来的一门法律科学。资源法学的研究对象是资源法,它为国家制定和实施资源法提供理论依据,为公民和单位维护资源权益提供指

南。

07.002 资源法 resource law
国家为调整人们在开发、利用、整治、保护和管理自然资源过程中所发生的各种社会关系而制定的法律规范的总称。

07.003　资源管理法　resource management law

国家为加强对资源开发、利用、整治和保护过程中的管理工作而制定的各种法律规范的总称。

07.004　资源立法　resource legislation

国家机关依照法定权限及一定程序,制定、修改和废除与资源相关的法律规范的活动。这里所说的国家机关是指依法有立法权的机关,包括中央机关和地方机关。

07.005　资源法律关系　resource legal relationship

由资源法确认和调整的在资源开发、利用、整治、保护和管理过程中所形成的资源权利和资源义务关系。

07.006　资源法律制度　resource legal system

由资源法确认和调整的有关资源产权、开发、利用、保护和管理中形成的一系列规则、程序和措施的法律规范的总称。资源法律制度是资源政策和基本原则的法律化、具体化和制度化,它具有操作性、强制性、完整性和稳定性。

07.007　资源勘查制度　resource survey system

资源法规定的在资源开发前必须对其种类、数量、质量、分布和利用状况进行勘查、调查和普查的一项制度。资源勘查制度是合理开发、利用、整治、保护和管理资源的前提。

07.008　资源开发审批制度　approval system of resource exploitation

资源法确认的资源开发单位和个人,在开发资源前必须向资源行政主管部门履行申请,经审批后方可开发的制度。其目的是加强对资源的管理与保护。

07.009　资源许可制度　resource permit system

资源法确认的资源开发者在开发资源前只有先获得资源行政主管部门所颁发的许可证件,并遵守该证件中所规定的条款才能进行资源开发活动的一项制度。许可证制度可发挥对资源的协调管理和监督作用。

07.010　资源有偿使用制度　paid use system of resources

资源法确认的资源使用者在开发资源时必须支付一定费用的制度。资源有偿使用制度有利于资源的合理开发、利用和整治与保护,也有利于资源产业的发展。

07.011　资源保护制度　resource protection system

资源法确认的为维护生态平衡和保证资源的永续利用而制定的各项保护资源的措施和方法的总称。资源保护是资源开发利用的基础。我国资源法都把资源保护作为最重要内容而进行具体规定。

07.012　资源评价制度　resource evaluation system

资源法确认的资源开发者在开发前,必须进行调研、预测和评价,提出其可能给其他资源与环境造成的影响及防治这些影响的报告,经主管部门批准后方能开发的制度。

07.013　资源法律责任　resource law responsibility

行为人违反资源法的规定所应承担的带有强制性的法律后果。所谓违反资源法是指违反资源法律规范的义务性规范和禁止性规范。国家机关工作人员不得违反授权性规范法定的责职权限,并按法律规定应承担的行政责任、民事责任和刑事责任。

07.014　资源法的实施　implementation of resource law

资源法在社会生活中的具体适用和实现过程。它包括国家司法机关和执法机关运用资源法来制裁各种违法犯罪的行为,也包括公民、单位等资源主体运用资源法来维护自身合法权益的行为。

07.015 资源开发政策 policy on resource development

国家在一定时期为实现国民经济与社会发展目标而对资源开发所制定的行为准则。资源开发政策包括对资源开发的目标、规划和计划及实现这些目标、规划和计划所需的措施及办法。

07.016 资源管理行政诉讼 administrative law-suite of resource management

公民、法人或其他社会组织,认为国家资源管理部门及其工作人员的具体行政行为侵犯他们的合法权益时,依照行政诉讼法的规定向法院提起的诉讼,由法院进行审理并作出裁决的活动。

07.017 资源管理行政复议 administrative decision of resource management

公民、法人或者其他社会组织认为国家资源管理部门及其工作人员的具体行政行为侵犯了他们的合法权益,向作出具体行政行为的上级管理部门或法律、法规规定的行政部门提出申请,由这些部门对争议的具体行政行为的合法性和适当性作出裁决,维持、变更或撤销原行政措施的活动。

07.018 资源犯罪 resource crime

行为主体在资源活动中危害社会的、违反刑法的,应受刑罚惩罚的行为。资源犯罪具有三个要件:一是社会危害性;二是刑事违法性;三是应受刑罚惩罚性。我国《刑法》规定了破坏环境资源保护罪,共用九个条文,设置十二个罪名来追究资源犯罪。

07.019 无过错责任 liability without fault

又称"无过失责任"。是指不以过失为要件来追究民事责任的一种责任形态。决定责任的基本要件是损害结果与行为违法及二者存在因果关系,而不考虑行为人的过错。

07.020 举证责任倒置 liability of pat to the proof opposite place

民事诉讼中主要有被告举证的制度。这里所说的"主要",是指原告只要指出自己受到损害的基本事实,而被告必须指出自己未从事该活动;或该活动不可能给原告造成损害;或自己具有免责条件包括不可抗拒的自然灾害、受害人的过错、第三人过错等。

07.021 田律 land law of ancient China

我国古代诸法合体中关于自然资源和环境的规定。在秦律中,田律是关于农、林、牧、鱼、粮等方面的法令。其中涉及林木、野生动植物、草地、河道的保护和关于及时汇报雨量和自然灾害的报告制度。在汉律中,田律还包括关于军礼的规定。

07.022 井田制 land law of serf society in China

我国奴隶社会实行的一种土地使用的管理制度。所谓"井田"是指将方里九百亩土地,划为九块,每块一百亩,八家共耕中间的一百亩公田,每家都有一百亩私田,这种土地的划分使用方式,其形犹如"井"字。是一种农业、行政与军事组织形式合一的重要制度。

07.023 均田制 dividing system based on house-hold population in ancient China

我国从北魏到唐代中期实行的计口授田的制度。始于北魏,北齐、北周、隋、初唐时均沿此制。唐中叶后土地兼并加剧,均田制瓦解。"计口授田"是指政府根据所掌握的土地数量,授予每口人几十亩桑田和露田。桑田可继承,露田在年老或死亡后要收回。

07.02　资源法律法规

07.024　土地法　land law
国家为调整人们在土地的开发、利用、整治、保护和管理活动中所发生的各种社会关系而制定的法律规范的总称。即国家宪法、民法、行政法、经济法、刑法及其诉讼法中有关土地的规定，以及国家为调整土地方面的社会关系而专门制定的土地法律、法规和其他规范性文件。

07.025　土地管理法　land management law
广义的土地管理法是国家为加强对土地开发利用和整治保护过程中的管理工作而制定的各种法律规范的总称，是土地法的重要组成部分。专义的土地管理法是特指全国人大常委会 1986 年 6 月 25 日通过的、1998 年 8 月 29 日修订的《中华人民共和国土地管理法》。

07.026　不动产法　real estate law
国家为调整人们在不动产活动中所发生的各种社会关系而制定的法律规范的总称。"不动产"指土地及以土地为载体的自然资源和建筑物。

07.027　不动产所在地法　the real estate in-situation law
对法院之间在受理案件职责权限分工上的一种特别规定。我国的诉讼法规定，因不动产提起诉讼，由不动产所在地法院管辖。

07.028　不动产物权　real estate right
民事主体依法对不动产享有占有、使用、收益和处分的权利。民法上的财产权包括物权和债权。物权又分为动产物权和不动产物权两大类。按大陆法系的物权理论，不动产物权由自物权和他物权组成。自物权即不动产所有权，他物权由用益物权包括地上权、永佃权，地役权和担保物权（包括抵押权）和典当权组成。

07.029　资源税法　resource tax law
国家为调整在资源税征收活动中所发生的各种社会关系而制定的法律规范的总称。资源税是国家税种的一大类。它以重要自然资源产品为课税对象，旨在消除资源优劣对企业经营所得差异影响的税类。它的征收也起到促进资源保护的作用。

07.030　土地税　land tax
以土地为征税对象，并以土地面积、等级、价格、收益或增值为依据计征的各种赋税的总称。中国现行的土地税种有城镇土地使用税、耕地占用税、土地增值税、房产税、农业税和契税等。

07.031　耕地占用税　farming land occupation tax
对占用耕地建房或者从事其他非农建设为征收对象的税种，属于一次性税收。纳税人是占用耕地建房或从事其他非农建设的单位和个人。耕地占用税采用定额税率，其标准取决于人均占有耕地的数量和经济发达程度。

07.032　土地增值税　land appreciation tax
对土地使用权转让及出售建筑物时所产生的价格增值量征收的税种。土地价格增值额是指转让房地产取得的收入减除规定的房地产开发成本、费用等支出后的余额。

07.033　城镇土地使用税　urban land use tax
是对城市、县城、建制镇和工矿区内使用国有和集体所有的土地为征收对象的税种。纳税人是通过行政划拨取得土地使用权的单位和个人。土地使用税是按每年每平方米征收的年税。

07.034　地上权　land right for above the ground
土地使用人通过租金形式取得利用他人土地来建房或种植的权利。通过取得土地使用权而享有土地的使用和经营权,均属于地上权的范畴。

07.035　地役权　easement
为增加自己土地(需役地)的利用价值,而在他人土地(供役地)上设置的某种权利。地役权对地役权人来说是其权利的扩大,而对地役人来说是一种义务或对自己权利的限制。

07.036　永佃权　right of permanent land rental
利用他人土地进行耕种的权利。永佃权与地上权都是使用权,但永佃权对土地的用途权限于耕作。永佃是指农民向土地所有者缴纳一定佃租,取得在一定土地上永久耕作的权利。

07.037　国有土地所有权　state-owned land ownership
国家占有、使用、收益和处分属于全民所有土地的权利。国有土地所有权由国务院代表国家行使。国家并不具体行使对国有土地占有、使用等权限,而是通过国有土地使用权的出让、划拨等处分权来获得收益权。

07.038　集体土地所有权　cooperative land ownership
农业集体经济组织依法占有、使用、收益和处分自己土地的权利。我国集体土地所有权是通过农业合作化,将农民私有土地转变而来的。

07.039　土地使用权出让　state land use conveyance
国家将国有土地使用权在一定年限内出让给土地使用者,由土地使用者向国家支付土地使用权出让金的行为。所谓"出让"是指一次性收取一定年限内的地价款。我国法律规定土地使用权出让的最高年限是居住用地70年,商旅、娱乐用地40年,其他用地50年。

07.040　土地使用权转让　land use conveyance
土地使用者将土地使用权再转移的行为。转让是土地使用者依法对其享有的土地使用权进行处分的权利。转让的内容包括出售、交换和参与。土地使用权转让必须签订合同,受让方还必须到土地行政主管部门申请登记。

07.041　土地承包经营权　the right of land rental
土地承包经营户在其承包期限内依法对集体所有的土地享有占有、经营、使用和收益的权利。它是国家对农村土地使用制度进行重大改革的一项根本措施。我国《民法通则》和《土地管理法》对承包经营权都作明确规定。

07.042　土地转包　sublet of the land rental
土地承包经营户依照转包合同规定,将其所承包的土地在承包期限内进行再转移的行为。农村集体土地的承包和转包的政策内容,与国有土地使用权的出让和转让有相似之处,只是所依据的法律、法规有所不同。土地转包除依据《民法通则》《土地管理法》外,还依据相关政策和规章。

07.043　土地征用　land expropriation
国家为了公共利益的需要,依法将集体所有土地征收归国家统一使用的一项措施。

07.044　土地补偿费　compensation of farm land in the process of urbanization
用地单位在征地时按照法律规定或协议给予被征地农民或集体组织的补偿费用。征用耕地的补偿费包括土地补偿费、安置补助费以及地上附属物和青苗的补偿费。其中征用耕地的土地补偿费,为该耕地被征用前三年平均年产值的六至十倍。

07.045 土地权属登记 registration of land vesting

县级政府依法对土地所有权和使用权进行登记造册、核发证书的行政行为。它是国家确认土地权属,维护产权人合法权益的一项重要制度。

07.046 土地审批权 right of examination and approval in land use

省市政府及相关行政部门对土地出让、土地划拨、土地规划、建设用地和城市用地的管理过程中依法履行审核、批准的权利。法律赋予政府部门享有土地审批权,是由于土地具有公益性和基础性,只有加强综合协调管理,才能最大限度地发挥土地的多方效益。

07.047 土地使用权 right in land use

民事主体依法取得土地的实际经营和利用权。它是我国土地使用制度在法律上的体现,是土地使用者依法对土地享有占有、使用和部分的收益和处分的权利。

07.048 集体土地使用权 right in the collective land use

民事主体依法取得对集体土地进行经营、使用和收益的民事权利。这里的民事主体是指集体所有制单位承包经营户和个人,而全民所有制单位和外资企业使用集体土地,法律另有规定。

07.049 水面滩涂使用权 right use in water and sand band

单位或个人依法取得水面滩涂的实际经营、使用和收益的权利。水面滩涂也是土地利用的一种类型。我国《土地管理法》、《渔业法》和《海域使用管理法》都对水面滩涂使用权作了明确规定。

07.050 水资源法 water resource law

国家为调整人们在开发、利用、保护和管理水资源以及防治水害过程中产生的各种水事关系而制定的法律规范的总称。水资源法的调整对象是开发水利和防治水害方面的社会关系。它包括国家制定的各种水事法律、法规和其他规范性文件的总和。

07.051 水法 water law

广义的水法与水资源法在法律上并无区别。专义的水法特指全国人大常委会 1988 年 1 月 21 日通过的《中华人民共和国水法》。我国《水法》规定要收取水资源费和水费,前者指天然水,后者指商品水,而天然水与商品水在法律上是不同的。

07.052 水土保持法 law of soil and water conservation

广义的水土保持法指国家为调整人们在水土保持活动中所产生的各种社会关系而制定的法律规范的总称。水土保持是指对自然因素和人为活动造成的水土流失所采取的预防和治理措施的总称。专义的水土保持法是特指全国人大常委会 1991 年 6 月 29 日通过的《中华人民共和国水土保持法》。

07.053 水总量控制权 national control of water resources

政府依法实施对水资源总量进行控制的权利。所谓依法是指政府依据《水法》及相关规定实施的行为。总量控制的客体是水量总量和水域面积总量。水总量控制的任务是核定生态用水和生产、生活用水的总量,在确保最低限度的生态用水和生活用水的前提下,分配生产用水。

07.054 水权贸易 trade of water resources

又称"水权转让"。民事主体依法取得对水的经营转让和收益等的权利。所谓依法是取得法定部门许可转让的水体及供水权证件。作为权利客体的水体,是一种独立于土地的用益物权,民事主体可以通过合同进行转让并取得收益。

07.055　海洋资源法　laws and regulations relating to marine resources

国家为调整人们在海洋资源开发、利用、保护和管理过程中所产生的各种社会关系的法律规范的总称。海洋资源是指赋存于海洋环境中可为人类利用的物质、能量以及与海洋开发有关的海洋空间。海洋资源法应遵循海洋资源可持续综合开发利用,并与保护同步进行的基本原则。

07.056　海事法院　marine court

专门对海事、海商案件进行审理的法院。

07.057　海域使用权　use right of sea area

民事主体依法取得海域的实际经营、使用和收益等的权利。海域是指内海、滩涂、领海和专属经济区等国家实施管辖的一切海洋空间包括水面、水体、海底和底土。依照《海域使用管理法》规定,海域使用权由单位或个人申请,县级以上海洋主管部门审核,省级政府批准和核发海域使用权证书。

07.058　海域出让金　the income of sea rental by the provincial government

省级政府依法将国家所有的海域使用权在一定年限内出让给单位和个人所收取的价款。所谓一定年限是指通过招标或者拍卖的海域使用权最高期限。所谓依法是依据《海域使用管理法》的规定。

07.059　海域转让金　the income of subletting the rental sea

通过招标或拍卖的方式取得海域使用权的单位和个人,依法将其海域使用权在自己使用的年限内再转让所取得的海域使用权的转让价款。海洋使用权转让与土地使用权转让一样都是搞活我国资源市场的重要措施。

07.060　海域租金　rent of sea area to the national government

使用国家海域的单位和个人,依照《海域使用管理法》规定,按年度逐年向国家缴纳海域使用金,其实质是地租。

07.061　领海及毗连区法　law of the territorial sea and contiguous zone

特指 1992 年 2 月 25 日全国人大常委会通过的《中华人民共和国领海及毗连区法》。该法规定我国领海宽度为 12 海里,领海基线采用直线基线。领海之外邻接领海,宽度为 12 海里是毗连区。

07.062　禁海令　trade prohibition of sea area in Min & Qing dynasty

明清时期禁止海上贸易的法令。明初朱元璋下令严禁出海贸易。清初顺治 1656 年颁发《禁海令》,商民不得下海交易,沿海居民内迁 50 里,违者或越界者,无论官民一律处斩,货物没收,犯人家产偿给告发人。

07.063　矿产资源法　mineral resource law

广义的矿产资源法指国家为调整矿资源在勘查、开采、利用、保护和管理过程中所产生的社会关系而制定的法律规范的总称。专义的矿产资源法是特指 1986 年 3 月 19 日全国人大常委会通过的《中华人民共和国矿产资源法》。

07.064　能源法　energy law

国家为调整人们在能源合理开发、加工转换、储迁、供应、贸易、利用和管理过程中产生的各种社会关系而制定的法律规范的总称。我国已发布的主要能源法律有《节约能源法》、《煤炭法》和《电力法》等。

07.065　采矿权　mining right

又称"矿产资源使用权"。是指民事主体依法取得采矿许可证规定范围内,开采矿资源和获得所开采的矿产品的权利。作为民事主体的单位和个人,依据《矿产资源法》及其配套法规,享有开采矿产资源、出售、转让采矿权等权利。

07.066 矿产资源所有权 mineral resource ownership

矿产资源所有人依法享有占有、使用、收益和处分矿产资源的权利。我国法律规定矿产资源属于国家所有,矿产资源所有权主体是国家,国务院代表国家行使其权利。

07.067 矿产资源补偿费 mineral resource compensation

国家地矿及财政部门依据《矿产资源补偿费征收管理规定》,向采矿人征收的一种费用。目的是维护国家对矿产资源的财产权益,并促进矿产资源的勘查、合理开发和保护。

07.068 采矿许可证 mining licensing regime

获得矿产资源开采权的民事主体,必须向省级地质矿产部门申请登记,并取得该机关核发的采矿合法凭证。

07.069 森林法 forestry law

广义的森林法指国家为调整森林培育、采伐、利用、经营、保护和管理过程中产生的各种社会关系而制定的法律规范的总称。专义的森林法是特指全国人大常委会1984年9月20日通过的《中华人民共和国森林法》。

07.070 林权 forest ownership

又称"森林所有权"。森林权利主体对森林、林木或者林地的占有、使用、收益和处分的权利。按我国法律规定,林权主体包括国家、集体、机关团体和公民个人。林权由县级政府登记注册,核发证书,确认所有权或使用权。

07.071 森林防火期 season of forest fire prevention

县级以上政府依法采取特别措施,防止森林火灾的一定时间期限。《森林防火条例》对这些特别措施都作了明确规定。

07.072 林木采伐许可证 license of forest harvest

林木采伐单位和个人采伐森林时,必须获取县级林业主管部门核发许可采伐的一种法定凭证。凭证明文规定采伐单位、批准机关、采伐面积、采伐蓄积、出材量、完成更新时间等。

07.073 林区木材运输证 permit of wood transportation

运输木材时必须获取县林业主管部门核发的允许从林区运出木材的合法凭证。凭证明文规定,所运木材的树种、材种、规格、数量、运输起止地点和有效期限等。

07.074 年森林采伐限额 annual limit of total lumber amount

制定年采伐限额的"单位",依照法定的程序和方法,对本经营区内的林木进行科学的测算,并经国家批准的年度采伐森林的资源消耗最大限量。使森林的消耗量低于森林的生长量是制定年森林采伐限额的总原则。

07.075 草原法 grassland law

广义的草原法指国家为调整人们在开发、利用、保护、建设和管理草原资源过程中所产生的各种社会关系而制定的法律规范的总称。专义的草原法特指1985年6月18日全国人大常委会通过的《中华人民共和国草原法》。

07.076 草原所有权 grassland ownership

草原所有人对自己所有的草原依法享有占有、使用、收益和处分的权利。依照我国法律规定,我国草原所有权主体是国家和集体。国家所有的草原和集体所有的草原,可以由集体或者个人承包使用。草原所有权由县级政府登记造册,核发草原所有权证。

07.077 草原使用权 right in grassland use

集体或者个人依法享有对草原资源的经营、使用和收益的权利。依照《草原法》规定,集体或者个人可以承包使用国家和集体所有的草原。草原使用权由县级政府登记造册，核发草原使用证。

07.078 草地防火制度 system of grassland fire prevention

地方政府依法制定的对草原火灾的预防与补救措施和制度。《草原法》和《草原防火条例》规定了预防为主,防消结合的草原防火方针,建立了包括草原防火责任、防火工作联防、草原防火期、防火管制区、火险监测、火灾报告、火灾补救等防火的管理制度。

07.079 自然保护区法 law of nature reserve

国家为调整在自然保护区建设和管理过程中所发生的各种社会关系而制定的法律规范的总称。自然保护区是指依据法定程序和方法,在不同自然地带和特定地域内,划出一定范围,将国家自然资源和自然历史遗产保护起来的场所。

07.080 野生动物保护法 protection law of wildlife

广义的野生动物保护法指国家为调整人们在保护、利用和管理野生动物资源过程中所发生的各种社会关系而制定的法律规范的总称。专义的野生动物保护法特指全国人大常委会1988年11月8日通过的《中华人民共和国野生动物保护法》。

07.081 野生动物特许猎捕证 special permit of wildlife hunting

县级以上野生动物主管部门依法颁发的允许在禁猎区、禁猎期猎捕国家重点保护野生动物的特别许可证明。其中捕捉、捕捞国家一级保护野生动物的,由国务院野生动物主管部门颁发;猎捕国家二级保护野生动物的,由省级野生动物主管部门颁发。

07.082 野生动物允许出口证明书 special export license of wildlife

国家机关依法颁发的允许出口国家重点保护野生动物和国际公约所限制进出口的野生动物或者其产品的证明文件。只有经国家濒危物种科学组织审核、国务院野生动物主管部门或国务院批准、国家濒危物种进出口管理部门核发的允许出口证明书方可出口。允许出口的范围是对外赠送、联合科研、交换、展出及其他特殊需要。

07.083 渔业法 fisheries law

广义的渔业法指国家为调整渔业资源在开发、利用、增殖、保护、渔业水域生态环境保护、渔业管理和渔政、渔港监督等过程中所发生的各种社会关系而制定的法律规范的总称。专义的渔业法是特指全国人大常委会1986年1月20日通过,2000年10月31日修改的《中华人民共和国渔业法》。

07.084 渔业资源增殖保护费 tax of fishes resource conservation

县级以上渔业主管部门依法向受益单位和个人征收的专门用于增殖和保护渔业资源的费用。依据《渔业法》及相关法规,增殖保护费的征收对象是从事渔业资源养殖和捕捞的单位和个人,其用途是为增殖和保护渔业资源。

07.085 渔业资源保护区 conservation zone of fishes resources

国家渔业主管部门依法通过发布禁渔区、休渔区、禁渔期和休渔期规定,在鱼类或其他水生经济动植物繁殖及幼体生长的水域,划出一定的保护区域,禁止捕捞或禁止使用某些工具和某些方式捕捞,为保护渔业资源及其水生生态环境,以满足人们的可持续利用的要求。

07.086 渔业资源保全区 reservation zone of fishes resources

保全渔业资源为目的而设置的特定水域。特指1945年9月28日美国总统杜鲁门在美国渔业政策公告中所提到的"保全渔业资源水域"。

07.087 禁渔区 forbidden zone of fishes

国家依法划定的禁止或限制从事某些捕捞作业的一定渔业水域。《渔业法》规定"禁止在禁渔区、禁渔期进行捕捞"。目的是合理利用渔业资源,控制捕捞强度,维护生态平衡。

07.088 禁渔期 season of fishes prohibition

国家依法规定的在鱼类及其他水生经济动物产卵期或幼仔生长期内禁止或限制捕捞作业的时间期限。禁渔期是根据不同地区,不同时间,不同保护对象和各地渔业资源的特点,从保护需要出发而确定的。

07.089 禁猎区 sanctuary

在一定期限禁止猎捕某种或若干种动物的区域。我国建立禁猎区制度是贯彻《野生动物保护法》的重要措施。在禁猎年限的禁猎区内,如因特殊需要而猎捕禁猎的动物,必须经野生动物主管部门批准,获取野生动物特许猎捕证。

07.090 禁猎期 closed season

野生动物主管部门依照法定程序在禁猎区内,规定禁止猎捕某种或若干种动物的一定时间期限。禁猎年限视野生动物的种群数量恢复情况而定,一般为 3～10 年。

07.03 国家法规及其他

07.091 城市规划法 urban plan law

广义的城市规划法指国家为调整在城市规划活动中所发生的各种社会关系而制定的法律规范的总称。所谓城市规划是为合理利用城市土地,协调城市空间布局和各项建设的综合部署和具体安排。专义的城市规划法是特指全国人大常委会 1989 年 12 月 26 日通过的《中华人民共和国城市规划法》。

07.092 自然资源国际条约 International Treaties in the Natural Resources

又称"国际资源法"。各个国家、国际组织为调整各国及国际社会之间在开发、利用、整治、保护和管理自然资源中产生的社会关系而缔结的国际条约、公约、协定等书面文件的总称。国际资源法的主体是国家,国际组织是国际资源法的特殊主体,自然人和法人在某些特殊情况下也可在国际资源活动中作为主体出现。

07.093 国际水法 International Water Law

调整各个国家之间在开发、利用、保护、管理国际水资源中产生的社会关系而缔结的国际条约、公约、协定、议定书等法律文件的总称。国际水法的主体是国家与国际组织,客体是处于、流经、连结两个或两个以上国家的水体,包括河流、湖泊、运河、海峡、海域等。

07.094 国际海洋法 International Law of the Sea

又称"海洋法"。调整各个国家之间在勘探、开发、利用、保护和管理国际或国家间海洋资源活动中产生的社会关系而缔结的国际条约、公约、协定和议定书等法律文件的总称。国际海洋法的主体是国家、国际组织,客体是连结两个或两个国家以上的专属经济区、大陆架和公海。

07.095 无害通过权 right of innocent passage

所有国家包括沿海国和内陆国,其船舶均享有依法无害通过领海的权利。无害通过是指不损害沿海国的和平、良好秩序和安全。

07.096 专属经济区 exclusive economic zone

在领海以外并连接领海,其宽度自领海基线量起不超过 200 海里的具有特定法律制度的海域。专属经济区介于领海和公海之间的一种特殊海域。在专属经济区内沿海国享有自然资源主权,建造和使用人工岛、设施与结构等权利,有海洋科研、海洋环保的管辖权。其他国享有航行、飞越、铺设海底电缆和管道的自由。

07.097 海损事故索赔诉讼 law-suite of ship accident on the sea

船舶与货物在船运中因自然灾害或海上意外事故造成损失,当事人依法就损害赔偿向所管辖国家的法院提起的民事诉讼。海损事故赔偿案件由属地管辖国家的海事法院审理,其法律依据是《1877 年约克 – 安特卫普规则》,我国也依此规则制定 1975 年 1 月 1 日《北京理算规则》。

07.098 海洋特别保护区 preservation zone of the sea

为特定目的而依法划定的加以特殊保护的海域。所谓特定是指诸如渔业、盐业或生态等保护区。我国的海洋特别保护区由国务院有关部门和沿海省级政府提出选区建设,由国务院批准划定。

07.099 沿海国保护权 protect right of coastal state

依据《联合国海洋法公约》规定,沿海国在其领海内享有如下三方面的保护权:1. 可在其领海内采取必要措施和步骤以防止非无害的通过;2. 沿海国有权采取措施,以防止船舶的任何破坏;3. 为保护国家安全进行武器演习时,可在其领海的特定区域内暂时停止外国船舶的无害通过。

07.100 外层空间法 Outer Space Law

联合国为协调各国对外层空间资源的开发利用活动所制定的一系列国际条约。包括 1967 年 1 月 27 日在联合国大会上通过《关于各国探索和利用包括月球和其他天体在内外层空间活动的原则条约》,以及后来通过的简称为《外空条约》、《营救协定》、《责任公约》、《登记公约》和《月球协定》等。

07.101 人类共同继承财产 common heritage of mankind

国际法确认的任何国家、法人或自然人不得据为已有或行使主权的公海、外层空间、南极大陆及其自然资源。所谓国际法确认的是指由《联合国海洋法公约》、《外层空间条约》和《南极条约》所规定的。

07.102 关于自然资源之永久主权宣言 Declaration on the Permanent Sovereignty over Natural Resources

联合国大会于 1962 年 12 月 14 日通过的一项宣言。宣言强调各国对其自然资源的永久主权是民族自决权的基本要素,各国依其本国利益自由处置其自然财富与资源是不可剥夺的权利,也是各国经济独立的体现。

07.103 世界自然宪章 World Charter for Nature

联合国大会于 1982 年 10 月 28 日通过的法律文件。该《宪章》规定,应尊重自然,不损害自然的基本过程,不得损害地球上的遗传活力,各种生命形式都必须至少维持其足以生存繁衍的数量,保障必要的栖息地。

07.104 保护世界文化和自然遗产公约 Convention Concerning the Protection of the World Cultural and Natural Heritage

联合国教科文组织于 1972 年 11 月 16 日在巴黎通过的一个国际公约。该《公约》提出对具有突出的普遍价值的文化和自然遗产进行特别保护,因为这些文化和自然遗产对全世界人民都具有重要意义。自然遗产是指从审美或科学角度看具有突出的普遍价值的自然面貌、地质和自然地理以及生态环境、天然名胜或明确划分的自然区域。

07.105 联合国气候变化框架公约 United Nations Framework Convention on Climate Change

联合国大会于 1992 年 6 月 4 日通过的一项

公约。《公约》规定发达国家为缔约方,应采取措施限制温室气体排放,同时要向发展中国家提供新的额外资金以支付发展中国家履行《公约》所需增加的费用,并采取一切可行的措施促进和方便有关技术转让的进行。

07.106 保护臭氧层维也纳公约 Vienna Convention for the Protection of Ozone Layer

1985 年 3 月 22 日在奥地利维也纳签订的一项国际公约。《公约》规定缔约国采取适当措施,避免遭受改变臭氧层的人类活动造成的或可能造成的不利影响。为执行《公约》,1987 年 9 月 16 日又在加拿大蒙特利尔通过《关于消耗臭氧层物质的蒙特利尔议定书》。目的是确定控制消耗臭氧层物质的全球生产和使用的长期和短期战略。

07.107 生物多样性公约 Convention on Biological Diversity

1992 年 6 月 1 日各国政府在内罗毕通过,1992 年 6 月 5 日由缔约方在巴西里约热内卢举行的联合国环境与发展大会上签署的保护地球生物资源的国际公约。《公约》重申各国对本国生物多样性资源拥有主权权利,同时有责任保护生物多样性。

07.108 濒危野生动植物物种国际贸易公约 Convention on International Trade in Endangered Species of Wild Fauna and Flora, CITES

1972 年在斯德哥尔摩举行的联合国人类环境会议上制定的,1973 年 3 月 3 日在华盛顿签署的一项国际公约。《公约》的宗旨在于通过建立国际协调一致的野生动植物物种进出口许可证或证明书制度,防止过度开发利用和保护濒危野生动植物物种资源。

07.109 关于特别是作为水禽栖息地的国际

重要湿地公约 Convention on Wetlands of International Importance Especially as Waterfowl Habitat

又称"拉姆萨尔湿地公约(Ramsar Convention on Wetlands)"。1971 年 2 月 2 日在伊朗拉姆萨尔签订的一项国际公约。其宗旨是承认人类同其环境相互依存关系,应通过协调一致的国际行动,确保全球的湿地及其生物多样性得到良好保护和合理利用。《公约》规定的湿地包括沼泽、湿地、泥源、泥炭地或水域地带,静止或活动的水域、淡水或咸水,低潮时水深不超过 6m 的水域。

07.110 海洋渔业的国际公约 Convention on Marine Fishery

多个国家间为养护和管理共有渔业资源,保障渔业作业安全而确定的国家间渔船作业、渔民权利和义务关系的各种公约、协议、议定书的总称。

07.111 海洋环境保护的国际公约 Convention Relating to the Protection of Marine Environment

多个国家间缔结的关于海洋环境保护的公约、协议、议定书等的总称。包括全球性和区域性的公约,适用于防止船舶倾倒、陆漂物质和因海底矿物开发等单因素造成的污染,还包括综合性因素所造成的污染。

07.112 南极条约 Antarctic Treaty

1959 年 12 月 1 日签订的一项国际条约。《条约》规定南极专为和平目的所利用,可自由开展科研和国际合作,冻结领土主权要求,并制定了《南极条约》协商会议制度。根据协商会议制度,又签署了《南极海豹保护公约》、《南极海洋生物资源保护公约》和《南极条约环境保护议定书》等,逐步形成了《南极条约》体系。

08. 气 候 资 源 学

08.01 气候资源学概论

08.001 气候资源学 science of climatic resources

研究气候资源系统的形成、气候资源和气候状况在自然系统中的变化规律及其与人类生存、生产与社会发展相互关系的学科。

08.002 气候资源 climatic resources

人类和一切生物生存所依赖的和社会发展可能开发利用的气候要素中的物质、能量、条件及其现象的总体。

08.003 气候资源要素 climatic elements of resources

表征气候资源的基本特征和状态的各种参量。

08.004 气象要素 meteorological element

表征特定时空天气状况的大气变量或现象。如温度、降水等。

08.005 气候资源分类 climatic resource classification

根据一定的气候资源特征、特点以及相联系的专业内容,将气候资源分为若干类别。

08.006 农业气候资源 agroclimatic resources

农业生产可能利用的气候要素中的物质、能量和条件。

08.007 林业气候资源 forestry climatic resources

林业生产可能利用的气候要素中的物质、能量和条件。

08.008 牧业气候资源 animal husbandry climatic resources

可供牧业生产利用的气候资源。它包括投入初级生产(饲料和饲草)和次级生产(畜产品)的光、温、水、空气等气候要素中的物质、能量和条件。

08.009 建筑气候 building climate

与建筑密切相关的气候条件,是反映气候对建筑物的影响和建筑物气候效应的一种专业气候。

08.010 医疗气候 medical climate

与医疗密切相关的气候条件,是反映气候与医疗关系的一种专业气候。

08.011 海洋气候资源 marine climatic resources

海洋开发、作业、交通、运输和旅游等可利用的气候物质、能量和条件。如光资源、热量资源、降水资源、风能资源、波浪资源等。

08.012 天象气候类旅游资源 climatic tourist resources

发生在大气圈对流层中的有观赏价值的特殊气候现象。如极光、佛光、蜃景、云雾、雾凇等特异气候现象。

08.013 小气候 microclimate

在局部地区因下垫面影响形成的贴地气层和土壤上层的气候。

08.014 气候资源评价 climatic resource assessment

根据气候资源科学的原理和方法,分析和评定有关地区气候资源状况及其对人类生产、生活的影响程度。

08.015 气候资源特征 characters of climatic resources
气候资源物质、能量、分布和变化的基本规律,主要包括其地理分布的普通性和不均衡量性、随时间变化性和循环再生性、气候要素的整体性和不可取代性,功能的非线性、聚集性、潜在性、可影响性、可调整性、共享性和有限性。

08.016 气候 climate
地球与大气之间长期的物质与能量交换过程所形成的一种自然环境因子。

08.017 气候变化 climatic change
气候演变、气候变迁、气候振动与气候振荡的统称。

08.018 气候变迁 climatic variation
气候的长期演变,往往指气候要素长时间平均值的变化。

08.019 气候变率 climatic variability
反映气候要素变化的大小的量,可用该要素的均方差或平均绝对偏差等作为指标。

08.020 气候敏感性 climatic sensitivity
气候系统对外界扰动响应的敏感程度。

08.021 气候趋势 climatic trend
气候要素序列中平滑而单调的上升或下降特点,一般只能在较短时间内观测到一定趋势,从更长时间来看则是振动性质。所以气候趋势往往是气候振动的一部分。

08.022 气候振动 climatic fluctuation
近代观测资料所揭示的气候特征的改变。除去趋势与不连续以外的规则或不规则气候变化,至少包括两个极大值(或极小值)及一个极小值(或极大值)。

08.023 气候异常 climatic anomaly
气候要素值的距平达到一定数量级的气候状况。一般指大于两倍均方差的距平。

08.024 气候评价 climatological assessment
运用气候学的原理和方法,对气候、气候异常和气候变化产生的经济与社会影响做出评价。

08.025 气候模拟 climate simulation
应用计算机对模仿各种气候条件的不同数学模型进行试验,以求得揭示气候的形成及其变化的规律。

08.026 气候模式 climate model
研究气候的理论体系。当前研究气候的模式可分为四大类:能量平衡模式、辐射对流模式、统计动力模式和大气环流模式。

08.027 气候适应 acclimatization
生物机体经过自身调整而使生理机能适应新的气候环境。

08.028 气候型 climatic type
根据气候特征所划分的各种气候类型。

08.029 气候志 climatography
气候学主要分支之一。以文字或图表形式描述或总结某一特定地区的气候状况。说明其气候特征,为深入研究气候的形成理论、气候区划及应用气候的推广,提供必需的基本资料与基础知识。

08.030 气候系统 climate system
包括大气及地球表面的整个体系。包括以下几个圈层:大气圈、水圈、冰晶圈、岩石圈(陆面)及生物圈,各圈层之间有密切而复杂的相互关系。

08.031 气候疗法 climatotherapy
利用有利的自然气候条件使身体康复的一种疗法。

08.032 七十二候 seventy two pentads
中国古代黄河中下游地区的物候历。以 5 日为候,3 候为气,6 气为时,4 时为年,一年分24节气,共72候,每候有一种相应的物候现象,即候应。

08.033　气候相似原理　climatic analogy
将植物从一个地区移植到另一地区,需严格按照地区的气候条件相似性来进行的原理。它是德国学者迈尔为使农业充分利用气候资源而创立的学说。

08.034　气候预报　climatic forecast
对某一区域未来气候的展望。在中国常指预测期在一年以上的超长期预报。

08.035　气候指标　climatic index
表示气候特征的指示量。一个地方的气候特征是由各个气候要素来决定和表示的。

08.036　气候资源调查　climatic resource survey
获取气候资源信息的一种方法。主要利用调查访问方法搜集气象情报、历史资料及其有关情况。按调查方法,可分为气候普查和重点调查,小气候调查和大气候调查,单点气候调查和区域气候调查等。

08.037　气候考察　climatological survey
主要利用仪器观测的方法搜集气象情报、资料,并通过对自然地理的勘测间接地推断气候状况。

08.038　气候情报　climatological information
有关气候状况的信息和报道。

08.039　气候信息　information of climate
通过直接或间接的各种途径和方法获取的反映气候状况的资料、数据。

08.040　地质时期气候信息　information of paleoclimate
又称"古气候信息"。地质时期遗留下的动植物化石、深海沉积物、地质岩芯和自然地理因子等记载的气候信息。

08.041　历史气候信息　information of historical climate
在人类文明出现以来,但尚无仪器观测资料的历史时期中,由历史文献史料记载的以及这一时期遗留下来的动植物遗骸、墓葬古物和自然界因子等所提供的气候信息。

08.042　树木年轮气候信息　dendroclimatologic information
以树木车轮为载体提供的气候信息。

08.043　文献史料气候信息　climatic information in historical documentation
人类利用文字在历史书籍中直接或间接所记载的气候信息。

08.044　二十四节气　twenty-four solar terms
反映一年中自然现象和农事活动季节特征的二十四个节候。即立春、雨水、惊蛰、春分、清明、谷雨、立夏、小满、芒种、夏至、小暑、大暑、立秋、处暑、白露、秋分、寒露、霜降、立冬、小雪、大雪、冬至、小寒、大寒。

08.045　遥感气候资源信息　remote sensing information of climatic resources
用遥感手段获取的实时、宏观的监测气候资源变化及其空间分布特征的信息。

08.046　农作物遥感估产　crop yield estimation by remote sensing
应用遥感信息和遥感方法估算作物产量的过程。

08.047　温室效应　greenhouse effect
大气通过对辐射的选择吸收而使地面温度上升的效应。产生该效应的主要气体是二氧化碳。

08.048　气候环境　climatic circumstance
存在于地球上人类活动空间的气候条件。

08.049　气候周期性变化　climatic periodic variation
通览整个气候记录,某气候要素其相邻的极

大值和极小值之间的时间间隔内具有相同的或近似相同的变化。

08.050 气候非周期性变化 climatic non-periodic variation
气候要素的无周期性变化。

08.051 气候概率 climatic probability
表示某气候要素在一定时空取值范围内出现的可能性。

08.052 气候重建 climatic reconstruction
根据冰岩芯、树木年轮、孢粉、纹泥、珊瑚及史料等代用资料建立的主气候序列的研究。

08.053 气候恶化 climatic deterioration
因自然环境变化或人类活动而造成的气候条件向不利用于人类生存方向的变化。

08.054 生态气候 ecoclimate
生物生长或栖息地所特有的气候条件的总和。生态气候的特点同当地植被、地形等有紧密的联系。

08.055 生物气候定律 bioclimatic law
阐述生物物候期与环境气候因子的关系及其地理分布的规律。

08.056 气象能源 meteorological energy resources
一些气象要素所蕴藏的可供开发利用的能量。

08.057 热岛效应 effect of heat island
城市气候的主要特征之一。由于城市中辐射状况的改变,工业余热和生活余热的存在,蒸发耗热的减少,而形成的城市市区温度高于郊区温度的一种小气候现象。

08.058 日光疗法 heliotherapy
在日光下曝晒,以增强体质预防软骨等病的疗法。

08.059 季风气候特征 character of monsoon climate
季风盛行地区的气候状况和特点。东亚和南亚都是典型的季风气候区。

08.060 山区气候资源特征 character of mountain climatic resources
因山脉走向、山体高度、坡地方位和盆、谷地等地形影响而形成的可利用的气候资源状况和特点。

08.061 城市气候特征 climatic character of urban
由城市区域所形成的一种特殊的局地气候状况和特点。与周围环境相比,主要特征是:日照偏少、气温偏高和风速减小。

08.062 气候影响评价 climatic impact assessment
评定气候环境变化对自然、社会、经济的影响。

08.063 气候区划 climatic division
采用一定的气候区划等级指标将全球或一个区域划分为若干个等级的气候区。

08.064 农业气候区划 agroclimatic division
根据农业生产与气候条件的关系,采用一定的区划指标而进行的区域划分。

08.065 建筑气候区划 building climate division
按不同地理区域气候条件对建筑工程影响的差异性所做的建筑气候分区。

08.066 太阳能资源区划 divisions of solar energy resources
根据太阳能资源分布和利用特点,将全球或一个区域作出的区域划分。

08.067 风能资源区划 divisions of wind energy resources
根据风能资源分布和利用特点,采用一定的区划指标将全球或一个区域作出的区域划分。

08.068 气候诊断 climatic diagnosis
根据气候监测结果,对气候变化,气候异常的特点及成因进行分析。

08.069 气候资源分析方法 method of climatic resource analysis
分析和研究气候资源的变化规律以及气候资源与利用对象之间互相关系的方法。

08.070 气候资源保护 climatic resource protection
防止环境变化和人类活动破坏气候资源的措施。

08.071 人工影响气候 climate modification
人为改变某个气候形成因子而造成的气候变化。

08.072 人工小气候 artificial microclimate
采取各种人为措施控制或改变局地环境所形成的小气候。

08.073 人工气候室 phytotron
具有人工调控其中气候条件功能的封闭室装置。

08.074 气候带 climatic belt
根据气候要素或气候因子的带状分布特征而划分的纬向带。

08.075 垂直气候带 vertical climatic zone
高山地区,从山麓至山顶随海拔高度变化,在不同高度上由气温、降水及植被特征等综合表现的气候带状分布。

08.076 物候现象 phenological phenomenon
是自然环境中动植物生命活动的季节性现象和在一年中特定时间出现的某些气象、水文现象。

08.077 物候期 phenophase
某种物候出现的日期。

08.078 物候律 phenological law
动植物生命活动的季节性现象受气候影响而形成的地理分布规律。

08.079 物候历 phenological calendar
物候现象出现的时间顺序表。

08.080 农业气候指标 agroclimatic index
在一定气候条件和农业技术水平下,表示农业生产对气候条件的要求和反应的气象参数特征值。

08.081 大陆性气候 continental climate
中纬度大陆腹地受海洋影响较小的气候,以降水少、温度变化剧烈为其特征。

08.082 海洋性气候 marine climate
受海洋影响显著的岛屿和近海地区,以降水较多、温度变化和缓为特征的气候。

08.083 山地气候 mountain climate
在地面起伏很大,山峰与谷底相间的山区所形成的局地气候,以类型繁多、地区差异大、垂直地带性强为其特征。

08.084 高原气候 plateau climate
在海拔高、地面广、起伏平缓的高原地面上所形成的气候。

08.085 干旱气候 arid climate
降水量很少,不足以供一般植物生长的气候,自然景观呈荒漠或半荒漠。我国西北地区年降水量小于200mm 的气候。

08.086 半干旱气候 semi-arid climate
自然景观以草原为主,在我国北方和西北地区年降水量在200～400mm 之间的气候。

08.087 湿润气候 humid climate
以降水丰沛、空气湿润为特征的气候。

08.088 土壤气候 soil climate
土壤中的水、热、气状况及其变化规律。

08.089 森林气候 forest climate

由于森林影响而形成的气温变化较和缓、湿度增大、风速减小的局地气候。

08.090 地形气候 topoclimate
受地形影响而形成的局地气候。

08.091 城市气候 urban climate
在城市受其下垫面和人类活动影响而形成的局地气候。

08.092 冰川气候 glacial climate
特指中、低纬度高原或高山的冰川所形成的局地气候。

08.093 冰雪气候 nival climate
下垫面终年为冰雪覆盖地区的气候,其最暖月平均气温低于 0℃。

08.094 日较差 diurnal range

气象要素在一昼夜间最高与最低值之差。

08.095 年较差 annual range
气象要素在一年中月平均最高值与最低值之差。

08.096 年平均 annual mean
某个气象要素 12 个月的平均值。

08.097 气候资源生产潜力 climatic potential productivity
气候资源蕴藏的物质和能量所具有的潜在生产能力。通常可根据气候资源估算植被的气候生产潜力和作物的气候生产潜力。后者是假设作物品种、土壤肥力、耕作技术适宜时,在当地光、热、水气候条件下单位面积可能达到的最高产量。

08.02 大气资源

08.098 大气资源 atmospheric resources
又称"空气资源(air resources)"。可供人类生活和生产利用的某些大气气体。

08.099 大气成分 atmospheric composition
组成大气的各种气体。对流层中氮(78.084%)、氧(20.946%)、氩(0.934%)、二氧化碳(略高于万分之三)4 种气体总计占 99.997%。

08.100 大气痕量气体 atmospheric trace gas
大气中含量很少的气体组成成分。如氮氧化合物、碳氢化合物、硫化物和氯化物,它们参与大气化学循环,在大气中的滞留期为几天至几十年,甚至更长。

08.101 大气臭氧 atmospheric ozone
氧的三原子结合体,是大气的组成成分之一,集中在 10~50km 的大气层次内。

08.102 大气臭氧层 ozonosphere
地球上空 10~50km 之间臭氧比较集中的大气层,其最高浓度在 20~25km 处。

08.103 温室气体 greenhouse gasses
大气中具有温室效应的某些微量气体。如二氧化碳、甲烷、氧化亚氮等 30 余种。

08.104 大气本底[值] atmospheric background
又称"本底浓度(background concentration)",未受到人类活动影响的条件下大气各成分的自然含量。

08.105 大气净化 atmospheric cleaning
通过物理、化学和生物等作用减少或清除大气中污染物质的过程。

08.106 大气环境评价 assessment of atmospheric environment
按照一定的标准和方法对大气质量进行定性或定量评定,以研究或预测大气污染的状况及应采取的最优对策。

08.107 碳循环 carbon cycle
生物圈中的碳以有机碳和无机碳形式不断生成、分解、转移、再生并相互转化的物质循环过程。

08.108 二氧化碳源 carbon dioxide source
在碳循环中,能供给植物光合作用所需二氧化碳的直接或间接来源。

08.109 二氧化碳汇 carbon dioxide sink
在碳循环中,能把二氧化碳固定为有机碳的物质。

08.110 森林碳循环 carbon cycle of forest
森林植被通过光合作用,把空气中的二氧化碳合成有机物质,又经过微生物的分解和植株呼吸而放出二氧化碳的一种碳循环过程。

08.111 株间二氧化碳浓度 carbon dioxide concentration within canopy
农田作物群体内的二氧化碳浓度。

08.112 二氧化碳饱和点 saturation point of carbon dioxide
在辐射能充分满足的条件下,作物的光合作用强度不再随二氧化碳浓度的增加而增大时的二氧化碳浓度。

08.113 二氧化碳补偿点 compensation point of carbon dioxide
在辐射能得到满足的条件下,作物光合作用所消耗的二氧化碳与呼吸作用释放的二氧化碳达到平衡时,环境中的二氧化碳浓度。

08.114 大气扩散 atmospheric diffusion
空气属性(质量、水汽等)或空气中所含某种物质主要由于湍流运动而引起的扩散。

08.115 大气质量 atmospheric mass
地球大气的总质量。其值约为 5.14×10^{15} t。

08.03 风能资源

08.116 风能资源 wind energy resources
可供人类利用的自然界风能。

08.117 风能密度 wind energy density
气流在单位时间内通过单位垂直截面积的风能。

08.118 风能潜力 wind energy potential
风能密度与有效风速累积小时数的乘积。

08.119 有效风速 effective wind speed
风力机起动风速至破坏风速间的风速(3 ~ 20m/s 或 3 ~25m/s)。

08.120 风能玫瑰[图] wind energy rose
用极坐标图表示某一地点某一时段内各方向风能值的统计图。

08.121 最大设计平均风速 maximum design wind speed
建筑设计中所规定的若干年一遇的 10min

平均风速的最大值。

08.122 风场评价 wind field assessment
对风力田所在位置风况好坏程度的估价。

08.123 风能利用系数 wind-power utilization coefficient
风机获得的风能与作用于风机的原风能之比。

08.124 风压 wind pressure
风作用在物体面上的压力。

08.125 风压系数 coefficient of wind pressure
作用于建筑物迎风面上的有效风压与基准风压的比值。

08.126 主导风向 predominant wind direction
某地一年内平均风速最大的风向。

08.127 盛行风 prevailing wind

一个地区在规定的时间内出现风向频率最多的风。

08.128 风振系数 wind vibration coefficient
脉动风压引起高耸建筑物的动力作用。此时风压应再乘以风振系数 B。风振系数 B

与风速、脉动结构的尺度、结构固有频率、振型、结构组织以及地面粗糙度等有关。

08.129 风频率 wind frequency
一定时段内某一个风向出现的频数与该时段内出现的各风向的总频数之比的百分率。

08.04　光　能　资　源

08.130 光资源 hight resources
人类生活和生产活动可能利用的太阳辐射能。光资源的单位有太阳辐射量及日照时数等。

08.131 太阳辐射 solar radiation
通常指太阳向周围空间发射的电磁波能量及粒子流。

08.132 太阳辐射总量 gross radiation intensity
任一特定时段内水平面上太阳辐射强度的累积值。常用的有太阳辐射日总量、月总量、年总量。

08.133 太阳常数 solar constant
在日地平均距离处,地球大气外界垂直于太阳光束方向的单位面积上单位时间内接收到的所有波长的太阳总辐射能量值。

08.134 太阳光谱 solar spectrum
太阳辐射经色散分光后按波长大小排列的图案。太阳光谱包括无线电波、红外线、可见光、紫外线、X 射线、γ 射线等几个波谱范围。

08.135 光合有效辐射 photosynthetically active radiation
太阳辐射光谱中可被绿色植物的质体色素吸收,转化并用于合成有机物质的一定波段的辐射能。

08.136 日照时数 sunshine duration
一天内太阳直射光线照射地面的时间,以小

时为单位。

08.137 可照时数 duration of possible sunshine
日出至日没的总时数,以小时为单位。

08.138 日照百分率 percentage of sunshine
任一地点的日照时数与可照时数的百分比。

08.139 ［光］照度 illuminance
单位面积上所接受的光通量。

08.140 辐照度 irradiance
单位时间内投射到单位面积上的辐射能量。

08.141 下垫面反照率 albedo of underlying surface
地球下垫面反射的太阳辐射与入射到下垫面上的总太阳辐射之比。

08.142 反照率 albedo
从非发光体表面反射的辐射与入射到该表面的总辐射之比。

08.143 辐射平衡 radiation balance
又称"净辐射(net radiation)"。指物体或系统吸收的辐射能量减去发出辐射能量后的差值。

08.144 光周期现象 photoperiodism
昼夜光照与黑暗的交替及其对植物发育,特别是开花有显著影响的现象。

08.145 光照长度 illumination length
白昼光照的持续时间,包括太阳光直射和曙

暮光时段。以小时为单位。

08.146 光照阶段 photophase
植物完成某一发育过程所需的一定光长影响的阶段。在此阶段内,长日照植物需要较长的白昼,短日照植物需要较长的黑暗。

08.147 光热转换 photothermal conversion
通过反射、吸收或其他方式把太阳辐射能集中起来,转换成足够高温度的过程,以有效地满足不同负载的要求。

08.148 光电转换 photovoltaic conversion
通过光伏效应把太阳辐射能直接转换成电能的过程。

08.149 光化转换 photochemistry conversion
因吸收光辐射导致化学反应而转换为化学能的过程。其基本形式有植物的光合作用和利用物质化学变化贮存太阳能的光化反应。

08.150 光能利用率 utilization efficiency of light
在植物生长期内,单位土地面积上光合产物贮存的能量与其冠层所获得的太阳辐射能量的比值。

08.151 光合作用 photosynthesis
绿色植物利用太阳光能将所吸收的二氧化碳和水合成有机物,并释放氧气的过程。

08.152 光合作用量子效率 quantum efficiency of photosynthesis
光合作用过程中光量子的能量转换效率。在数量上等于植物同化 1 克分子二氧化碳所固定的能量与转化 1 克分子产物所需要的光量子的能量的百分比。

08.153 光呼吸 photorespiration
绿色植物在光照条件下吸收氧气和释放二氧化碳的过程。

08.154 光合强度 photosynthetic intensity
绿色植物单位面积在单位时间内所同化的二氧化碳量。

08.155 光饱和点 light saturation point
在一定的光强范围内,植物的光合强度随光照度的上升而增加,当光照度上升到某一数值后,光合强度不再继续提高时的光照度值。

08.156 光补偿点 light compensation point
植物的光合强度和呼吸强度达到相等时的光照度值。在光补偿点以上,植物的光合作用超过呼吸作用,可以积累有机物质。

08.157 光解作用 photolysis
因某些波长的辐射而引起的化合物的分解作用。

08.158 感光性 photonasty
植物的发育速度对光照长度反应的特性。

08.159 感光指数 light sensitive index
衡量植物感光性强弱的一种指标。它是指在其他条件基本相同时,作物的播种期每差一天,相应的生育期天数的差值。

08.160 光合势 photosynthetic potential
作物生长期内进行光合生产的叶面积与日数的乘积。单位为平方米·日。

08.161 农田辐射平衡 radiation balance in field
又称"农田净辐射"。农田短波辐射和长波辐射的收支差额。

08.162 森林辐射平衡 radiation balance in forest
指森林吸收的太阳辐射与森林有效辐射的差额。森林辐射平衡是森林小气候形成的物理基础,也是影响森林生态系统生产力的重要生态因子。

08.163 光化学反应 photochemical reaction
物质在可见光或紫外线照射下吸收光能时

发生的化学反应。它可引起化合、分解、电离、氧化、还原等过程。主要有光合作用和光解作用两类。

08.164　光合生产潜力　photosynthetic potential productivity
指假定温度、水分、二氧化碳、土壤肥力、作物的群体结构、农业技术措施均处于最适宜条件下,由当地太阳辐射单独所决定的产量,是作物产量的理论上限。

08.165　光温生产潜力　light and temperature potential productivity
在农业生产条件得到充分保证,水分、二氧化碳充分供应,无不利因素的条件下,理想群体在当地光、温资源条件下,所能达到的最高产量。

08.166　光化学烟雾　photochemical smog
大气中因光化学反应而形成的有害混合烟雾。如大气中碳氧化合物和氮氧化合物在阳光的作用下起化学反应所生成的化学污染物。

08.167　光照阶段学说　theory of photostage
在一定的发育阶段即所谓光照阶段中,长日性植物为了通过此发育阶段而开花、结实,要求连续的光照,仅能忍受一定程度的黑暗,因为其茎生长点只有光照条件下才进行必要的阶段质变。

08.168　日灼　sun scald
树木枝干因受强烈日射而引起的伤害。

08.05　热　量　资　源

08.169　热量资源　heat resources
农业生产可以利用的热量条件。

08.170　气温　air temperature
表征空气冷热程度的物理量。气象部门所指的地面气温,是指离地约 1.5m 处百叶箱中的温度。

08.171　地面温度　surface temperature
土壤与大气界面的温度。

08.172　水田水温　water temperature in paddy field
表征水田水体冷热程度的物理量。

08.173　植物体温　plant temperature
表征植物体(根、茎、叶、花、果实)冷热程度的物理量。

08.174　气温直减率　temperature lapse rate
气温随垂直高度的增加而降低的变化率。

08.175　湍流逆温　turbulence inversion
由于湍流混合而形成的气温随垂直高度的增加而增加的现象。

08.176　地面逆温　surface inversion
近地面气温随垂直高度的增加而增加的现象。

08.177　辐射逆温　radiation inversion
由于地面辐射冷却而形成的逆温。

08.178　覆盖逆温　capping inversion
由于云的覆盖作用而形成的逆温,或指层结不稳定的边界层顶的逆温。

08.179　下沉逆温　subsidence inversion
由于下沉气流绝热增温而形成的逆温。

08.180　锋面逆温　frontal inversion
由于锋面上下冷暖空气温差较大而形成的逆温。

08.181　逆温层　inversion layer
气温随垂直高度的增加而增加或保持不变

的大气层次。

08.182 露点 dew point
空气湿度达到饱和时的温度。

08.183 露点差 depression of dew point
给定时刻的气温和露点温度之差。

08.184 温度廓线 temperature profile
大气中温度随高度分布的曲线。

08.185 活动温度 active temperature
植物能够进行生长发育的高于生物学下限温度的日平均温度。

08.186 有效温度 effective temperature
活动温度减去生物学下限温度和超过上限温度部分的差值。

08.187 三基点温度 three fundamental points temperature
作物生命活动过程的最适温度、最低温度和最高温度的总称。

08.188 生物学零度 biological zero point
在其他条件适宜的情况下,植物生长发育的下限温度。

08.189 农业界限温度 agricultural threshold temperature
对农作物生长发育、农事活动以及物候现象有特定意义的日平均温度值。

08.190 积温 accumulated temperature
某一时段内逐日平均气温的累积值。

08.191 活动积温 active accumulated temperature
某时段内大于或等于生物学下限温度的日平均气温的累积值。

08.192 有效积温 effective accumulated temperature
某时段内有效温度的逐日累积值。

08.193 负积温 negative accumulated temperature
某一时段内小于0℃日平均气温累积之和。

08.194 舒适温度 comfort temperature
人体感到舒适的环境温度。

08.195 感觉温度 sensible temperature
在不同气温,湿度和风速的综合作用下,人体所感觉的冷暖程度。

08.196 风寒指数 wind-chill index
气温低于15℃时,表征人体散失热量与风速、气温关系的指数。

08.197 舒适指数 comfort index
表征人体受环境温度和湿度的综合影响而有舒适感觉的指标。

08.198 舒适气流 comfort current
在不同温度和湿度环境中使人感觉舒适的风速。

08.199 度日 degree-day
某一时段内每日平均温度和基准温度之差的代数和。是计算热状况的一种度量单位。

08.200 采暖度日 beating degree-day
用每日平均温度低于基准温度(例如18℃)的度数计算的度日。是表示燃料消耗的度量。

08.201 冷却度日 cooling degree-day
用每日平均温度高于基准温度(例如25℃)的度数计算的度日。是表示空调或致冷所需的能量消耗。

08.202 感温性 thermonasty
作物生长、发育对温度条件的反应特性。

08.203 温周期现象 thermoperiodism
作物生长、发育和产品品质在昼夜有一定变温的条件下比恒温条件下要好的现象。

08.204 春化现象 vernalization

一、二年生种子作物在苗期需要经受一段低温时期,才能开花结实的现象。

08.205　高温促进率　facilitation rate of high temperature in earing time
提高温度促进植物早期抽穗、开花的速度比率。

08.206　生长期　growing period
作物可能生长的时期或作物从播种到成熟的时期,前者称气候生长期,后者称作物生长期。

08.207　无霜期　duration of frost-free period
一年内终霜日至初霜日之间的持续日数。

08.208　最大冻土深度　maximum depth of frozen ground
土壤冻结达到的最大深度。

08.209　热量平衡　heat balance
一个地区或一个生态系统热量收支之间的关系。

08.210　热源　heat source
大气系统中不断产生热量,并向周围传递热量的地区。

08.211　热汇　heat sink
大气系统中由周围获得热量,并不断地消耗热量的地区。

08.212　潜热　latent heat
水在相变过程中吸收或释放的热量。

08.213　感热　sensible heat
在不伴随水的相变的情况下,有温差存在时,物质间可输送或交换的热量。

08.214　农田热量平衡　heat balance in field
农田热量输入和输出的差额。

08.215　农田显热交换　sensible heat exchange in field
农田活动层和大气之间通过对流(包括湍流)作用交换热量的过程。

08.216　农田潜热交换　latent heat exchange in field
农田活动层和大气之间在水分输送过程中由于水分相变所引起的热量交换过程。

08.217　农田土壤热交换　heat exchange in soil
农田中土壤表层与下层之间的热量交换过程。

08.218　森林热量平衡　heat balance in forest
森林净吸收的热量,等于其支出的热量。

08.219　林带热力效应　thermal effect of shelterbelts
在一定的防护范围内,由林带所引起的太阳辐射、空气温度、土壤温度等气象要素的变化。

08.220　温差能　temperature-difference energy
在介质与介质之间由温度梯度所产生的能流通量。

08.221　热浪　heat wave
大范围异常高温空气入侵或空气显著增暖的现象。

08.06　降 水 资 源

08.222　降水资源　precipitation resources
可供利用的大气降水量。

08.223　降水量　amount of precipitation
一定时段内液态或固态(经融化后)降水,未经蒸发、渗透、流失而在单位面积累积的深度。以毫米为单位。

08.224　降水　precipitation
自云中降落到地面上的水汽凝结物。有液态或固态、两种降水形式。

08.225　降水强度　precipitation intensity
单位时间内的降水量。

08.226　阵性降水　showery precipitation
降水时间短促,开始及终止都很突然,且降水强度变化很大的降水。

08.227　连续性降水　continuous precipitation
持续时间较长、强度变化较小的降水。

08.228　雨　rain
液态降水。

08.229　雨日　rain day
日降水量大于等于0.1mm的日子。

08.230　雨量　rainfall〔amount〕
液态降水的量。

08.231　冻雨　freezing rain
过冷却水滴与物体碰撞后立即冻结的液态降水。

08.232　毛毛雨　drizzle
由直径小于0.5mm的水滴组成的稠密、细小而十分均匀的液态降水。

08.233　小雨　light rain
1h内雨量小于等于2.5mm,或24h内雨量小于10mm的雨。

08.234　中雨　moderate rain
1h内雨量为2.6~8.0mm,或24h内的雨量为10.0~24.9mm的雨。

08.235　大雨　heavy rain
1h内雨量为8.1~15.9mm,或24h内雨量为25.0~49.9mm的雨。

08.236　暴雨　torrential rain
1h内雨量大于等于16mm,或24h内的雨量大于等于50mm的雨。

08.237　地方性降水　local precipitation
在有限的地区内,受该地区的地理位置、地形特点、地表状况影响而产生的带有地方性特征的降水。

08.238　地形雨　orographic rain
由于地形抬升作用而形成的液态降水。

08.239　雹暴　hail storm
强冰雹降水天气,具有很大的破坏性。

08.240　露　dew
空气中水汽凝结在地物上的液态水。

08.241　霜　frost
夜间地面冷却到0℃以下时,空气中的水汽凝华在地面或地物上的冰晶。

08.242　雪　snow
由冰晶聚合而形成的固态降水。

08.243　积雪　snow cover
在视野范围内有一半以上的面积被雪覆盖的雪层。

08.244　雪量　snowfall〔amount〕
一定时段内,单位面积上降雪的数量,以克/平方厘米(g/cm^2)表示。

08.245　雪深　snow depth
从积雪表面到地面的深度。

08.246　雪日　snow day
降水量大于等于0.1mm的降雪日子。

08.247　雾　fog
近地面的空气层中悬浮着大量微小水滴(或冰晶),使水平能见度降到1km以下的天气现象。

08.248　冰雪资源　ice and snow resources
可供利用的地球表面的积雪和积冰。

08.249 云水资源 cloud water resources
贮存在云体中通过天然降水或人工降水可利用的水分资源。

08.250 人工降水 artificial precipitation
用人为的手段促使云层降水。

08.251 有效降水 effective precipitation
自然降水中实际补充到植物根分布层可被植物利用的部分。

08.252 降水临界值 critical precipitation
在水分临界期内保证作物最小需水量的降水下限和最大需水量的降水上限值,其上、下限之间的降水量称为降水当量。

08.253 降水量保证率 accumulated frequency of rainfall
表示降水量在某一界限值以上或以下出现的累积概率。可用累积频率表示。它是一个表征某等级降水量保证出现的可能性的统计量。

08.254 降水量变率 precipitation variability
表示某一地点降水量平均偏差相对于平均值的变化程度。

08.255 梅雨 Meiyu, plum rain
初夏中国江淮流域或日本一带经常出现的一般持续时间较长的阴沉多雨天气。

08.256 雨季 rainy season
一年中降水相对集中的季节。

08.257 水分循环 hydrological cycle
地球上的水从地表蒸发、凝结成云、降水到径流,积累到土中或水域,再次蒸发,进行周而复始的循环过程。

08.258 水分平衡 water balance
地球 – 大气系统长时间平均得到的水分与失去的水分之间的平衡关系。

08.259 相对湿度 relative humidity
空气中水汽压与饱和水汽压的百分比。

08.260 绝对湿度 absolute humidity
单位体积湿空气中含有的水汽质量。即水汽的密度。

08.261 饱和水汽压 saturation vapor pressure
一定的温度和气压下,湿空气达到饱和时的水汽压。

08.262 饱和差 saturation difference
某一温度和气压下的饱和水汽压与实际水汽压之差。

08.263 土壤[绝对]湿度 [absolute] soil moisture
表示土壤湿润程度的度量。以土壤中水分的重量占干土重的百分比来表示。

08.264 土壤相对湿度 relative soil moisture
土壤绝对湿度值占田间持水量的百分率。

08.265 田间持水量 field capacity
在不受地下水影响时,土壤所能保持的毛管悬着水的最大量。

08.266 凋萎湿度 wilting moisture
土壤水分减少到使植物叶片开始呈现萎蔫状态时的土壤湿度。

08.267 饱和持水量 saturation moisture capacity
土壤孔隙全部被液态水充满时的土壤含水量。

08.268 蒸发 evaporation
物质从液态转化为气态的相变过程。

08.269 潜在蒸发 potential evaporation
又称"蒸发力"。纯水面在单位面积单位时间中蒸发的水量。

08.270 蒸散 evapotranspiration
农田土壤蒸发和植物蒸腾的总称。

08.271 蒸腾 transpiration
植物体内水分通过表面以气态向外界大气输送的过程。

08.272 潜在蒸散 potential evapotranspiration
曾称"蒸散势","可能蒸散"。土壤充分湿润情况下全部矮秆植物覆盖的平坦地面的蒸散量。

08.273 蒸腾系数 transpiration coefficient
植物合成 1 克干物质所蒸腾消耗的水分克数。

08.274 [作物]需水临界期 critical period of [crop] water requirement
又称"需水关键期"。作物对水分胁迫特别敏感的生长发育阶段。

08.275 生理需水 physiological water requirement
直接用于作物生理过程的水分。

08.276 生态需水 ecological water requirement
为作物创造适宜的生态环境所需要的水分。

08.277 土壤水分平衡 soil water balance
某时段某土层的水分进入量(降水、灌溉、地下水补给等)和移出量(蒸散、渗漏等)之差。

08.278 土壤含水量 soil water content
存在于土壤孔隙和束缚在土壤固体颗粒表面的液态水量。

08.279 干期 dry spell
连续无雨或少雨的时段。

08.280 湿期 wet spell
连续有雨的时段。

08.281 干旱 drought
长期无雨或少雨导致土壤和河流缺水及空气干燥的现象。

08.282 湿害 wet damage
又称"渍害"。土壤中含水量长期处于饱和状态使作物造成损害。

08.283 洪涝 flood
雨量过大或冰雪融化引起河流泛滥、山洪暴发和农田积水造成的水灾和涝灾。

08.284 干燥度 aridity
表征自然植被需水量超过有效降水量程度的一种指标。一般采用地面水分支出量与收入量的比值表示气候干燥的程度,比值越大,表示气候越干燥。

08.285 湿润度 moisture index
表示有效降水量超过自然植被需水量程度的一种指标。一般采用地面水分收入量与支出量的比值表示气候湿润的程度,比值越大,表示气候越湿润。

08.07 气候灾害

08.286 热害 hot damage
高温对农业生物的生长发育和产量造成的危害。

08.287 冷害 cool damage
植物生长季节里,0℃以上的低温对作物造成的损害。

08.288 冻害 freezing injury
越冬期间冬作物和果树林木因遇到 0℃以下低温或剧烈降温所造成的灾害。

08.289 寒害 chilling injury
喜温作物受低温侵袭造成的灾害。

08.290 倒春寒 late spring cold
在春季天气回暖过程中出现温度明显偏低,对作物造成损伤的一种冷害。

08.291 寒露风 low temperature damage in autumn

秋季冷空气入侵引起明显降温而使水稻减产的一种冷害。

08.292 低温冷害 chilling damage

农作物生长季节气温比常年同期显著偏低引起的灾害。

08.293 霜冻 frost injury

在温暖时期,植物体的温度短时降到0℃以下,使处在生长状态的植株体内发生结冰而遭受伤害甚至枯死的现象。

08.294 黑霜 dark frost

曾称"杀霜"。生长季内温度降至0℃以下,植株表面没有结霜,但已使植株受冻害或枯死的现象。

08.295 雪灾 snow damage

降雪过多、积雪过厚和雪层维持时间过长造成的灾害。

08.296 干热风 dry hot wind

高温低湿和一定风力的天气条件影响作物生长发育造成减产的灾害。

08.297 雹灾 hail damage

降雹给农业生产以及电信、交通运输和人民生命财产造成损失的一种自然灾害。

08.298 寒潮 cold wave

冬半年引起大范围强烈降温、大风天气,常伴有雨、雪的大规模冷空气活动。

09. 植 物 资 源 学

09.01 植物资源学概论

09.001 植物资源 plant resources

植物资源是自然资源的一大类群,包括农作物、森林、草原和草场草地等高等植物以及苔藓和真菌等低等植物,是人类赖以生存的非常主要的可再生资源。

09.002 资源植物 resource plant

具有开发利用潜力,但尚未被完整(或定向)地开发而形成有规模商品的植物。

09.003 经济植物 economic plant

广义而言,指已经变成商品的植物(或作物)。

09.004 植物资源学 science of plant resources

研究资源植物的分布、分类、引种驯化,资源植物中有用物质的特性、形成、积累和转化的规律,以及开发利用、保护与人类社会和

自然环境需求关系的学科。

09.005 民族植物学 ethnic botany

研究民族与植物间的相互作用,包括少数民族利用植物的经验和知识,为探索植物过去的分布,寻找曾被人类利用、并对现代生活仍然直接或间接起作用的植物种群,提供有价值的依据。

09.006 植物化学 phytochemistry

主要研究植物化学成分,特别是它的次生代谢产物,即次生物质形成、转化以及对机体的作用。此外,还包括植物成分的提取、分离、纯化、深加工工艺,以至工业化生产途径。

09.007 数字化植物资源学 science of digital plant resources

探求相对定型的定量化数字模型,以解决各

类资源植物在某一地区较准确的丰富程度,为各地区植物资源开发利用和保护提供依据。

09.008 栽培植物起源中心学说 theory of centers of cultivated plant origin

将世界划分为:中国中心、印度中心、印度－马来西亚中心、中亚中心(帕米尔中心)、近东中心、地中海中心、阿比西尼亚中心、墨西哥中心、南美中心等九个中心。该学说对植物引种驯化和探索遗传育种的原始材料很有帮助。

09.009 植物活性成分 active element of plant

构成植物体内的物质除水分、糖类、蛋白质类、脂肪类等必要物质外,还包括其次生代谢产物(如萜类、黄酮、生物碱、甾体、木质素、矿物质等)。这些物质对人类以及各种生物具有生理促进作用,故名为植物活性成分。

09.010 资源植物次生物质代谢产物 metabolic product of secondary matter in the resource plant

在植物体内,一些不直接参加光合作用的物质(不是光合作用最初产品)。

09.011 亲缘关系 ties of consanguinity

植物物种由于同科同属而产生的关系称为亲缘关系。利用植物亲缘关系在同属植物中,可以寻找到相似的活性成分。

09.012 植物资源地域性 regionalism of plant resources

在不同地域上,由于气候、土壤、海拔等的差异,导致植物资源类型出现有较大差异,从而显示出植物资源的地域性。

09.013 植物资源可再生性 regeneration of plant resources

由于植物能够利用无机物通过光合作用合成为有机物,因而,植物资源能够不断地在地球上自然或人工更新、繁殖演化和扩大。在合理利用的情况下,植物资源可以不断再生。

09.014 植物资源多用性 utility of plant resources

由于植物资源含有各种各样的不同物质,故用途是多种多样的。

09.015 植物资源脆弱性 brittleness of plant resources

社会对植物资源的开发利用水平层次愈高,人们对它的依赖程度也愈高,消费数量随之增大,一旦利用过度,植物资源便受到破坏,以至灭绝。

09.016 植物资源丰度 abundance of plant resources

人们用模糊性语言来衡量某一个区域植物资源的丰富程度("非常丰富","较为丰富","比较贫瘠"等)。它缺乏公认标准,没有量的概念。

09.017 植物资源开发与保护的相关性 interrelation on development and protection of plant resources

植物资源是人类依赖生存的一类再生资源。不保护的开发,将导致资源枯竭;只保护不开发,经济得不到发展,保护成果难以巩固。开发利用与保护是对立的统一,两者相辅相成。

09.02 资源植物分类系统

09.018 资源植物分类系统 taxonomical system of resource plant

一般按利用性质分有药用类、油脂类、鞣质类、纤维类、淀粉类、糖类、胶类、香料挥发油类、蛋白质类、维生素类、蜜源类等。

09.019 植物资源分类 classification of plant resources

按其用途大致可分为:工业用植物资源、食用植物资源、园艺植物资源、改善环境及特殊用途植物资源、药用植物资源等五大类。

09.020 工业用植物资源 plant resources for industry

作为工业原料应用的植物资源。它是现代工业赖以生存的最基本条件。主要包括木材植物类、纤维植物类、鞣质植物类、香料植物类、植物胶类、工业用油脂植物类、工业性植物染料类、能源植物类、经济昆虫寄生植物类等等。

09.021 食用植物资源 edible plant resources

指直接或间接为人类食用的植物资源。间接为人类食用的植物资源是指其产品被人类食用的植物资源。

09.022 食用植物资源分类 classification of edible plant resources

包括淀粉植物资源、蛋白质类植物资源、食用油脂植物资源、维生素植物资源、饮料植物资源、食用色素植物资源、食用香料植物资源、植物甜味剂植物资源、饲料植物资源、蜜源植物资源、野生蔬菜和食用竹类(笋类)植物资源。

09.023 园艺植物资源 horticultural plant resources

园艺资源植物主要包括三大类,庭院及行道观赏树木,花卉和盆景。这是人类文化中不可缺少的部分。

09.024 环境植物资源 plant resources for environment and special use

用于保护和改造环境的植物资源。

09.025 药用植物资源 resources of medicinal plant

包括生物碱类植物资源、苷类植物资源(分强心苷类、皂苷类、氰苷类植物资源)、黄酮类植物资源、多糖类植物资源、蒽醌类植物资源、萜类植物资源、酚类植物资源、激素类植物资源、信息素植物资源等。

09.026 特有植物资源 endemic plant resources

为某一地区所特有的植物资源。我国国土面积广阔、自然条件复杂,因而珍稀特有植物丰富,其中颇多古老的残遗成分。我国特有植物共有 72 科、190 多属,其中茶科 16 属、伞形科 14 属、苦苣苔科 13 属、兰科 11 属、唇形科 10 属以及钟萼木科、珙桐科和杜仲科等。

09.027 低等植物资源 lower plant resources

低等植物资源主要包括三大类:苔藓类、藻类、大型食用和药用真菌类。

09.028 苔藓类植物资源 moss resources

目前已被开发的有橡苔和树苔,主要作香料定香剂。

09.029 藻类植物资源 alga resources

主要提供食用蛋白质,如大量被利用的蓝藻、绿藻和螺旋藻等。

09.030 大型真菌植物资源 major fungus resources

可分为食用和药用两类。近期从灵芝、云芝、香菇、白木耳、黑木耳、猴头菇等分离出多种对人体有益、健体强身、延缓衰老、提高免疫功能的活性成分,成为多种药物和保健品、化妆品的原料。

09.03 植物资源评价

09.031 植物资源评价 evaluation of plant resources

对某一地区植物资源开发、利用以及保护进行的评价。包括植物资源的分布及其生长条件、植物资源数量及质量、植物资源开发、利用条件等。

09.032 植物资源综合评价 integrative evaluation of plant resources

在评价植物资源本身的同时,对生存环境的各个方面必须综合考虑,包括区位条件、利用方向、人文状况等。

09.033 植物资源潜力评价 potential evaluation of plant resources

资源植物开发利用前景的预测,包括对资源植物蕴藏量的远景预测,资源植物利用新途径和新有用物质发现及其利用前景的预测。

09.034 植物资源直接经济效益 direct economic benefit of plant resources

直接为人类提供衣、食、住、行各类产品所产生的经济效益。直接经济效益评价可分为单一功能效益评价和综合功能效益评价两种。

09.035 植物资源间接经济效益 indirect economic benefit of plant resources

植物资源除了直接为人类提供衣、食、住、行各类产品外,还能间接为人类提供涵养水分、净化空气、防止水土流失、调节气候、抗御各种自然灾害能力等等。

09.036 植物资源综合效益 synthetic benefit of plant resources

植物资源开发利用除产生经济效益,还涉及生态与环境效益、社会效益。

09.037 植物资源永续利用 sustained utilization of plant resources

根据地区的资源量(丰度)、种类有计划有步骤地进行资源开发。如采取轮采方式,使生长量与开发量同步的开发利用方式。

09.038 植物资源合理利用 rational utilization of plant resources

植物资源利用必须达到经济效益、生态效益和社会效益三者和谐统一。

09.039 植物资源综合利用 comprehensive utilization of plant resources

资源利用必须改变传统单一生产经营方式,把生产过程中产生的"余料"、废料充分利用起来,使资源利用产生最大的效益。

09.040 植物资源深加工 depth process of plant resources

植物资源开发沿着原料—初级产品—精加工产品(深加工产品)的转化方式,其产品价格将会成倍甚至几十倍地增加;同样的收入其资源消耗量将大大降低。

09.041 植物资源保护 conservation of plant resources

植物资源是人类生存与发展不可或缺的物资基础,必须采取各种手段达到合理使用、永续利用的目的。

09.042 植物资源引种驯化 introduction and taming of plant resources

通过人工栽培,自然选择和人工选择,使野生植物、外来(外地或外国)的植物能适应本地的自然环境和栽种条件,成为生产需要的本地植物。

09.043 资源植物直接引种 direct introduction of resource plant

将引种植物从一个地区引入另一个地区种植。

09.044 资源植物间接引种 indirect introduction of resource plant

采取关键时刻保护、改变生长节奏、改变植物的体态结构、采用嫁接技术、实生苗多代选择、逐步式分步驯化等特殊栽培措施,进行间接引种,并采用杂交育种、多倍体育种、单倍体育种、辐射育种和细胞融合等育种手段对引进种类进行改造以获得适应性强、经济效益好的植物品种。

09.045 植物快速繁殖 fast propagation of resource plant

采取培养基配制,材料灭菌,无菌培养,幼苗转移到苗床,成苗转至大田栽种五步走的繁殖培养方式。

09.046 植物资源种质保存 conserving of germplasm on the plant resources

仿效高级动物液氮(超低温)保存精子的方法,进行离体培养植物器官、组织、细胞的保存,建立种质保存细胞库;还可在分子水平上建立 DNA 库进行种质保存。

10. 草 地 资 源 学

10.01 草地资源学概论

10.001 草地 rangeland

是一种土地类型,是草本和木本饲用植物与其着生的土地构成的具有多种功能的自然综合体。

10.002 草原 steppe

草原是温带和热带干旱区中的一种特定的自然地理景观,是以多年生旱生草本植物为主组成的一种植被类型。

10.003 草场 grassland

生长草本和木本饲用植物,主要用作畜牧业生产资料的土地。草场与为畜牧业利用的草地为同义词。

10.004 草地资源 rangeland resources

具有数量、质量、空间结构特征,有一定分布面积,有生产能力和多种功能的草地,主要用作畜牧业生产资料。它的土地、生物、水、光、热、景观等可以为人类福利提供物质、能量和环境。

10.005 草地资源学 rangeland resource sci-

ence

研究草地资源的形成、演变与数量、质量特征,空间结构,开发利用,保护与管理及其与人类社会、自然环境和经济发展关系的科学。

10.006 草地资源功能 rangeland resource function

草地资源可供发展草地养畜、草产品生产和狩猎业,其自然和人文景观可供游憩和科学考察,还有涵养水源、保持水土、防沙、固沙、绿化美化环境等生态功能。

10.007 草地植物资源 rangeland plant resources

草地中蕴藏有生产价值、可以为人类经营利用、具有多种功能的植物群体。草地资源植物的属性、数量、质量、分布与利用特征决定了草地的性质、用途和经济价值。

10.008 草地植物种质资源 germplasm resources of rangeland plant

天然草地中具有传递给后代的遗传物质与遗传功能,通过驯化、培育,可将其有用的经济形态导入人工栽培种的植物个体或群体。

10.009　草地资源承载力　supporting capacity of rangeland

一个国家或地区的草地资源,在维持其持续发展的前提下,所能承养的牲畜数量。

10.010　草地野生动物　wildlife of rangeland

生长于天然草地的野生兽类、鸟类、爬行类、两栖类、昆虫等动物的总称。

10.011　草地资源生物多样性　biodiversity of rangeland resources

草地上所有生物种类、种内遗传变异和它们生存环境的总称,包括所有不同种类的植物、动物、微生物以及它们拥有的基因,它们与生存环境组成的生态系统。

10.012　草地景观资源　landscape resources of rangeland

草地的自然环境、地理要素与草地自然地带性、动植物群体等构成的自然景观和草地畜牧民族的民俗、风情、历史遗迹等构成的景观的总称。

10.013　草地资源生态系统　ecosystem of rangeland resources

以草地饲用植物为主的生物群落,通过能量流动和物质循环而形成的具有一定结构和功能的自然动态体系。

10.014　草地资源生态学　ecology of range-land resources

研究草地资源发生、发展规律及其各个生态因子之间相互关系,以及开发利用、保护与人类经济文化活动之间相互联系的科学。

10.015　草地碳循环　carbon cycle on range-land

草地植物通过光合作用固定空气中的碳,草地土壤呼吸作用消耗碳,二者构成天然草地生态系统的碳循环。

10.016　草地生态系统服务功能　ecosystem services of rangeland

草地生态系统不仅为人类提供食物、药物及工农业生产原料,还是支撑与维持地球生命的支持系统,维持生命的物质循环与水循环,维持生物物种与遗传多样性、净化环境、维持大气化学平衡与稳定。

10.017　草地水源涵养　conserve water in rangeland

草地土壤及草根层对降水的渗透和贮蓄作用;草层或草根层对地表蒸发的分散、阻滞、过滤作用;保护积雪、延缓积雪消融、调节雪水地表径流的作用。

10.018　草地游憩　rangeland recreation

在草地上进行的观光浏览、科学考察、探险、度假休闲、旅游。包括野营、野餐、骑乘、狩猎、爬山、漂流、探险、滑雪等休闲旅游活动。

10.019　原生草地　primary rangeland

在一定的空间、固有的无机和生物环境因素下形成的草地。

10.020　次生草地　secondary rangeland

原有的自然或人工植被包括草地植被遭受破坏消失后或人为清除后,经自然恢复演替重新生成的以草本植物为主的草地。

10.021　永久性草地　permanent grassland

牧草连续维持 5 年以上的多年生人工草地或天然草地。

10.022　短期草地　temporary grassland

牧草连续维持不足 5 年的一年生或多年生人工草地,或短期用作临时放牧的天然草地。

10.023　改良草地　improved grassland

在不完全破坏原有天然草地植被的前提下,对草地施以划破草皮、施肥、灌水、补播牧草、除莠等一种或多种提高草地生产力的农业技术措施进行改良的天然草地。

10.024　人工草地　artificial grassland
通过耕翻、完全破坏、清除原有天然植被后，人为播种、栽培建植的以草本植物为主体的人工植被及其生长的土地，包含人工栽植主要供饲用的郁闭度小于 0.4 的人工疏灌丛群落或郁闭度小于 0.2 的疏林群落及其生长的土地。

10.025　基本草原　basic rangeland
中华人民共和国草原法第四十二条规定，下述草原划定为基本草原进行保护。1. 重要放牧场；2. 割草地；3. 用于畜牧业生产的人工草地、退耕还草地以及改良草地、草种基地；4. 对调节气候、涵养水源、保持水土、防风固沙具有特殊作用的草原；5. 作为国家重点保护野生动植物生存环境的草原；6. 草原科研、教学试验基地；7. 国务院规定应当划为基本草原的其他草原。

10.026　附属草地　supplementary grassland
又称"补充草地"。按照土地利用现状分类划分的土地利用类型中，畜牧业用地范畴以外的其他可供放牧或割草用以饲养牲畜的草地。

10.02　草地牧草资源

10.027　草地饲用植物资源　forage plant resources of rangeland
草地中可供家畜放牧采食或人工收割后用来饲喂家畜的各种植物组成的群体。

10.028　草地野生经济植物资源　economic plant resources of natural rangeland
天然草地中收获后可作为工业原料或可直接利用产生经济价值的各种经济用途的植物群体。

10.029　干草　hay
含水量在 17% 以下的牧草通称。中华人民共和国农业部颁布的农业行业干草标准规定，干草的含水量为 14%。

10.030　天然草地标准干草　standard hay of grassland
指从禾本科牧草为主的温性草原草地或山地草甸草地上收割的达到最高月产量时的干草，其含水量为 14%。

10.031　人工草地标准干草　standard hay of artificial grassland
在孕穗期至抽穗期收割的禾本科牧草和初花期收割的豆科牧草，经风干（或烘干）至含水量 14%，叶子保持完好、没有霉斑、没有病害、不含杂物的干草。

10.032　草地植物经济类群　economic groups of rangeland plants
从经济利用角度、特别是从饲用价值出发划分的具有大致相似利用价值的草地植物类群，通常亦反映这些类群具有相似的经济特性及其内在的生态学与生物学特性。

10.033　栽培牧草资源　tame forage resources for cultivation
人工栽培的可供饲喂家畜的各种草类和饲用灌木群体。

10.034　优质牧草　excellent forages
营养价值高，粗蛋白质含量大于 10%，粗纤维含量小于 30%；草质柔软，耐牧性好，冷季保存率高的牧草。

10.035　良质牧草　good forages
粗蛋白质含量大于 8%，粗纤维含量小于 35%；耐牧性好，冷季保存率高的牧草。

10.036　中质牧草　fair forages

各种家畜均采食,但喜食程度不及优质和良质牧草,枯黄后草质迅速变粗硬或青绿期有异味;粗蛋白质含量小于 10%,粗纤维含量大于 30%;耐牧性良好。

10.037　低质牧草　inferior forages
大多数家畜不愿采食,仅耐粗饲的骆驼或山羊喜食,或草群中优良牧草已被采食完后才采食;粗蛋白质含量小于 8%,粗纤维含量大于 35%;耐牧性较差,冷季保存率低。

10.038　劣质牧草　poor forages
家畜不愿采食或很少采食,或只在饥饿程度很重的情况下采食,或某些季节有轻微毒害作用,仅在一定季节少量采食的牧草。耐牧性较差,营养物质含量与中、低质牧草无明显差异。

10.039　一年生牧草　annual forage
在一年内完成整个生活史的牧草。

10.040　两年生牧草　biennial forage
生命周期为两年的牧草。通常第一年为营养生长,第二年开花结实。

10.041　多年生牧草　perennial forage
生命周期在 3 年以上的牧草。

10.042　草地有毒植物　poisonous plant
草地中含有生物碱、配糖体、挥发油、有机酸等有损家畜健康的有害化学物质的植物,家畜误食后能引起生理异常、直接或间接致使家畜生病、甚至死亡。

10.043　草地有害植物　harmful plant
草地中能致使放牧牲畜产生物理性损伤,或采食后会导致畜产品品质下降的植物。

10.044　C3 植物　C3 plant
光合作用时利用磷酸戊糖途径固定二氧化碳的植物。

10.045　C4 植物　C4 plant
光合作用时利用二羟酸途径固定二氧化碳的植物。

10.046　牧草适口性　forage palatability
家畜对所采食的牧草或牧草某一部分表现的喜食程度。

10.03　草地资源类型

10.047　草地类型　rangeland type
在一定的时间、空间范围内,具有相同自然和经济特征的草地单元。它是对草地中不同生境的饲用植物群体,以及这些群体的不同组合的高度抽象和概括。

10.048　中国草地分类系统　rangeland and classification system of China
20 世纪 80 年代全国首次统一草地资源调查,采用发生学 - 植被分类法,按类、亚类、组、型 4 个分类级,将覆盖全中国的天然草地划分为 18 个类、21 个亚类、128 个组、813 个型的中国第一个完整的草地分类系统。

10.049　温性草甸草原草地　temperate meadow-steppe type rangeland
发育于温带,湿润度 0.6 ~ 1.0(伊万诺夫湿润度,下同),年降水量 400 ~ 500mm 的半湿润地区,由多年生中旱生草本植物为主,并有较多旱中生植物参与组成的草地类型。

10.050　温性草原草地　temperate steppe type rangeland
发育于温带,湿润度 0.3 ~ 0.6,年降水量 250 ~ 400mm 的半干旱地区,由多年生旱生草本植物为主组成的草地类型。

10.051　温性荒漠草原草地　temperate desert-steppe type rangeland
发育于温带,湿润度 0.13 ~ 0.3,年降水量

150～250mm 的干旱地区,由多年生旱生丛生小禾草草原成分为主,并有一定数量旱生和强旱生小半灌木、半灌木荒漠成分参与组成的草地类型。

10.052 高寒草甸草原草地 alpine meadow-steppe type rangeland

发育于高山(或高原)亚寒带、寒带、湿润度 0.6～1.0,年降水量 300～400mm 的寒冷半湿润地区,由耐寒的多年生旱中生或中旱生草本植物为主组成的草地类型。

10.053 高寒[典型]草原草地 alpine typical steppe type rangeland

发育于高山(或高原)亚寒带、寒带,湿润度 0.3～0.6,年降水量 200～350mm 的寒冷半干旱地区,由耐寒的多年生、旱生丛生禾草或旱生半灌木为优势种组成的草地类型。

10.054 高寒荒漠草原草地 alpine desert-steppe type rangeland

发育于高山(或高原)亚寒带和寒带,湿润度 0.13～0.3,年降水量 100～200mm 的寒冷干旱地区,由强旱生、丛生小禾草为主,并有强旱生小半灌木参与组成的草地类型。

10.055 高寒荒漠草地 alpine desert type rangeland

发育于高山(或高原)亚寒带、寒带,湿润度小于 0.13,年降水量小于 100mm 的寒冷极干旱地区,由极稀疏低矮的超旱生垫状半灌木、垫状或莲座状草本植物组成的草地类型。

10.056 温性草原化荒漠草地 temperate steppe-desert type rangeland

发育于温带,湿润度 0.10～0.13,年降水量 100～150mm 的强干旱地区,由强旱生半灌木和灌木荒漠成分为主,又有一定旱生草本或半灌木草原成分参与组成的草地类型。

10.057 温性荒漠草地 temperate desert type rangeland

发育于温带,湿润度小于 0.1,年降水量小于 100mm 的极干旱地区,由超旱生灌木和半灌木为优势种,一年生植物较发育的草地类型。

10.058 暖性草丛草地 warm-temperate tussock type rangeland

发育于暖温带(或山地暖温带),湿润度大于 1.0,年降水量大于 600mm 的森林区,森林破坏后,由次生喜暖的多年生中生或旱中生草本植物为优势种,其间散生有少量阳性乔、灌木,植被基本稳定的草地类型,其乔、灌木郁闭度之和小于 0.1。

10.059 暖性灌草丛草地 warm-temperate shrub tussock type rangeland

发育于暖温带(或山地暖温带),湿润度大于 1.0,年降水量大于 600mm 的森林区,森林破坏后以次生喜暖的多年生中生或旱中生草本为主,并保留有一定数量原有植被中的乔、灌木,植被相对稳定的草地类型,其灌木郁闭度为 0.1～0.4 或乔木、灌木郁闭度之和为 0.1～0.3。

10.060 热性草丛草地 tropical tussock type rangeland

发育于亚热带,热带,湿润度大于 1.0,年降水量大于 700mm 的森林区,森林破坏后由次生热性多年生中生或旱中生草本植物为优势种,其间散生少量阳性乔、灌木,植被基本稳定的草地类型,其乔、灌木郁闭度之和小于 0.1。

10.061 热性灌草丛草地 tropical shrub tussock type rangeland

发育于亚热带和热带,湿润度大于 1.0,年降水量大于 700mm 的森林区,森林破坏后由次生热性多年生中生或旱中生草本为主,并保留有一定数量原有植被中的乔、灌木,植被相对稳定的草地类型,其灌木郁闭度 0.1～0.4 或乔、灌木郁闭度之和 0.1～0.3。

10.062 干热稀树灌草丛草地 arid-tropical shrub tussock scattered with trees type rangeland

发育于干燥的热带和极端干热的亚热带河谷底部,年降水量大于700mm,雨季湿润度大于1.0,旱季少雨、干燥,森林破坏后次生为旱中生、多年生草本植物为优势种,其间散生少量阳性乔木和灌木,其乔、灌木郁闭度之和小于0.4,植被很稳定的草地类型。

10.063 低地草甸草地 azonal lowland meadow type rangeland

发育于温带、亚热带、热带的河漫滩、海岸滩涂、湖盆边缘、丘间低地、谷地、冲积扇扇缘等地形部位,地下水位小于0.5m,排水不良或有短期积水,主要受地表径流或地下水影响而形成的隐域性草地,以多年生湿中生或中生草本为优势种组成的草地类型。

10.064 温性山地草甸草地 temperate montane meadow type rangeland

发育于山地温带,湿润度大于1.0,年降水量大于500mm的森林区域的林间、林缘或山地草原垂直带之上,或森林植被破坏后次生的以多年生中生草本植物为优势种组成的草地类型。

10.065 高寒草甸草地 alpine meadow type rangeland

发育于高山(或高原)亚寒带、寒带,湿润度大于1.0,年降水量大于400mm的寒冷湿润地区,由耐寒、多年生中生草本植物为优势种,或有中生高寒灌丛参与组成的草地类型。

10.066 沼泽草地 marsh type rangeland

发育于排水不良的平原洼地、山间谷地,河流源头,湖泊边缘等地形部位,在季节性积水或常年积水的条件下,形成以多年生湿生或沼生植物为优势种的隐域性草地类型。

10.067 高禾草草地 tall grass rangeland

以茎秆高大粗硬的禾草为优势种组成的草层高大于80cm的草地,多利用牧草的叶片。

10.068 中禾草草地 medium grass rangeland

以禾本科牧草为优势种组成的草层高为30~80cm的草地,可供割晒干草。

10.069 矮禾草草地 short grass rangeland

以禾本科牧草为优势种组成的草层高小于30cm的草地,属放牧型草地。

10.070 豆科草草地 legume rangeland

以豆科草本植物为优势种组成的草地。豆科牧草粗蛋白质含量一般高于其他科牧草,对家畜生长发育具有重要意义。

10.071 大莎草草地 big sedge rangeland

以高大的莎草科牧草为优势种组成的草层高度大于25cm的草地。牧草冷季保存率高,植株较高大,可供割草,是高寒地区最重要的冷季放牧草地。

10.072 小莎草草地 small sedge rangeland

以矮小的莎草科牧草,主要是嵩草属或苔草属牧草为优势种组成的草层高度小于25cm的草地。草质柔软,叶量大,营养价值高,利用率高,是高寒地区最重要的暖季放牧草地。

10.073 杂类草草地 forb rangeland

除禾本科、豆科、莎草科以外的以双子叶阔叶牧草为优势种组成的草地。大多数杂类草适口性较差,枯黄后叶片易失落,冷季保存率低,畜牧业利用经济价值较低。

10.074 蒿类半灌木草地 sage semi-brush rangeland

以蒿属和绢蒿属半灌木为优势种组成的草地。蒿类半灌木春夏多有异味,牲畜很少采食,秋后异味消失,籽实富含蛋白质,是绵羊、山羊秋季抓膘的重要草地。

10.075 半灌木草地 semi-brush rangeland

除蒿类半灌木以外的其他半灌木为优势种组成的草地。大多出现在温性草原化荒漠类、温性荒漠类和高寒荒漠类草地中,畜牧业利用经济价值不高。

10.076 灌木草地 shrub rangeland

以灌木为优势种组成的荒漠草地。只能利用灌木的叶片和嫩枝条。

10.077 小乔木草地 small tree rangeland

以梭梭等小乔木为优势种组成的荒漠草地。只能利用其叶片和嫩枝条。

10.078 地带性草地 zonal rangeland

主要受地带性气候和植被影响而形成的具有显著自然气候地带性特征的天然草地。

10.079 非地带性草地 azonal rangeland

受地表水与潜水、地形、土壤、土壤盐分、地表组成物质等生态环境因素制约而形成的不具备显著气候地带性特征的天然草地。

10.080 垂直带草地 vertical-belt distribution of rangeland

随着山地海拔高度的升高,在不同的海拔高度地段,更替着与山地海拔高度水热条件、坡向、坡度相适应的各种类型的草地。

10.081 草地演替类型 successional type of rangeland

受自然因素改变或人为干扰作用,原有的草地类型不适应新的环境,暂时或永久地逐步消失,代之而形成的适应新自然环境条件的新草地类型。

10.082 多年生草地 perennial plant rangeland

以生长寿命 3 年以上的多年生牧草为主组成的草地。

10.083 一年生草地 annual rangeland

在一年内能够完成自我繁殖过程的一年生牧草为主组成的草地。

10.084 育肥草地 rangeland for fattening animal

用于出售牲畜进行育肥的放牧草地。

10.085 封闭草地 closed rangeland

禁止放牧和其他任何形式利用的草地。

10.04 草地资源调查、规划与评价

10.086 草地资源调查 survey of rangeland resources

对草地资源的数量、质量、空间分布、环境条件和利用现状进行调查,并依据调查结论提出开发利用、保护对策的一项科学研究工作。

10.087 草地资源遥感调查 remote sensing for rangeland resource survey

应用航空和航天遥感信息源,结合植被、土壤、自然条件等地面资料,完成草地类型的划分、生产力测定与成图的草地资源调查。

10.088 草地资源常规调查 routine survey for rangeland resources

以地形图为工作底图,结合植被、土壤、自然条件等地面资料,完成草地类型的划分、生产力测定与成图的草地资源调查。

10.089 草地资源详查 detailed survey of rangeland resources

对调查区域草地资源进行的全面、系统、详细的调查。

10.090 草地资源概查 general survey of rangeland resources

在草地资源详查开始前,为制定详查工作计划与方案为目的而进行的对调查区域的自然条件、草地资源、社会经济概貌所做的简要调查。

10.091 草地资源调查 3S 技术 3S technology for rangeland resource survey

应用遥感技术（RS）、地理信息系统（GIS）和全球定位系统（GPS）结合进行草地资源调查，形成多维信息获取与释实时处理的技术系统。

10.092 草地资源图 map of grassland resources

表现某一地域范围内草地资源数量、质量、分布、利用、保护等内容的专题地图。

10.093 草地资源系列地图 serial maps of rangeland resources

根据成图目的，利用统一的信息源，按照统一的设计原则，编制的表现不同草地资源专题内容或不同时序的一组草地资源专题地图。

10.094 草地资源遥感系列制图 serial mapping by remote sensing of rangeland resources

采用统一的遥感信息源和地理底图，以不同的草地资源专题内容为制图对象，编制在内容上互相协调、补充的一组草地资源地图的方法与技术。

10.095 大比例尺精度草地资源调查 large-scale survey of rangeland resources

对县以下行政区域和基层草地生产单位范围内的草地，进行的成图比例尺大于1∶100 000 精度，调查成果服务于县以下行政和生产单位的草地生产、建设、利用、保护与规划目的的调查。

10.096 中比例尺精度草地资源调查 medium-scale survey of rangeland resources

对省、市、自治区一级和地区级行政范围内的草地，进行的成图比例尺1∶100 000 至1∶500 000 精度，调查成果服务于省、市、自治区一级和地区级草地资源利用、保护、管理与规划目的的调查。

10.097 小比例尺精度草地资源调查 small-scale survey of rangeland resources

对跨越省际的流域、行政区和全国范围的草地进行的成图比例尺小于1∶500 000 比例尺精度，调查成果服务于跨省的流域和行政区或全国草地资源利用、保护、管理与规划目的的调查。

10.098 草地资源地理信息系统 geographical information system of rangeland resources

在计算机硬件、软件设备支持下，实现草地资源地理空间数据输入、存储、管理、检查、处理和综合分析的技术系统。

10.099 草地资源数据库 rangeland resource database

按照一定的数据模式在计算机系统中组织存储和使用的互相联系的草地资源数据集合。

10.100 草地资源区划 grassland resource divisions

研究草地生产的地域类型及其分布规律，阐明草地生产特点在空间上的共性和差异，并根据各个地理区域的共同性和差异性制定合理开发草地资源方案的工作。

10.101 草地地上部生物量 overground biomass of rangeland

从生物学角度测定的草地植物地上部光合物质的积累量。

10.102 草地地下部生物量 underground biomass of rangeland

草地植物地下部根、茎的物质积累量。

10.103 草地年产草量 grassland plant yield for year

单位面积草地齐地面剪割的植物（包括可食的与不可食的）地上部一年中累计生长的总重量。

10.104 草地年可食草产量 grassland forage yield for year

单位面积草地齐地面剪割的可食牧草地上部一年中累计生长的重量和可饲用灌、乔木当年嫩枝叶重量的总和。

10.105 草地年产草量动态 dynamic of forage yield

在一年周期内的不同时期,对设计的草地测产样地进行产草量测定获得的一组草地植物产量变化状况。

10.106 草地牧草现存量 present forage yield of grassland

在一定时间内,单位面积草地上,草地植物群落存在的有饲用价值的有机物质重量。

10.107 牧草再生率 regrowth rate of forage

牧草地上部生物产量达到最高时齐地面剪割后,牧草继续生长的地上部可食草产量占草地牧草最高月可食草产量的百分比。

10.108 产草量年变率 annual variation rate of forage yield

最大年和最小年的草地产草量与多年平均年降水量年份的草地产草量的百分比。

10.109 标准干草折算系数 conversion coefficient for calculation of standard hay

不同地区、不同品质的草地牧草折算成含等量营养物质的标准干草的折算比例。

10.110 草地牧草经济产量 utilizable yield of grassland

单位面积的草地在单位时间内生产的可供动物放牧采食或刈割的牧草重量。可用鲜草、风干干草、干物质等形式表示。

10.111 草地地上部产草量 plant mass above ground

齐地面剪割的草本植物产量及木本植物当年嫩枝叶的产量,包括可食牧草(含饲用灌木及乔木嫩枝叶)产量,牲畜不食草及对牲畜有毒有害草的产量。

10.112 草地立枯产草量 standing dead yield

草地地上部直立死亡的牧草和枯黄后枯萎部分尚未从活体上脱落的牧草的重量。

10.113 草地凋落物量 litter

草地植物死亡并脱落到地表面的凋落物的重量。

10.114 牧草风干重 air-dry weight

牧草自然风干,干燥程度与大气湿度相平衡的牧草重量。

10.115 牧草烘干重 oven-dry weight

在烤箱中以设定的温度烘至恒温后的牧草重量。

10.116 牧草营养价值 nutritive value of forage

牧草为动物提供营养物质的能力。

10.117 草地资源营养评价 nutritive evaluation of grassland resources

对草地牧草化学营养成分含量与草地植物饲用价值进行测定、评估。

10.118 草地营养物质总量 nutritional gross of rangeland

草地营养物质总量等于草地牧草含有的粗蛋白质、2.4倍粗脂肪、粗纤维、无氮浸出物之总和。

10.119 草地营养比 nutritional ratio of rangeland

草地植物营养成分无氮浸出物、粗纤维和2.4倍粗脂肪含量之和被粗蛋白质含量除之商。

10.120 草地等 grassland class

评定草地质量的指标。依据草地饲用植物的营养物质含量和适口性、草地的地形条件与水源条件等进行评定。

10.121 草地级 grassland grade

草地级是评定草地牧草地上部生物产量的指标。用单位面积草地的年干草产量进行级别评定。

10.122 草地可利用面积 available area of rangeland

扣除草地范围内的居民点、道路、水域、小块的农田、林地、裸地等非草地及不可利用草地的草地面积。

10.123 指示植物 indicator plant

标志某类草地植被类型出现的特征种植物或标志草地出现退化、沙化、盐渍化具有指示意义的植物。

10.124 优势种 dominant species

草地群落中作用最大的植物种,即群落中其个体数量、覆盖度、生物量等均占优势,对其他种的生存有很大影响与控制作用的植物种。其群落中有两种以上植物在群落中的优势地位不相上下时,则该两种植物为共同优势种。

10.125 综合算术优势度 summed dominance ratio, SDR

综合算术优势度为判定草地植物优势地位的指标,其计算方法为:用某种植物的投影盖度、高度、密度、频度、地上部分重量的绝对值,分别除以群落内植物种中拥有最大绝对值的投影盖度、高度、密度、频度和地上部重量,获得该种植物的相对投影盖度、相对高度、相对密度、相对频度和相对地上部分重量5种相对值,再从这5种相对值中,选取其中的2~5种相对值,除以所选相对值的种类数之商。

10.126 基盖度 basal cover

单位面积内,所有植物茎基部的横切面积的总和占地表面积的百分比。

10.127 冠盖度 canopy cover

植物枝叶自然扩展的最外周对地面的垂直投影面积占地表面积的百分比。

10.128 总覆盖度 cover

单位面积草地内所有植物自然伸展的外周对地面垂直投影面积占地表面积的百分比。

10.129 植物种盖度 plants cover

单位面积内一种植物自然伸展的外周对地面垂直投影面积占地表面积的百分比。

10.130 叶面积指数 leaf area index, LAI

植物叶片总面积与地表面积之比。

10.131 密度 density

单位面积草地上的植物个体数。

10.132 枯枝落叶层 litter

由覆盖于草地地表面的死亡植物及其不同分解程度有机物质构成的有机质层。

10.133 枯草保存率 remaining rate of withered herbage

秋冬季节,草地牧草枯黄后枯黄牧草重量占当年最高月产草量重的百分比。

10.134 描述样方 descriptive quadrat

用来描述、记载草地自然条件、测定草地植被覆盖度、牧草高度等调查项目的植被群落调查样方。

10.135 测产样方 yield-test quadrat

用于测定草地牧草生物学产量的调查样方。

10.136 频度样方 frequency quadrat

用于测定样地范围内各种牧草和植物种出现频率的调查样方。

10.05 草地资源的利用与经营

10.137 草地利用率 use rate of rangeland
维护草地良性生态循环,在既充分合理利用又不发生草地退化的放牧(或割草)强度下,可供利用的草地牧草产量占草地牧草年产量的百分比。

10.138 割草放牧兼用草地 grassland for cutting and grazing
草层高大于30cm,总覆盖度大于50%,地表较平缓,坡度小于25°,牧草品质中等以上可供刈割作业的草地。

10.139 放牧草地 grassland for grazing
草层高小于30cm 的草地;或草层高大于30cm,但总覆盖度小于50%的草地;或草层高大于30cm、覆盖度大于50%,但地表很不平坦,坡度大于25°,不宜刈割作业的草地;以及利用价值很低的低等和劣等草地。

10.140 临时放牧地 temporary grassland for grazing
未利用土地范畴中的生长稀疏植被或垫状植被的沙地,盐碱地,荒漠和高山冻土带,只能在某些时期用做临时补充放牧的土地。

10.141 草地生产力 grassland productivity
单位面积的草地在生长季累计生长的牧草总收获量。

10.142 草地资源开发 exploitation of grassland resources
在保持草地再生资源的可持续利用性和草地生态环境相对稳定性的前提下,利用各种技术手段,从草地资源获取经济利益的过程。

10.143 草地资源合理利用 rational utilization of grassland resources
科学地利用草地的各种资源,使之能永续地、不间断地利用,提高草地资源的生产潜力。

10.144 草地放牧利用 grazing use of grassland
以放牧的方式利用草地。

10.145 草地资源的动物生产 wildlife production of rangeland resources
家畜、野生动物利用草地植物生产出的肉、奶、皮张、绒毛等动物有机物以及畜力能源,是草地资源的次级生产或第二性生产。

10.146 草地资源的植物生产 plant production of rangeland resources
草地植物通过光合作用,将水和二氧化碳合成碳水化合物,生产出植物有机物质和能源,是草地资源的初级生产或第一性生产。

10.147 草地初级生产 primary production of rangeland
又称"草地第一性生产"。草地生态系统中,绿色植物将太阳能转化为生物能,把无机物转化为有机物的生产。

10.148 草地初级生产力 primary productivity of rangeland
又称"草地第一性生产力"。单位面积草地在一定时期内,所生产的可食牧草的数量和营养物质总量。

10.149 草地次级生产 secondary production of rangeland
又称"草地第二性生产"。以植物为食料的动物所产生的可用畜产品。

10.150 草地次级生产力 secondary productivity of rangeland

又称"草地第二性生产力"。单位面积草地在一定时期内,可合理承载家畜的头数、畜产品产出的数量。

10.151 划区轮牧 rotational grazing
根据草地牧草的生长和家畜对饲草的需求,将草地划分为若干个小区,在一定时间内逐小区循序轮回放牧的放牧制度。

10.152 缺水草地 water deficit of rangeland
在允许的最大放牧半径内,缺乏牲畜饮水水源的草地。

10.153 草地围栏 fencing of grassland
以不同的材料和方式将草地围圈起来的用于草地保护和合理利用的技术设施。

10.154 草原产权 property right of grassland
草原的所有权、使用权或派生的生产承包经营权。

10.155 草地有偿家庭承包制 family contract system of public grassland
拥有草地所有权和使用权的单位,将全民所有、集体所有或集体长期固定使用的全民所有的草地,通过签订合同,规定期限和有偿费用,承包给家庭农牧户经营使用。在承包期间,承包者拥有草地管理、利用和建设的权利与义务,对外具有法人地位。

10.156 冷季放牧草地 grazing rangeland for cold season
可在冬春冷季放牧的温性、热性草地和森林(包括高度大于60cm的灌木林)线以下、背风向阳、冬春积雪深度小于10~20cm的山地温带和寒温带草地。

10.157 全年放牧草地 all-year grazing range-land
放牧利用季节不受限制的草地,不仅在冷季可放牧利用,在其他季节也可以放牧利用;距固定居民点半径10km以内的宜于冷季放牧的草地。

10.158 暖季放牧草地 grazing rangeland for warm season
夏季气候温凉,有人畜饮水水源,森林线以上可用于放牧利用的高寒草地,以及除可做冷季放牧和全年放牧以外的其他放牧草地。

10.159 难利用草地 rangeland of difficult use
因缺水、交通不便或缺乏牧道,限于当前科技水平和资金投入水平而暂时难以利用的草地。

10.160 禁用草地 forbidden rangeland
因各种原因被短期或长期禁止使用的草地。

10.161 过度放牧 overgrazing
超出草地植物群落恢复能力导致草地退化的连续重度放牧。

10.162 开放日期 opening date
允许放牧的开始日期。

10.163 牧道 driveway
为控制牲畜行走而设定的特定通道。

10.164 载畜量 carrying capacity
在一定的面积和一定的时间内,放牧地所承载饲养家畜的头数。

10.165 合理载畜量 proper carrying capacity
又称"理论载畜量"。在一定的面积和一定的时间内,以适度放牧(或割草)利用并维持草地可持续生产的原则下,满足承养家畜正常生长、繁殖、生产畜产品的需要,所能承养的家畜的头数。

10.166 合理载畜量的家畜单位 animal unit
在单位利用时间内,单位面积草地所能承载饲养的标准家畜的头数。

10.167 合理载畜量的时间单位 carrying capacity unit of grazing time
单位面积的草地可供单位标准家畜利用的时间。

10.168　合理载畜量的草地面积单位 carrying capacity unit of rangeland area

在单位时间内,可供1头标准家畜利用的草地面积。

10.169　现存载畜量 standing carrying capacity

一定面积的草地,在一定的利用时间段内,实际承养的标准家畜头数。

10.170　家畜日食量 daily intake for livestock

维持家畜的正常生长、发育、繁殖及正常地生产畜产品,每头家畜每天所需摄取的饲草量。

10.171　羊单位 sheep unit

天然草地合理载畜量的计算标准(中华人民共和国农业行业标准 NY/T 635—2002)规定,1 只体重 50kg 并哺半岁以内羊羔,日消耗 1.8kg 标准干草的成年母绵羊,或与此相当的其他家畜为一个标准羊单位。

10.172　家畜单位日 animal unit-day

1个家畜单位1天所需的干草量。

10.173　家畜单位月 animal unit-month

1个家畜单位1个月(30天)所需的干草量。

10.174　羊单位日食量 daily intake of one sheep unit

1个羊单位家畜每天所需从草地摄取含水量14%的标准干草1.8kg。

10.06　草地资源保护与管理

10.175　草地退化 rangeland degradation

天然草地在干旱、风沙、水蚀、盐碱、内涝、地下水位变化等不利自然因素的影响下,或过度放牧与割草等不合理利用,或滥挖、滥割、樵采等人为活动破坏草地植被,而引起草地生态环境恶化,草地牧草生物产量降低,品质下降,草地利用性能降低,甚至失去利用价值的过程。

10.176　草地沙化 rangeland sandification

指不同气候带具有沙质地表环境的草地受风蚀、水蚀、干旱、鼠虫害和人为不当经济活动等因素影响,使天然草地遭受不同程度破坏,土壤受侵蚀,土质沙化,土壤有机质含量下降,营养物质流失,草地生产力减退,致使原非沙漠地区的草地,出现以风沙活动为主要特征的类似沙漠景观的草地退化过程。

10.177　草地盐渍化 rangeland salification

指干旱、半干旱和半湿润区的河湖平原草地、内陆高原低湿地草地及沿海泥沙质海岸带草地,在受含盐(碱)地下水或海水浸渍,或受内涝,或受人为不合理的利用与灌溉影响,而致其土壤产生积盐,草地土壤中的盐(碱)含量增加到足以阻碍牧草正常生长,致耐盐(碱)力弱的优良牧草减少,盐生植物比例增加,牧草生物产量降低,草地利用性能降低,盐(碱)斑面积扩大的草地土壤次生盐渍化的过程。

10.178　草地资源监测 grassland resource monitoring

及时对草地牧草以及草地上生长的动植物及其环境条件进行连续的现状调查和评估,并与以往某时间段的草地资源进行对比分析,发现其中的变化,据此制定出相应的草地资源管理对策的工作。

10.179　草地自然保护区 natural rangeland-conservation area

对有代表性的自然生态系统、珍稀濒危的野生动植物的天然集中分布区,有重要科研、生产、旅游等特殊保护价值所在的草地,依法划出一定面积予以特殊保护和管理的区域。

10.180 草原防火 fire control of grassland
对草原火灾的预防和扑救工作。

10.181 草地牧草病害防治 disease control of rangeland plant
保护牧草不受病害或减轻病害危害的措施。

10.182 草地自然灾害防治 prevention and control of grassland natural disaster
对草地自然灾害的预防和治理工作。

10.183 草地有毒植物防治 prevention and control of poisonous plant in grassland
识别和消除含有某些有害化学成分、能引起家畜生理上异常反应或发病的草地植物的措施。

10.184 草地化学除莠 chemical control of rangeland weed
用可防除杂草的化学药剂（除草剂），除去草地杂草而不伤害牧草的措施。

10.185 鼠害防治 rodent control of rangeland
为减少或控制草地啮齿动物数量而采取的措施。

10.186 休牧 grazing rest
为了保护牧草繁殖、生长、恢复现存牧草的活力，在一年周期内对草地施行一至数次短时间的停止放牧利用的措施。

10.187 禁牧 prohibition of grazing and cutting
对草地施行持续时间一年以上的禁止放牧利用的措施。

10.188 草地封育 close cultivation of rangeland
将退化、荒漠化、盐渍化、水土流失、植被遭受破坏、生产力下降的草地封闭起来，从利用状态改变为休闲、不利用状态，或加以培育，以恢复植被、保护草地环境的措施。

10.189 草地水土流失 rangeland soil erosion
草地土壤在水的浸润和冲击下，结构发生破碎和松散，随着水流而散失的现象。

10.190 草地资源经济 economy of grassland resources
草地资源开发、利用和保护过程中所发生的经济关系，包括草地资源的占有、使用和分配关系，充分合理、有效利用草地资源的经济政策等。

10.191 草业 pratacultural industry
经营草地畜牧业、饲草业、草坪业、草种业，从事牧草与非牧草经济植物产品的生产、加工、储运、营销的产业。

10.192 草地资源可持续利用 sustainable use of rangeland resources
可维持草地长期、持续利用，维持草地环境良性循环，不损害人类后代对草地资源需求的经营方式。

11. 森林资源学

11.01 森林资源学概论

11.001 森林资源 forest resources
以乔木为主体的生态系统的总称。

11.002 木质资源 timber resources
以木纤维为主的乔木、灌木资源的总称。

11.003 非木质资源 non-timber resources
林地中除木材、木材加工剩余物外，其他动

植物资源的总称。

11.004 林下资源 undergrowth resources under tree crowns

林冠层下各种动植物的总称。

11.005 森林景观资源 forest landscape resources

由森林群落及其环境因子构成的景观的总称。

11.006 森林资源学 science of forest resources

研究森林资源的发生、发展,森林生态系统的结构与功能,及其合理开发利用、更新保护的学科。

11.007 森林环境 forest environment

以森林群落为中心的周边各种生态因子或因素的综合。

11.008 森林流域 forest within watershed

分布森林的天然流域。

11.009 森林地带性分布 forest zonal distribution

自然界中森林按地带有规律的分布。可分纬向地带、经向地带和垂直地带性分布等。

11.010 森林非地带性分布 non-district distribution of forest

自然界中由于受到地形或其他因素的影响森林不按地带性的分布。

11.011 森林线 forest upper-line

能够生长森林的分布上限线。

11.012 森林资源分类 classification of forest resources

森林资源按属性(林种或树种)或用途的分类。

11.013 森林数量分类 quantitative analysis of forest

根据一些特征指标用数学方法对森林进行的分类。

11.02 林 业

11.014 林业产业 industrial forestry

以经营乔木为主体的生态经济系统产业。保护、培育及开发利用森林为其主要任务。

11.015 可持续林业 forestry of sustainable development

建立在森林永续利用基础上的林业。

11.016 林业规划 forest plan

对土地以林业为目的中长期生产力布局。

11.017 社会林业 social forestry

具有社会各界广泛参与的林业组织形式。

11.018 城市林业 urban forestry

在城市里进行的以提高绿地面积和改善生态环境为主要目的的林业组织形式。

11.019 乡村林业 country forestry

在乡村中发动广大农民参加林业生产活动的一种组织形式。其目的是通过发展林业生产、繁荣乡村经济。

11.020 农用林业 agro-forestry

实行林木与农作物复合或混合经营的林业生产活动。如林粮间种。

11.03 森林结构与功能

11.021 森林结构 forest structure

森林植被的群落构成及其生长状态。可分

为组成结构、年龄结构和空间结构等。

11.022 森林功能 forest function
森林作为天然林或人工林生态系统所具有的作用。

11.023 森林生态系统 forest ecosystem
由乔木为主体的生物群落及其环境组成的系统。

11.024 农林复合生态系统 agro-forest eco-system
由林木和农作物按照一定规律组成的生态系统。

11.025 郁闭度 canopy density
林地中乔木树冠遮蔽地面的程度。它是树冠投影面积与林地面积的比值,常用十分法表示,从 0.1~1.0。

11.026 森林覆盖率 forest coverage
一个国家或地区森林面积占土地总面积的百分比。目前中国采取的计算方式是:(有林地面积 + 大片灌木林面积 + "四旁"树与农田防护林带折算面积)/土地总面积 × 100%。

11.027 立地条件 site condition
影响森林形成与生长发育的各种自然环境因子的综合。

11.028 林地退化 woodland degeneration
受人类不合理开发利用或自然力的影响,致使林地生产力及其他特性下降的现象。

11.029 森林演潜 forest succession
森林群落中树种的更替过程。广义而言,森林演替不仅包括乔木,还包括林下草本、灌木植物等物种一系列的变化。

11.030 森林生物生产量 forest biological productivity
在单位时间内,单位面积森林通过光合作用将太阳能转化为有机物质的速率。常用吨/公顷·年[t/(hm² · a)]单位表示。

11.031 森林生物量 forest biomass
单位面积森林内生物群落的现存量。常用吨/公顷(t/hm²)单位表示。

11.032 林地生产力 productivity of woodland
林业用地或有林地总的生产能力。

11.033 林地利用率 woodland using rate
有林地占林业用地的百分比。

11.034 林木枯损率 mortality rate of trees
林地中枯死林木材积占林地总蓄积量的百分比。

11.035 森林蓄积量 forest growing stock
有林地中活立木材积之和。常用立方米/公顷(m³/hm²)单位表示。

11.036 活立木蓄积量 living wood growing stock
包括散生木在内所有活立木的总蓄积量。

11.037 林木生长率 wood increment rate
林木生长速度的一个相对度量指标,常以年生长量与总生长量的比值表示。

11.038 林木生长量 wood increment
单位时间或一个时期内林地木材增长量。常以定期平均生长量代替连年生长量。

11.039 树木年轮 tree annual ring
林木因受环境因子的影响每年所形成的颜色深浅和宽窄不一的环状木质带。

11.040 森林物质循环 material cycle of forest
物质在森林生态系统中被生产者和消费者吸收、利用,以及分解、释放,又再度被吸收的过程,可分为水循环和其他物质循环。如碳循环、氮循环、磷循环和钾循环等。

11.041 森林能量流动 forest energy flow
能量在森林生态系统及环境中的流动过程,始于森林植物的光合作用所固定的能量,终于生命有机体的分解。

11.042 森林信息交换 exchange of forest signal

信息在森林生态系统及环境中的交换过程。其中化学相互作用是森林生态系统中生物群落信息交换的重要形式之一。

11.04 森 林 的 类 型

11.043 公益林 public benefit wood
又称"生态公益林"。主要用于发挥生态效益的森林。

11.044 商品林 merchant wood
以商品交换、获得经济收益为主要目的森林。

11.045 人工林 man-made forest
以人工营造的方式形成的森林。

11.046 天然林 natural forest
自然发生的森林。包括原始林和次生林两种。

11.047 次生林 secondary forest
受自然或人为因素干扰破坏后在次生裸地上自然演替形成的森林。

11.048 原始林 primeval forest
未经人工培育或人为干扰在原生裸地自然发生的森林。

11.049 针叶林 coniferous forest
以针叶树种为建群种的森林。

11.050 阔叶林 broad-leaved forest
以阔叶树种为建群种的森林。

11.051 纯林 pure forest
由单一树种为建群种的森林。

11.052 混交林 mixed forest
由两种或两种以上树种为建群种的森林。

11.053 防护林 protective forest
以改善环境、涵养水源和保持水土等防护作

用为主要目的而营造、经营的森林。可分农田防护林、水土保持林、水源涵养林及防风固沙林等。

11.054 用材林 timber forest
以生产木材为主要目的的森林。

11.055 薪炭林 fuel-wood forest
以生产薪材和木炭原料为主要经营目的的森林。

11.056 经济林 forest for non-timber products
以生产除木材以外的果品、食用油料、工业原料和药材等林产品为主要目的的森林。

11.057 特种用途林 forest for special purpose
以国防、保护环境和开展科学实验等特殊用途为主要目的的森林。

11.058 乔木林 arboreal forest
以乔木为建群种的森林。

11.059 灌木林 shrubs
由无明显主干、分枝从近地面处开始、群落高度在 3m 以下、且不能改造为乔木的多年生木本植物群落占优势的植被类型。

11.060 水土保持林 soil and water conservation forest
主要用于水土保持的森林。

11.061 水源涵养林 water conservation forest
主要用于水源涵养的森林。

11.062 母树林 seed production stand
主要用于繁殖种子或提供无性系列繁殖材料的森林。

11.063　热带雨林　tropical rain forest

在热带潮湿地区分布的一种由高大常绿树种组成的森林类型。它具有优势种不明显，结构复杂，层外植物丰富，以及常具板状根、支柱根、气根和老茎生花等现象。

11.064　热带季雨林　tropical monsoon forest

在周期性干、湿季交替的热带地区分布的一种森林类型，由耐干旱的热带常绿和落叶阔叶树种组成，季相变化明显。

11.065　竹林　bamboo forest

由禾本科竹亚科的植物为单优势种而组成的木本状多年生常绿森林类型。

11.066　红树林　mangrove

生长在热带和部分亚热带海滨潮间带的木本植物群落类型。它具有以"胎生"方式繁殖后代的特点。

11.067　森林草原　forest steppe

处于森林和草原之间的过渡植被类型，其特征是森林和草原交错分布。

11.068　森林沼泽　forest swamp

在土壤过度潮湿、积水或有浅薄水层，并有泥炭的生境中形成的以乔木或灌木占优势的森林植被类型。

11.069　林业用地　woodland

已用于发展林业生产的土地。

11.070　林分　stand

指群落内部结构特征相同，并与四周邻接部分有显著区别的森林。

11.071　有林地　forest land

郁闭度等于或大于 0.2 的林地。

11.072　疏林地　open forest land

郁闭度小于 0.2 的林地。

11.073　未成林造林地　afforest land

一般指造林时间不超过三年的人工新造林地。

11.074　灌木林地　shrub land

以灌木为优势种的林地。

11.075　宜林地　suitable land for forest

立地条件适宜林木生长的土地类型。

11.076　采伐迹地　cutting blank

已经被采伐过的林地。

11.077　火烧迹地　burned area

已被火烧过的林地。其特点是原有的森林环境已不存在或已发生明显改变。

11.078　苗圃　nursery

用于专门繁殖、培育苗木的土地类型。

11.079　散生木　scattered trees

未成片生长的林木。

11.05　森林资源调查

11.080　森林资源调查　inventory of forest resources

对一定范围内的森林，按规定的目的，通过测量、测树、遥感及数据处理等技术手段，系统地收集、处理森林资源的有关信息和过程。

11.081　森林资源连续清查　continuous inventory of forest resources

定期对同一对象重复进行的、可对比的森林调查。通常采用数理统计方法对设置的固定样地进行森林资源调查。

11.082　森林经理调查　forest management inventory

以林业局、林场或其他区域为单位，为编制森林经营方案而进行的调查（二类调查）。

11.083 伐区调查 cutting area inventory
在森林采伐区范围内,为满足伐区作业而进行的有关森林资源、立地条件和其他专业项目的调查。

11.084 样地调查 sample plot inventory
通过对小面积地块树木生长因子、立地条件等项目的调查,采用数理统计方法推算林地森林资源总量或有关项目总体数量特征。

11.085 森林资源动态仿真 dynamic simulation of forest resources

借助计算机技术,采用数字模型对森林资源进行动态模拟。

11.086 森林资源遥感制图 remote sensing mapping of forest resources
利用航天或航空遥感信息编绘森林资源图。

11.087 森林航空摄影测量 forest aerial photogrammetry
利用飞机在空中拍摄的林区像片确定地面、地物形状、大小和位置的技术。

11.06 森 林 培 育

11.088 森林经营方案 forest management plan
在经理期内,为合理组织林业生产、科学经营森林所编制的林业规划设计文件。

11.089 人工造林 afforestation
在无林地上采用人工的方法利用苗木、种子或营养器官的造林。

11.090 四旁植树 four-side tree planting
在村旁、宅旁、路旁、水旁等零星地段植树和造林。

11.091 封山育林 closing the land for reforestation
在有一定种源的条件下,采取封禁,减少人、畜等外界因素对林地的干扰,以恢复植被和促进林木生长的措施。

11.092 森林更新 forest regeneration
新林代替老林的过程和措施。可分人工更新、天然更新和人工促进更新等。

11.093 森林培育 silviculture
根据造林学的原理和技术营造和培育林木的过程。

11.094 森林抚育 forest tending

从森林发生至主伐前的一个龄级期内,所实施的改善林木生长环境、调整林木关系的技术措施,以达到速生、优质、高产的目的。

11.095 林木种苗繁育 propagation of seedlings
通过有性或无性繁殖的手段培育种苗的方法和技术。

11.096 林木组织培养 wood tissue culture
利用现代生物工程方法采用林木的组织器官快速繁殖苗木的技术。

11.097 人工速生丰产林 fast growing forest plantation
通过人工造林或人工更新的方法营造具有明显速生丰产性能的人工林。一般要求林木平均年生长量达到每公顷 $10 \sim 12m^3$ 以上。

11.098 人工林商品生产基地 merchant productive bases of man-made forest
以生产木材或其他林产品为主要目的,大面积相对集中连片的人工林分布区或经营管理单位。

11.099　森林资源开发利用 development and utilization of forest resources

人类通过一系列的技术措施,把森林资源转变为可利用的林木及其产品,并服务于人类的整个过程。

11.100　森林资源永续利用 sustainable utilization of forest resources

依据采伐量小于生长量的原则合理开发利用森林,使森林资源能持续地被人类利用。

11.101　采伐量 cutting amount of woods

一个区域或国家在一定时期内采伐木材的总量。

11.102　森林资源消耗量 consume of forest resources

一个区域或国家在一定时期内森林总的消耗量。

11.103　森林资源可及度 accessibility of forest resources

森林资源开发利用的难易程度。

11.104　森林综合利用 integrated utilization of forest

充分发挥森林的多种功能,取得最佳综合效益的利用。这是一个相对于传统森林功能的不完全利用而言的。

11.105　森林生态效益 ecological benefit of forest

森林发挥生态功能而产生的效益。

11.106　森林经济效益 economic benefit of forest

森林发挥经济功能而产生的效益。

11.107　森林社会效益 social benefit of forest

森林发挥社会公益功能而产生的效益。

11.108　森林直接效益 direct benefit of forest

以森林及其副产品作为商品交换而获得的经济利益。

11.109　森林间接效益 indirect benefit of forest

从森林中得到非货币化的生态和社会效益。

11.110　竹林利用 utilization of bamboo forest

竹产品的生产、竹材加工,以及竹林生态和社会效益功能利用的总称。

11.111　森林工业 forest industry

以森林为对象,从事木材采伐、运输、保管和加工的行业。

11.112　森林采伐 forest harvesting

林业生产中的一个环节。它包括伐木、打枝、造材、归楞、装车等项作业。

11.113　森林限额采伐 forest limit harvest

指标由上级林业主管部门核定,不允许超过规定额度的采伐。

11.114　木材提取物 wood extractive

利用中性有机质溶剂、水或水蒸气从木材中提取的物质。

11.115　林副特产品 forest by product

林区除木材以外具有特殊利用价值的林产品。包括树木的根、叶、花、果皮、树液等非木材部分,寄生物、林下植物、动物、菌类等都是林副特产品的来源。

11.116　森林旅游 forest tourism

以森林景观作为旅游景点、景区或旅游目的地的观赏、休闲等方面的活动。

11.117 森林资源保护 conservation of forest resources

促进森林数量的增加、质量的改善或物种繁衍,以及其他有利于提高森林功能、效益的保护性措施。

11.118 森林保护 forest protection

预防和控制人为或自然灾害对森林危害的措施。

11.119 森林病虫害防治 prevention and control of forest disease and insect pest

对森林病害和虫害进行预防和防治的总称。

11.120 森林火灾防治 prevention and control of forest fire

为预防、控制和消灭森林火灾采取的多种措施。

11.121 森林气象灾害防治 prevention and control of meteorological damage to forest

预防、控制和减轻气象灾害对森林生长发育造成的危害和威胁的措施。

11.122 荒漠化防治 combating with desertification

在干旱、半干旱和半湿润地区为防止或减少土地退化而进行的土地综合开发治理活动。

11.123 森林公园 forest park

以森林景观、森林环境及其他相关方面作为生态、休闲、观光旅游的主要对象而设置的公园。

11.124 森林自然保护区 forest natural reserve

以森林结构、功能、物种及景观等为主要保护对象的自然保护区。

11.125 平原绿化 afforestation in plain region

在平原地区开展的绿化植树活动。包括建立由农田防护林、片林和四旁树构成的平原绿化网。

11.126 防沙治沙 prevention and control of desertification

在干旱、半干旱和半湿润地区,预防沙漠化和恢复植被、提高地力、治理沙漠的综合治理措施。

11.127 退耕还林 farm land returning to woodland

把不适应于耕作的农地(主要指坡度在25°以上的坡耕地)有计划地转换为林地。

11.128 森林资源管理 management of forest resources

对森林资源保护、培育、更新、利用等任务所进行的调查、组织、规划、控制、调节、检查及监督等方面做出的具有决策性和有组织的活动。

11.129 森林资源安全 security of forest resources

为满足国家或地区生态防护和国民经济建设需求的具有合理结构的最低森林资源量。

11.130 森林资源评价 forest resources evaluation

在科学分析的基础上,对森林资源的数量、质量、结构、功能等方面进行评估,为经营者和决策者提供科学依据。

11.131 森林资源管理数据库 database of forest resource management

采用电子计算机技术进行森林资源管理、量化信息的存储系统。

11.132 森林资源监测 monitoring of forest resources

对森林资源的数量、质量、空间分布及其利用状况进行定期定位的分析、观测和评价等工作。

11.133 森林资源资产核算 accounting for the forest resource assets

以货币形式表现的森林资源资产。它是森林物质财产、环境财产及其他无形资产的总称。

11.134 林价 stumpage price

森林价值的货币表现。经典意义上的林价包括立木的价值、森林副产品的价值、森林环境效益的价值以及级差地租等。

11.135 林业系统工程 system engineering of forestry

系统工程的一般原理和方法在林业中的应用,使林业达到整体优化的现代组织管理水平的技术。

11.136 林业资源承载力 bearing capacity of forestry resources

森林资源及各类林地资源所能承担的人类社会和自然环境对其利用的最大限度。

11.137 林业集约经营 intensive forest management

在有限土地上投入较多的物化劳动和活劳力,以获得较高单位面积产量的一种林业生产经营方式。

12. 天然药物资源学

12.01 天然药物资源学概论

12.001 天然药物 natural medicine

凡可用于预防、治疗人类疾病并规定有适应症、用法和用量的天然物质或天然物质的制品。

12.002 天然药物资源 natural medicine resources

自然界可供药用的、自然生成的天然药物总称。

12.003 天然药物资源学 science of natural medicine resources

研究天然药物资源的种类构成、数量和质量组合特征、时空分布规律、开发与利用、保护与管理的学科。

12.004 天然药物资源化学 resource chemistry of natural medicine

研究药用植物资源、动物资源、矿物资源的化学成分、药用价值及其动态变化规律的

学科。

12.005 天然药物资源管理学 resource management of natural medicine

研究天然药物资源合理经营、配置与高效利用的学科。

12.006 天然药物资源地理学 resource geography of natural medicine

研究天然药物资源地域特征、分布规律及时空变化的学科。

12.007 药材 medicinal material

药用植物、动物和矿物的药用部分经采收和初加工后形成的药物原料。

12.008 传统中药 traditional Chinese medicine

根据中华民族传统医药理论而应用的天然药物。

12.009 中药 Chinese materia medica
在中医理论指导下应用的药物。包括中药材、中药饮片和中成药等。

12.010 民族药 ethnic drug
中华各民族应用的天然药物,具有鲜明的地域性和民族传统。

12.011 草药 herb
指一般无经典本草记载,在民间按经验方法使用的天然药物。

12.012 道地药材 genuine regional drug
传统中药材中具有特定的种质、特定的产区、特有的生产技术或加工方法而生产的质量、疗效优良的药材。

12.013 动物药 animal medicine
来源于动物的药物,可以是动物的全体、器官或组织等。

12.014 植物药 phytomedicine
来源于植物的药物,可以是植物的全体、器官或组织等。

12.015 矿物药 mineral medicine
来源于矿物的药物,有原矿石也有经过简单加工而成的制品。

12.016 海洋药物 marine drug
来源于海洋生物、矿物的药物。

12.017 原产药材 native crude drug
本地区原产的药材。

12.018 药用动植物资源 medicinal plant and animal resources
可供药用的动植物资源。

12.019 药用动物资源 medicinal animal resources
可供药用的动物资源。

12.020 药用菌物资源 medicinal fungi resources
可供药用的菌类资源。

12.021 药用矿物资源 medicinal mineral resources
可供药用的矿物资源。

12.022 药用昆虫资源 medicinal insect resources
可供药用的昆虫资源。

12.023 海洋药物资源 marine drug resources
海洋中可供药用的植物、动物、矿物资源。

12.024 药用植物种质资源 germplasm resources of medicinal plant
药用植物繁衍后代并保持稳定遗传性状的植物材料。如孢子、种子及可供繁殖用的细胞、组织和器官等。

12.025 药用动物种质资源 germplasm resources of medicinal animal
药用动物繁衍后代并保持稳定遗传性状的动物材料。如动物的卵、幼崽(种崽)、细胞、组织或器官等。

12.02 药物资源调查

12.026 [天然]药物资源调查 survey of natural medicine resources
对某一地区天然药物资源的种类构成、数量、质量、分布和开发条件所作的调查。

12.027 [天然]药物种类调查 floristic investigation of natural medicines
为掌握某一区域药用生物、矿物的种类及分布所作的调查。

12.028 [天然]药物资源蕴藏量 stock of natural medicine resources

某一时期内某一地区某种天然药物资源的总蓄积量。

12.029 [天然]药物资源经济量 exploitative stock of natural medicine resources

某一时期内某一地区达到采收标准和质量规格的天然药物资源量。

12.030 [天然]药物资源年允收量 annual possible gathering volume of nature medicine resources

在不危害生态环境和资源更新的条件下,一年内可采收天然药物资源的总量。

12.031 药用植物生产量 biological productivity of medicinal plant

某一时间内,单位面积或体积内某种药用植物个体或群体所生产出的干品药材总量。

12.032 药用动物生产量 biological productivity of medicinal animal

某一时间内,单位面积或体积内某种药用动物个体或群体所生产出的干品药材总量。

12.033 天然药物资源更新调查 renewal investigation of natural medicine resources

对天然药物资源的自然更新和人工更新状况的调查。

12.034 器官更新 renewal of medicinal organ

研究动、植物药用器官的自然更新和人工更新。包括器官发生、发育、建成的速度和增长量。

12.035 药用动植物种群更新 regeneration of species population of medicinal plant and animal

对药用植物、动物种群退化或破坏后的增长与恢复进行调查,包括种群的分布类型、种群密度、变动因素、种群出生率、种群死亡率

以及种群的年龄结构、性比、生命表及存活曲线等。

12.036 天然药物资源数据库 database of natural medicine resources

天然药物资源数字化的信息存储和管理系统。它借助电子计算机,对药物资源的有关数据进行采集、分类、预处理、输入、存储、查询、检索、运算、分析、显示、更新和提供应用等。

12.037 地带显域 zonal

药材中活性物质的形成与积累的地带性变化。

12.038 地带隐域 intrazonal

药材中活性物质的形成与积累无地带性变化。

12.039 中国天然药物资源区划 regionalization of Chinese natural medicine resources

根据中国天然药物资源区域分布和生产特征划分成一系列不同级别的区域。

12.040 药用动植物适宜区 suitable region of medicinal plant and animal

一个地区的生态环境与药用生物的生物学、生态学习性相对应,并适宜活性物质积累的地区。

12.041 药材区划生产 regionalization of medicinal material producing

根据药材产量及活性物质的区域分化,确定药材生产的适宜区域。

12.042 天然药物资源分类 classification of natural medicine resources

根据药物资源的自然属性、用途、药用部位等加以分类的方法。

12.03 药物资源化学

12.043 天然产物化学 natural product chemistry

研究天然产物(矿物,植物、动物的次生代谢产物)的化学。主要包括天然产物的结构类型、物理化学性质、提取分离方法和结构分析鉴定等。

12.044 天然生物碱类资源 natural alkaloid resources

可供获取生物碱类化合物的天然资源。

12.045 天然黄酮类资源 natural flavonoid resources

可供获取黄酮类化合物的天然资源。

12.046 天然氰苷类资源 natural cyanogenic glucoside resources

可供获取氰苷类化学成分的天然资源。

12.047 天然甾体类资源 natural steroid resources

可供获取甾体化合物(主要包括甾体皂苷、强心苷及昆虫变态激素等)的天然资源。

12.048 天然萜类资源 natural terpenoid resources

可供获取萜类化合物(包括单萜、倍半萜、二萜、三萜及多萜类化含物)的天然资源。

12.049 天然挥发油资源 natural volatile oil resources

可供获取挥发油的天然资源。

12.050 天然醌类资源 natural quinone resources

可供获取醌类化合物的天然资源。

12.051 天然硫苷类资源 natural thioglycoside resources

可供获取硫苷类化合物的天然资源。

12.052 天然香豆素类资源 natural coumarin resources

可供获取香豆素类化合物的天然资源。

12.053 天然木脂素类资源 natural lignanoid resources

可供获取木脂素类化合物的天然资源。

12.054 天然色素类资源 natural pigment resources

可供获取染色食物、药物和化妆品的有色成分的天然资源。

12.055 天然鞣质类资源 natural tannin resources

可供获取鞣质类化合物的天然资源。

12.056 天然脂类资源 natural lipid resources

可供获取油、脂肪和蜡等物质的天然资源。

12.057 天然芪类资源 natural stilbenoid resources

可供获取芪类化合物的天然资源。

12.058 天然树脂和树胶资源 natural resin and gum resources

可供获取树脂和树胶的天然资源。

12.059 天然炔类资源 natural acetylenic compound resources

可供获取炔类化合物的天然资源。

12.060 天然有机酸类资源 natural organic acid resources

可供获取有机酸类化合物的天然资源。

12.061 天然毒素资源 natural toxin resources

可供获取对人或动物有机体产生不良生理

效应而引起中毒的化学物质的天然资源。

12.062 天然甜味质资源 natural sweet principle resources
可供获取甜味物质的天然资源。

12.063 天然胆酸类资源 natural bile acid resources

可供获取胆酸类化合物的天然资源。

12.064 天然糖类资源 natural carbohydrate resources
可供提取糖类(单糖,低聚糖,多糖等)的天然资源。

12.04 天然药物资源开发利用

12.065 药材采收期 collection period of medicinal material
药用植物、动物的药用部分采收的年限及时期

12.066 药材采收 collection of medicinal material
药用部分的采集、收获的方法、时期及技术等。

12.067 适宜采收期 optimal time for collection
在药材质量和产量的组合特征达到最佳的时期。

12.068 药材初加工 primary processing of medicinal material
药用部分采收后经初步加工形成商品药材的过程。

12.069 炮制 processing
又称"炮灸"。药材经过一定规范的处理形成饮片的过程。

12.070 饮片 decoction pieces
药材根据临床用药需要,经过一定的炮制处理而形成的供配方用的中药。

12.071 药材贮藏 storage of crude drug
经过加工处理后的药材,按一定规范要求包装、贮存的过程。

12.072 天然药物资源开发 development of natural medicine resources
在一定技术水平条件下,对天然药物资源进行调查,并通过一定程序把资源转化为生产资料和生产资料的过程。

12.073 天然药物资源综合利用 comprehensive utilization of natural medicine resources
采用各种不同科学方法和技术,对天然药物资源多组成要素进行多层次、多用途的开发,其目的是最充分、最合理地利用资源。

12.074 天然资源的药物开发 drug development of natural resources
天然资源开发成药物的方法、措施及过程。

12.075 鲜药材冷藏 frozen storage of fresh medicinal material
利用低温保存新鲜药材的方法。

12.076 药物再生资源 regeneration resources of medicinal material
主要指人工繁殖、培育和生产的再生药物资源。

12.077 药材生产基地 production base of medicinal material
具有一定规模的从事药材规范化生产的企业或场所。

12.078 半野生药用动植物 semi-wild medicinal plant and animal

野生或逸为野生的、辅以人工抚育或粗放管理的药用动、植物种群。

12.079 栽培药用植物资源 cultivated medicinal plant resources
进行人工栽培管理的药用植物资源,属于人

工再生资源。

12.080 人工养殖药用动物资源 raised medicinal animal resources
进行人工养殖管理的药用动物资源,属于人工再生资源。

12.05 药物资源评价与药物原料鉴定

12.081 天然药物资源生态学评价 ecological evaluation of natural medicine resources
对天然药物资源所产生的生态作用予以评价。包括评价资源植(动)物在构成生态条件下的作用及其保护价值,预测资源开发后可能产生的生态变化。

12.082 天然药物资源经济学评价 economical evaluation of natural medicine resources
对天然药物资源开发利用带来的价值、使用价值、开发中所付出的劳动量、劳动价值和自然资源本身的价值所作的评价。

12.083 天然药物资源药学评价 pharmaceutical evaluation of natural medicine resources
对天然药物资源产生的药物原料的质量、产量及医药学应用的评价。

12.084 天然药物资源综合评价 comprehensive evaluation of natural medicine resources
对天然药物资源进行生态学、经济学和药学等多方面的评价。

12.085 中药标准化 standardization of Chinese materia medica
主要指中药质量标准化,是中药现代化和国际化的基础和先决条件。包括药材标准化、饮片标准化和中成药标准化。

12.086 中药质量控制 quality control of

Chinese materia medica
采用必要的方法与措施监控中药质量使之达到药用要求。

12.087 中药材理化鉴定 physical and chemical identification of Chinese crude drug
利用物理和化学方法鉴定中药材的真、伪、优、劣。

12.088 药材性状鉴定 macroscopical identification of crude drug
对药材宏观性状的感官鉴定。

12.089 药材显微鉴定 microscopical identification of crude drug
对药材显微特征的显微镜鉴定。

12.090 农药残留检测 determination of pesticide residue
对农药在药材中残留的种类及数量的检查与测定。

12.091 杂质测定 determination of foreign matter
对混于药材中的异物量的测定。

12.092 重金属检测 determination of heavy metal
对药材中含有重金属元素的种类及数量的测定。

12.093 水分测定 determination of water content
对药材原料中水分的含量测定。

12.094 灰分测定 determination of ash
对药材加热灰化后,残存灰烬重量的测定。分为总灰分,生理灰分和酸不溶性灰分测定。

12.095 微生物学检查 microbiological examination
检查药材原料中含有微生物的种类及数量,表示药材受到微生物污染的程度。

12.096 浸出物测定 determination of extractive
以药材浸出物的含量作为其质量标准的测定。一般用于该药材的活性成分或指标性成分不清或含量很低或尚无精确的定量方法时采用。

12.097 药材化学指纹图谱检查 chemical fingerprinting inspection of crude drug
应用波谱技术取得的药材特征性化学成分组合图谱,用以检查药材质量的真、伪、优、劣。

12.098 中药材生产质量管理规范 good agricultural practice for Chinese crude drug
国家发布的规范中药材生产全过程,以保证药材质量的法规性文件。

12.099 标准操作规程 standard operating procedure
企业单位对每一项独立的生产作业所制定的书面标准程序。

12.06 药物资源保护与管理

12.100 野生药用植物资源抚育 wild medicinal plant resource tending
对野生药用资源植物实施改善生长环境和辅以施肥、灌溉、改良土壤及防治病虫害等人工管理过程。

12.101 野生药用动物资源抚育 wild medicinal animal resource tending
对野生药用资源动物实施改善生长环境、防御天敌以及投食等人工管理过程。

12.102 药材轮采 rotational collection of medicinal material
分区、分批、分期依次采收药用动物、植物(或药用部分),以利药用动、植物的再生与繁衍。

12.103 封山育药 enclosing and tending for medicinal plant and animal
在有一定种源的条件下,封禁天然药材产区,减少人、畜等外界因子的干扰,以利药用生物的再生与繁衍,促进资源的恢复和扩大。

12.104 天然药物资源保护 conservation of natural medicine material
对天然药物资源实施保护的措施与方法。

12.105 药用生物保护区 medicinal plant and animal reserve
为了保护野生药用生物及其赖以生存的环境,对具有代表性的陆地和水体进行保护和科学管理,并有立法保障的地区。

12.106 药用动植物引种驯化 introduction of medicinal plant and animal
将外地或野生药用动、植物引入当地,进行人工试种、试养和选育,使其逐步适应当地生态环境条件,并繁衍种系。

12.107 药用动物禁猎区 sanctuary of medicinal animal
在有一定种源的条件下,封禁天然药用动物产区,减少人和其他外界因子的干扰,以利药用动物的再生与繁衍,促进药用动物资源的恢复与扩大。

12.108 药用植物基因库 gene bank of medicinal plant

保存药用植物遗传基因的设施与处所。

12.109 药用植物组织培养 tissue culture of medicinal plant

利用植物的某一部分器官、组织、细胞或细胞器,通过人工无菌离体培养,产生愈伤组织,经诱导分化成完整的植株或产生活性物质的技术。

12.110 药用动植物繁殖 propagation of medicinal plant and animal

药用动物、植物个体的增殖和种族的繁衍。

12.111 珍稀濒危药用动植物 rare endangered species of medicinal animal and plant

珍贵、稀有、濒危的药用动物、植物物种。

12.112 野生药材资源管理与保护 management and protection of wild medicinal material resources

对野生药材资源实施人工管理与保护的措施与方法。

13. 动 物 资 源 学

13.01 动物资源学概论

13.001 动物资源 animal resources

能自行繁衍并不断更新的可利用的动物。

13.002 资源动物 resource animal

具有经济价值且可被利用的动物。

13.003 动物资源学 animal resource science

研究资源动物的分类、地理分布、栖息地、驯化、繁殖、保护和利用以及与人类活动、自然环境相互关系的学科。

13.004 动物区系 fauna

生存在某地区或水域内的一定地理条件下和在历史上形成的各种动物类型的总体。

13.005 物种 species

简称"种"。是生物分类的基本单位,即具有一定的形态和生理特征以及一定的自然分布区的生物类群,是生物的繁殖、遗传和进化单元。

13.006 亚种 subspecies

生物分类学上的种下分类单位,通常由相对

隔离的生物地理种群组成,并与其他地理种群间无生殖隔离。

13.007 动物资源调查与编目 animal resource survey and inventory

对保护和利用动物资源所进行的调查和数据分类汇总。

13.008 动物分布区 animal distributional area

某种(类)动物分布的外缘地点连线所圈定的范围,即为该种(类)动物的分布区。它是一个相对稳定的空间,受动物自身繁荣、衰退和外界条件变迁的影响,动物的分布范围会扩展、退缩和位移。

13.009 种群 population

在一定空间范围内同时生活着的同一物种个体集群。

13.010 动物资源数据库 animal resource database

含有动物资源各种相关信息的数据库。

13.011　野生动物种质资源库　germplasm bank for wildlife

用于野生动物不同品种遗传材料的收集保藏设施。

13.012　天敌　natural enemy

自然界中专门捕捉或危害另一种生物的生物。这种生物称为另一种生物的天敌。

13.013　共生动物　symbiotic animal

共同生活在一起(包括一种生活在另一种体内),互相依存,互利互惠的两种动物。

13.014　种群动态　population dynamics

同一动物种群的数量、群体结构及其区域的变化情况。

13.015　种群动态监测　population dynamics monitoring

对动物种群数量、群体结构及其区域的变化情况进行观察和记录。

13.016　野生动物保护　wildlife protection

以保护野生动物及其生存环境为目的的保护和管理措施。

13.017　基因库　gene bank

一个物种或种群所有等位基因的总和就是该物种或种群的基因库。

13.018　种质库　germplasm bank

用于保藏动植物遗传资源(如种子、组织或生殖细胞等)的设施。

13.019　生物圈　biosphere

地球表层中生物栖居的范围,包括生物本身以及赖以生存的自然环境。

13.020　物种丰富度　species richness

一个地区内的物种丰富的程度。

13.021　生物多样性评估　biodiversity assessment

以生物多样性保护和可持续利用为目的而开展的基因、物种和生态系统多样性调查和评价活动。

13.022　生态影响评估　ecological impact assessment, EIA

为评估特定的过程或措施对生态系统或其组成可能带来的各种影响进行的调查、监测和分析活动。

13.023　生物多样性影响评估　biodiversity impact assessment, BIA

为评估特定的过程或措施对生物多样性或其组成可能带来的各种影响进行的调查、监测和分析活动。

13.024　生物多样性监测　biodiversity monitoring

对生物多样性组成和变化进行的有计划的观察和记录。

13.025　遗传修饰生物体　genetically modified organisms, GMOs

基因组成已被人为改变的物种或生物体。

13.026　动物检疫　animal quarantine

根据相关的国际和国内法规,对动物及其制品进行疫病检查。

13.027　生物多样性热点地区　biodiversity hotspot

世界范围内生物多样性丰富程度较高的国家或地区,是开展全球生物多样性保护的关键地区。

13.028　生物多样性丰富度　biodiversity richness

衡量一个地区生物多样性丰富程度的指标。

13.029 野生动物 wildlife
在野外自然环境下生活繁衍的动物。

13.030 野生动物资源 wildlife resources
可利用的各类野生动物群体。

13.031 昆虫资源 insect resources
可利用的昆虫群体。

13.032 渔业资源 fishery resources
江、河、湖、海中可利用的鱼类及藻类、海参、海蜇等组成的水生生物群体。

13.033 家养动物种质资源库 germplasm bank for domesticated animal
用于家养动物不同品种遗传材料的收集保藏设施。

13.034 家养动物 domesticated animal
人工喂养和管理的动物。

13.035 实验动物 experimental animal
用于科学实验的动物。

13.036 观赏动物 ornamental animal
用于观看和欣赏的动物。

13.037 宠物 pet
人类豢养并宠爱的动物。

13.038 家畜 livestock
人类为了经济或其他目的而驯化和饲养的兽类。

13.039 畜牧业 animal husbandry
从事经济或其他目的的动物饲养和繁殖、生产的行业（产业）。包括动物的生产、加工和流通等领域。

13.040 家禽 poultry
人类为了经济或其他目的而驯化和饲养的禽类。

13.041 养禽业 poultry husbandry
从事家禽的饲养和繁殖的行业（产业）。包括家禽的生产、加工和流通等领域。

13.042 家鱼 aquacultured fish
人类为了经济或其他目的而驯化和饲养的鱼类。

13.043 传粉昆虫 pollinator
可帮助植物传播花粉的昆虫。

13.044 疾病传媒动物 vector animal
作为媒介可传播疾病病原的动物。

13.045 家畜野生原型 wild archetype of livestock
作为人类驯化和饲养兽类最初来源的野生动物品种资源。

13.046 特有种 endemic species
仅在某一特定地区或水域有，而其他地区或水域没有的物种。

13.047 替代种 vicarious species
在地理分布上彼此替代两个或多个分类系统上相近或生态习性相似的物种。

13.048 珍稀动物 rare animal
在自然界较为稀有和珍贵的动物。

13.049 陆生动物 terrestrial animal
在陆地上繁衍生活的动物的总称。

13.050 水生动物 aquatic animal
在各种类型水域中繁衍生活的动物的总称。

13.051 水禽 waterfowl

依靠水生环境生活的野生鸟类的总称。

13.052 草原动物 grassland animal
适应在各种类型草原上繁衍生活的野生动物的总称。

13.053 高山动物 alpine animal
适应在高山地带繁衍生活的野生动物的总称。

13.054 荒漠动物 desert animal
适应在各种类型荒漠中繁衍生活的野生动物的总称。

13.055 森林动物 forest animal
在各种类型森林中繁衍生活的野生动物的总称。

13.056 岛屿动物 island animal
在岛屿及其临近水域环境中繁衍生活的野生动物的总称。

13.057 珊瑚礁 coral reef
在热带、亚热带浅海海域,由造礁珊瑚骨架和生物碎屑组成的石灰质隆起。

13.058 珊瑚礁生物群落 coral reef community
由珊瑚礁、造礁珊瑚、造礁藻类以及丰富多彩的礁栖息动植物共同组成的集合体。

13.059 土壤动物 soil animal
在土壤中繁衍生活的野生动物的总称。

13.060 底栖动物 zoobenthos
生活繁衍在各类水体底部的动物的总称。

13.061 浮游动物 zooplankton
体形细小,且缺乏或仅有微弱的游动能力,主要以漂浮的方式生活在各类水体中的动

物的总称。

13.062 树栖动物 dendrocole, hylacole
以攀附和依靠树木为主的方式生活的动物的总称。

13.063 地栖动物 epigaeic animal
主要以地面为支撑进行活动和生活的各类动物的总称。

13.064 海洋动物资源 marine animal resources
海洋中能自行繁衍并不断更新的可利用的各类动物。

13.065 迁徙 migration
动物周期性的较长距离往返于不同栖居地的行为。

13.066 迁徙动物 migrant animal
具有迁徙行为的动物。

13.067 洄游 migration
某些水生动物由于环境的变化或生理的需要进行的定期、定向往返规律性的游动。

13.068 洄游鱼类 migratory fishes
具有洄游行为的鱼类。

13.069 候鸟 migrant bird
随季节不同周期性进行迁徙的鸟类。

13.070 留鸟 resident bird
长期栖居在生殖地域,不作周期性迁徙的鸟类。

13.071 灭绝度 extinction
不同时间段灭绝物种的程度,即时段内灭绝的相对数量。一般可用同一时间段内原有数与灭绝数相比表示。

13.03　动物资源利用与保护

13.072　水产养殖　aquaculture
人类为了经济或其他目的从事水生动植物培育和繁殖的生产活动。

13.073　渔业　fishery
从事鱼类及其他捕捞、养殖或加工生产的领域。

13.074　捕捞业　fishing industry
从事水生动、植物捕捞和加工的生产领域。

13.075　濒危动物　endangered animal
面临灭绝危险或濒临灭绝的动物。

13.076　红色名录　red list
一个地区或国家的濒危或受威胁物种的名录。

13.077　致危因素　threat factor
造成生物生存危机的各种人为和非人为因素。

13.078　濒危现状　endangered status
某一物种或生态系统当前的受威胁状况。

13.079　濒危等级　endangered category
人为制定的衡量物种或生态系统濒危程度或受威胁状况的等级系统。最常使用的有世界自然保护联盟制定和发布的濒危物种等级系统。

13.080　濒危等级标准　criteria for endangered category
为区分物种的不同濒危等级制定的定性或定量指标。

13.081　野生动物管理　wildlife management
以野生动物保护和合理利用为目的的管理行为。

13.082　再引入　reintroduction
某一地区或水域某个生物的本地种消失后，人类再次将同一种类生物引进这一地区或水域的行为。

13.083　外来种　exotic species, alien species
某一地区或水域原先没有，而从另一地区移入的种或亚种。

13.084　引入种　introduced species
某一地区或水域原先没有，而是人类有意识地从另一地区引入的种或亚种。

13.085　入侵种　invasive species
某一地区或水域原先没有，通过各种途径从其他地区侵入这一地区或水域并对特有种造成了危害的生物。

13.086　指示种　indicator species
能够反映某一地区或水域的环境特征和质量的变化，在数量、形态、生理或行为上有明显特征的物种。

13.087　关键种　keystone species
对某一地区或水域的生物群落特征和质量有重大影响的物种。

13.088　野生动物驯养业　zootechny
从事野生动物的驯化、繁殖和品种改良的一切生产技术活动领域。

13.089　驯化　domestication
人类将野生动物或植物培育成适于家养动物或栽培植物的过程。

13.090　繁殖　reproduction
生物产生新的个体的过程。

13.091　圈养　captive breeding, ranching
利用围栏或圈舍饲养动物。

13.092　放养　breeding outside cages
利用自然环境以放牧形式来饲养动物。

13.093　育种　breeding
以遗传学理论为基础,为改良生物的遗传特性,培育优良品种所做的工作。

13.094　狩猎　hunting
捕捉和猎取动物的行为。

13.095　过度捕捞　overharvesting
超过生物种群繁殖或更新补充能力的人为

捕捞和采集活动,对物种的生存有不利影响。

13.096　自然博物馆　natural history museum
收藏、制作和陈列天文、地质、动物、植物、古生物和人类等方面具有历史意义的标本,供科学研究和文化教育的场馆。

13.097　野生动物贸易　wildlife trade
针对野生动物及其制品所进行的贸易活动。

14.　土 地 资 源 学

14.01　土地资源学概论

14.001　土地　land
地球陆地表面具有一定范围的地段,包括垂直于它上下的生物圈的所有属性,是由近地表气候、地貌、表层地质、水文、土壤、动植物以及过去和现在人类活动的结果相互作用而形成的物质系统。

14.002　土地特性　land character
土地作为生产资料,具有固定性、有限性、可改良性、多功能性的特点。

14.003　土地功能　land function
土地具有的满足人类生产、生活等方面需求的能力。

14.004　土地质量　land quality
土地功能满足人类需要的优劣程度。

14.005　土地资源　land resources
在当前和可预见未来的技术经济条件下,可为人类利用的土地。

14.006　土地生态系统　land ecosystem
土地各组成要素之间,及其与环境之间相互联系、相互依存和制约所构成的、开放的、动态的、分层次的和可反馈的系统。

14.007　土地可持续利用　land sustainable use
遵循社会经济与生态环境相结合的原则,将政策、技术和各种活动结合起来,以达到提高产出、减少生产风险、保护自然资源和防止土地退化,经济上有活力又能被社会所接受的土地利用方式。

14.008　土地资源学　land resource science
以土地作为资源来研究其组成要素的相互作用、综合特征、时空变化规律及其开发利用、保护与满足人类社会与自然环境需求关系的学科。

14.009 土地分类 land classification
基于特定目的,按一定的标准,对土地进行不同详细程度的概括、归并或细分,区分出性质不同、各具特点的类型的过程。

14.010 土地单元 land unit
一块具有特定的土地特性和质量,并可在地图上勾绘出来的土地。

14.011 土地类型 land type
根据土地要素的特性及其组合形式的不同而划分的一系列各具特点、相互区别的土地单元。

14.012 土地类型图 land-type map
反映土地这一地表自然综合体的各种不同类型的地理分布及其特征的地图。

14.013 土地类型分类 land type classification
在一定区域范围内,按各个土地单元、土地要素属性和组合的相似性或差异性,对同一层级和不同层级作不同程度的细分或归并而形成性质不同、各具特点的土地类型的过程。

14.014 农用地 cultivate land
直接用于农业生产的土地。包括耕地、林地、草地、农田水利用地、养殖用地等。

14.015 建设用地 land of construction
建造建筑物、构筑物的土地。包括城乡住宅和公共设施用地、工矿用地、交通水利设施用地、旅游用地、军事设施用地等。

14.016 未利用地 unused land
指农用地和建设用地以外的土地。

14.017 后备土地资源 land reserves
当前暂时无法利用或未利用,但在可预见的将来的技术经济条件下,可为人类利用的土地。

14.018 宜农荒地资源 agricultural land reserves
适宜种植农作物、牧草、经济林果的天然草地、疏林地、灌木林地和其他未利用地。

14.019 耕地后备资源 cultivated land reserves
在一定区域内,现有技术经济条件下,可以开垦为耕地的后备土地资源。

14.020 湿地资源 wetland resources
长久或暂时性的沼泽地、带有泥碳的沼泽、泥炭地或水域地带,包括退潮时水深不超过6m 的水域。

14.021 滩涂资源 beaches resources
沿海高潮位与低潮位之间的潮浸地带,河流、湖泊和水库常水位至洪水位间的滩地以及时令湖、河洪水位以下的滩地。

14.022 土地利用分类 land-use classification
按利用方式对土地进行的类型划分。

14.023 土地利用类型 land-use type
按土地用途划分的土地类别。

14.024 土地覆被 land cover
能直接或通过遥感手段观测到的自然和人工植被及建筑物等地表覆盖物。

14.025 土地覆被分类 land cover classification
根据一定的目的,按照拟定的分类标准对土地覆被进行分类的过程。

14.026 土地覆被类型 land cover type

可以识别和定义的土地覆被类别。

14.027 土地调查 land survey

对一定地域内土地的自然、社会、经济、法律等诸方面状况及其动态变化情况进行的了解和考查。

14.028 土地资源调查 land resource survey

为认识土地资源的各种属性和形成规律,掌握其数量、质量、空间分布格局和利用状况而进行的了解和考查。

14.029 土地资源利用现状调查 land-use currency survey

为查清各种土地分类、面积、分布和利用状况而进行的调查研究工作。

14.030 土地利用详查 land-use detailed survey

采用大比例尺基础图件进行的一种分类较细、精度要求较高的土地利用现状调查工作。

14.031 土地利用概查 land-use general survey

采用中、小比例尺基础图件进行的一种分类较粗、精度要求较低的土地利用现状调查工作。

14.032 宜农荒地资源调查 survey of agricultural land reserves

以清查适宜种植农作物、牧草、经济林果的天然草地、疏林地、灌木林地和其他未利用地为目的的土地调查。

14.033 耕地后备资源调查 survey of cultivated land reserves

以清查适宜种植农作物的未利用地和废弃地为目的的土地调查工作。

14.034 土地遥感调查 land remote sensing survey

利用遥感技术进行的土地调查工作。

14.035 土地资源图 land resource map

表达土地资源质量和数量及其空间分布规律的一种专题地图。

14.036 地籍调查 cadastral survey

以清查每宗土地的位置、界限、面积、权属、用途和等级为目的的土地调查。

14.037 土地权属调查 adjudication inquisition

清查每宗土地的权利人、现有权力内容、来源和土地用途,并在现场标定宗地界址、位置,绘制权属调查草图,填写地籍调查表的工作。

14.038 土地诊断 land diagnosis

土地质量评价的整个过程。主要包括土地资源类型的诊断和限制因素的诊断两部分内容。

14.039 土地资源评价 land resource evaluation

对土地资源用于某种用途时的性能的评定。包括对土地资源组成要素和人类活动对土地资源的影响等方面的调查分析,以及按评价目的比较土地资源质量的优劣或确定可持续的土地利用类型和利用方式。

14.040 土地适宜性 land suitability

某一土地单元对某一特定土地用途或土地利用方式的适用性,用以反映土地的质量。

14.041 土地限制性 land limitation

一土地单元对特定用途的不适宜性,是土地利用的负面属性。

14.042 土地适宜类 classification of suitability land

在潜在可利用土地范围内,依据土地对农、林、牧业生产的适宜性划分的类别。

14.043 土地资源定性评价 qualitative evaluation of land resources

评价结果仅用定性的方式表示,不做产量或投入产出分析的一类土地资源评价体系。

14.044 土地资源定量评价 quantitative evaluation of land resources

评价结果用量化的数字表示,可以在不同用途的适宜性之间进行比较的一类土地资源评价体系。

14.045 土地资源自然评价 physical evaluation of land resources

主要依据土地资源的自然属性评定土地资源的利用能力或适宜性等级,并用实物的数量(如作物单产等)表示其评价结果的一类土地资源评价体系。

14.046 土地资源经济评价 economic evaluation of land resources

在土地资源自然评价的基础上,进行社会经济分析,并用可比的经济效益指标,表示其评价结果的一类土地资源评价体系。

14.047 土地生态评价 ecological evaluation of land

对各种土地生态类型的健康状况、适宜性、环境影响、服务功能和价值的综合分析与评价的过程。

14.048 土地分等定级 gradation and classification on land

在特定的目的下,对土地的自然和经济属性进行综合鉴定,并使鉴定结果等级化的过程。

14.03 土地资源利用与土地规划

14.049 土地利用 land-use

人类通过技术手段,利用土地的属性来满足自身需要的过程。

14.050 土地利用分区 land-use zoning

将规划区内的土地划分为特定的区域,并规定其不同的土地用途管制规则,以此对土地利用活动实行管制的措施。

14.051 土地利用区划 land-use regionalization

按规划区内土地资源特点、土地利用的地域差异和土地利用管理不同方向,将土地划分成不同区域的方法。

14.052 土地利用结构 land-use composition

一般指一定区域内,各种土地利用类型和(或)土地覆被之间在数量上的比例关系,以各种土地利用类型和(或)土地覆被占该区域土地总面积的比重表示。

14.053 土地利用图 land-use map

表达土地资源的利用现状、地域差异和分类的专题地图。

14.054 土地集约利用 intensive land-use

在单位面积土地上投入较多的资金、物质、劳动和技术以提高集约度的土地经营方式。

14.055 土地资源开发 land resource development

对未利用土地资源或利用效率低下的土地资源,通过工程、生物或综合的措施,使其成为可利用的和(或)经济、社会、生态综合效益较高的过程。

14.056 土地资源利用效率 efficiency of land resource use

在土地资源利用过程中,单位面积上的产出量。

14.057 土地资源利用效益 benefit of land-use

在土地资源利用过程中,单位面积土地所提供的经济效益、社会效益和生态效益。

14.058 土地利用率 land-use ratio
在一定区域内已利用的土地占土地总面积的比例。

14.059 土地生产率 land productivity
在一定的投入水平下,单位面积土地的产品、产量或产值。

14.060 土地资源潜力 land resource capability
在一定的经营管理水平下,在自然条件容许范围内,某一土地单元对农业、林业、牧业等土地利用潜在的能力。

14.061 土地资源生产力 land resource productive
作为劳动对象的土地资源与劳动力和劳动工具在不同的结合方式和方法下所形成的生产水平和产出效果。

14.062 土地资源生产潜力 land resource potential productivity
由光、温、水、土等自然要素所决定的单位面积土地可能达到的生物产量或收获物产量。

14.063 土地资源承载力 carrying capacity of land resources
在保持生态与环境质量不致退化的前提下,单位面积土地所容许的最大限度的生物生存量。

14.064 土地人口承载力 population supporting capacity of land
一定面积土地资源生产的食物所供养的一定消费水平的人口数量。

14.065 土地人口承载潜力 potential population supporting capacity of land
一定面积土地的食物生产潜力所能供养的一定消费水平的人口数量。

14.066 土地利用工程 land-use engineering
对土地进行开发、利用、改良和保护的工程

技术措施。

14.067 土地资源数据库 land resource database
将土地资源数据以一定的组织方式存储在一起的,能为多个用户共享的,独立于应用程序的,相互关联的数据集合。

14.068 土地资源信息系统 land resource information system
用于采集、存储、管理、分析、输出和传递土地资源信息,以满足各种土地资源管理要求的计算机系统。

14.069 土地利用规划 land-use planning
各级政府为实现土地合理利用的综合目标,根据可持续发展的原则,对辖区不同时期内土地资源开发、利用、改良和保护方案作出比选与安排的过程。

14.070 土地生态规划 land ecological planning
根据生态学原理,以提高区域尺度土地生态系统的整体功能为目标,在土地生态分析、综合评价的基础上,提出优化土地生态系统结构、格局的方案、对策和建议的安排过程。

14.071 土地整理 land consolidation
为改变地块零散、插花状况,改良土地,提高土地利用率、生产率、劳动生产率和改善环境,而采取的一整套合理组织土地利用、调整土地权属的综合措施。

14.072 土地整理规划 land consolidation planning
以土地整理为目的而进行的土地利用专项规划。

14.073 土地改良 land improvement
为了防止土地退化,改变土地的不良性状和提高土地生产潜力而采取的各种措施。

14.074 土地需求 land demand

人类为满足生产和生活需要对土地产生的要求与获取能力。

14.075 土地供给 land supply
人类社会可利用的土地资源的数量与质量。

14.076 土地区位 land location
土地的空间位置。

14.077 地租 land rent
土地在生产利用中自然产生的或应该产生的经济报酬,即总产值或总收益减去总要素成本或总成本后的剩余部分。

14.078 土地价格 land price
是土地经济作用的反映,是土地权利和预期收益的购买价格,即地租的资本化。

14.079 基准地价 base price of land
对不同地域或不同级别的土地,按照商业、居住、工业等用途,分别评估确定的最高年限期土地使用权的平均价格。

14.080 标定地价 standardized price of land
根据政府管理需要,评估的某一宗地在正常土地市场条件下,于某一估价期日的土地使用权价格。它是该类土地在该区域的标准指导价格。

14.081 宗地地价 lot price
在某一期日的土地使用权价格。

14.082 路线价 street value
城市沿街带状地带,用途相同的标准宗地的单位面积平均价格。

14.083 土地估价 land valuation
在一定的市场条件下,根据土地的权利状况和经济、自然属性,按土地在经济活动中的一般收益能力,综合评定出在某一时点某宗土地或某一等级土地在某一权利状态下的价格。

14.084 土地交易 land transaction
以土地作为商品进行买卖、租赁、抵押和交换等的活动。

14.085 土地市场 land market
进行土地交易活动的场所,或指各种土地交换关系的总和。

14.086 边际土地 marginal land
无利润可得的土地。

14.087 土地报酬 land return
在单位面积土地上投入某项可变要素后的生产价值。

14.088 土地报酬递减律 law of diminishing returns of land
在技术不变的条件下,对一定面积的土地连续追加某一生产要素投入量将使产量增加,但达到某一点后,其单位投入的边际收益将逐渐下降,并最终成为负数的规律。

14.089 土地规模效益 revenue of land scale
因土地生产规模扩大而获得的经济效益。

14.090 土地资源核算 land resource assessment
对一定地区或一个国家的土地资源的经济价值进行的核查计算。

14.091 土地金融 land finance
以土地作为信用保证,通过各种金融工具而进行的资金筹集、融通、清算等金融活动。

14.04 土地资源保护和管理

14.092 土地使用费 land occupancy charge
依据法定标准取得国有土地使用权并按合

同规定每年向国家支付的费用。

14.093 土地制度 land institution
在一定社会制度下，为制约人们利用土地所形成的经济关系和法律关系而设定的行为规范。

14.094 土地所有制 land ownership
在一定的社会制度下，土地归谁所有、占用、使用、收益和处分的行为规范。

14.095 土地使用制 land-use system
在一定的土地所有制下，土地所有者、使用者和经营者在土地占有、使用、收益过程中形成的经济关系和法律关系的行为规范。

14.096 土地用途管制制度 land-use regulation system
政府为保证土地的合理利用而对土地权利人的土地利用活动施行限制的一系列法规、规则的总和。

14.097 土地收购储备制度 land purchase and reserve system
由政府授权的机构统一收回、收购城市区域内的土地，建立土地储备，经前期开发整理后，统一出让建设用地的制度。

14.098 土地权属 land property
土地财产权利的归属。

14.099 土地产权 land property right
即土地财产权利，是土地物权及准土地物权的总称。

14.100 土地使用权出租 lease of land-use right
土地使用权人将自己占有的土地的一部分或全部，以收取地租为对象，在约定的期限内交由他人占有使用，并在期限届满时收回土地的行为。

14.101 土地使用权抵押 mortgage of land-use right
在我国土地使用权人作为债务人（抵押人），在法律许可的范围内不转移土地的占有，而将其土地使用权作为债权的担保，在债务人不履行债务时，债权人（抵押权人）有权依法将该土地使用权变价并从所得价款中优先受偿的法律行为。

14.102 土地使用权划拨 administrative allotment of land-use right
政府以行政配置方式在土地使用者缴纳土地补偿、安置等费用后，或者无偿地将国有土地使用权交付土地使用者使用的行为。

14.103 土地资源管理 land resource management
国家行政机关为社会整体利益而对土地资源事务的组织与整治活动。

14.104 地籍管理 cadastre management
政府为获取土地的权属及其有关的信息，建立、维护和有效利用地籍图册的行政工作体系。包括地籍调查、土地权确认、土地登记、土地统计和地籍档案管理。

14.105 土地资源统计 land resource statistics
政府对土地资源的数量、质量、利用状况、权属关系及其变化进行全面、系统、连续的调查、分类、整理和分析的制度。

14.106 土地登记 land registration
经权利人申请，国家有关登记机关依照法定程序将申请人的土地权利及有关事项记录于专门簿册的制度。

14.107 土地资源保护 land resource conservation
通过对土地资源的合理利用与经营，使当代人得到应有的持续效益，并能保持土地的潜力以满足后代的需要。

14.108 基本农田 prime cropland
根据一定时期人口和社会经济对农产品的需求，依据土地利用规划确定的不得占用的耕地。

14.109 基本农田保护区 prime cropland
preservation area
为对基本农田实行特殊保护而依照法定程
序确定的特定保护区域。

14.110 水土保持 soil and water conservation
对自然因素和人为活动造成水土流失所采
取的预防和治理措施。

14.111 土地退化 land degradation
土地由于人为活动和自然作用而不再能正
常地维持其经济功能和(或)原来的自然生
态功能的现象和过程。

14.112 土地荒漠化 land desertification
泛指因气候变异和人类活动在内的多种因
素造成土地的生物生产力下降和破坏,最后
出现类似荒漠景观的现象和过程。

14.113 土地盐渍化 land salinization
又称"土地盐碱化"。指可溶性盐碱在土壤
中积聚,形成盐土和碱土的过程。

14.114 土地污染 land pollution
土地因受到采矿或工业废弃物或农用化学
物质的侵入,恶化了土壤原有的理化性状,

使土地生产潜力减退、产品质量恶化并对人
类和环境造成危害的现象和过程。

14.115 土地复垦 land reclamation
对因生产、建设活动挖损、塌陷、压占、污染
或自然灾害毁损等原因造成目前不能利用
的土地采取整治措施,使其恢复到可供利用
状态的活动。

14.116 土地资源变化动态监测 dynamic
monitoring of land resource change
按照一定的时间序列对土地面积、质量、分
布的变化进行的监督和测量。

14.117 可持续土地资源管理 sustainable
land management
遵循社会经济和生态环境相结合的原则,将
政策、技术和各种活动结合起来,以同时达
到提高产出、减少生产风险、保护土地资源
和防止土地退化、经济上有活力又能被社会
所接受的土地管理方式。

14.118 土地监察 land supervision
政府土地行政机关依照法律对行政当事人
执行和遵守土地法律、法规的情况进行监督
检查以及对违法行为实施行政处分或起诉
的行为。

15. 水 资 源 学

15.01 水资源学概论

15.001 水 water
一个氧原子与两个氢原子构成的氢氧化合
物,其分子式为 H_2O。

15.002 淡水 fresh water
矿化度小于或等于 1000mg/L 的水。

15.003 咸水 salt water
矿化度大于 1000mg/L 的水。

15.004 水体 water body
水大量聚集分布的场所。按其形态和位置
主要有海洋、河流、湖泊、冰川、沼泽、永久积
雪、极地冰盖、地下含水层、大气水体、水塘
与水库。

15.005 水资源 water resources
自然形成且循环再生并能为当前人类社会

和自然环境直接利用的淡水。

15.006 水资源学 science of water resources
研究水资源形成、演化、数量、质量、分布、构成和开发利用与保护，以及使其满足人类社会和自然环境需求的一门学科。

15.007 水资源工程学 science of water resource-engineering
在研究水资源特点与属性的基础上，利用工程技术手段使水资源合理、高效为人类社会和自然环境服务的一门综合性的学科。

15.008 水资源经济学 science of water resource economics
利用经济学原理研究水资源合理开发利用与保护，以及与社会经济可持续发展关系的学科。

15.009 水资源管理学 science of water resource management
把管理学的原理与方法应用到水资源开发利用及保护研究中，充分合理提高水资源的效益与效率的一门综合性的学科。

15.010 水资源系统 water resource system
在一定的时间、空间范围内，各种水体中的水资源相互联系构成的统一体。

15.011 水资源承载力 water resource carrying capacity
一定范围内，可利用水资源能维护支撑人类社会和自然环境生存与发展的能力。

15.012 水资源安全 water resource security
不因人为和自然因素导致供水短缺和质量恶化的现象。

15.013 水资源可持续利用 water resource sustainable utilization
一定空间范围水资源既能满足当代人的需要，对后代人满足其需求能力又不构成危害的资源利用方式。

15.014 水资源供需平衡 supply and demand balance of water resources
一定时空范围内，供水量或可供水量与需求量或预测量之间的平衡余缺关系分析。

15.015 可利用水资源 utilizable water resources
在当代科学、技术与经济条件下，以不影响生态环境为前提，可能合理开发利用的水资源。

15.016 可供水资源 available water resource supply
在某一水平年指定供水保证率的情况下，现有和拟定水利工程可能为用户提供的水资源。

15.017 地表水资源 surface water resources
一定时间和空间内地表水体的动态水量。

15.018 河川径流 river runoff
流过河床的水流。

15.019 地下水资源 groundwater resources
一定范围内多年平均地下潜水层所能得到的外来补给水量。

15.020 潜水资源 shallow water resources
埋藏在地表以下第一个稳定隔水层以上，具有自由水面的含水层中可供人类直接利用的淡水。

15.021 地下水资源动储量 dynamic-storage of groundwater resources
潜水资源含水层多年平均最高水位与最低水位之间的地下水储量。

15.022 地下水资源静储量 static storage of groundwater resources
潜水资源含水层多年平均最低潜水位以下的地下水储量。

15.023 地下水资源可开采储量 exploitable storage of groundwater resources

经济合理、技术可行,同时又不造成生态与环境恶化的前提下,可供开发的地下水资源总量。

15.024 地下水人工回灌 artificial groundwater recharge
人为地补给地下水资源储量的方法。

15.025 地下水开采模数 modulus of groundwater resource yield
单位面积上地下水可开采量。

15.026 水能 hydraulic energy
水体具备的势能、压能和动能的总称,一般指河流的水能。

15.027 河流水能资源 hydropower resources of river
又称"水能蕴藏量"。在天然状态下河道水流具备的能量资源。

15.028 可开发水能资源 available hydropower resources
在当代技术可行、经济合理且不影响生态与环境前提下,可被开发的水能资源。

15.029 喀斯特水资源 karst water resources
又称"岩溶水资源"。储存与运动于可溶性岩石的裂隙和洞穴中的淡水资源。

15.02 水资源调查

15.030 水资源调查 water resource investigation
通过区域普查、典型调查、临时测试及分析估算等途径,收集与水资源评价有关的基础资料的工作。

15.031 水资源物探 water resource physical exploration
通过观测和研究各种地球物理场的变化,探明区域或流域水资源的一种勘查方法。

15.032 水资源遥感 water resource remote sensing
通过遥感影像分析等方法探明或了解水资源信息和问题的一种方法。

15.033 水资源勘察 water resource reconnaissance
利用物探及野外考察等方法寻找水源地、评价水资源的方法。

15.034 水能资源调查 water energy investigation
运用各种技术方法和手段揭示一个地区的水能储量、分布规律、开发利用条件等,为工程项目设计或国民经济发展规划制定提供所需水资源的工作。

15.035 径流等值线法 runoff isoline method
又称"径流等量线法"。表示在一定范围内水文要素连续分布,且数量上呈等级变化现象的一种图示表示方法。

15.036 实测河川径流量 surveyed mean river flow
依据水文站实测数据计算出来的某一时段的平均径流量。

15.037 天然径流量 natural river flow
指实测河川径流量的还原水量,一般指实测径流量加上实测断面以上的利用水量(扣除回归部分)。

15.038 水资源预测 water resource forecasting
以水资源学为基础,利用数据分析等手段,对某一地区或流域未来特定时期内水资源所做的估算推测。

15.039 水质调查 water quality investigation

为某种目的对水体质量进行现场调查、优化布点、样品采集、分析测试、数据处理、综合评价等的过程与工作。

15.040 水的矿化度 mineralized degree of water

单位体积水体内所含各种离子、分子与化合物的总量。

15.041 水质监测 water quality monitoring

对水中的化学物质、悬浮物、底泥和水生态系统进行统一的定时或不定时的检测工作。

15.03 水资源评价

15.042 水资源利用评价 water resource assessment

按流域或地区对水资源的数量、质量、时空分布特征和开发利用条件所作的分析与判断。

15.043 水资源短缺 water resource shortage

水资源相对不足,不能满足人们生产、生活和生态需要的状况。

15.044 水土资源耦合 water and soil resource coupling

一个地区的水资源,其量与质和时空分布与土地资源量与质和时空分布间的匹配关系。

15.045 人均占有水资源 average water resource amount per capita

一定区域内人均所占有的水资源数量。

15.046 亩均占有水资源 average water resource amount per Mu

一定区域内亩均耕地所拥有的水资源量。

15.047 水资源开发利用程度 degree of water resource exploration and utilization

一定区域内水资源被人类开发和利用的状况,一般用被开发量与水资源量的比值表示。

15.048 水资源年际变化 interannual variety of water resources

一定区域内水资源量在年际间的变化状况。

15.049 水资源年内分配 water resource vari-

ety in a year

一定区域内水资源量在一年内的分配或各季节的分配状况。

15.050 水资源保证率 reliability of water resources

满足工程兴利需水量或水位等要求的程度。通常以百分数计。

15.051 丰水年 high flow year

年径流量大于多年平均径流量的年份。

15.052 平水年 normal flow year

年径流量等于或接近于多年平均径流量的年份。

15.053 枯水年 low flow year

指无雨或少雨时期造成江、河流量明显减少,水位下降的现象。其年径流量小于多年平均径流量年份。

15.054 地下水超采 groundwater over-exploitation

地下水开采量超过地下水可开采量的现象。

15.055 地下水超采系数 coefficient of groundwater over-exploitation

地下水的超采量与可开采量的比值。

15.056 径污比 dilution ratio of water

同一时间和断面流过的径流量与污水量之比。

15.057 一类水 grade Ⅰ water

既无天然缺陷又未受人为污染。主要适用

于源头区、国家自然保护区。

15.058 二类水 grade Ⅱ water
水质良好。主要适用于集中式生活饮用水、地表水源地一级保护区、珍稀水生生物栖息地、鱼虾类产卵场等。

15.059 三类水 grade Ⅲ water
水质尚可。主要适用于集中式生活饮用水、地表水源地二级保护区、鱼虾类越冬场、洄游通道、水产养殖区等渔业水域及游泳区。

15.060 四类水 grade Ⅳ water
水质不好。水体存在某些天然缺陷，或者受到人为轻度污染。适用于一般工业用水区

及人体非直接接触的娱乐用水区。

15.061 五类水 grade Ⅴ water
水质很不好。水体具有严重的天然缺陷或者已受到人为的严重污染。只适用于农业用水区及一般景观要求水域。

15.062 地下水漏斗 groundwater depression cone
过量开采地下水，引起地下水位下降所形成的漏斗形自由水面或水压面。

15.063 海水入侵 seawater intrusion
海水入侵淡水含水层的现象。

15.04 水资源开发利用

15.064 水资源开发利用 water resource development and utilization
通过工程技术和管理措施对水资源进行调节控制和再分配，以满足人类生活、社会经济活动和环境对水资源需求的行为。

15.065 引水工程 diversion engineering
一般借重力作用把水资源从源地输送到用户的措施。

15.066 提水工程 pumping engineering
一般指利用水泵等抽水装置把水提升到一定高度，然后自流输送到用户的措施。

15.067 蓄水工程 storage engineering
利用蓄水设施调节河川径流，然后把水有序输送到用户的措施。

15.068 灌区 irrigation area
有固定灌溉工程措施，在正常年景可以进行成片土地灌溉的区域。

15.069 大型灌区 large irrigation area
灌溉面积在 30 万亩以上的灌区。

15.070 中型灌区 medium-sized irrigation area
灌溉面积在 1 万 ~30 万亩的灌区。

15.071 小型灌区 small-sized irrigation area
灌溉面积在 1 万亩以下的灌区。

15.072 跨流域调水 interbasin water transfer
通过工程手段从某个流域向其外流域送水，使两个或以上流域的水资源经过调济得以合理充分开发利用的举措。

15.073 井 well
取用地下水的垂向汇水建筑物及区域。

15.074 坎儿井 kariz
用以汇集地下水自流引出地面进行灌溉的暗渠等整套建筑物。

15.075 截潜流 intercepting groundwater flow
利用工程措施截取河床下层或古河道中的地下水流。

15.076 泵站 pumping station
又称"抽水站"，"扬水站"。由抽水装置以及整套的抽水辅助建筑物构成的工程设施。

15.077 泵站设计扬程 design head of pumping station

根据泵站进出设计水位差和管路水头损失确定的提升高度。

15.078 死库容 dead storage capacity

水库死水位以下的容积。

15.079 兴利库容 benefit storage capacity

水库正常蓄水位至死水位之间的容积。

15.080 防洪库容 flood control capacity

水库校核洪水位至汛期限制水位或正常蓄水位之间的容积。

15.081 总库容 total storage capacity

水库校核洪水位以下的容积。

15.082 库容系数 storage coefficient

水库兴利库容与多年平均来水量的比值。

15.083 无坝取水 intake without dam

没有拦河坝调节径流的取水方式。

15.084 有坝取水 intake with dam

有拦河坝调节河流水位的取水方式。

15.085 水能利用 hydroenergy utilization

利用水资源的能量为人类服务的一切形式。

15.086 梯级水电开发 cascade hydropower development

利用河流坡降并配合建筑物逐级开发水电站,形成阶梯式开发的方式。

15.087 水电站装机容量 installed capacity of hydropower station

水电站全部机组额定出力的总和。

15.088 保证出力 firm output

相应于设计保证率的枯水时段的平均出力。

15.089 年利用小时 annual utilization hours

电站的年平均发电量与装机容量之比值。

15.090 径流式水电站 run-of-river hydropower station

对天然径流无调节能力和仅能进行日调节的水电站的通称。

15.091 坝式水电站 dam-type hydropower station

以坝集中水头生产电能的水电站。

15.092 污水再生利用 reuse of wastewater

污水经过处理后,根据水质状况重新使用。

15.093 港口 harbor

位于江、河、湖、海沿岸,具有一定面积的水域、陆域和相应设施,供船舶靠泊、装卸货物、上下旅客及取得给养的场所。

15.094 船闸 navigation lock

利用调整水位的方法,使船舶(队)顺利通过航道上集中落差的一种通航建筑物。

15.095 码头 wharf

供船舶停靠、装卸货物和上下旅客用的建筑物和场所。

15.096 航道 waterway

在江河、湖泊、水库等内陆水域和沿海水域中能满足船舶及其他水上交通工具安全航行要求的通道。

15.097 运河 canal

人为开辟的通航水道。

15.098 航深 waterway depth

设计的最低航行水位至航道底最浅处的水深。

15.099 航宽 waterway width

设计航道中最低通航水位处的宽度。

15.100 城市用水 urban water use

城市居民生产、生活和服务行业用水总称。

15.101 农业用水 agricultural water use

农、林、牧、副、渔业等部门和乡镇、农场企事业单位以及农村居民生产与生活用水的总称。

15.102 灌溉用水 irrigation water
人工补充土壤水分以保证植物正常生长条件所需要的水分。

15.103 河道内用水 in-stream water use
为维护生态环境和水力发电、航运、养殖等生产活动,要求河流、水库、湖泊保持一定的流量或水位所需的水量。

15.104 河道外用水 off-stream water use
采用取水、输水等工程措施,从河流、湖泊、水库和地下含水层将水引至用水地区,满足城乡生产、生活和生态与环境用水所需的水量。

15.105 旅游用水 water use for recreation
满足旅游景观要求及维持娱乐设施运行所需要的水量。

15.106 水资源利用效率 utilization efficiency of water resources
反映水资源有效开发利用和管理的重要综合指标。指水的耗用量与取用量的比率。

15.107 作物需水量 crop water requirement
作物在适宜的水分和肥力水平下,全生育期或某一时段内正常生长所需要的水量。包括消耗于作物蒸腾、株间蒸发和构成作物组成的水量。

15.108 灌溉定额 irrigating quota
满足作物全生育期(含播前)单位面积的总灌水量。

15.109 工业需水量 industrial water requirement
满足工业生产中直接和间接使用的水量。

15.110 工业耗水量 industrial water consumption
工业生产过程中直接和间接消耗的水量。

15.111 万元 GDP 用水量 water use amount per ten thousand Yuan GDP
某一区域每形成一万元国内生产总值(GDP)所用的平均水量。

15.112 渠系水利用系数 canal system water utilization coefficient
又称"渠系水有效利用系数"。反映各级输、配水渠道的输水损失的系数,其值等于各级渠道水利用系数的乘积。

15.113 田间水利用系数 field water utilization coefficient
农渠包括临时毛渠直至田间的水的利用系数。

15.114 节约用水 water saving
采用先进的用水技术,降低水的消耗,提高水的重复利用率,实现合理用水的方式。

15.115 节水型社会 water saving society
全面实行节约用水和高效用水的社会。

15.116 节水型工业 water saving industry
全面实行节约用水和高效用水的工业。

15.117 节水型农业 water saving agriculture
全面实行节约用水和高效用水的农业。

15.118 节水型城市 water saving city
全面实行节约用水和高效用水的城市。

15.119 雨水利用 rainwater use
采用人工措施直接对天然降水进行收集、储存并加以利用的方式。

15.120 暴雨利用 storm runoff use
采用人工措施直接或间接对暴雨引发的洪水加以利用,使洪水转化为可利用资源的一种方式。

15.121 用水消耗量 consumption of water amount
单元用水过程中实际消耗的水量。

15.122   水资源管理 water resource management

运用行政、法律、经济、技术和教育等手段，组织各种社会力量开发水利和防治水害，协调社会经济发展与水资源开发利用之间的关系，处理各地区、各部门之间的用水矛盾，监督、限制不合理的开发水资源和危害水源的行为，制定供水系统和水库工程的优化调度方案。

15.123   水资源规划 water resource planning

根据社会发展和国民经济各部门对水的需求，制定流域或区域的水资源开发利用和河流治理等的总体方案。

15.124   防洪规划 flood control planning

为防治某一河流或某一地区的洪水灾害而制定的专业水利规划。

15.125   城镇供水规划 water supply planning

为提供城镇居民生活、生产以及相关用水而制定的专业水利规划。

15.126   灌溉规划 irrigation planning

为某一区域实施农林牧业灌溉而制定的专业水利规划。

15.127   航运规划 shipping planning

根据国民经济发展对航运的要求，结合国土规划，对流域航运的建设与发展所作的安排。

15.128   水资源补偿调节 water resource adjustment

通过工程措施把富水时期或丰水地区的水调配到缺水时期或缺水地区，以丰补缺，协调天然来水与人类生产和生活用水间的供需关系，以提高水资源的利用效益。

15.129   水资源分配 water resource distribution

水行政主管部门根据各地区、各部门水资源余、缺状况和可能条件，提出当前和今后合理可行的水资源分配方案并报请审批的活动。

15.130   水资源监测 water resource monitoring

对水资源的数量、质量、分布状况、开发利用保护现状进行定时、定位分析与观测的活动。

15.131   水资源系统模拟 water resource system simulation

根据拟定的水资源系统结构模型和数学模型，并借助计算机等技术对水资源系统进行的"仿真"模拟计算与分析过程。

15.132   水资源配置 water resource allocation

在水资源总体规划与管理过程中，充分协调水与社会、经济、生态、环境等要素的关系，提高水资源与之相适应的匹配程度，实现水资源合理利用，促进社会经济可持续发展。

15.133   水资源优化配置 water resource optimum allocation

在水资源分配过程中，充分考虑人类社会、经济、生态、环境等因素，合理利用水资源系统的时空变异特征，优化水资源在地区之间、部门之间以及上下游、左右岸、经济与生态与环境等之间的分配，实现水资源利用的效率与公平。

15.134   水资源调度 water resource regulation

为满足人类社会与自然环境对水的需求，提高水资源利用效率与效益，采用工程和非工程措施，对不同区域的水资源所进行的调配过程。

15.135 水资源优化调度 water resource optimum regulation
在水资源调度过程中,为实现水资源系统的整体目标,兼顾当前与长远、局部与整体之利益,充分协调水与社会、经济、环境等之间的关系,实现水资源统一调配和联合优化运用的过程。

15.136 水资源流域管理 river basin water resource management
以流域为基本单元,流域管理机构在所辖范围内行使法律、行政法规等规定的和国务院水行政主管部门所授予的水资源管理和监督职责。

15.137 水资源行政区域管理 water resource management in administrative district
为实现行政区划所辖区域内的水资源高效与合理利用,而采用的以行政区域为基础的水资源管理。

15.138 水权 water right
按照水法行使的对水的管辖权力,也指经过水行政主管部门批准给予用水户的对水资源处理和利用的权力。

15.139 取水权 water intake right
单位或个人有依法直接从国有水资源(包括江、河、湖泊、地下水)中引水或取水利用的权利。引水或取水是将水从其水体中分离出来、或将原有水体改变流向的行为。

15.140 水权管理 water right administration
国有水资源产权代表部门运用法律的、行政的、经济的手段,对水权持有者在水权的取得和使用等方面所进行的监督管理行为。

15.141 水资源使用权 water resource use right
指单位和个人依法对国家所有的水资源进行使用、收益的权利。水资源属于国家所

有,国家保护依法开发利用水资源的单位和个人的合法利益。

15.142 水资源所有权 water resource ownership
对水资源占有、使用、收益和处分的权利。我国宪法规定,水流属于国家所有,即全民所有;《中华人民共和国水法》规定,水资源属于国家所有,即全民所有。

15.143 用水总量控制 total quantity control of water consumed
为了使某一河段或流域满足一定水量目标时,对不同用水部门用水总量的控制。

15.144 计划供水 planned water supply
水行政主管部门依据水资源供求现状,按照水资源供需协调、综合平衡的原则对各用水单位所作的有计划的供水措施。

15.145 取水许可制度 water-drawing permit system
直接从地下或者江河、湖泊取水的用水单位,必须向审批取水申请的机关提出取水申请,经审查批准,获得取水许可证或取得其他形式的批准文件后方可取水的制度。

15.146 水事 water event
个人、单位或地区之间涉及与水有关的权利与义务关系的事务的总称。

15.147 用水管理 water use management
国家依法对各地区、各部门以及各单位和个人用水活动的管理。

15.148 需水管理 water demand management
为防止发生或缓解水资源短缺,运用法律、行政、经济、技术、教育的手段与措施,抑制浪费和需水量不合理增长的管理行为。

15.149 供水管理 water supply management
对供水过程实施管理的行为或活动。包括需水预测、供水规划,供水申请审批,供水工

程建设、管理、运行,地面水、地下水水源的优化调度,供水水量、水压、水质、水价的监督。

15.150 水质管理 water quality management
为保持或改善江、湖、河、库及地下水的质量所进行的各项活动。水质管理分为狭义和广义两种概念。狭义的水质管理是指以污染控制为中心,采用法律、经济、技术、行政等手段控制水污染,改善水的质量。广义的水质管理是指从社会—环境系统整体出发,通过全面规划、合理布局,使经济建设、城乡建设和水质保护协调发展,达到既保证国民经济可持续发展,又能维持水质良好状态和生态平衡。

15.151 限制供水 restrained water supply
由于自然和环境变化以及供需平衡的制约等原因,对需水有一定约束的供水措施。

15.152 节水标准 water saving use standard
在一定社会经济技术条件下的用水规范,它是评价水资源利用效率、供用水单位在供水、取水、水资源利用等过程中是否科学合理的尺度。

15.153 节水潜力 water saving use potential
用水单位在一定的社会经济技术条件下可以节约的最大水资源量。

15.154 水政 water administration
广义的水政就是水行政管理的简称,指水管理机构代表国家对水事活动实施的行政管理。狭义的水政,它属于水行政管理之中,主要包括水行政立法调研、拟定、水行政执法,水行政司法和水行政保障,施加于社会水事活动的水行政管理行为。

15.155 水政建设 water administration construction
对水行政管理部门和管理职责的规范和完善。

15.156 城市水务 urban water affairs
城市水资源开发、利用、保护等中的相关事务。包括从水源、供水、节水、排水到污水治理的所有范畴。

15.157 水务局 water affairs bureau
实行城乡水务一体化管理的水行政管理部门。

15.158 水利设施 water conservancy establishment
对自然界的水进行控制、调节、开发、利用和保护,以减轻和免除水旱灾害,使水资源适应人类社会和自然环境需要的设施。

15.159 水利纠纷 water conservancy disputes
不同的单位或个人因为对水资源的开发、利用、管理、保护等意见不一致而产生的争执。

15.160 水资源价值 water resource value
水资源本身所具有的价值,是水资源所有者所有权在经济上的体现。

15.161 水资源价格 water resource price
水资源价值的货币表现形式。

15.162 水资源核算 water resource accounting
对水资源相关因素进行核实的过程。包括水资源实物量核算、水资源价值量核算和水质核算。

15.163 水资源有偿使用 paid water use
水资源使用者向供水者支付一定的报酬取得水资源使用权的行为。

15.164 水资源费 water resource fee
由水法规定的对取水者收取的费用。

15.165 水费管理 water fee management
对水费有关的行为进行管理。主要包括审核供水成本、审核供水企业利润、水费构成及计费制度等。

15.166　计量收费　metering charge
根据使用水量或供水量多少收取费用的行为。

15.167　水价　water price
单位体积水资源价格。通常用元/立方米来表示。

15.168　供水价格　water supply price
是指供水经营者通过拦、蓄、引、提等水利工程设施后,销售给用户的天然水价格。

15.169　有偿供水　paid water supply

针对无偿供水而言,指供水单位向用水单位收取一定的费用的行为。

15.170　弹性水价　flexible price
又称"变动水价"。相对固定水价而言。根据不同的水资源供需状况或者不同的取用水量确定的具有伸缩性的水价。

15.171　水费构成　water fee components
指组成水费的各个部分。通常包括成本、利润等。

15.06　水 资 源 保 护

15.172　水资源保护　water resource protection
包括水量保护和水质保护两方面,是指通过行政、法律、技术、经济等手段合理开发、管理和利用水资源,防止水污染、水浪费、水源枯竭和水土流失,以满足社会经济可持续发展对淡水资源的需求。

15.173　水功能区　water function area
根据流域或区域的水资源自然属性和社会属性,依据其水域定为具有某种应用功能和作用而划分的区域。

15.174　水环境　water environment
水环境是自然环境的一个重要组成部分。指自然界各类水体在系统中所处的状况。

15.175　水环境容量　water environmental capacity
研究水域在一定的自然条件和社会需求目标下,所允许容纳的污染物上限。即水环境功能不受破坏的条件下,受纳水体能够接受污染物的最大数量。

15.176　水环境要素　water environmental factor
反映水环境状态的各个独立的、性质不同而又相互联系的基本物质组分。

15.177　水环境建设　water environmental construction
以水环境保护为目标,所采取的各种重建、恢复或改善水环境质量的工程和非工程的措施。

15.178　水环境本底值　water environmental background value
又称"水环境背景值"。指在基本未受人类活动影响的情况下,水环境要素的原始量及分布状况。

15.179　富营养化　eutrophication
湖泊、水库、港湾等水域的植物营养成分(氮、磷等)不断补给,过量积聚,致使水体营养过剩的现象。

15.180　水体污染　water body pollution
由于大量的污染物进入河流、湖泊、海洋或地下水等水体,其强度长期大于水体的自净能力,水环境质量逐步下降,致使水体的使用价值降低的现象。

15.181　水质评价　water quality assessment
根据水体的用途,按照一定的评价参数、质量标准和评价方法,对水体质量的优劣程度进行定性、定量评定的过程。

15.182　水质模型　water quality model
描述污染物在水体中运动变化规律与影响因素及其相互关系的数学表达式和计算方法。

15.183　污染源控制　pollutant source control
在调查的基础上,运用技术、经济、法律以及其他管理手段和措施,对产生污染物的源头进行监测、控制,尽可能地削减污染物的排放量。

15.184　排污许可制度　pollutant discharge permit system
建立和经营各种设施时,其排污的种类、数量和对环境的影响,均需由经营者向主管机关申请,经批准领取许可证后方能进行。这是国家为加强环境管理而采用的一种行政管理制度。

15.185　面源污染　non-point source pollution
引起水体污染的排放源,分布在广大的面积上,与点源污染相比,它具有很大的随机性、不稳定性和复杂性,受外界气候、水文条件的影响很大。

15.186　污水处理厂　wastewater treatment plant
对污水用物理、化学、生物的方法进行净化处理的工厂。

15.187　水污染治理　water pollution control
对水的污染采用工程和非工程的方法进行改善或消除的过程。

15.188　水源保护区　water source conservation areas
对水源进行保护而划定的区域。在该区域内严格禁止进行对水质水量产生不利影响的一切活动。

15.189　水源地保护规划　water source conservation planning
为保证水源的功能和价值,所制定的保护方案。

15.190　水污染遥感监测　monitoring of water pollution using remote sensing
基于污染水的光谱效应,根据遥感图像的影像显示,识别污染源、污染范围、面积和浓度,间断或连续地测定环境中主要污染物的浓度及其变化和影响过程。

15.191　水污染控制　water pollution control
在保证实现水质目标的前提下,对污染物的最大允许排放量作出合理的安排,提出较为细致的、在经济技术上可行的水污染管理方案。

15.192　排污浓度控制　concentration control of pollutant discharge
参照水环境质量标准,统一规定排入水体的水污染物浓度的措施。

15.193　排污总量控制　total quantity control of pollutant discharge
参照水环境质量标准,对在一定区域、一定时间范围内的排污量的总和予以控制。

15.194　纳污能力　pollutant-holding capacity
在保障水质满足功能区要求的条件下,水体所能容纳的污染物的最大数量。

15.195　水污染总量控制　total quantity control of water pollutant
参照水环境质量标准,按照水功能区对水质的要求和水体的自然净化能力,核定水体最大容许纳污总量,将排入一定水域的污染物总量控制在容许纳污量之内的水质管理。

15.196　水环境保护标准　water environmental protection standards
为了保护人群健康,维持生态平衡和有效增进社会物质财富,人类社会对水环境质量作出的规范和具体要求。

15.197　污水资源化　polluted water renovating

对已被污染的水体通过各种方法进行处理、净化。改善水质,使其能满足一定的使用目的,作为一种新的资源重新被开发利用。

15.198 污水再生利用率 utilization rate of regenerated water

指污水再生利用量与污水处理总量的比率。

15.199 水质预报 water quality forecast

根据水体污染源的排污及污染物进入水体的物理运动、化学反应和生化效应,对未来某个时段的水质变化进行预估的工作。

16. 矿产资源学

16.01 矿产资源学概论

16.001 矿产资源学 science of mineral resources

研究矿产资源的自然、技术、经济特性和开发利用、保护、管理以及与人类社会需要和经济发展之间关系的一门综合性的学科。

16.002 矿产资源 mineral resources

由地质作用形成的,在当前和可预见将来的技术条件下,具有开发利用价值的、呈固态、液态和气态的自然矿物。

16.003 矿产资源分类 classification of mineral resources

根据矿产的性质、用途、形成方式的特殊性及其相互关系而分别排列出的不同次序、类别和体系。

16.004 矿产资源空间分布 spatial distribution of mineral resources

矿产资源在空间所处的位置以及其分布的状况。

16.005 深部矿产资源 deep mineral resources

埋藏深度超过了当前开采技术水平所能达到深度的矿产资源。

16.006 浅部矿产资源 shallow mineral resources

埋藏深度在当前开采技术水平所能达到的深度的矿产资源。

16.007 矿产资源集中区 concentrated area of mineral resources

矿产资源在空间分布上相对密集的区域。

16.008 矿产资源富集区 mineral resource rich area

矿产资源在某一区域内分布相对密集的区域。

16.009 矿业城市 mining city

指主要功能或重要功能是向社会提供矿产品及其初加工产品的一类城市。它们有的是原本没有城市而是因矿业开发而兴起;有的则是原先已有城市,后因矿产开发而使其具有了矿业城市的功能。

16.010 矿产资源基地 mineral resource base

具有某种或多种丰富矿产资源的地区,或根据矿产资源丰富的程度及有关条件作为矿产资源集中开发的地区。

16.011 矿产资源总量 total amount of mineral resources

一个国家或一个地区、一个部门或一个企业、一个集团或一个公民,在某一时期或某一地点所拥有的某种或若干种矿产资源的数量。矿产资源总量可用矿产资源实物总量和矿产资源价值总量两种形式来表示。

16.012 矿产资源人均拥有量 per capita occupying amount of mineral resources

人均拥有的矿产资源数量为矿产资源总量被人口总量除得到的平均值。它是衡量一个国家或地区按人口平均的矿产资源丰富程度指标。

16.013 矿产资源质量 quality of mineral resources

矿产资源成分(矿石)被工业利用时所具备的某些性能、特征及其优劣程度。对于矿产资源的质量要求，随不同时期的工业技术和经济条件、国家需要程度以及矿床地质条件的变化而有所区别。

16.014 矿产资源大国 mineral resource-rich country

指对某些或某种矿产资源的拥有量占全球的比例较大的国家。

16.015 矿产资源消费大国 high consumption country of mineral resources

指对某些或某种矿产资源的消费占全球的比例较大的国家。

16.016 矿产资源特点 character of mineral resources

矿产资源作为天然的生产要素本身所固有的、以及作为人类社会经济系统有机组成部分，在社会经济活动中所展示的基本特性，即矿产资源的耗竭性、稀缺性、分布不均衡性、不可再生性和动态性等。

16.017 矿产资源耗竭性 exhaustibility of mineral resources

矿产资源一旦被开采利用，即开始逐渐减少，直到完全耗尽为止，资源的实物形态将会永远消失。

16.018 矿产资源稀缺性 scarcity of mineral resources

在一定的时空范围内能够被人们利用的矿产资源是有限的，而人们对矿产资源的需求的欲望是无限的，两者之间构成供与求矛盾。

16.019 矿产资源分布不均衡性 disequilibrium of mineral resources

由于地壳运动的不平衡性，地球上各种岩石分布也是不均匀的，因而造成了各种矿产资源在地理分布上的不均衡状态。许多矿产存在于局部高度富集区。

16.020 矿产资源不可再生性 non-renewal of mineral resources

矿产资源是在千万年以至上亿年的漫长地质年代中形成的富集物。相对于短暂的人类社会来说，矿产资源是不可再生的。它可以通过人们的努力去寻找和发现，而不能人为地创造。

16.021 矿产资源动态性 dynamic character of mineral resources

矿产资源是受地质、技术和经济条件制约而处于三维动态。现阶段发现的矿产和探明的储量只能反映人类对自然现阶段的认识，随着地质工作的不断深入和科学技术的不断进步，人类对矿产资源开发利用的广度和深度会不断扩展。

16.022 能源矿产 energy minerals

蕴含有某种形式的能，并可能转换成人类生产和生活必需的热、光、电、磁和机械能的矿产。能源矿产可分为三类，一是燃料矿产，可燃有机矿产；二是放射性矿产；三是地热资源。

16.023 金属矿产 metal minerals

通过采矿、选矿和冶炼等工序，从中可提取一种或多种金属单质或化合物的矿产。根据工业用途及金属性质的不同，分为黑色金属矿产；有色金属矿产；贵金属矿产；稀有金属矿产；稀土金属矿产；分散元素矿产；放射性金属矿产。

16.024　非金属矿产　nonmetallic minerals

能供工业上提取某种非金属元素或直接利用矿物或矿物集合体的某种工艺性质的矿产。从最广泛的意义上讲，就是除金属和能源以外的所有矿产。

16.025　水气矿产　groundwater and gas minerals

蕴含有某种水、气并经开发可被人们利用的矿产。

16.026　矿山建设程序　mine construction procedure

矿山基本建设必须遵守的先后秩序。一般遵循矿区开发可行性研究，矿山建设设计、矿山建设施工和矿山建成投产这一程序。

16.027　矿产资源枯竭　mineral resource depletion

一般指矿产资源的总量因开采逐渐减少直至完全消失的过程。

16.028　矿产资源破坏　destruction of mineral resources

性质严重、恶劣，故意违反、违背法规，导致了大量矿产资源损失。

16.029　矿产资源浪费　waste of mineral resources

由于管理不善，技术水平低下，造成矿产资源浪费的现象。

16.030　矿产资源损失　loss of mineral resources

在矿产资源开采过程中，未采或采后又丢失的矿石所造成的损失。损失按其性质分为设计损失和开采损失。

16.031　矿产资源危机　mineral resource crisis

当矿产资源消耗累积到一定程度时，矿产资源系统的部分或整体功能已难以维持人类经济生活的正常进行，甚至可能直接威胁到人类社会生存发展的状态。

16.032　矿产资源替代　mineral resource substitution

人类通过在各种矿产资源间不断进行比较选择和重新认识，逐步采用具有相似或更高效用的资源替换或取代现有矿产资源的行为。

16.033　非传统矿产资源　unconventional mineral resources

当今技术、经济原因尚未进行工业利用的矿产资源和尚未被看作矿产的、未发现其用途的潜在矿产资源，或虽为传统矿产但因地质地理原因极难发现与利用的矿产资源。

16.034　战略性矿产资源　strategic minerals

战略性矿产资源与国家利益存在不同程度的相关性：一是反映在国家危急时期的战略需要；二是体现在国家经济社会发展的重大战略实施时期减少潜在发展危机的战略需要。

16.035　优势矿产资源　advantage minerals

矿产资源丰度和开发利用的组合配套条件，有利或处于比较有利的地位的矿产资源。

16.036　紧缺矿产资源　scarce minerals

在一定的价格水平下，需求量大于供给量的矿产资源。

16.037　大宗矿产资源　staple mineral resources

具有储量大、采出量大、消耗量大等特点，在国民经济建设中有举足轻重地位的主体型矿产，主要包括能源矿产煤、石油、天然气；黑色金属铁、锰；大宗有色金属铜、铅、锌、铝以及主要化工非金属矿产磷、钾、硫、钠、天然碱等。

16.038　矿产资源调查评价　survey and evaluation of mineral resources

利用各种手段对矿产资源的成因、物性、分布、规模、质量、演化规律、开发利用条件、经济价值及其在国民经济、社会公益事业中的地位和作用等方面进行的全方位了解、分析、评估和预测的过程。

16.039　公益性地质工作　public welfare geological work

(1)是一项旨在查明我国地学基础信息的超前性调查、评价和研究工作,广泛服务于国土资源规划、管理、保护与合理利用。(2)是国家根据经济社会发展需要开展的基础地质、矿产地质和环境地质调查工作。

16.040　商业性地质工作　business geological work

由市场配置的,并具体服务于开发利用的地质工作,其耗费必然构成该工作整体成本的一部分,并通过其收入加以补偿,以实现资本保全。

16.041　地质勘查规范　criterion of geological exploration

对地质勘查的目的、任务、工作内容、方法以及技术要求做出的统一规定,作为约束地质勘查主体的活动和行为的规则。

16.042　矿产勘查工作阶段划分　division of mineral exploration stage

按照中华人民共和国国家标准《固体矿产资源/储量分类》中的规定,中国矿产勘查工作划分为预查、普查、详查、勘探四个阶段。预查阶段之前,为区域地质调查工作;勘探阶段之后,为矿山开发地质工作。

16.043　预查　reconnaissance

依据区域地质和(或)物化探异常研究结果,初步野外观测、极少量工程验证结果,与地质特征相似的已知矿床类比、预测,提出可供普查的矿化潜力较大地区。有足够依据时可估算出预测的资源量,属于潜在矿产资源。

16.044　普查　prospecting

是对可供普查的矿化潜力较大地区、物化探异常区,采用露头检查、地质填图、数量有限的取样工程及物化探方法,大致查明普查区内地质、构造概况;大致掌握矿体(层)的形态、产状、质量特征;大致了解矿床开采技术条件;矿产的加工选冶性能进行类比研究,最终应提出是否有进一步详查的价值,或圈定出详查区范围。

16.045　详查　general exploration

是对普查圈出的详查区通过大比例尺地质填图及各种勘查方法和手段,基本查明地质构造、主要矿体形态、产状、大小和矿石质量,基本确定矿体的连续性,基本查明矿床开采技术条件,对矿石的加工选冶性能进行类比或实验室流程试验研究,做出是否具有工业价值的评价。

16.046　勘探　detailed exploration

是对已知具有工业价值的矿床或经详查圈出的勘探区,通过加密各种采样工程,使其间距足以肯定矿体(层)的连续性,以查明矿床地质特征,确定矿体的形态、产状、大小、空间位置和矿石质量特征,详细查明矿体开采技术条件,对矿产的加工选冶性能进行实验室流程试验或实验室扩大连续试验,必要时应进行半工业试验,为可行性研究或矿山建设设计提供依据。

16.047　矿床工业远景　industrial prospect of deposits

远景储量探明后列入工业储量。此种扩大后的工业储量,即为矿床工业远景。

16.048　矿产资源规模　mineral resource scale

一般以矿床规模来表示,指可采矿石的储藏量。

16.049　勘查风险　exploration risk

勘查过程中出现的违背意愿的后果。根据风险产生的原因,一般将其分为经营风险(与社会经济条件有关的风险),自然风险(超出人们驾驭能力而出现的风险)。

16.050　地质品位　geologic grade

矿山企业或地质勘探设计部门计算的工业品位。

16.051　地质平均品位　geologic average grade

矿山企业或地质勘探设计部门计算的矿区平均品位。

16.052　矿床自然参数　natural parameter of deposit

由矿床自身特征决定的、可以从地质报告中获得的矿床经济评价参数。主要包括矿床规模、矿体形态、产状、延伸和空间分布,以及矿山开采的技术条件、水文地质条件、有用组分、伴生组分及有害组分含量、矿石的技术加工特性等。

16.053　矿床开采技术条件　mining technical condition of deposit

指决定或影响开采方法和技术措施的各种地质及技术因素。

16.054　矿石加工技术条件　processing technical condition of ore

指与矿石加工利用的方法、步骤、工艺流程和技术经济效果有关的加工技术条件。

16.055　矿区水文地质条件　hydrologic condition of mining area

与矿床开采时的防水、排水、供水措施有关的地下水的赋存条件和活动情况。

16.056　矿区工程地质条件　engineering geological condition of mining area

对工程建筑有影响的各种地质因素的总称。

16.057　地质环境　geologic environment

指地壳上部包括岩石、水、气和生物在内的互相关联的系统。

16.058　地质可靠程度　geological assurance

反映矿产勘查阶段工作成果的不同精度,分为探明的、控制的、推断的和预测的四种。

16.059　可行性评价　feasibility assessment

可行性评价分为概略研究评价、预可行性研究评价、可行性研究评价三个评价阶段。概略研究指对矿床开发经济意义的概略评价;预可行性研究指对矿床开发经济意义的初步评价;可行性研究指对矿床开发经济意义的详细评价。

16.060　固体矿产资源　solid minerals

在地壳内或地表由地质作用形成的具有经济意义的固体自然富集物。

16.061　查明矿产资源　identified minerals

经勘查工作已发现的固体矿产资源的总和。依据其地质可靠程度和可行性评价所获得的不同结果可分为储量、基础储量和资源量三类。

16.062　潜在矿产资源　potential minerals

是指根据地质依据和物化探异常预测而未经查证的那部分固体矿产资源。

16.063　矿产资源分类储量　classification and delineation of mineral reserves

将地质可靠程度、经济意义和可行性评价作为分类的三维轴,而查明的矿产资源,即不同矿产的资源和储量组合,总体上可分为储量、基础储量和资源量三大类十六种类型。

16.064 矿产资源储量 mineral reserve
按照中华人民共和国国家标准《固体矿产资源/储量分类》中的规定,矿产资源储量是基础储量中的经济可采部分。

16.065 基础储量 mineral base
已查明的矿产资源的储量。

16.066 矿产资源量 amount of mineral resources
指仅经过概略研究或可行性(或预可行性)研究推断的矿产资源。其经济意义在边际经济以下(包括次边际经济和内蕴经济)的探明的或控制的那部分矿产资源。

16.067 区域地质 regional geology
矿产勘查工作中指的区域地质,包括矿区在内的,某一较大的地区范围内的岩石、地层、构造、矿产等基本地质情况;区域地质调查所指的区域地质,是指某一范围较大的地区,例如某一地质单元、构造带或图幅内的岩石、地层、构造、地貌、水文地质、矿产及地壳运动和发展历史等。

16.068 区域地质调查 regional geological survey
在选定地区的范围内,充分研究和运用已有的资料,采用必要的手段,所进行的全面系统的综合性地质调查研究工作。

16.069 勘探手段 exploration instrument
矿床勘探时,为了研究矿床地质构造,控制矿体位置,查明矿产的质和量,以及了解矿床的水文地质和开采条件等所采用的各种工程和技术方法。

16.070 勘探方法 exploration method
指矿床勘探时,为了查明矿床赋存的地质条件,了解矿产的质和量,以及评定其工业利用价值所采取的各种技术措施和工作手段。

16.071 勘探程度 degree of exploration
矿山建设前,对整个矿床(或矿区)的地质和技术特点研究的详细程度。

16.072 勘探深度 depth of exploration
指经过矿床勘探工作所探明的矿产储量,主要是提供矿山建设了解其工业储量的分布状况。

16.073 矿床勘探类型 type of deposit exploration
根据主要地质特点和影响矿床勘探难易的主要地质因素,将特点相似的矿床加以综合与概括而划分的类型。

16.074 地质工作项目 geology item
为完成地质设计项目获得地质勘察成果所运用的各种工作手段和技术方法。

16.075 地质工作成果 geology production
是指通过地质工作为国家建设提供的矿产资源和各种有关地质资料。具体包括探明的各种矿产资源储量;区域地质调查图幅;各种地质报告;各种物化探异常等。

16.076 地质研究程度 degree of geological study
指对某一地区或矿床的地质、矿产特征了解和研究的详细程度。主要包括已经进行过的地质工作项目、范围、内容、阶段(或比例尺)以及资料成果的质量等。

16.077 矿床综合评价 comprehensive evaluation of deposit
指对矿床中主要矿种进行研究和评价的同时,对矿石中伴生的有用组分和勘查范围内的共生矿产亦进行相应评价。

16.078 矿床评价 evaluation of deposit
确定矿床的工业利用价值而进行的地质与技术经济的综合分析工作。

16.079 矿床远景评价 perspective evaluation

of deposit

在矿点检查中,根据已有的资料对矿床的矿产质量及可能的储量所进行的估计和评价工作。

16.080 矿床工业评价 industrial evaluation of mineral deposit

在查明矿产的质和量、开采利用条件的基础上,围绕未来矿山的生产规模、产品方案、开采开拓方案、总体布置及远景规划等主要问题,由矿山设计、矿山建设(生产)和地质部门共同进行地质及技术的综合分析、规划比较、经济核算等方面的工作。

16.081 矿产工业指标 mineral industrial index

在当前的技术经济条件下,工业部门对矿产资源数量、质量和开采条件所提出的要求,也是评定矿床工业价值、圈定矿体和计算储量所依据的标准。

16.082 矿石品位 ore grade

指单位体积或单位重量矿石中有用组分或有用矿物的含量。一般以重量百分比表示。

16.083 工业品位 industrial grade

指工业上可以利用单个工程(矿段或矿体)的最低平均品位。即从矿石中开采(经济上合理时)出来的主要有用元素的含量值。

16.084 边界品位 cut-off grade

指划分矿与非矿界限的最低品位。即圈定矿体时单个矿样中有用组分的最低品位。

16.085 矿区平均品位 average grade of deposit

指整个矿区中有用组分的总平均含量。是从整体上衡量矿床贫富程度的一项参数。

16.086 最低可采厚度 minimum exploitable thickness

是工业部门根据采矿技术和矿床地质条件对固体矿产提出的一项工业指标。指在一定的技术经济条件下,对有开采价值的单层矿体的最小厚度要求。

16.087 夹石剔除厚度 band rejected thickness

又称"最大允许夹石厚度"。是工业部门根据采矿技术和矿床地质条件对固体矿产提出的一项工业指标。指在储量计算圈定矿体时,允许夹在矿体中的非工业矿石(夹石)部分的最大厚度。厚度大于此指标的,作为围岩,不圈入矿体;反之,作为矿体的一部分,与工业矿石部门一并计算平均品位。

16.088 有益组分 beneficial component

指矿产中有利于主要有用组分加工、选冶和提高产品质量的组分。

16.089 有用组分 useful component

指矿产中具有经济价值,在当前经济技术条件下可单独提取利用的组分。它包括主要有用组分和伴生有用组分。

16.090 主要有用组分 essential useful component

是指矿产中具有经济价值的主要组分。它是矿产勘探、开采的主要对象。

16.091 伴生有用组分 associated useful component

是指矿产中与主要有用组分伴生的有用组分。它包括有利于主要有用组分加工过程的组分;有利于主要有用组分加工后产品质量提高的组分;主要有用组分加工过程中可以单独提取利用的组分。

16.092 有害组分 harmful component

指矿产中对加工生产过程或产品质量起不良影响的组分。

16.093 有害组分平均允许含量 allowable content of harmful impurities

是划分矿石品级的重要指标。指矿段(或矿体或工程)内的矿石中,对矿产品质量或矿石选、冶加工生产过程起不良影响的组分的最大平均允许含量。

16.094 矿产资源评价 mineral resource evaluation

在研究和认识地质规律的基础上用地质理论和可能的技术方法（物、化探和数学地质）预先指出现在还没有发现而将来可能或应当发现的矿产资源或矿床，并对它的质和量做出评价外，还要对它在当前和未来人类社会环境中该产品的地位（开发利用和相对价值）做出评估。

16.095 区域矿产资源评价 evaluation of regional mineral resources

对特定地区整个矿产资源系统进行评价，从而对区内的矿产资源有全面的认识。

16.03 矿产资源开发利用

16.096 矿产资源开发利用 development and utilization of mineral resources

根据矿产资源的特性和可持续发展的原则，采用勘探、冶炼、制造等工程技术措施，使矿产资源为人类生存、发展服务的一切活动。

16.097 矿产资源安全 mineral resource security

指一个国家或地区可持续、稳定、及时、足量和经济地获取所需矿产资源的状态。

16.098 矿产资源储备 mineral resource stock

对一些短缺矿种和矿产品实行战略储备的工作。广义的矿产资源储备包括储量储备和矿产品储备两类。

16.099 矿产品储备 mineral product stock

对短缺的矿产品实行储备工作。矿产品储备是战略物资储备的主要部分。

16.100 矿产资源开发规模 scale of mineral exploitation

一般指矿山开采规模，对持采矿许可证的矿山按其产品设计生产能力分为大型、中型和小型。一律以矿山生产建设规模作为划分标准。

16.101 残留矿产资源 remaining ore

采矿权人停办或者关闭矿山而残留在原处的矿产资源。

16.102 矿区外部条件 exterior condition of mining area

主要指矿床的经济地理位置和该矿在国民经济中的地位，特别是矿区的交通运输、供电、供水等影响矿产资源的开发利用的条件。

16.103 矿山环境 mine environment

指矿山周围的自然和社会条件。

16.104 矿山 mine

是开采矿石或生产矿物原料的场所，一般包括一个或几个露天采场、矿井和坑口，以及保证生产所需要的各种辅助车间。按矿山规模大小，可分为大型矿山，中型矿山和小型矿山。

16.105 矿山企业 mine enterprise

勘查、开采、销售矿产的企业。

16.106 矿山企业设计 mine enterprise design

矿山企业为矿山建设而进行的技术和经济的全面布置和安排。其主要任务是确定矿山的生产能力和规模。

16.107 矿山基建地质 infrastructure geology of mine

从矿山（矿井）建设开始到移交矿山生产前为止，由基建部门按矿山企业设计要求，在原有勘探成果的基础上，结合施工而必须进行的全部地质工作。

16.108 矿山基建勘探 infrastructure prospecting of mine

从时间上讲,是矿床开发勘探时期的一个工作阶段,按其主要任务,则是矿山基建工作的重要组成部分。

16.109 生产勘探 productive exploration

从时间讲,是开发勘探的又一阶段。按其工作内容,则是矿山地质工作的重要组成部分。

16.110 矿山服务年限 mine life

一个矿山从投产到开采完毕的全部时间。当矿床的工业储量一定时,矿山服务年限的长短与矿山生产能力的大小有直接的关系。

16.111 矿山年生产能力 annual producing capacity of mine

是指矿山全年所采出的矿石(或有用组分)总量。一般以万吨/年表示。

16.112 矿山规模 scale of mine

一般指矿山选矿厂的日处理矿石量。通常是根据国家对此种矿产的需要程度及矿区的自然经济地理条件等在设计中所确定的矿山生产能力。

16.113 矿山保护 mine protection

根据"贫富兼采、难易兼采、大小兼采和远近兼采"充分合理利用矿产资源的原则,积极采取各种保护矿产资源的活动。

16.114 矿产资源合理开发 intelligent development of mineral resources

主要是指技术上可行、经济上合理、社会可接受的开采方法和选矿工艺,不断地提高矿产资源的开采回采率、选矿回收率和降低采矿贫化率的一切开发利用措施。

16.115 矿产资源综合开发 comprehensive development of mineral resources

对共生和伴生矿产进行统筹规划,按一定顺序,对不同矿床或同一矿床的不同有益组分,以及不同层位的共生和伴生矿产同时进行开采。

16.116 矿山闭坑 mine closure

按设计开采采空后或因意外原因而终止开采的矿山。

16.117 矿区土地复垦 mine land reclamation

在矿山建设和生产过程中,有计划地整治因挖损、塌陷、压占等破坏的土地,使其恢复到可供利用状态的工作。包括采空区复原,尾矿造田,排土场造林,以及建成新风景观赏区等。

16.118 矿产资源合理利用 rational utilization of mineral resources

将有限的矿产资源进行合理配置,使各种矿产资源要素充分发挥其功能,最终达到最优化的矿产资源利用方式。

16.119 矿产资源综合利用 comprehensive utilization of mineral resources

对共生和伴生矿石多种有用组分,在选冶加工过程中,在技术可行、经济合理条件下的充分回收。

16.120 矿产资源集约利用 intensive utilization of mineral resources

以生产要素的高投入换取高生产力和高经济效益的利用方式。提高矿产资源利用效率,增加矿产品有效供给,满足社会对矿产品的需要。

16.121 矿产资源可持续利用 sustainable utilization of mineral resources

既能满足当代人的需求,对后代满足其需求能力又不会构成危害的矿产资源利用方式。

16.122 矿产资源二次利用 secondary times utilization of mineral resources

矿产资源二次利用包括二次开发和再生利

用。从而扩大矿源,降低成本,防止环境污染和生态破坏。矿产资源二次开发,主要对象是暂不能综合开采或采出后暂不能综合利用的矿石,当技术经济条件提高后,可二次开发利用;矿产资源再生利用是指有关矿产原料及产品的废旧料,经过加工处理再生回收。

16.123 矿产资源开发利用率 rate of development and utilization of mineral resources

又称"矿产资源总回收率"。矿产品的产量与所消耗的储量之比率。

16.124 采矿方法 mining method

在矿体和围岩中以一定的布置方式和程序,掘进一系列的准备坑道和切割巷道,并按一定的生产工艺过程,进行回采的方法。

16.125 地下开采 underground mining

简称"坑采"。用地下坑道进行采矿工作的总称。一般适用于矿体埋藏较深,在经济上和技术上不适合于露天开采的矿床。

16.126 露天开采 open mining

又称"露天采矿"。先将覆盖在矿体上面的土石剥掉(剥离),自上而下把矿体分为若干梯段,直接在露天进行采矿的方法。

16.127 矿石损失 ore loss

在矿山生产过程中,由于种种原因造成的矿石丢弃或不能完全采出的现象。

16.128 矿石损失率 rate of ore loss

采矿过程中损失的矿石(或金属)量与此采场(或采区)内所拥有的矿石储量的百分比。

16.129 矿石回收率 ore recovery ratio

指从某一采区内采出的矿石(或金属)总量与此采区拥有的矿石(或金属)总储量的百分比。

16.130 矿石贫化 ore dilution

简称"贫化"。由于地质条件和采矿技术等方面的原因,使采下来的矿石中混有废石,或者因部分有用组分溶解和散失而引起矿石品位降低的现象。

16.131 矿石贫化率 rate of ore dilution

简称"贫化率"。采下矿石的品位降低数与矿体(或矿块)平均品位之百分比。

16.132 剥采比 stripping ratio

指露天矿山剥去的废石量与采出矿石量的比值,即平均每采一吨矿石所需要剥离的废石量。

16.133 采掘总量 total sum of excavation

指矿山采矿和掘进(或剥离)作业的工程总量。地下采矿的采掘总量为采矿量与掘进量及其他采掘量之和;露天采矿的采掘总量为采矿量与剥离量及其他采剥量之和。

16.134 采掘比 ratio of mining and excavation

在地下开采时,为了保证矿山均衡、持续地进行生产,按照采掘并举,掘进先行的方针,必须不断地掘进巷道,以便及时准备所需要的采矿场。这种开凿巷道与采矿工作之间的衔接和协调关系称采掘比,通常以每采出一千吨(或万吨)矿石所需要的掘进工作量(米)表示。

16.135 出矿量 extracted ore tonnage

从回采工作面采下并运到坑口(指地下开采)或台阶(指露天开采)的矿石量。

16.136 采矿品位 grade of mined ore

采场采下的矿石中有用组分或有用矿物的含量。

16.137 出矿品位 grade of crude ore

出矿量中有用组分或有用矿物的百分含量。

16.138 选矿 mineral processing, mineral frustrating

根据矿石的矿物性质,主要是不同矿物的物

理、化学或物理化学性质，采用不同的方法，将有用矿物与脉石矿物分开，并使各种共生的有用矿物尽可能相互分离，除去或降低有害杂质，以获得冶炼或其他工业所需原料的分选过程。

16.139　矿石工艺类型　technological type of ore

在地质勘探时期所划分的矿石自然类型的基础上，根据矿石加工的要求而划分的矿石类型。

16.140　原矿　raw ore

指已采出而未经选矿或其他加工过程的矿石。在选矿中，习惯上还指进入某一选矿作业的原料。

16.141　矿石可选性　separation of ore

矿石的各种矿物成分在选矿过程中的分选难易程度。

16.142　入选品位　milling grade

指选矿厂入选矿石的有用组分的平均含量。

16.143　[最终]精矿　concentrate

通过选矿而得到的有用成分富集，且有用成分和杂质的含量均符合工业要求的矿产品。

16.144　精矿品位　concentrate grade

精矿中的有用成分重量百分含量。

16.145　尾矿　tailings

选矿中分选作业的产品之一，在此作业的产品中，其有用成分的含量最低。在当前的技术经济条件下，不宜再进一步分选的矿，称最终尾矿。

16.146　尾矿品位　tailing grade

尾矿中的有用组分重量百分含量。

16.147　产率　yield

在选矿工艺流程中，某一产品的重量占入选原矿重量的百分比。

16.148　选矿回收率　concentration recovery ratio

指选矿产品（一般为精矿）中某一有用成分的重量与入选原矿中同一有用成分重量的百分比。

16.149　选矿比　ratio of concentration

指入选的原矿重量与选出的精矿重量之比，即平均选出一吨精矿所需要的原矿重量。

16.04　矿产资源管理

16.150　矿产资源管理　mineral resource management

国家政府机关以矿产资源所有者和国家行政管理者身份依法对矿产资源的勘查、开采、积累、储备、使用、配置的全过程进行管理，以保障取得最佳经济效益、社会效益和环境效益，实现矿产资源的可持续利用。

16.151　矿产资源管理体制　administration system of mineral resources

国家管理矿产资源的方式和制度。矿产资源的范畴、所有权、国家行政管辖权及其划

分、矿产资源政策及法律制度等是国家矿产资源管理体制的基础。

16.152　矿产资源区划　division of mineral resources

按照已知矿产资源的成矿地质条件、区域自然分布和组合特点的相似性和差异性，同时结合研究其他自然条件，进行不同矿产资源分布区域的划分工作。

16.153　矿产资源经济区划　economic division of mineral resources

对矿产资源和与其有关的社会生产因素在

不同地域上的分布、组合及差异的划分。

16.154 矿产资源规划 mineral resource planning

按规定程序制定和批准的用于指导矿产勘查、开发的综合性纲要。它具有战略性、指导性、综合性、分配性、政策性和预测性。

16.155 国家规划矿区 mining areas of country planning

指国家根据建设规划和矿产资源规划,为建设大、中型矿山依法划定的矿产资源分布区域。

16.156 矿产资源产业 mineral resource industry

指从事矿产资源开发、保护和再生产产业活动的生产事业。

16.157 矿产资源配置 mineral resource allocation

根据一定原则合理分配各种矿产资源到各个用户单位的过程。矿产资源配置的内容有两个方面:一是矿产资源在空间或不同部门间的最优配置,包括区域内、区域整体和多区域配置;二是矿产资源在不同时段上的最优分布。根据矿产资源动态特征,研究如何实现矿产资源开发利用的最佳时段、最佳时限的控制和决策。

16.158 矿产资源全球配置 global allocation of mineral resources

在全球范围内根据一定原则和市场要求,合理配置各种矿产资源的过程。

16.159 矿产资源预警 mineral resource alarm

以保障国民经济可持续发展为基本出发点,研究在市场经济条件下的矿产资源供给与需求的动态变化,监控、预测当前和未来矿产资源的供求形势与发展趋势,并对矿产资源的短缺和可能的失衡危害及时地发出警报的系统活动。

16.160 矿产资源短缺 mineral resource shortage

指矿产资源的短缺状态和短缺程度。前者是指在一定的矿产资源价格水平上的矿产资源需求量大于供给量的状况;后者是指在一定的矿产资源价格水平上矿产资源需求量超过供给量的部分。

16.161 矿产资源保证程度 mineral resource guarantee degree

在一定地区和一定时期内,矿产资源能够满足社会经济发展当前和长远需要的程度。

16.162 矿产资源战略 mineral resource strategy

从经济社会发展全局出发,对矿产资源勘查、开发、利用作出的长远性谋划。包括战略目标、战略任务和战略措施等。

16.163 矿产资源勘查战略 mineral resource exploration strategy

指从全局、长远、内部联系和外部环境等方面,对矿产资源勘查、评价进行的谋划和为此制定的方略。

16.164 矿产资源开发战略 mineral resource development strategy

指从全局、长远、内部联系和外部环境等方面,对矿产资源开发利用进行的谋划和为此制定的方略。

16.165 矿产资源核算 mineral resource accounting

以统计核算方法计量矿产资源实物量和价值量与国民经济关系的核算过程。

16.166 矿产资源供给 mineral resource supply

在当前经济技术水平下可加工利用的矿产资源。

16.167 矿产资源需求 mineral resource demand

矿产资源需求主要表现为生产、在建、拟建矿山对矿产资源(储量)占用、消耗的数量、规模及分布。从宏观上看,对矿产资源的总的需求取决于国民经济发展的阶段、规模和结构。

16.168 矿产品进出口贸易 mineral commodity import-export trade

矿产采选产品及相关能源品、原材料产品的进出口商业活动。

16.169 矿产资源效益 mineral resource benefit

又称"矿产资源开发效益"。指矿产资源的利用效果,即一个地区或一个部门、一个集团或一个企业开发矿产资源所获得或预期获得的经济效益以及所产生的生态环境效益和社会效益的总称。

16.170 矿产资源规划管理 management of mineral resource planning

对矿产资源规划制定和实施过程,以及利用矿产资源规划对矿产资源的开发、利用、保护全过程的管理。

16.171 矿产储量登记统计管理 management of mineral reserves registration and statistics

矿产储量登记统计机关依法对地质勘查探明的矿产储量、矿山企业占用的矿产储量、停办或者关闭矿山后有残留或者剩余矿产资源储量和建设项目滞压的矿产储量进行注册以及增减变化进行统计的过程。

16.172 矿产资源产权管理 management of mineral resource property

国家运用行政、经济、法律手段对矿产资源所有权及其派生的探矿权、采矿权等进行的管理。

16.173 地质资料汇交管理 management of geological data

依法对地质资料的汇交、保管、借阅、复制、使用等过程的管理。

16.174 矿产资源开采监督管理 mineral resource supervision and administration

矿山企业在矿产资源开发过程中,要履行法律规定合理开采、有效利用和保护资源的义务,包括合理的开采顺序、采矿方法、选矿工艺、综合开采利用、保护环境、不得压覆矿床等,政府则对上述行为进行监督管理。

16.175 矿产资源政策 mineral resource policy

指国家为了有效地指导、监督、调节和管理矿产资源的研究、勘查、开采、加工、利用和保护,使有限的矿产资源发挥最大的效益,最大限度地满足国家的经济和社会发展需要而制定的法律、法规和策略。

16.176 矿产资源国家所有 state ownership of mineral resources

国家对矿产资源享有所有权,即矿产资源的所有者享有占有、使用、收益和处置的权利。

16.177 矿产资源保护 mineral resource protection

国家采取法律、经济、技术、行政等手段,防止乱采滥挖,最大限度地提高矿产资源的总回收率,以达到充分合理地利用资源,尽量减少矿产资源的损失和浪费。

16.178 矿区范围 mine field

矿井(露天采场)设计所确定的矿井(露天采场)四周边界的范围。它包括从开采矿产资源到矿山闭坑时的开采范围;开采崩落区、备采矿区或矿床、矿石、废石或尾矿堆放地;矿山企业的工作区、生活区等。

17. 海 洋 资 源 学

17.01 海洋资源学概论

17.001 海岸带资源 resources of the coastal zone

分布在海陆相互作用地区的、可以被人类利用的物质、能量和空间。

17.002 河口三角洲 estuarine delta

由河水所挟带的泥沙在河口一带沉积、淤积而形成的、多呈三角形或扇形的沉积物堆积体。

17.003 海湾 bay, gulf

被陆地环绕且面积不小于以口门宽度为直径的半圆面积的海域。

17.004 潮滩 tidal flat

在海岸带区域由潮汐作用形成的、平缓宽阔的松散沉积物堆积体。

17.005 滨海湿地资源 littoral wetland resources

分布在低潮线至水深6m以浅海域中,具有沼泽湿地性质及独特地形地貌、土壤和适水生物生长的物质、能量和空间。

17.006 海岛资源 resources of sea island

分布在海洋岛屿上的、可以被人类利用的物质、能量和空间。

17.007 大陆架资源 resources of the continental shelf

分布在大陆架上的、可以被人类利用的物质、能量和空间。

17.008 专属经济区资源 resources of the exclusive economic zone

分布在专属经济区海域中的、可以被人类利用的物质、能量和空间。

17.009 公海资源 resources of the high seas

分布在沿海国管辖范围以外海域中的、可以被人类利用的物质、能量和空间。

17.010 国际海底资源 resources of international seabed area

分布在国家管辖范围以外海床和洋底及其底土上的、可以被人类利用的物质、能量和空间。

17.011 海洋资源 marine resources

海洋中可以被人类利用的物质、能量和空间的总称。

17.012 海洋资源分类 classification of marine resources

根据海洋资源的不同对象、特点而划分的各种类型。按其属性分为海洋生物资源、海底矿产资源、海水资源、海洋能资源和海洋空间资源;按其有无生命分为海洋生物资源和海洋非生物资源;按其能否再生分为海洋可再生资源和海洋不可再生资源。

17.013 海洋资源学 science of marine resources

研究海洋资源的成因、分布变化规律和开发、利用、保护及其与人类社会和自然环境相互关系的学科。

17.014 海洋生物资源学 science of living marine resources

以海洋生物为对象,研究其数量、质量、分

类、特征、时空变化规律及其开发利用、保护与人类社会和自然环境相互关系的学科。

17.015 海底矿产资源学 science of submarine mineral resources

研究海底表层沉积物和基岩中可以被人类利用的矿物、岩石和沉积物的学科。

17.016 海水资源学 science of seawater resources

研究海水及海水中的各种化学物质及其开发、利用与保护的学科。

17.017 海洋旅游资源学 science of marine tourism resources

以旅游为对象,研究海滨、海岛和海洋中具有开展观光、休闲、娱乐、度假、科学考察和体育运动等活动的自然景观和人文景观及其与社会经济发展和自然环境相互关系的学科。

17.018 海洋能资源学 science of marine energy resources

研究海洋中蕴藏的可利用、可再生能源及其开发利用的学科。

17.019 海洋生物生产力 marine biological productivity

海洋生物通过同化作用生产有机物的能力。它包括初级生产力、次级生产力、三级生产力和终级生产力等四个方面。

17.020 海洋可再生资源 renewable marine resources

具有自我恢复原有特性,并可持续利用的一类海洋自然资源。

17.021 海洋不可再生资源 non-renewable marine·resources

人类开发利用后,其存量逐渐减少、衰退以致枯竭的海洋自然资源。

17.022 海洋资源经济评价 economic evaluation for marine resources

应用一定的理论和方法,对海洋资源的经济价值和开发利用的生态–经济效益进行以货币为计量单位的估价和评判。

17.023 海洋资源经济评价指标 index of economic evaluation for marine resources

反映海洋资源经济价值和开发利用效益数量特征的数值。分为绝对指标和相对指标两种。

17.024 海洋开发 marine development, ocean exploitation

人类为了生存和发展,利用各种技术手段对海洋资源进行调查、勘探、开采、利用的全部活动。

17.025 海洋资源开发成本 cost of marine resource exploitation

开发海洋资源过程中的物质资本投放、人力资本投入和自然资本耗用的费用或代价的总和。

17.026 海洋资源开发效益 benefit of marine resource exploitation

开发海洋资源所获得的经济效益以及所产生的生态环境效益和社会效益的总称。

17.027 海洋资源保护 marine resource conservation

通过区划、规划和一系列综合管理措施,使海洋资源可以持续利用和不受破坏的所有行为。

17.028 海洋资源综合利用 integrated use of marine resources

使用先进的或适用的技术和方法,合理地对海洋资源进行多层次、多用途的开发利用的活动。

17.029 海洋资源可持续利用 sustainable utilization of marine resources

既能满足当代人的需求,又不会对后代人的需求构成危害的海洋资源利用方式。

17.030 海洋资源有效利用 effective use of marine resources

对海洋资源的开发利用进行科学配置,使每种资源都得到充分合理利用的一切行为。

17.031 海洋经济 marine economy

人类在开发利用海洋资源过程中的生产、经营、管理等与经济有关的活动。

17.032 海洋经济学 marine economics

研究海洋开发和保护中各种经济关系及其发展规律的学科。

17.033 海洋产业 marine industry

人类开发利用和保护海洋资源所形成的生产和服务行业。按其产业属性可分为海洋第一产业、海洋第二产业和海洋第三产业;按其形成时间可分为传统海洋产业、新兴海洋产业和未来海洋产业。

17.034 传统海洋产业 traditional marine industry

由海洋捕捞业、海盐业和海洋运输业等组成的古老的生产和服务行业。

17.035 新兴海洋产业 newly emerging marine industry

20 世纪 60 年代以来发展起来的海洋生产和服务行业。有海洋油气业、海水养殖业、海洋旅游业、海滨采矿业、海水淡化业及海水化学元素提取业等。

17.036 未来海洋产业 future marine industry

根据科学技术发展的分析和预测,不久的将来完全可能建立的海洋生产行业,如深海采矿业、海水直接利用业、海洋能利用业和海洋生物制药业等。

17.037 海洋高新技术产业 marine high-tech industry

由海洋知识密集型的高技术和新技术而形成的生产和服务行业。

17.038 海洋服务业 marine service industry

为海洋开发提供保障服务的新兴海洋产业。按其内容可分为:海洋信息服务、海洋技术服务和海洋社会服务;按其性质分为:公益性或事业性服务、产业性或商业性服务。

17.039 海洋环境产业 marine environmental industry

通过加强海洋环境的监督管理,发展海洋环保技术和设备,而形成的保护海洋环境和海洋生态的生产和服务行业。

17.040 海洋产业结构 marine industrial structure

海洋产业各类、各行业及其内部组成之间的相互联系和比例关系。

17.041 海洋产业布局 distribution of marine industries

海洋各产业部门在海洋空间中的有序安排和合理配置。

17.042 海洋产业总产量 gross output of marine industries

海洋各产业部门所生产、获取、运送的物质数量之和。

17.043 海洋产业总产值 gross output value of marine industries

各类海洋生产和服务行业以货币计算的价值总量。

17.044 海洋产业增加值 added value of marine industries

海洋各产业部门生产经营和劳务活动最终成果的价值之和。

17.045 海洋管理 marine management

国家通过行政、法律、政策、区划、规划、经济、科技、教育等手段,对其管辖海域内的权益、资源和环境进行组织、指导、协调、控制、监督、干预和限制的活动。按其管辖的内容分为：海洋权益管理、海洋资源管理和海洋环境管理；按其性质分为：海洋综合管理和海洋行业管理。

17.046 海洋战略 marine strategy
根据国家发展要求，从全局和长远出发，精心制定的、合理开发利用海洋的方略。

17.047 海洋保护 marine conservation
对海上和相关陆域活动采取必要的限制措施，确保海洋资源可持续利用和海洋环境处于良好状态的一切措施。

17.02 海洋生物资源

17.048 海洋生物 marine organism
海洋中的生命有机体。按分类系统分为海洋原核生物界、海洋原生生物界、海洋真菌界、海洋植物界和海洋动物界；按其生活方式分为底栖生物、浮游生物、游泳生物和寄生生物。

17.049 海洋生物资源 marine biological resources
海洋中具有生命的能自行繁衍和不断更新的且具有开发利用价值的生物。

17.050 海洋生物资源评价 assessment of living marine resources
按一定的评价原则和方法，对海洋生物资源的种类、数量、质量、时空分布和开发利用价值进行的分析和评价活动。

17.051 海洋鱼类资源 marine fishes resources
海洋中具有开发利用价值的鱼纲动物。

17.052 海洋甲壳类资源 marine crustacean resources
海洋中具有开发利用价值的甲壳纲动物。按生活方式分为底栖种类，浮游种类，游泳种类等。

17.053 海洋贝类资源 marine shellfish resources
海洋中具有开发利用价值的软体类动物。分为无板纲、多板纲、单板纲、瓣鳃纲、掘足纲、腹足纲和头足纲七个纲。

17.054 海洋头足类资源 marine cephalopod resources
海洋中具有开发利用价值的头足纲动物。

17.055 海藻资源 marine algae resources
海洋中具有开发利用价值的海洋孢子植物。

17.056 海洋动物 marine animal
不能进行光合作用，只能以摄取植物、微生物、其他动物或有机碎屑为生的异养型海洋生物。按生活方式分为海洋浮游动物、海洋底栖动物、海洋游泳动物和海洋寄生动物，按有无脊椎分为海洋无脊椎动物和海洋脊椎动物。

17.057 海洋植物 marine plant
含有叶绿素，能进行光合作用生产有机物的自养型海洋生物。

17.058 海洋细菌 marine bacteria
海洋原核生物界中个体微小、构造简单的海洋单细胞生物。

17.059 海洋微生物 marine microorganism
海洋中个体微小，构造简单的低等生物的总称。包括细菌、放线菌、霉菌、酵母、病毒、衣原体、支原体、噬菌体和微型藻及微型原生动物等。

17.060 海洋食物网 marine food web
各种海洋动物食物链交织所形成的多方向

被食和多方向摄食的网络结构。

17.061 海洋渔业 marine fishery
捕捞和养殖海洋鱼类及其他海洋经济动植物以获取水产品的生产活动。

17.062 远洋渔业 pelagic fishery, distant fishery
在非本国管辖海域(外国专属经济区、大陆架或公海)从事的渔业生产活动。

17.063 近海渔业 offshore fishery
在专属经济区、大陆架以内海域从事的渔业生产活动。

17.064 海洋渔业资源 marine fishery resources
海域中具有开发利用价值的动植物。包括海洋鱼类、甲壳类、贝类和大型藻类资源等。

17.065 最大持续渔获量 maximum sustainable yield
在不损害种群生产能力的条件下可以持续获得的最高年渔获量。

17.066 公海渔业资源 high sea fishery resources
在各国内水、领海、群岛水域和专属经济区以外海域中具有开发利用价值的动植物。

17.067 海洋捕捞 marine fishing
使用各种采捕工具,在海洋水域中捕捞天然生长的鱼、虾、蟹、贝、藻、海兽等水产经济动植物的生产活动。

17.068 海洋捕捞量 marine catches
从海洋里捕捞的、天然生长的水生经济动植物的产量。按捕捞产品类别分为鱼类捕捞量、虾蟹类捕捞量、贝类捕捞量和藻类捕捞量等。

17.069 海洋渔场 marine fishing ground
海洋鱼类或其他水产经济动物密集并可进行捕捞的海域。按环境特点分为大陆架渔场、上升流渔场、岛礁渔场等;按捕捞对象分为带鱼渔场、大黄鱼渔场等;按作业方式分为拖网渔场、围网渔场等。

17.070 大陆架渔场 continental shelf fishing ground
大陆沿岸,鱼类或其他水生经济动物密集并可进行捕捞的浅海水域。

17.071 上升流渔场 upwelling fishing ground
海水自海域某一深处或海底向上涌升,把丰富的无机盐带到表层,使浮游植物大量生长繁殖,饵料生物丰富,形成鱼类或其他水产经济动物密集并可进行捕捞的海域。

17.072 岛礁渔场 island-reef fishing ground
海流遇大的岛礁形成上升流或涡流,把海洋底层的无机盐带到表层,使浮游植物大量生长繁殖,饵料生物丰富,或因岛礁环境适于鱼类生长栖息,形成鱼类或其他水产经济动物密集并可进行捕捞的岛礁附近海域。

17.073 海洋经济鱼类 marine commercial fishes
海洋中具有开发利用价值的鱼纲动物。

17.074 海洋渔汛 marine fishing season
又称"海洋渔期"。在某一海域内,某种海洋经济动物高度密集,形成可以获得较高产量的时期。按其密集程度和时间分为初汛、旺汛和末汛,按季节分为春汛和冬汛,按种类分为带鱼渔汛和大黄鱼渔汛等。

17.075 海洋禁渔区 closed fishing zone
为保护海洋渔业资源、海域生态环境和海上生产活动,所划定的禁止一切捕捞生产活动或某类渔具作业的水域。

17.076 海洋禁渔期 closed fishing season
为保护海洋渔业资源,在规定海域内,不准从事捕捞生产或某种渔具作业的时期。

17.077 渔港 fishing port

供渔船停泊、避风、装卸渔货和补充渔需物资的港口。按渔港的性质分为:专业渔港和兼用渔港。

17.078　海水养殖　mariculture
利用滩涂、浅海、港湾及陆上海水水体,通过人工投放苗种或天然纳苗,进行人工管理,养殖海洋经济动植物的生产活动。按养殖区域分为:滩涂养殖、浅海养殖和港湾养殖;按养殖方式分为:筏式养殖、网箱养殖和底播养殖等。

17.079　底播养殖　bottom sowing culture
在潮间带滩涂,经平整、清理杂石杂物和有害生物,撒播人工培育的稚贝或采集的幼贝,使其自然生长的一种粗放式养殖。

17.080　筏式养殖　raft culture
在浅海水域,用浮子、毛竹和绳索等做成筏式浮架,两边用木桩或锚固定,在筏上吊挂养殖品种的一种养殖方式。

17.081　网箱养殖　cage culture
将合成纤维如尼龙、聚氯乙烯等网线编织而成的网衣装置在网箱架上,置于水中,在网箱内养殖经济动物的一种养殖方式。分为:浮动式、固定式和沉水式等。

17.082　浅海养殖　shallow sea culture
利用低潮线以下的浅海水域养殖海水经济动植物的生产活动。养殖方式有:浮筏式、棚架式和网箱式等。

17.083　滩涂养殖　tidal flat culture
利用潮间带软泥质或沙泥质滩涂,加以平整、筑堤、建埕,养殖海水经济动植物的生产活动。

17.084　港湾养殖　bay culture
利用港、湾,或在海边、河口附近的滩涂、洼地拦闸筑堤,围成一定的水面,养殖海水经济动植物的生产活动。

17.085　海水养殖面积　mariculture area
养殖鱼、虾蟹、贝、藻等海水经济动植物使用的海域面积。按养殖区域分为:滩涂养殖面积、浅海养殖面积和港湾养殖面积。

17.086　海水养殖产量　mariculture production
利用滩涂、浅海、港湾及陆上海水水体,通过人工投放苗种或天然纳苗,并经人工饲养管理所获得的水产品总量。

17.087　海水增殖　marine stock enhancement
利用海域剩余生产力,通过人工培育苗种,放流入海,增加生物种群数量或新品种,以稳定和提高资源数量和质量的过程。

17.088　人工渔礁　artificial fishing reef
为增加渔获量,改善生态系统平衡,人为在海底设置的各种适于动物集群和栖息的固定物体。按其物质构成有混凝土渔礁、石块渔礁、废旧车船渔礁、旧轮胎渔礁等。

17.089　人工放流　artificial release
用人工方法繁殖苗种并培育成一定规格大小,放流入海,使其自然生长、育肥,最后捕捞上岸的过程。

17.090　海洋农牧化　ocean ranching
采用科学的人工管理方法,在选定海区进行人工放流和养殖经济鱼、虾、贝、藻类等动植物的生产活动。

17.091　海洋牧场　ocean ranch
采用科学的人工管理方法,在选定海区大面积放养和育肥经济鱼、虾、贝、藻类的场所。

17.092　海洋药用生物　marine pharmaceutical organism
海洋生物体本身或其提取物质作为药物的生物。包括海洋细菌、海洋真菌、海藻和海洋动植物等各个门类的多种生物。

17.093　深海生物资源　deep-sea biological

resources

生活在大陆坡区水深 200～3000m 之间,具有开发利用价值的生物。

17.094 洋底生物资源 oceanic bottom bio-logical resources

栖息于大洋底表面、底内和近底层水中具有开发利用价值的生物。

17.03 海底矿产资源

17.095 海底矿产资源 submarine mineral resources

赋存于海底表层沉积物和海底岩层中矿物资源之总称。按其平面分布可分成滨海矿产、大陆架矿产和深海矿产三类;按其垂直分布可分为表层矿产和底岩矿产两类。

17.096 海洋石油 offshore oil
分布在海底岩层中的石油资源。

17.097 海洋天然气 offshore gas
分布在海底岩层中的天然气资源。

17.098 海滨砂矿 beach placer
在海滨地带由河流、波浪、潮汐、潮流和海流作用,使砂质沉积物中的重矿物碎屑富集而形成的矿床。

17.099 海底磷灰石 phosphorite of the sea floor
五氧化二磷的含量大于 20% 的大陆架沉积矿床。

17.100 海底硫酸钡结核 barium sulfide nodules of the sea floor
硫酸钡含量大于 75%、呈结核状的大陆架沉积矿床。

17.101 海底硫矿 submarine sulfur ore deposit
分布于大陆架海底岩层中含有硫的基岩矿床。

17.102 海底岩盐矿 undersea rock salt ore deposit

海底基岩中含有呈固结层状的氯化钠的矿床。

17.103 海底钾盐矿 undersea potassium salt ore deposit
海底基岩中含有呈固结层状的钾盐的矿床。

17.104 海底铁矿 undersea iron ore deposit
海底基岩中含铁的矿床。

17.105 海底煤矿 undersea coal ore deposit
海底基岩中含有煤的矿床。

17.106 海底锡矿 undersea tin ore deposit
海底基岩中含有锡矿脉的矿床。

17.107 海底重晶石矿 undersea barite ore deposit
海底基岩中含有重晶石矿脉的矿床。

17.108 多金属结核 polymetallic nodule
又称"锰结核"。自生于海底表层沉积物中的呈结核状的铁锰氢氧化物和氧化物矿床。

17.109 多金属结壳 polymetal crust
又称"富钴结壳"(cobalt-rich crust)。裸露生长在大洋底部海山上的壳状的沉积矿床。

17.110 海底热液矿床 submarine hydrothermal deposit
由海底热液作用形成的硫化物和氧化物矿床。按其形态分为海底多金属软泥和海底硫化矿床两种。

17.111 海底烟囱 submarine chimney
由海底喷出的超高温的热水溶液所形成的

呈黑色或白色的烟囱状堆积体。

17.112 天然气水合物 natural gas hydrate
分布于深海沉积物中,由天然气与水在高压低温条件下形成的类冰状的结晶物质。

17.113 海底采矿 undersea mining
从海底表层沉积物和海底岩层中获取矿产资源的整个过程。

17.114 深海采矿 deep-sea mining
开发深海底部的矿产资源的整个过程。

17.115 海底采矿技术 undersea mining technology
开采海底矿产资源所使用的方法、装备和设施。

17.116 海岸带矿产 coastal zone mineral resources
分布在海陆相互作用地带的矿产资源的总称。

17.117 滨海矿产 beach mineral resources
分布在离岸较近的滨海地区的海底矿产资源。主要包括海滨砂矿、海砂和砾石以及滨海煤、铁等矿。

17.118 大陆架矿产 continental shelf mineral resources
分布在大陆架海底岩层中的矿产资源。分表层沉积矿和底岩矿两大类。

17.119 深海矿产 deep-sea mineral resources
分布在深海和大洋底部的矿产资源。主要有海底多金属结核、多金属结壳、热液矿床、天然气水合物等。

17.120 海洋油气业 offshore oil and gas industry
在海洋中勘探、开采、输送、加工石油和天然气的生产行业。

17.121 海洋油气盆地 offshore oil and gas basin
富集海底石油和天然气资源的地层和构造。

17.122 海洋油气储量 offshore oil and gas reserves
已查明的海底石油和天然气资源中的经济可采部分。

17.123 海洋油气产量 output of offshore oil and gas
从海底开采出来的石油和天然气的数量。

17.124 海洋油气产值 output value of offshore oil and gas
以货币形式表现的海底石油和天然气产品价值的总量。

17.125 海上钻井船 marine drilling ship
实施海上钻井作业的专用船只。分单体船和双体船两种。

17.126 海上勘探井 marine exploration well
为查明海底油气资源的分布位置和质量状况而钻的井。

17.127 海上评价井 marine evaluation well
在海洋勘探已获工业油气流面积上,为评价油气藏并探明其特征及含油气边界和储量变化,提交探明储量,获得油气田开发所需资料而钻的井。

17.128 海上生产井 marine production well
直接用于开采海底油气资源的钻井。包括海上采油井、采气井和注水井三种类型。

17.129 海上采油井 marine oil production well
用于开采海底石油而钻的钻井。

17.130 海上定向井 marine directional well
不是单一的垂直向下,而是具有某些既定方向的斜井。

17.131 海上油田 submarine oil field

在同一个海底二级构造带内,若干油藏的集合体。常见的海上油田有构造油田、断块油田、礁块油田、潜山油田、轻质油油田、重质油油田、稠油油田等类型。

17.132 海上气田 submarine gas field
在同一个海底二级构造带内若干气藏的集合体。常见海上气田有干气田、气田和凝析气田等类型。

17.133 海上采油 offshore oil production
对海底油藏进行开采的整套工艺技术和石油处理及输送的全过程。

17.134 海上采气 offshore gas production
对海底气藏进行开采的整套工艺技术和天然气处理及输送的全过程。

17.135 水下采油系统 submarine oil production system
把采油、油气分离和输油管线等采油设施均置于海底的生产系统。

17.136 水下采气系统 submarine gas production system
把采气、油气分离和输气管线均置于海底的生产系统。

17.137 浮式采油 floating oil production
通过漂浮于海面的采油设备,开采海底石油的方式。

17.138 浮式储油 floating oil storage
把海底开采出来的石油储藏在漂浮于海面的设施中。包括海上储油船、海上储油池和海上储油罐等。

17.139 海上钻井平台 marine drilling platform
为实施海上油气勘探、开发而建造的,用于钻探作业的海洋工程设施。

17.140 移动式钻井平台 mobile drilling platform
能够在海上移动钻井位置并多次使用的钻井装置。主要有坐底式钻井平台、自升式钻井平台和半潜式钻井平台三种类型。

17.141 固定式钻井平台 fixed drilling platform
固定于海底,用作钻井作业和生活场所的装置。分桩基式平台和重力式平台两种类型。

17.142 海上采油平台 offshore oil production platform
安装各种采油设施,为开发海上油田所建造的结构物。

17.143 海上储油平台 offshore oil storage platform
具有储藏石油或天然气能力的固定式海上结构物。

17.144 海上输油平台 offshore oil transportation platform
装有输油设施、可停靠油轮或用管道输运石油的海上设备。

17.145 水下完井系统 subsea completion system
钻井作业完成后在海底安装的井口装置。一般分湿式和干式两种类型。

17.146 海底采油树 undersea christmas tree
安装于海底井口,一般由油管头、启闭阀门、流量控制阀门、节流器和压力表等组成的采油控制阀组。

17.147 海滨采矿 beach mining
在海滨地区开采砂矿、砂和砾石以及煤、铁等底岩矿产的作业。

17.148 海滨砂矿开采 beach placer mining
在海滨地区开采富集于海底松散沉积物中的矿产资源的作业。

17.149 海上采矿船 marine mining dredger
安装有采矿、选矿设备,开采海底表层沉积

矿产的专用船舶。

17.150 多金属结核采矿设备 polymetallic nodule mining rig

开采深海底部多金属结核的装置。一般有水力提升式采矿系统、空气提升式采矿系统、连续链斗式采矿系统、深海穿梭式采矿系统、自动采矿系统等。

17.04 海 水 资 源

17.151 海水资源 seawater resources

海洋水体中存在的可供利用的物质。包括海水淡化、海冰利用、海水直接利用和从海水中提取的化学元素。

17.152 海水化学资源 seawater chemical resources

海水中溶存的可供开发利用的化学物质。

17.153 海水成分 constituent of seawater

组成海水的物质种类。包括溶解物质和非溶解物质。

17.154 海水元素 element in seawater

海水中含有的化学元素。包括海水常量元素、海水微量元素和海水痕量元素。

17.155 海水组成恒定性 constancy of seawater composition

海水中主要溶解成分离子浓度之间的比值几乎恒定的性质。

17.156 海洋资源化学 marine resource chemistry

研究从海洋水体、海洋生物体和海洋沉积物中开发利用化学物质的一门学科。

17.157 海水[中的]常量元素 major element in seawater, marine conventional element

每升海水中含量在1mg以上的元素。

17.158 海水[中的]微量元素 minor element in seawater

每升海水中含量在1mg以下的元素。

17.159 海水[中的]痕量元素 marine trace element

每升海水中元素含量小于$0.05\mu mol$的元素。

17.160 海水资源利用业 seawater resource utilization industry

开发利用海水资源的产业。

17.161 海盐业 sea salt industry

从海水中制取食盐(氯化钠)的产业。

17.162 海水制盐 production of salt from seawater

以海水为原料制取食盐(氯化钠)的工艺过程。

17.163 苦卤 bittern

海水浓缩析盐后产生的其氯化钠含量小于总固形物质量的50%时的水溶液。

17.164 盐田 salt pan

又称"盐池"。蒸发法制取海盐的场地。

17.165 饱和卤水 saturated brine

海水蒸发浓缩,密度达到$1199.5 \sim 1209.6kg/m^3$时的水溶液。

17.166 食盐结晶 salt crystal

采用蒸发法海水制盐时,结晶池的饱和卤水中食盐晶体形成的过程。

17.167 盐化工 salt chemical industry

以苦卤和卤水为原料生产各种化工产品的生产行业。

17.168 海水提溴 extraction of bromine from seawater

从海水中生产溴的工艺过程。

17.169 海水提钾 extraction of potassium from seawater

从海水中生产钾盐的工艺过程。

17.170 海水提镁 extraction of magnesium from seawater

利用海水制取镁及镁化合物的工艺过程。

17.171 海水提芒硝 extraction of mirabilite from seawater

利用海水生产芒硝(硫酸钠)的工艺过程。

17.172 海水提铀 extraction of uranium from seawater

从海水中提取铀的工艺过程。

17.173 海水提锂 extraction of lithium from seawater

从海水中生产锂盐的工艺过程。

17.174 海水淡化 desalination of seawater

除去海水中的盐分而获得淡水的工艺过程。

17.175 海水淡化厂 seawater desalting plant

将海水处理并转化成淡水的工厂。

17.176 蒸馏淡化法 distillation process for desalination

又称"蒸发淡化法"。使海水受热蒸发产生的蒸汽冷凝而获得淡水的方法。

17.177 电渗析淡化法 electrodialysis process for desalination

水中正负离子在直流电场作用下,有选择性地透过阳、阴离子交换膜向另一侧迁移,从而实现分离、浓缩来淡化海(咸)水的方法。

17.178 反渗透淡化法 reverse osmosis process for desalination

使海水在高于渗透压的压力作用下从半透膜的一侧流过,在膜的另一侧获得淡水的方法。

17.179 水合物淡化法 hydrate formation process for desalination

利用某些具有与水不互溶的水合剂,在一定温度和压力下能与水形成水合晶体的特性进行海水淡化的方法。

17.180 离子交换淡化法 ion-exchange process for desalination

利用离子交换树脂的活性基团与盐水中的阳离子和阴离子进行交换,除去海水中盐分制取淡水的方法。

17.181 冷冻淡化法 freezing process for desalination

利用海水冷冻结冰盐被析出的原理,将海冰适当处理后,融化而得到淡水的方法。

17.182 淡化水产量 output of desalted water

海水淡化装置在单位时间内所生产的淡水量。

17.183 防海水腐蚀 anti-corrosion by seawater

防止海水对金属结构物等的腐蚀损坏的技术。

17.184 海水综合利用 comprehensive utilization of seawater

采用多种工艺流程,多层次、多途径开发利用海水资源的过程。

17.185 海水直接利用 direct use of seawater

将海水作为水资源直接用作工业冷却水、城市大生活用水的过程。

17.186 防污 antifouling

运用物理、化学及生物等方法,防止海洋污损生物附着的技术。

17.187 海水冷却系统 seawater cooling system

以海水为冷却介质的冷却水系统。分为海水循环冷却系统和海水直接冷却系统。

17.188 海水直流冷却系统 once-through seawater cooling system，once-through salt water cooling system

以海水为冷却介质，经热交换设备完成一次性冷却后，直接排放的冷却水系统。

17.189 海水循环冷却系统 recirculating sea-water cooling system，recirculating salt water cooling system

以海水为冷却介质循环运行的一种冷却水系统。

17.190 大生活用海水技术 domestic seawater technology

将海水作为生活杂用水（主要用于冲厕）的一种海水直接利用技术。

17.05 海洋旅游资源

17.191 海洋旅游资源 marine tourist resources

在海滨、海岛和海洋中，具有开展观光、游览、休闲、娱乐、度假和体育运动等活动的海洋自然景观和人文景观。

17.192 海洋旅游业 marine tourist industry

开发利用海洋旅游资源形成的服务行业。

17.193 滨海旅游 coastal tourism

在海陆连接地带开展的观光、游览、休闲、娱乐、度假和体育运动等活动。

17.194 海岛旅游 island tourism

在海中岛屿及周围水域中开展的观光、休闲、娱乐、游览和度假等活动。

17.195 海底旅游 underwater tourism

乘坐观光潜水器（海底游览船）到海底去观赏海洋深处的自然生态景观、海底遗物或遗迹的活动。

17.196 潜水旅游 diving tourism

游客穿戴潜水装备到水下或海底去观赏水下自然生态景观、海底遗物或遗迹的活动。

17.197 海上观光旅游 marine sightseeing tourism

乘坐游船等在海面上游览观赏海洋自然风光和人文景观的活动。

17.198 极地旅游 polar tourism

在南极或北极地区开展的观光、游览等活动。

17.199 海上冲浪 sea surfing

人们脚踩冲浪板，借助波浪的力量，在海面上滑行的活动。

17.200 海上游钓 recreational fishing on the sea

人们在海岸边或乘坐船只在海上开展的钓鱼活动。

17.201 海洋探险 marine expedition

在从未有人或很少有人到过的海域进行的考察活动。

17.202 海洋自然景观 marine natural landscape

具有观光、休闲、娱乐、游览价值的海洋天然景观。主要包括海岸景观、海岛景观、海洋生态景观、海底景观、水下山岳景观等。

17.203 海洋人文景观 marine humanistic landscape

由人类创造的具有观光、休闲、娱乐、游览价值的海洋景物和遗迹。

17.204 滨海旅游景区 marine tourist area

海洋自然景观或海洋人文景观可用作观光、

游乐活动的海滨区域。

17.205　水下环礁　underwater atoll reef
因地壳下沉或海面上升,造礁珊瑚生长不能同步变化,而形成于水下环带状或马蹄状的珊瑚礁体。

17.206　海底森林　sea bottom forest
在热带和亚热带有潮水淹没的浅海海湾或河口附近海滩上,由木本红树植物形成的高矮不同的乔木或灌木丛林。

17.207　滨海公园　coastal park
在风景优美的海滨地带建造的以娱乐或观光为目的的场所。

17.208　海水浴场　bathing beach

又称"海滨浴场"。在沿岸海滩上建成的,可进行游泳、日光浴和各种海上运动的场所。

17.209　海洋馆　marine museum
又称"海洋博物馆"。利用海洋生物活体、标本及其影像、图片和文字说明向游人普及海洋科学知识,提供游人观光、游览、学习的场所。

17.210　滨海沙滩　coastal beach
海陆连接地带由颗粒砂质沉积物覆盖的区域。

17.211　海上游轮　marine excursion vessel
供旅游者在海上旅游观光活动乘坐的船只。

17.06　海洋空间资源

17.212　海洋空间资源　ocean space resources
与海洋开发利用有关的海岸、海上、海中和海底的地理区域的总称。

17.213　海洋空间利用　utilization of ocean
　　　　 space
将海岸、海面、海中和海底空间用作交通、生产、储藏、军事、工程、居住、科研、娱乐场所等的海洋开发利用活动。

17.214　围海造地　reclaiming land from the
　　　　 sea by building dykes
在泥沙沉积较快的海滩上建造一定高度的围堰,圈围一定范围的海域,填以泥沙或土石形成陆地的过程。

17.215　海堤　dyke
全称"海岸堤坝"。为防止海水入侵、海岸线后退,保障沿海城镇及工业设施和农田的安全,而在海水与陆地交界地带修筑与海岸线平行的防护性建筑物。

17.216　防波堤　breakwater

为防御波浪的侵袭,维护港内水域的平稳,保证船舶在港内安全停泊和进行装卸作业,而建在海岸或港口外侧水域中的建筑物。

17.217　海港　sea port
沿海停泊船只的港口。包括码头、港池、航道、导航等设施。

17.218　港口水域　port water area
位于港口界线以内,供来港船只进出港口、在港航行、停泊、靠码头和装卸等作业的专用水域。包括锚地、航道、港池、船只转向水域等活动所及海域。

17.219　锚地　anchorage area
供船舶停泊、避风或进行各种水上作业需要所规划的水域。包括装卸锚地、停泊锚地、避风锚地、引水锚地、检疫锚地等。

17.220　海上运输业　ocean transport industry
利用船舶或其他水运工具,通过海上航线运送货物或旅客形成的一种海洋服务事业。

17.221　海上城市　marine city

在海上建立的可容纳万人以上生产、生活、具有城市功能和交通体系的居住区。包括漂浮式和大型人工岛填筑式两种。

17.222 海上工厂 factory at sea
为充分利用海洋空间,建在海上,用于海洋石油和天然气加工、海水淡化、发电、造纸、垃圾处理等的生产企业。

17.223 海底核电站 underwater nuclear power station
为节省陆上用地和解决热污染问题,建造在海底,并具备将核能转换为电能的全套装置和相关设施与建筑物的区域。

17.224 海底油罐 submerged tank
又称"水下油库"。海上油田的一种储油设备。

17.225 海底仓库 underwater storehouse
设置在海底供存放生产器材、海底工厂产品、军事装备等物资的场所。

17.226 海上构造物 marine structure
人工建造的海上滞留物。包括人工岛、油气设施、浮标和浮船坞等。

17.227 跨海桥梁 sea bridge
又称"海上桥梁"。跨越海面,连接海峡、海湾两岸供车辆、行人、管道通过的架空建筑物。

17.228 海上人工岛 artificial island at sea
供海洋资源开发或海上居住使用的海上人工建造的陆地。分为固定式和浮动式两大类。

17.229 海上机场 seadrome
又称"海上航空港"。在海上供飞机起飞、降落和停放,并建有其他配套设施等的场地。有固定式和漂浮式两种类型。

17.230 海底电缆 submarine cable
敷设在海底、用绝缘外皮防护、由一根或多根相互绝缘的导电芯组成的导线索。分电力电缆和通信电缆两类。

17.231 海底光缆 underwater optical fabric cable
敷设在海底、利用光波在光导纤维中传输信息的导线索。

17.232 海底管道 submerged pipeline
敷设于水面以下,全部或部分地悬跨在海床上或放置于海底、埋设于海底土中的管状设备。

17.233 海底隧道 submarine tunnel
建在海底之下供行人和车辆通行的地下建筑物。

17.234 海上公园 marine park
又称"海洋公园"。在风景优美的海滨或海岛上建造的可开展游艇观光、海滨浴场游泳、滑水、潜水、参观等项活动的场所。

17.235 海洋倾废区 waste disposal zone at sea
国家海洋主管部门按一定程序,以科学、合理、安全和经济的原则,经论证、选划并经国务院批准公布的专门用于接纳废弃物的特殊海域。

17.236 水下实验室 underwater laboratory
设置在海底供科学家和潜水员工作、休息和居住的活动设施。

17.237 海上军事试验场 military test areas at sea
在海上划定一定范围,专供武器和军事装备进行测试的场所。

17.238 海洋通道 marine channel
可供海上交通运载工具安全航行的航道。

17.239 海上军事基地 military base at sea
建造在海底(海底表面或海底表面之下)用于军事目的的设施。包括海底导弹发射基地、潜艇水下补给基地、水下指挥控制中心、水下观通站和水下武器试验场等。

17.240　海峡火车轮渡　strait train ferry

往返于海峡两岸或岛屿间专门载运火车和其他车辆及人员的渡船以及其相关配套设施。

17.07　海　洋　能　资　源

17.241　海洋能源　marine energy resources
海水所具有的潮汐能、波浪能、海（潮）流能、温差能和盐差能等可再生自然能源的总称。

17.242　海洋能利用　utilization of ocean energy
通过一定的装置把海洋能转换成电能或其他形式能的作业。

17.243　海水热能　ocean thermal energy
又称"海水温差能"。由海洋表层温水，与海洋深层的冷水之间的温度差所蕴藏的能量。

17.244　海水温差发电　ocean thermal power generation
利用表层温海水使工质蒸发，深层冷海水使工质冷凝的原理驱动涡轮机，并带动发电机发电的作业。

17.245　海水盐差能　seawater salinity gradient energy
在江河入海口，由于淡水与海水之间所含盐份不同，在界面上产生巨大的渗透压所蕴藏的势能。

17.246　海水盐差发电　seawater salinity gradient power generation
利用海水和淡水间盐度差所产生的势能进行发电的转换作业。

17.247　潮汐能　tidal energy

在太阳、月亮对地球的引潮力的作用下，使海水周期性的涨落所形成的能量。

17.248　潮汐发电　tidal power generation
利用潮汐涨落形成的水位差，冲击水轮机，并带动发电机发电的作业。

17.249　波浪能　wave energy
由海水波动所产生的势能和动能的总称。

17.250　波浪发电　wave power generation
利用固定或漂浮的装置，将波浪的能量收集起来，并转换成电能的作业。

17.251　海流能　ocean current energy
海洋中海流蕴藏的动能。

17.252　海流发电　ocean current power generation
利用海流的动能带动水轮机旋转，使发电机发电的作业。

17.253　海洋风能利用　use of ocean wind energy
在海岸附近或岛屿上，开发利用自然界的风能的过程。

17.254　海洋风能发电　ocean wind power generation
将海洋风能转化成电能的作业。

18. 能源资源学

18.01 能源资源学概论

18.001 能源资源学 science of energy resources

又称"能源学"。研究各种能量资源及其构成能源系统的自然、技术和经济特性与人类社会经济发展之间的关系,以及开发、利用、管理中有关规律的一门综合性学科。

18.002 能源经济学 energy economics

又称"能量资源经济学"。研究能源生产、交换、分配、消费过程的经济关系和经济规律的学科。能源经济学为国家和地区制定有关能源工业发展的方针、规划、政策提供理论依据。

18.003 能源技术经济学 energy technology economics

研究从勘探、开发、加工到输送、分配和消费的综合能源系统的经济规律的学科。它既包含有社会科学的内容,又包含自然科学的内容。

18.004 煤炭资源学 science of coal resources

研究煤炭作为能源或化工原料的自然、技术、经济和社会属性及被开发利用与保护的规律性问题的一门学科。

18.005 石油天然气资源学 science of petroleum and natural gas resources

研究石油、天然气作为能源或化工原料的自然、技术、经济和社会属性及被开发利用保护的规律性问题的一门学科。

18.006 水能资源学 science of hydraulic energy resources

研究水体作为能源介质的自然、技术、经济和社会属性及被开发利用与保护过程中的规律性问题的一门学科。

18.007 生物能资源学 science of bio-energy resources

研究生物作为能源的自然、技术、经济和社会属性及被开发利用过程中的规律性问题的一门学科。

18.008 海洋能学 science of marine energy

研究海洋水体作为能源介质的自然、技术、经济和社会属性及被开发利用过程中的规律性问题的一门学科。

18.009 风能学 science of wind energy

研究风力作为能源的自然、技术、经济和社会属性及被开发利用过程中的规律性问题的一门学科。

18.010 地热能学 science of geothermal energy

研究地热作为能源的自然、技术、经济和社会属性及被开发利用与保护过程中的规律性问题的一门学科。

18.011 太阳能学 science of solar energy

研究太阳光、热作为能源的自然、技术、经济和社会属性及被开发利用过程中的规律性问题的一门学科。

18.012 核能学 science of nuclear energy

研究核能利用的自然、技术、经济和社会属性及被开发利用过程中的规律性问题的一门学科。

18.013 能量守恒定律 law of energy conservation

各种能量形式互相转换是有方向和条件限制的,能量互相转换时其量值不变,表明能量是不能被创造或消灭的。

18.02　能源分类及主要类型能源

18.014 能 energy

物质做功的能力,或做功的本领。能是不能直接观察或测量的,只能通过它对物质产生的作用来衡量。

18.015 能量 energy

量度物体做功的物理量。

18.016 能源 energy sources

又称"能量资源"。自然界赋存的已经查明和推定的能够提供热、光、动力和电能等各种形式能量的物质。包括一次能源和二次能源。

18.017 能源资源 energy resources

自然界中能够提供热、光、动力和电能等各种形式的能量的物质。

18.018 能源构成 composition of energy

又称"能源结构"。在能源生产或消费总量中,各种能源所占比重及其相互关系。

18.019 能源资源结构 structure of energy resources

各类能源资源在探明的能源资源总量中所占的比重。由于能源资源的分类方法不同,形成不同的能源资源结构。

18.020 常规能源资源结构 structure of conventional energy resources

煤炭、石油、天然气和水力等均为常规能源资源,它们在常规能源资源总量中所占的比例。

18.021 矿物能源 mineral energy

从矿产资源中所获得的能源。当代作为能源的矿产资源主要有煤、石油、天然气等可燃矿物,铀和钍等核燃料。

18.022 可再生能源 renewable energy

在自然界中可以不断再生并有规律地得到补充或重复利用的能源。例如太阳能、风能、水能、生物质能、潮汐能等。

18.023 不可再生能源 non-renewable energy

经过亿万年形成的、短期内(以人类历史尺度衡量)无法恢复、不能重复再生的自然能源。

18.024 燃料能源 fuel energy

作为燃料使用,主要是提供热能形式的能源。燃料即是燃烧时能产生热能、光能的物质。主要有矿物燃料、生物燃料和核燃料。

18.025 化石燃料 fossil fuel

指煤炭、石油、天然气等,埋藏在地下不能再生的燃料资源。它们以固态、液态和气态存在,所含的能量可通过化学或物理反应释放出来。

18.026 燃料 fuel

能通过化学或物理反应(包含反应)释放出能量的物质。按其形成可以分为固体燃料、液体燃料和气体燃料,还有核燃料。

18.027 常规能源 conventional energy resources

又称"传统能源"。在现阶段已经大规模生产和广泛使用的能源。

18.028 环境能源 environmental energy

储存在地球环境中的能流(如风能、水能和海洋能等)、太阳能、地球内的放射性源,是世界上所有能源的初始来源。

18.029 新能源 new energy resources
在新技术基础上,系统地开发利用的可再生能源。如核能、太阳能、风能、生物质能、地热能、海洋能、氢能等。

18.030 商品能源 commercial energy
作为商品经流通领域大量消费的能源。

18.031 非商品能源 non-commercial energy
不作为商品交换就地利用的能源。

18.032 一次能源 primary energy resources
又称"天然能源"。从自然界取得未经改变或转变而直接利用的能源。如原煤、原油、天然气、水能、风能、太阳能、海洋能、潮汐能、地热能、天然铀矿等。

18.033 二次能源 secondary energy resources
由一次能源经过加工直接或转换得到的能源。如石油制品、焦炭、煤气、热能和电能等。

18.034 工业能源 industrial energy resources
用于工业生产消费的一次、二次能源。包括用于工业生产过程的煤、石油、天然气及其制品;由热力和水力转化来的电力等。

18.035 农村能源 rural energy resources
用于农村生产、生活的能源。包括供应农村的商品能源和农村就地开发的非商品能源。

18.036 生活能源 residential energy resources
在能源消费总量中用于城乡居民及公共设施消费的部分能源。

18.037 绿色能源 green energy resources
在使用的过程中温室气体和污染物零排放或排放很少的能源。主要是新能源和可再生能源。

18.038 替代能源 alternative energy resources
以新开发利用的能源替代已往长期使用、目前广泛使用的能源。当今狭义上是指一切可以替代石油的能源;广义上是指可替代化石燃料的能源。

18.039 优质能源 high-quality energy
优质能源与劣质能源是相对的,不是绝对的。热值高、使用效率高、有害成分少,使用方便的能源。也指对环境污染小或无污染的能源。

18.040 煤炭 coal
从煤矿中开采出来的未经洗选和加工的煤。

18.041 原煤 raw coal
从煤矿中开采出来的未经选煤和加工的煤炭产品。

18.042 煤种 coal type
按成煤原始物质不同划分为腐植煤,腐泥煤和腐植、腐泥煤三大类;按成煤作用不同阶段划分为泥煤、褐煤、烟煤和无烟煤四大类;按利用特性可分为炼焦炭煤和动力煤等。

18.043 煤田 coalfield
在一个聚煤区范围内,在同一地史过程中形成具有连续发育的含煤岩系,其分布有规律可循,基本形成一片的区域。其面积一般为几十到几百平方公里。

18.044 煤气 coal gas
以煤为原料制取的气体燃料或气体原料。煤气是一种洁净的能源,又是合成化工的重要原料。

18.045 煤气分类 classification of coal gas
煤气有多种分类,根据其用途被划分为燃料气和合成气两大类;根据煤气的热值分为高热值煤气、中热值煤气、低热值煤气;根据气化介质分为空气煤气、水煤气、半水煤气等;根据气化炉型分为焦炉煤气、发生炉煤气、两段炉煤气等;还可以分为荒煤气、净煤气、热煤气、冷煤气等。

18.046 水煤浆 coal water mixture, CWM
将煤研磨成细微煤粉,煤与水按 7 比 3 的比例混合并加入微量的分散剂和稳定剂,使其在一定期限内保持不沉淀、不变质的浆状燃料。可作为重燃料油的替代燃料。

18.047　型煤　briquette
用粉煤或低品位煤制成的具有一定强度和形状的煤制品。可分为民用型煤和工业型煤两类。

18.048　煤炭液化　coal liquefaction
将煤转化成液体燃料。有直接和间接液化两种流程。

18.049　煤矸石　coal gangue
与煤层共生、伴生的顶板和围岩,其石化程度较高、含有机质较低,可作为低热值燃料和建筑材料加以利用。

18.050　粉煤灰　fly ash
煤炭在燃烧过程中产生的细微灰尘。由有机物和无机物组成,可综合利用其可燃成分后,作为填充材料。

18.051　煤矸石综合利用　comprehensive utilization of coal gangue
根据煤矸石的物理化学性质,对其进行综合加工合理利用。包括发电,制砖瓦、水泥、筑路等,还可从煤矸石中回收硫铁矿、高岭土等有用矿物。

18.052　石油　petroleum
以碳氢化合物为主要成分的、有色可燃性油质液体矿物。

18.053　原油　crude oil
从地下开采出来的天然石油。它是一种液态的,以碳氢化合物为主要成分的矿产品。

18.054　油田　oil field
受构造、地层、岩性等因素控制的圈闭面积内,一组油藏的总和。有时一个油田仅包含一个油藏,有时包括若干个油藏,还可能有气藏。

18.055　气田　natural gas field
受构造、地层、岩性等因素控制的圈闭面积内,一组气藏的总和。有时一个气田仅包含一个气藏,有时包括若干个气藏,还可能有油藏。

18.056　油页岩　oil shale
是一种含有碳氢化合物的可燃泥质岩,经过加工可以提炼出以液态碳氢化合物为主要成分的人造石油。

18.057　人造石油　artificial petroleum
从煤或油页岩等中提炼出的液态碳氢化合物,与天然石油具有相同或相似的成分。

18.058　油品　petroleum products
即石油产品。石油经过炼制等加工工艺生产出汽油、煤油、柴油和润滑油等多种石油产品。

18.059　天然气　natural gas
地下采出的,以甲烷为主的可燃气体。它是石蜡族低分子饱和烃气体和少量非烃气体的混合物。

18.060　天然气分类　classification of natural gas
天然气按成因一般分为三类:与石油共生的叫油型气(石油伴生气);与煤共生的叫煤成气(煤型气);有机质被细菌分解发酵生成的叫沼气。

18.061　液化石油气　liquefied petroleum gas, LPG
炼厂气、天然气中的轻质烃类在常温、常压下呈气体状态,在加压和降温的条件下,可凝成液体状态,它的主要成分是丙烷和丁烷。

18.062　液化天然气　liquefied natural gas, LNG
天然气经压缩、冷却,在 $-160℃$ 以下液化而成。

18.063 水能可开发量 exploitable hydropower

在水能资源蕴藏量中,由于自然、经济和技术条件的限制,有相当一部分水能是不可能或暂时不可能加以利用的。理论蕴藏量与不可能或暂时不可能利用部分之差,称为水能可开发量。

18.064 水能资源开发程度 exploitive extent of hydropower resources

水能资源蕴藏量或可开发量与实际安装投产的装机容量的比例。

18.065 核能 nuclear energy

核反应或核跃迁时释放的能量。例如重核裂变、轻核聚变时释放的巨大能量。

18.066 铀矿物 uranium mineral

地壳中含有放射性金属铀的矿物。

18.067 核燃料 nuclear fuel

含有可裂变或聚变核素的材料。前者如铀 –235,后者如氘、氚等氢的同位素。

18.068 核电站 nuclear power plant

又称"核电厂"。通过适当的装置将核能转变成电能的设施。

18.069 太阳能 solar energy

太阳内部高温核聚变反应所释放的辐射能,其中约二十亿分之一到达地球大气层,是地球上光和热的源泉。

18.070 太阳能利用 solar energy use

将太阳能直接利用或转换为其他形式的能源加以利用。前者如太阳能热水器,后者如太阳能电站。

18.071 太阳能集热器 solar collector

可吸收太阳辐射能,将其转换为热能,并传递到传热介质中的一种装置。

18.072 太阳能热水器 solar water heater

吸收太阳辐射能将水加热的装置。

18.073 太阳能电池 solar cell

以吸收太阳辐射能并转化为电能的装置。

18.074 太阳能发电站 solar energy power generation station

用太阳能进行发电的电站。有太阳光发电和太阳热发电两类。

18.075 风能 wind energy

地球表面空气流动所形成的动能。风能是太阳能的一种转化形式。风速愈大,它具有的能量愈大。

18.076 风能利用 wind energy utilization

目前风能利用有三方面:一是用于抽水灌溉、打米磨面;二是风力发电,为偏僻农村和牧区提供电力;三是用于采暖、降温和海水淡化。未来风力的用途将越来越广阔。

18.077 风电场 wind farm

在一个风能资源丰富的场地,由一批风力发电机组或机组群组成的电站。

18.078 风力发电 wind power generation

以风力作为动力,带动发电机将风能转化为电能。

18.079 地热 geotherm

地球熔岩向外的自然热流。

18.080 地热能 geothermal energy

即地球内部隐藏的能量,是驱动地球内部一切热过程的动力源,其热能以传导形式向外输送。

18.081 地热资源 geothermal resources

在当前和可预见的未来,能够经济合理地开发利用的地壳岩石中的热能包括地热流体中的热能及其伴生的有用成分。

18.082 地热能利用 geothermal energy utilization

地热水和地热蒸气的开发和利用。温度在150℃以上的高温地热,可用于发电及综合利用;中低温地热,可用于沐浴、孵化鱼卵,饲养牲畜,加温土壤,脱水加工,医疗等。

18.083 地热发电 geothermal power generation

利用地热能通过机械能的中间转换产生电能。可把净化的地下蒸汽直接引入汽轮机发电;也可用温度较低的地下热水通过减压扩容法产生蒸汽,用之发电。

18.084 氢能 hydrogen energy

燃烧氢所获取的能量。氢燃烧时与空气中的氧结合生成水,不会造成污染,而且放出的热量是燃烧汽油放出热量的2.8倍。

18.085 生物质能 biomass energy

以生物质为载体、通过光合作用,将太阳能转化为化学能形式。

18.086 生物质能利用 utilization of biomass energy

将生物质能用于人类生产或生活中,其利用途径,除直接燃烧外,可气化、产沼气,液化、制乙醇等

18.087 森林能源 forest energy

森林、树木和林地提供能源的总称。主要包括薪炭林,其他资源森林提供的薪材和木材加工剩余物三大类。

18.088 沼气 biogas

有机物质在厌氧环境中,通过微生物发酵作用产生的一种以甲烷为主的可燃混合气体。这种气体最早发现于沼泽、池塘等地。

18.089 垃圾能 garbage energy

燃烧垃圾中的有机物质(如植物枝叶、厨余、人畜粪便等)释放的能量。如果将这些可燃物收集起来并与其他垃圾分离可作为燃料,也可用于发电。

18.03 能源调查评价

18.090 能源资源调查 energy resource survey

在一定区域内运用物理的、化学的、地质的和统计的等多种手段,对可再生能源和不可再生能源的数量、质量、分布和开发利用条件进行了解、分析和计量的过程。

18.091 能源资源勘探 energy resource prospecting

在一定区域内,结合地质调查,运用地球物理、地球化学和钻探等手段对煤、石油和天然气等矿物能源的储量、分布和矿床特征等进行调查、分析计量和评估。

18.092 石油天然气勘探 oil and natural gas prospecting

利用各种勘探手段了解地下的地质状况,认识生油、储油、油气运移、聚集、保存等条件,

综合评价含油气远景,确定油气聚集的有利地区,找到储油气的圈闭,并探明油气田面积,搞清油气层情况和产出能力的过程。

18.093 能源资源评价 energy resource evaluation

对一定区域范围的能源资源状况进行分析和估量。被评价的能源可以是一种能源资源,也可以是多种能源资源。

18.094 矿物能源储量级别 reserves classification of mineral energy

根据资源的可靠程度,将煤、石油、天然气等矿物能源储量分为若干等级,每一个储量级别都有其明确概念和统一的标准。中国划分为四级,按精度依次为 A 级、B 级、C 级和 D 级。

18.095 石油天然气储量分级 reserves rating

of oil and natural gas

根据勘探程度的广度、深度、精度以及所获参数的可靠度,对计算的油气储量划分的级别。

18.096 含油气盆地 oil-gas-bearing basin, petroliferous basin

含油气的沉积盆地。在一定地史阶段内,由构造运动形成的周围高中间相对低的接受沉积的沉降区。

18.097 能源资源量 reserves of energy resources

自然界赋存的已经查明的和推断的资源数量。已经证明这些资源在目前或可预见的时期内有开采价值。

18.098 矿物能源地质储量 geological reserves of mineral energy

对一定地域范围的煤炭、石油、天然气和铀、钍等各种矿物能源,进行推算预测的储量。地质储量只能作为地质普查找矿设计之用。

18.099 石油天然气地质储量 geological reserves of oil and natural gas

在地层原始条件下,具有产油、产气能力的储层中原油或天然气的总量。

18.100 石油天然气预测储量 predicted reserves of oil and natural gas

经过预探井钻探获得油气流、油气层或油气显示后,根据区域地质条件分析和类比,对有利地区按容积法计算的储量。

18.101 矿物能源远景储量 prospective reserves of mineral energy

根据地质条件,对一定地域范围的煤炭、石油、天然气和铀、钍等矿物能源,进行一般普查、探测和初步勘探,或由已探明工业储量块段向外推算的储量。它是编制地质勘探设计和远景规划的依据,也可为能源工业长远发展规划提供依据。

18.102 石油天然气远景资源量 prospective resources of oil and natural gas

在油气区域勘探过程中,利用少量的、概略的地质、钻井、地球物理勘探、地球化学勘探等资料,根据现代油气生成、运移聚集和保存理论,统计或类比推算出来的油气资源量。

18.103 矿物能源探明储量 proved reserves of mineral energy

在目前技术经济条件下,经过详细勘探计算所掌握的煤、油、气、铀钍等矿物能源数量。

18.104 控制储量 controlled reserves

在特定煤田、油气田一定范围内,在预探阶段完成后,初步探明了能源矿藏类型,矿体形状(含煤或油气面积、厚度倾角),在此基础上计算的地质储量。

18.105 石油天然气控制储量 controlled reserves of oil and natural gas

在某圈闭内预探井发现工业油气流后,以建立探明储量为目的,在评价钻探过程中钻了少数评价井后所计算的储量。

18.106 能源保有储量 available reserves of energy resources

探明储量中减去累计开采的数量后所剩余的储量。在探明储量一定的情况下,保有储量主要受已开采利用因素的影响。

18.107 能源工业储量 industrial reserves of energy resources

在探明的可采储量中,可以作为设计和制定工业开发方案依据的储量。

18.108 矿物能源可采储量 recoverable reserves of energy resources

在现有经济和技术条件下,可从能源矿藏中开采利用的煤、石油、天然气等可燃矿物,铀、钍等核燃料矿物的储量。它是地质储量的一部分。

18.109 石油可采储量 recoverable reserves of oil

在现有技术经济条件下,可以从油田中开采利用的那部分石油储量。大约占石油地质储量的1/3。

18.110 矿物能源动用储量 exploited reserves of mineral energy resources

探明储量中已经投入开采的储量。它表明可采储量已被开采情况。

18.111 矿物能源剩余储量 remainder reserves of mineral energy resources

探明储量中扣除已经开采的那部分产量后剩余的储量。同种能源的剩余储量与保有储量相同。

18.112 矿物能源剩余可采储量 remaining recoverable reserves of mineral energy resources

直到报告期止尚留存的可采储量。它是可采储量和累计已开采储量之差。表明可采储量尚未开采的部分。

18.04 能源开发利用

18.113 能源开发 energy development

从能源资源调查、勘探、计划、设计,到施工建设,开采加工的全过程。

18.114 油田开发 oil field development

在认识和掌握油田地质及其变化规律的基础上,在油藏上合理的分布油井和投产顺序,以及通过调整采油井的工作制度和其他技术措施,把地下石油资源尽可能多的采到地面的全过程。

18.115 煤炭露天开采 open mining of coal

剥离矿体覆盖物直接揭露出矿体及采出煤炭的工作。

18.116 火力发电厂 thermal power plant

燃烧煤、石油、天然气等化石燃料,将所得到的热能转变为机械能带动发电机产生电力的综合动力设施。

18.117 水力发电站 hydropower station

简称"水电站"。将水能转换为电能的综合水力枢纽。

18.118 能源生产量 energy production

指一个国家、地区、部门、行业或企业一定时期内能源生产量的总量。

18.119 能源消费量 energy consumption

指一个国家、地区、部门、行业或企业一定时期内消费能源的总量。

18.120 能源终端消费量 final consumption of energy

终端用能设备入口得到的能源量。它等于一次能源消费量减去能源加工、转换和储运过程中的损失和消耗的能源量。

18.121 能源加工转换损失量 loss of energy processing and transformation

指一定时期内投入加工转换的各种能源数量之和与产出各种能源产品之和的差额。

18.122 发电量 power generation

计算电能生产数量的指标。单位为千瓦·时(kW·h)。

18.123 供电量 power supply

电力部门为满足全体用户用电需要而供出的电量。供电量等于最终用户(包括国民经济各部门和城乡居民)的用电量与本供电地区内线路损失电量之和。

18.124 用电量 power consumption

国民经济各部门和城乡居民实际耗用的电量。一个地区的用电量包括公用电厂和自备电厂售给用户的电量以及自备电厂自发自用的电量。

18.125 能源生产结构 structure of energy production

各种能源的产量占能源总产量的比重。

18.126 能源消费结构 structure of energy consumption

各种能源的消费量占能源总消费量的比重。

18.127 能源生产弹性系数 elasticity coefficient of energy production

反映能源生产增长速度与国民经济增长速度之间关系的指标。它等于能源生产总量年平均增长速度与国民经济年平均增长速度之比。

18.128 能源消费弹性系数 elasticity coefficient of energy consumption

反映能源消费增长速度与国民经济增长速度之间比例关系的指标。它等于能源消费量年平均增长速度与国民经济年平均增长速度之比。

18.129 电力生产弹性系数 elasticity coefficient of electricity production

反映电力生产增长速度与国民经济增长速度之间关系的指标。它等于电力生产量年平均增长速度与国民经济年平均增长速度之比。

18.130 电力消费弹性系数 elasticity coefficient of electricity consumption

反映电力消费增长速度与国民经济增长速度之间比例关系的指标。它等于电力消费量年平均增长速度与国民经济年平均增长速度之比。

18.131 用电负荷 electrical load

在用户端达到的负荷。

18.132 用电最高负荷 peak load

又称"尖峰负荷"。用户端瞬间达到的最大负荷。

18.133 线损电量 line loss

简称"线损"。一定时间内,电流流经电力网中各电力设备时所产生的电能损耗。

18.134 电网 power grid

在电力系统中,联系发电和用电的设施和设备的统称。属于输送和分配电能的中间环节,它主要由联结成网的送电线路、变电所、配电所和配电线路组成。

18.135 输电线路损率 rate of line loss

电力企业在输变电过程中损失的电量占供电量的百分比。

18.136 发电设备平均利用小时 average available hour using for power generation

发电厂发电设备利用程度的指标。它是一定时期内平均发电设备容量在满负荷运行条件下的运行小时数。发电设备平均利用小时等于报告期发电量与报告期的平均发电设备容量之比。

18.137 发电标准煤耗 standard coal consumption for power generation

简称"煤耗"。火电厂所消耗的燃料与输出能量之比。单位为克/千瓦·时(g/kW·h)。

18.138 洁净煤技术 clean coal technology, CCT

煤炭在开发和利用过程中旨在减少污染与提高效率的加工、燃烧、转化及污染控制等技术。

18.139 西气东输 project of natural gas transmission from West to East China

中国西部地区天然气向东部地区输送,主要是新疆塔里木盆地的天然气输往长江三角洲地区。输气管道西起新疆塔里木的轮南油田,向东最终到达上海,延至杭州。途经

11省区,全长4000km。设计年输气能力120亿立方米,最终输气能力200亿立方米。2004年10月1日全线贯通并投产。

18.140 西电东送 electricity transmission from West to East China

是指开发贵州、云南、广西、四川、内蒙古、山西、陕西等西部省区的电力资源,将其输送到电力紧缺的广东、上海、江苏、浙江和京、津、唐地区。西电东送分北、中、南3条通道:北部通道是将黄河上游的水电和山西、内蒙古的坑口火电送往京津唐地区;中部通道是将三峡和金沙江干支流水电送往华东地区;南部通道是将贵州、广西、云南三省区交界处的南盘江、北盘江、红水河的水电资源以及云南、贵州两省的火电资源开发出来送往广东、海南等地。

18.141 储采比 ratio of reserves to production

煤、石油及天然气等矿物能源的保有储量(或剩余可采储量)与年开采量之比值。

18.142 开发强度 intensity of development

能源开发利用量(或年生产量)与能源探明保有储量之比值

18.143 能源利用效率 efficiency of energy use

能源利用过程中的有效部分与输入能源总量之比值。

18.144 能源资源开发利用率 development and utilization rate of energy resources

能源资源已开采量与能源资源可采储量之比。

18.145 能源资源采收率 recovery rate of energy resources

矿物能源采出量占地质储量的百分比。

18.146 最终采收率 final recovery rate

煤矿或油田从开发初期至结束累计采出量

与地质储量的百分比。

18.147 能源总回采率 overall recovery rate of energy resources

在一定开采区域,已采出的矿物能源资源量与开采量加损失量之间的百分比。

18.148 能源转换 energy conversion

适应生产和生活的需要,改变能源形式的工艺过程。如煤发电、气化、产热等。

18.149 能源加工转换效率 efficiency of energy processing and conversion

经加工转换产出的二次能源产量与能源加工转换投入量的比率。

18.150 能源加工转换损失率 loss rate in energy processing and conversion

能源加工转换过程中能源加工转换损失量与能源加工转换投入量的比率。它反映能源加工转换阶段能源损失程度。

18.151 能源加工转化率 rate of energy processing and conversion

一定时期内能源经过加工、转换后,产出的各种能源产品的数量与同期内投入加工转换的各种能源数量的比率。它是观察能源加工转换装置和生产工艺先进与落后、管理水平高低等的重要指标。

18.152 单位产品能耗 energy consumption for per unity unit products

报告期内生产某种产品所消耗的各种能源总量与该产品产量之比。

18.153 综合能耗 integrated energy consumption

在统计期内,对实际消耗的各种能源量,按统一的折算标准折算所得到的总能源消耗量。分为单位产量综合能耗和单位产值综合能耗。

18.05 能源规划管理

18.154 能源系统 energy system

能源开发、生产、输送、加工、转换、贮存、分配和利用等诸多环节所构成的系统,按范围分有地区能源系统、部门能源系统、企业能源系统等;按能源种类分有煤炭系统、石油系统、水能系统、生物质能源系统等。

18.155 标准煤 standard coal consumption for power generation coal

又称"煤当量"。按煤的热当量值计量各种能源的能源计量单位。通常1kg煤当量等于29.27MJ。

18.156 能源经济 energy economy

能源生产与再生产的经济关系。它包括进行生产和再生产过程中,与社会发生的关系,以及与自然界发生的关系。能源经济包括能源生产、交换、分配和消费的全部经济活动。

18.157 能源管理 energy management

能源管理分为宏观管理与微观管理。政府及有关部门对能源的开发,生产和消费的全过程进行计划、组织、调控和监督的社会职能是能源宏观管理;企业对能源供给与消费的全过程进行管理是能源微观管理。

18.158 能源预测 energy forecast

借助于逻辑推理和数学手段等科学方法,根据过去和现在的资料,对未来的能源发展进行科学的推断。

18.159 能源规划 energy project

适应国民经济和社会发展的需要,对一定发展时期的能源发展进行总体筹划和部署。

18.160 能源发展战略 energy development strategy

适应国民经济和社会发展的需要,对能源总体发展的谋划和设计,包括制定能源发展的方针、原则、目标及重大措施。能源发展战略具有长期性、全局性、综合性的特点。

18.161 需求侧管理和综合资源规划 demand side management and integrated resource planning, DSM/IRP

20世纪90年代在世界获得广泛应用的先进的资源规划方法和管理技术,目前主要用于电力、燃气、供水等公共事业部门。需求侧管理是公共事业公司采取激励和诱导措施,同用户共同协力提高终端利用效率的一种先进管理方式。

18.162 能源服务公司 energy service company, ESCO

为了推行需求侧管理和综合资源规划而发展起来的一种全新的节能运行机制。

18.163 能源效率标准 energy efficiency standard

是指规定产品能源性能的程序或法规。能效标准可分为指令性标准、最低标准和平均能效标准。强制性能源效率标准禁止能效值低于最低规定值的产品流入市场。

18.164 能源效率标识 energy efficiency labeling

是附在产品上,用以表示其能源性能的信息标签。它可以单独使用,亦可以作为能源效率标准的补充,也可作为消费者选择产品的参考。

18.165 能源计量单位 unit of energy

表示能源的量和单位时间内能源量的计量单位。主要有焦耳(J),千瓦·时(kW·h),卡(cal)和英制热单位(Btu)。

18.166 能源服务 energy service
通过能源的使用,为消费者提供的服务。能源的使用并不是自身的终结,而是为满足人们需要提供服务的一种手段。因此终端能源利用水平,应以提供的服务效率和效益来衡量。

18.167 能源工业布局 arrangement for energy industry
按照工业布局原则及资源分布特点,能源工业生产力在一个国家或地区范围内的空间分布与组合。

18.168 能源安全 energy security
能源安全是非传统安全中的一种。是指为保障一国经济社会和国防安全,使能源特别是石油可靠而合理供应,规避对本国生存与发展构成重大威胁的军事、政治、外交和其他非传统安全事件所引起的能源供需风险状态。

18.169 能源安全体系 energy security system
一个国家或地区为保障能源供需平衡、协调,规避能源供需风险,所建立起来的与能源安全相关的法规、体制、储备制度、预警系统和应急预案等一整套政策措施。

18.170 能源安全指标体系 indicator system of energy security
衡量能源安全各项指标的集合。主要指标有能源储采比,能源对外依存度(包括能源进口国的自给率和能源出口国的自用率),能源进出口集中度、能源储备保障率等。

18.171 石油输出国组织 Organization of the Petroleum Exporting Countries, OPEC
简称"欧佩克"。成立于 1960 年 9 月 14 日,1962 年 11 月 6 日欧佩克在联合国秘书处备案,成为正式的国际组织。其宗旨是协调和统一成员国的石油政策,维护各自的和共同的利益。现有 11 个成员国是:沙特阿拉伯、伊拉克、伊朗、科威特、阿拉伯联合酋长国、卡塔尔、利比亚、尼日利亚、阿尔及利亚、印度尼西亚和委内瑞拉。

18.172 国际能源机构 International Energy Agency, IEA
1973 年第一次石油危机后,在美国倡议下于 1974 年 11 月 15 日成立,总部设在巴黎。它是在经济合作组织(OECD)的框架内为实施国际能源计划而建立的国际自治团体,担负成员国之间的综合性能源合作事务。

18.173 世界能源委员会 World Energy Council, WEC
原为 1924 年创立的世界动力会议,1968 年改名为世界能源会议,1990 年更名为世界能源委员会,是一个非官方、非盈利组织。其宗旨是研究、分析和讨论能源以及与能源有关的重大问题,为各国公众和能源决策者提供咨询、意见和建议。总部设在伦敦。1985 年中国成为世界能源委员会执行理事会成员。

18.174 石油战略储备 strategic stock of oil, strategic petroleum reserve, SPR
基于国防安全和经济安全的考虑,国家依据本国的国情、制度和财力等情况,通过政府主导和民间参与等形式储备一定规模的石油。

18.06 能源节约与环境保护

18.175 能源效率 energy efficiency
能源开发、加工、转换、利用等各个过程的效率。减少提供同等能源服务的能源投入。可用单位产值能耗、单位产品能耗、单位建筑面积能耗等指标来度量。它与"节能"基本上是一致的,但是它更强调通过技术进步实现节能。

18.176 能源利用率 ratio of energy utilization
有效利用能量占全部消耗能量的百分数。用以表示能量利用水平。

18.177 节约能源 energy conservation
简称"节能"。在满足同等需要或达到相同目的的条件下,减少所需能源(或能量)的消耗。所减少的能源数量称为节能量。

18.178 广义节能 generalized energy saving
在满足相同需要或达到相同目的的前提下,减少能源消耗。既包括直接节能,也包括间接节能,亦即降低全社会能耗。合理分配使用能源,改变经济结构与生产力布局和产品结构,节约物资等都属于广义节能的范畴。

18.179 狭义节能 energy saving in narrow sense
又称"直接节能"。降低在生产和生活中直接消耗的能源量。即直接节约煤、电、油、天然气等。

18.180 间接节能 indirect energy saving
减少商品生产或服务所间接消耗的能源而实现的节能。如降低原材料、零部件和其他消耗,提高产品质量,延长设备使用寿命,合理组织运输,改变产业结构和产品结构等。

18.181 节能率 energy saving rate
报告期节能量与基准期的能源消耗量之比。即采取节能措施之后节约的能量与未采取节能措施之前能源消费量的比值。

18.182 可比能耗 comparable energy consumption
在一定可比条件下的单位能耗或综合能耗。在同行业中,同类产品在基本生产条件相同时,实现的能耗可比。

18.183 能源折算系数 conversion coefficient of energy resources
各种能源实际含热值与标准燃料热值之比。为了便于各种能源能够相互进行计算、对比和分析,必须统一折合成标准燃料。国际上习惯采用两种标准燃料,一是标准煤(煤当量),另一种是标准油(油当量)。

18.184 余能 surplus energy
某一工艺系统排出的未被利用的能量。即生产过程中可回收利用的损失能量。余能可以分为余热和余压两类。

18.185 余热 waste heat
某一热工艺过程中产生、未被利用而排放到环境的热能。它是载于固体、液体和气体等介质的二次能源,如刚出炉的钢锭、炉渣、热水、热烟气等物体携带的热能。

18.186 余热类型 type of waste heat
余热类型有:1.工业炉窑及锅炉等排放的烟气余热;2.高温炉渣余热;3.高温产品(包括中间产品)余热;4.冷却介质余热;5.可燃气体余热;6.化学反应余热;7.冷凝水余热;8.带压介质余能;各类生产过程中的其他余热,如锅炉排污水余热等。

18.187 余热利用 waste heat utilization
回收生产工艺过程中排出的具有高于环境温度的气态(如高温烟气)、液态(如冷却水)、固态(如各种高温钢材)物质所载有的热能,并加以重复利用的过程。

18.188 流化床燃烧 fluidized bed combustion
把煤和吸附剂(石灰石)加入燃烧室的床层中,从炉底鼓风,使床层悬浮,进行流化燃烧。其可以提高燃烧效率,减少二氧化硫排放,降低污染。

18.189 煤气化联合循环发电 integrated gasification combined-cycle
煤气化产生燃料气,驱动燃气轮机发电;余气再烧锅炉,生产蒸汽驱动汽轮机发电。煤气化联合循环发电,可提高系统热效率,减少二氧化碳和氮氧化物污染。

18.190　省柴节煤灶　firewood/coal saving stove

用于农户炊事的高效烧柴或烧煤炉灶。其效率一般在 25% ~ 30%，比旧式炉灶提高一倍以上。

18.191　绿色照明　green lighting

通过提高照明电器和系统的效率，节约能源；减少发电排放的大气污染物和温室气体，保护环境；改善生活质量，提高工作效率，营造体现现代文明的光文化。

18.192　高效照明器具　high-efficiency lighting appliance

效率高、寿命长、安全和性能稳定的照明电器产品。包括电光源，灯用电器附件，灯具，配线器材，调光控制装置和光控器件。

18.193　节能建筑　energy-saving building

设计和建造采用节能型结构、材料、器具和产品的建筑物；在此类建筑物中部分或全部利用可再生能源。

18.194　热电联产　combined heat and power generation

同时生产蒸汽和电力的先进能源利用形式。

18.195　高效电动机　high efficiency motor

比通用标准型电动机具有更高效率的电动机。

18.196　热泵　heat pump

以消耗一部分低品位能源（机械能、电能或高温热能）为补偿，使热能从低温热源向高温热源传递的装置。其实质是借助降低一定量的功的品位，提供品位较低而数量更多的能量。由于热泵能将低温热能转换为高温热能，提高能源的有效利用率，因此是回收低温余热、利用环境介质（地下水、地表水、土壤和室外空气等）中储存的能量的重要途径。

18.197　世界能源危机　world energy crisis

在世界范围内，能源主要是石油供求严重失衡，价格暴涨，影响和波及世界各地的经济发展，给世界经济发展带来极大风险的情况。

19．旅游资源学

19.01　旅游资源学概论

19.001　旅游资源　tourism resources

自然界和人类社会凡能对旅游者产生吸引力，可以为旅游业开发利用，并可产生经济效益、社会效益和环境效益的各种事物和因素。

19.002　旅游资源学　science of tourism resources

研究旅游资源成因发展、类型特征、区域分布、开发利用、保护的科学知识体系。

19.003　旅游资源分类系统　tourism resource classification system

根据一定原则和标准，将旅游资源分为若干部分的体系。

19.004　自然旅游资源　natural tourism resources

自然环境中能使人产生兴趣的事物和现象。

19.005　人文旅游资源　human tourism

resources

历史人文环境中能使人产生兴趣的事物和现象。

19.006 旅游资源层次结构 tourism resource hierarchy

按照集合程度对旅游资源类型划分的次序。如旅游资源主类、旅游资源亚类、旅游资源基本类型。

19.007 旅游资源主类 main types of tourism resources

按照旅游资源分类标准所划分出的最大程度集合单位。

19.008 旅游资源亚类 subgroups of tourism resources

按照旅游资源分类标准所划分出的中等程度集合单位。

19.009 旅游资源基本类型 basic types of tourism resources

按照旅游资源分类标准所划分出的最小程

度集合单位。

19.010 旅游资源单体 unit of tourism resources

可作为独立观赏或利用的旅游资源基本类型的单独个体。包括"独立型旅游资源单体"和由同一类型的独立单体结合在一起的"集合型旅游资源单体"。

19.011 实体旅游资源 substantial tourism resources

有形、客观存在、稳定的有吸引力的物质实体。

19.012 非物质旅游资源 non-material tourism resources

无形、不稳定,但客观存在的有吸引力的事物和现象。

19.013 旅游资源赋存环境 surrounding of tourism resources

旅游资源生成、演化和现实存在所依托的自然、历史文化条件。

19.02 旅游资源类型

19.014 地文景观 physiographic landscape

在长期地质作用和地理过程中形成,并在地表面或浅地表存留下来的各种景观。

19.015 综合自然旅游地 synthetic natural tourism area

整体或局部区段对人有吸引力的自然景观与自然现象。

19.016 山丘型旅游地 mountain typical tourism area

山地丘陵区内可供观光游览的整体区域或个别区段。

19.017 谷地型旅游地 valley typical tourism area

河谷地区内可供观光游览的整体区域或个

别区段。

19.018 沙砾石地型旅游地 gravel typical tourism area

沙漠、戈壁、荒原内可供观光游览的整体区域或个别区段。

19.019 滩地型旅游地 bottomland typical tourism area

缓平滩地内可供观光游览的整体区域或个别区段。

19.020 奇异自然现象 bizarre natural phenomenon

发生在地表面一般还没有合理解释的自然界奇特现象。

19.021 自然标志地 natural symbol place
标志特殊地理、自然区域的地点。

19.022 垂直自然地带 vertical belt
山地自然景观及其自然要素(主要是地貌、气候、植被、土壤)随海拔呈递变规律的现象。

19.023 沉积与构造景观 sedimentation and tectonic landscape
记录地壳发展过程中各种成层、非成层岩石及地质构造的现象和景色。

19.024 断层景观 fault landscape
在岩层或岩体受力发生破裂时,地壳沿破裂面产生显著位移的现象和景色。

19.025 褶曲景观 fold landscape
岩层在各种内营力作用下扭曲变形的现象和景色。

19.026 节理景观 jointed rocks landscape
岩石中没有相对位移或仅有微小位移断裂的现象和景色。

19.027 地层剖面 stratigraphic section
地层中具有科学意义的典型纵剖面。

19.028 石灰华 tufa
岩石中的钙质等化学元素溶解后沉淀形成各种可观赏的形态。

19.029 矿点矿脉与矿石集聚地 ore occurrence, vein and ore accumulation
矿床矿石地点和由成景矿物、石体组成的吸引游客的地面。

19.030 生物化石点 biologic fossil occurrence
保存在地层中的地质时期的生物遗体、遗骸及活动遗迹的发掘地点。

19.031 地质地貌过程形迹 trace of geological and physiognomic process
地球生成演化历史中产生的地壳结构和地

球表面的各种形态。

19.032 凸峰 protruding mountain
在山地或丘陵地区突出的山峰或丘峰。

19.033 独峰 single mountain
平地或平缓地面上突起的丘陵个体。

19.034 峰丛 clustered mountain
基底相连的成片峰体。

19.035 石林 stone forest
林立的石质峰丘。

19.036 土林 soil forest
林立的土质峰丘。

19.037 奇特与象形山石 fancy and shapely rock
形状奇异、似人状物的山体或石体。

19.038 岩壁与岩缝 cliff and crack
坡度超过 60° 的高大岩面和岩石间的缝隙。

19.039 峡谷段落 gorge segment
两坡陡峭、中间深峻的 V 形谷、嶂谷、幽谷等段落。

19.040 沟壑地 ravine
由密集的沟谷及其间的丘陵、台地、坡地等正向地形组成的崎岖地形景观。

19.041 丹霞景观 Danxia landscape
由陆相红色砂砾岩构成的顶部平坦,周边岩壁陡直,底部呈缓坡的地形。

19.042 雅丹景观 yardang landscape
主要在风蚀作用下形成的土墩和凹地(沟槽)的组合景色。

19.043 堆石洞 rock fill cave
岩石块体塌落堆砌成的石洞。

19.044 岩石洞与岩穴 rocky cavity and grotto

位于基岩内和岩石表面的天然洞穴。如溶洞、落水洞与竖井、穿洞与天生桥、火山洞、地表坑穴等。

19.045 沙丘地景观 dune landscape
由沙堆积而成的沙丘、沙山。

19.046 岸滩 shore
被岩石、沙、砾石、泥、生物遗骸覆盖的河流、湖泊、海洋沿岸堆积地面。

19.047 自然变迁遗迹 relic of natural change
突发性地壳演化、灾害和某些自然事件的记录。

19.048 泥石流堆积 accumulation of debris flow
饱含大量泥砂、石块的洪流堆积体。

19.049 地震遗迹 earthquake relic
地球局部震动或颤动后遗留下来的痕迹。

19.050 陷落地 downfaulted area
地下淘蚀使地表自然下陷形成的低洼地。

19.051 火山景观 volcano landscape
具有旅游价值的由地壳内部喷发的高温物质堆积而成的火山形态。

19.052 熔岩景观 lava landscape
具有旅游价值的由地壳内部溢出的高温物质堆积而成的熔岩流形态。

19.053 冰川堆积景观 glacier accumulation landscape
具有旅游价值的冰川后退或消失后遗留下来的堆积地形。

19.054 冰川侵蚀遗迹 glacier erosion landscape
具有旅游价值的冰川后退或消失后遗留下来的侵蚀地形。

19.055 岛区 island region
小型岛屿上可供游览休憩的区段。

19.056 岩礁 rock cay
河流、湖泊、海洋中隐现于水面上下的岩石及由珊瑚虫的遗骸堆积成的岩石状物。

19.057 水域风光 water area landscape
水体及所依存的地表环境构成的景观或现象。

19.058 观光游憩河段 river segment for sightseeing and recreation
可供观赏、休憩、娱乐的河流区段。

19.059 暗河河段 reach of underground river
地下流水河道的段落。

19.060 古河道段落 ancient channel section
曾经存在但现在已经消失,一般仍保持着较好的河道形态的历史河道段落。

19.061 观光游憩湖区 lake district for sightseeing and recreation
可供观赏、休憩、娱乐的湖泊水域。

19.062 湿地景观 wetland landscape
地表常年湿润或有薄层积水,生长湿生和沼生植物的地域或个别段落。

19.063 潭池景观 pond landscape
四周有岸的小片水域。一般水质清澈,环境幽雅,有旅游开发价值。

19.064 瀑布景观 waterfall landscape
从悬崖处或河床陡坎处倾泻或散落下来的水流。

19.065 跌水景观 drop water landscape
从陡坡上下泻的水流。

19.066 冷泉旅游资源 cold spring tourism resources
水温低于20℃或低于当地年平均气温的地下水在地表的天然露头。

19.067 温泉旅游资源 hot spring tourism resources

水温超过 20℃或超过当地年平均气温的地下热水、热汽在地表的天然露头。

19.068 地热旅游资源 eothermal tourism resources
可供旅游开发的存在于地球内部的热能。

19.069 观光游憩海域 sea district for sightseeing
可供观赏、休憩、游乐的海上区域。

19.070 涌潮现象 surging tide phenomenon
海水大潮时涌入海湾和近海河道的海浪推进景象。

19.071 击浪现象 hitting wave phenomenon
海浪向岸边推进时,拍打海岸造成水花卷起的景象。

19.072 冰雪地 ice and snow area
可供游客进行参观、考察的雪线以上常年堆积不化的积雪和存留现代冰川的区域。

19.073 冰川观光地 glacier sightseeing site
现代冰川的观光游览区域。

19.074 长年积雪地 perennial snow area
长时间不融化的降雪堆积地面。

19.075 生物景观 biology landscape
以生物群体构成的总体景观和个别的具有珍稀品种和奇异形态个体。

19.076 林地景观 woodland landscape
生长在一起的大片树木组成的植物群体,一般林内空气清新,景色美好。

19.077 丛树景观 jungle landscape
生长在一起的小片簇状树木组成的植物群体,有些林木种类独特或形态特异。

19.078 独树景观 single tree landscape
年代久远、有独特历史、传说的有科研价值或形态特殊的单株树木。

19.079 草地景观 grassland landscape
生长有一定高度和密度,景观美好的草本植物的地域。

19.080 疏林草地景观 scarce forest and grassland landscape
在一定草本植被覆盖中混生着稀疏林木的地区,林木的覆盖率一般不超过10%。

19.081 花卉地 flower area
在空地、草原或灌木、乔木林中丛生花卉群体的地段。

19.082 草场花卉地 flower area in grassland
在草地上成片生长的花色花形具有观赏价值的花卉生长地域。

19.083 林间花卉地 flower area in forest
在树林间成片生长的花色花形具有观赏价值的花卉生长地域。

19.084 野生动物栖息地 habitat for wild animal
一种或多种野生动物常年或季节性的栖息地。包括野生动物高密度栖息区(野生动物数量众多或种群繁多)和具有很高科研价值的珍稀动物栖息地。

19.085 水生动物栖息地 habitat for aquatic animal
一种或多种水生动物常年或季节性栖息的地方。

19.086 陆生动物栖息地 habitat for terrestrial animal
一种或多种陆生野生哺乳动物、两栖动物、爬行动物等常年或季节性栖息的地方。

19.087 鸟类栖息地 habitat for bird
一种或多种鸟类常年或季节性栖息的地方。

19.088 蝶类栖息地 habitat for butterfly
一种或多种蝶类常年或季节性栖息的地方。

19.089 天象与气候景象 landscape of astronomical phenomenon and climate
天文现象与天气气候变化的景象。

19.090 光现象 light phenomenon
由于光传播介质异常而引起光线折射的奇特景象。

19.091 日月星辰观察地 observation site for heaven
适合观察太阳、月亮、星星的地点。

19.092 光环现象观察地 observation site for aura phenomenon
适合观察虹霞、极光、佛光等光环现象的地点。

19.093 蜃景现象多发地 place appearing mirage frequently
在海面和荒漠地区,由于空气密度不均,通过光折射造成虚幻景象的地方。

19.094 天气现象 weather phenomenon
在空中与地面上产生的降水、水汽凝结物(云除外)、冻结物和声、光、电等大气现象,也包括一些和风有关的特征。

19.095 云雾多发区 place appearing cloud and fog frequently
云雾及雾凇、雨凇出现频率较高的地方。

19.096 避暑气候地 summer resort
炎热气候季节适宜避暑,人体感觉比较舒适的地区。

19.097 避寒气候地 winter resort
寒冷气候季节适宜避寒,人体感觉比较舒适的地区。

19.098 极端与特殊气候显示地 place with uttermost and special climate
易出现极端与特殊气候的地区或地点,如风区、雨区、热区、寒区、旱区等典型地点。

19.099 物候景观 phonological landscape
各种植物、动物、水文、气象的季变现象或其形成的景观。

19.100 遗址遗迹 site and relic
已废弃的目前不再有实际用途的人类活动遗存和各种构筑物。

19.101 人类活动遗址 human activity site
史前人类聚居、生产、生活的场所。

19.102 文化层 cultural layer
史前人类活动留下来的痕迹、遗物和有机物所形成的堆积层。

19.103 文物散落地 cultural relic
在地面和表面松散地层中有丰富文物残留物的地方。

19.104 原始聚落遗址 primal settlement site
史前人类居住的洞窟、地穴和原始房舍。

19.105 社会经济文化活动遗址遗迹 relic of social, economical and cultural activities
有历史记载曾经发生过重要人文活动的建筑物遗存和场所原址。

19.106 历史事件发生地 site of historic event
历史上发生过重要贸易、文化、科学、教育事件的地方。

19.107 军事遗址与古战场 military relic and ancient battlefield
历史上发生过军事活动和战事的地方。

19.108 废弃寺庙 abandoned temple
已经消失或废置的寺、庙、庵、堂、院等古建筑。

19.109 废弃生产地 abandoned productive place
已经消失或废置的矿山、窑、冶炼场、工艺作坊等。

19.110 交通遗迹 traffic relic
已经消失或废置的交通建筑和设施。

19.111 废城与聚落遗迹 abandoned city and settlement relic
已经消失或废置的城镇、村落、屋舍等居住地建筑及设施。

19.112 长城遗迹 Great Wall relic
已经消失的长城线形痕迹。

19.113 烽燧 beacon tower
古代边防报警用的构筑物。

19.114 建筑与设施 architecture and establishment
融入旅游的某些基础设施或专门为旅游开发而建设的建筑物和场所。

19.115 综合人文旅游地 synthetic human culture tourism site
整体或局部区段对人有吸引力的人文景观所在地。

19.116 教学科研实验场所 location for education, research or experiment
用于观光、研究和实习的教学单位、科学技术研究机构。

19.117 康体游乐休闲度假地 health and recreation resort
具有康乐、健身、消闲、疗养、度假条件的地方。

19.118 宗教与祭祀活动场所 religion and sacrificial place
宗教信徒修行及举行宗教仪式、帝王或民间为纪念祖先而进行祭祀活动的地方。

19.119 园林游憩区域 garden-style recreation area
运用工程技术和艺术手段,通过改造地形,种植树木花草,营造建筑和布置园路等途径形成的适宜游憩的地方。

19.120 文化活动场所 place of cultural activity
进行文化活动、展览、科学技术普及的场所。

19.121 建设工程与生产地 construction project and producing area
经济开发工程和实体单位,如工厂、矿区、农田、牧场、林场、茶园、养殖场、加工企业以及各类生产部门的生产区域和生产线。

19.122 社会与商贸活动场所 place of social, commercial and trade activities
进行社会交往活动、商业贸易活动的场所。

19.123 动物与植物展示地 exhibited place of animal and plant
专门饲养动物或栽培植物供展览观赏的场所。

19.124 军事观光地 military sightseeing place
曾经或正在用于军事的建筑物和设施以开展观光游览的场所。

19.125 边境口岸 frontier port
边境上设有过境关卡或开展贸易的地点。

19.126 景物观赏点 scenery enjoy spot
专门设立的观察旅游区内特有自然景观或人文景观的地点。

19.127 单体活动场馆 single place for cultural or sports activities
用于办公、祭拜、演出、体育健身、歌舞游乐等活动的单独馆室或场所。

19.128 聚会接待厅 entertaining lounge
公众场合用于办公、会商、议事和其他公共事务所设的独立宽敞房舍,或家庭的会客厅室。

19.129 祭拜场馆 sacral place
为礼拜神灵、祭祀故人所开展的各种宗教活动和礼仪活动的馆室或场地。

19.130 展示演示场馆 demo room
为各类展出、演出活动开辟的有特色的馆室或场地。

19.131 体育健身场馆 gymnasium
开展体育健身活动的有特色的馆室或场地。

19.132 歌舞游乐场馆 singing and dancing club
开展歌咏、舞蹈、游乐的馆室或场地。

19.133 景观建筑与附属型建筑 landscape architecture and appertaining architecture
表现一个区域的标志性建筑和从属于主体建筑物,或兼有实用和装饰等功能、独立存在的单体建筑物。

19.134 佛塔 Buddhist pagoda
以佛教背景设立的直立建筑物。

19.135 塔形建筑物 pagoda-shape building
为纪念、镇物、表明风水和具有某些实用目的的直立建筑物。

19.136 楼阁 attic
为藏书、远眺、巡更、饮宴、娱乐、休憩、观景等而建的二层或二层以上的有特色建筑。

19.137 石窟 grotto
古时一种临崖开凿的侧洞,内有壁画、石刻等艺术作品。

19.138 长城段落 section of the Great Wall
由关隘、城堡、墙体、烽燧等结构组成,具有防御功能作用的长城的局部线路。

19.139 城[堡] castle
结构体系完整并具有历史文化价值的用于设防的城体或堡垒。

19.140 摩崖字画 calligraphy and painting in cliff
在山崖石壁上镌刻的文字,绘制的图画。

19.141 碑碣[林] steles forest
为纪事颂德而筑的长条形刻石或刻石群。

19.142 游憩广场 recreation square
用于休息、游乐、礼仪、集会等活动有一定特色的场地。

19.143 人工洞穴 artificial cave
人工修筑的用于防御、储物、居住等目的的地下洞室。

19.144 建筑小品 accessorial building
围绕主体性建筑而修建的、供人们休息和观赏的小型艺术或附属建筑物。

19.145 雕塑 sculpture
为美化城市或用于纪念意义而雕刻塑造、具有一定寓意、象征或象形的观赏物和纪念物。

19.146 牌坊 memorial archway
为宣扬礼教、标榜功德、荣宗耀祖、旌表贞烈而建的纪念性建筑物。

19.147 戏台 drama stage
进行文艺表演的舞台。

19.148 台 terrace
高而平的建筑物。

19.149 阙 watchtower on either side of a palace gate
皇宫门前两边的望楼,或墓道外的石牌坊。

19.150 廊 colonnade
屋檐下的过道,或有顶的过道。

19.151 亭 pavilion
有柱有顶无墙的建筑物。

19.152 榭 pavilion on terrace

建筑在台上的屋子。

19.153　影壁　wall located inside and outside gate of building

设立在一组建筑大门内外的墙壁。

19.154　经幢　building with Buddhism lection and joss

石料制作的建筑物,上刻佛教经文或佛像。

19.155　喷泉　fountain

人工制造的涌泉。

19.156　假山　rockery

在园林和住宅的庭园内人工堆砌的石景。

19.157　祭祀堆石　sacrificial stone stack

为祭奠和纪念活动而设的块石堆。

19.158　传统与乡土建筑　traditional and native architecture

具有地方建筑风格和历史色彩的民间建筑物。

19.159　特色街巷　characteristic street

能反映某一时代建筑风貌,或经营专门特色商品和商业服务的街道。

19.160　特色社区　special community

在地理环境、建筑风格、生活习俗、生产经营、商业贸易、文化艺术等方面有个性的居住或社交区。

19.161　名人故居与历史纪念建筑　celebrity residence and historic commemorative building

有历史影响的人物的住所或为历史著名事件而保留的建筑物。

19.162　书院　ancient college

专指历史上设立的供人读书或讲学的处所。

19.163　会馆　assembly for townee

专指历史上旅居异地的同乡人共同设立的,供同乡、同业聚会或寄居的馆舍。

19.164　特色店铺　characteristic store

经营历史悠久、专门销售某类特色商品的店铺。

19.165　特色市场　characteristic market

批发零售特色商品的场所,把货物的买主和卖主正式组织在一起进行交易的地方。

19.166　陵寝陵园　mausoleum

以陵墓为主的园林。

19.167　墓[群]　cemetery

具有历史考古或纪念意义的单个墓冢或群墓。

19.168　悬棺　suspending coffin

悬挂(置)于峭壁上或峭壁洞穴中的棺木。

19.169　桥　bridge

跨越河流、山谷、障碍物或其他交通线而修建的架空通道。

19.170　车站　station

专门为乘客、货运集散服务的公共交通建筑设施。

19.171　港口渡口与码头　haven, ferry and dock

位于江、河、湖、海沿岸用于船舶靠泊、客货上下、过渡、商贸、给养活动的设施与场所。

19.172　航空港　airport

供飞机起降的场地及其设施。

19.173　栈道　trestle road along cliff

特指古代架设于陡峻地段提供给行人、物资运输的通道。

19.174　水库观光游憩区段　sightseeing section of reservoir

指可供观光、游乐、休憩的水库、池塘等人工集水区域。

19.175　运河与渠道段落　canal and section of channel

正在运行的人工开凿的水道段落。

19.176　堤坝段落　section of dyke
专门为防水、挡水、过水而修建的构筑物段落。

19.177　旅游商品　tourism commodity
市场为旅游者提供的物质产品。

19.178　菜品饮食　dish and beverage
具有特色风味和跨地区声望的地方菜系、饮食。

19.179　农林畜产品及制品　agricultural, forestry and livestock product
具有特色和跨地区声望的当地生产的农林畜产品及制品。

19.180　水产品及制品　marine product
具有特色和跨地区声望的当地生产的水产品及制品。

19.181　中草药材及制品　Chinese herb and medicine product
具有特色和跨地区声望的当地生产的中草药材及制品。

19.182　传统手工产品与工艺品　traditional boondoggle and artware
具有民俗风情和跨地区声望的当地生产的传统手工产品与工艺品。

19.183　日用工业品　industrial goods for daily use
具有特色和跨地区声望的当地生产的日用工业品。

19.184　人物　celebrity
历史和现代名人。

19.185　事件　event
发生过的重大历史和现代事件。

19.186　艺术　art
反映当地社会生活,满足人们精神需求的意

识形态。

19.187　文艺团体　literary and artistic group
主要反映当地戏剧、歌舞、曲艺、杂技的社会团体。

19.188　文学艺术作品　literary and artistic works
对社会生活进行形象的概括而创作的文学和艺术产品。

19.189　地方风俗与民间礼仪　local custom and folk comity
发生和存在于人们中间的风俗习惯,以及社会风气、待人接物的礼节、仪式等。

19.190　民间节庆　folk festival
民间举办的传统庆典、祭祀节日和有关专项活动。

19.191　民间演艺　folk performance
民间艺术表演方式。

19.192　民间健身活动与赛事　folk exercises and games
地方性体育健身比赛、竞技活动。

19.193　宗教活动　religious activities
宗教信徒举行的各种宗教与法事活动。

19.194　庙会与民间集会　temple fair and folk assembly
节日或规定日子里在寺庙附近或其他地点举行的商贸与文体活动。

19.195　特色饮食风俗　special eating custom
主要指带地方特色的餐饮程序和方式。

19.196　特色服饰　special costume
具有地方和民族特色的衣饰。

19.197　现代节庆　modern festival
当今经常举办的节日庆典活动。

19.198　旅游节　tourism festival

定期和不定期的旅游活动的节日。

19.199　文化节　cultural festival

定期和不定期的展览、会议、文艺表演活动的节日。

19.200　商贸农事节　commerce and husband-

ry festival

定期和不定期的商业贸易和农事活动的节日。

19.201　体育节　sport festival

定期和不定期的体育比赛活动的节日。

19.03　旅游资源调查

19.202　旅游资源调查　survey of tourism
　　　　resources

依照一定标准和程序针对旅游资源开展的询问、查勘、实验、绘图、摄影、录像、记录填表等活动。

19.203　旅游资源详查　detailed survey of
　　　　tourism resources

为了解和掌握整个区域旅游资源全面详细的情况,按照全部既定调查程序,采用各种技术与方法进行的旅游资源调查。

19.204　旅游资源概查　general survey of
　　　　tourism resources

对旅游资源进行一般性面上的调查,简化工作程序,资料收集限定在与相关项目有关范围的调查。

19.205　旅游资源调查组织　tourism resource
　　　　survey organization

旅游资源的专业调查机构,主要由旅游及与旅游有关方面的专业人员组成。

19.206　旅游资源调查准备　preparation for
　　　　tourism resource investigation

旅游资源实际调查前所做的工作,包括资料收集分析、工具配备、野外工作文件准备等。

19.207　旅游资源调查区　investigated area of
　　　　tourism resources

旅游资源调查的一级地域单元。一般按行政区域划分,有时也可按已有的旅游区划分。

19.208　旅游资源调查小区　investigated sub-
　　　　area of tourism resources

为调查和后期成果处理方便,在旅游资源调查区以下再分出的次级旅游资源调查地域单元。

19.209　旅游资源调查线路　investigated route
　　　　of tourism resources

贯穿所有调查区和主要旅游资源单体所在的地点的调查路线。

19.210　资料与数据采集　information and
　　　　data collection

利用各种技术手段对旅游资源资料和数据的收集、验证、登录过程。

19.211　旅游资源遥感显示　remote sensing
　　　　display of tourism resources

通过遥感传感器获取地面信息,经过存储和处理过程,获取旅游资源的相关信息。

19.212　旅游资源地学分析　geoscience's
　　　　analysis of tourism resources

对具有旅游价值的地质地理环境,包括环境类型、成因演化过程的研究。

19.213　旅游资源生物学分析　biological
　　　　analysis of tourism resources

对与旅游资源有关的动植物类型、珍稀程度、特色、多样性等的研究。

19.214　旅游资源历史学分析　historical anal-
　　　　ysis of tourism resources

对旅游资源的历史演进、历史背景、历史沿革、历史过程进行的研究。

19.215 旅游资源美学分析 esthetics analysis of tourism resources

在旅游者或旅游专家体验性评价基础上进行的旅游资源愉悦性分析。

19.216 旅游资源开发潜力分析 potential exploitation analysis of tourism resources

对旅游资源经过开发建设进入市场后的前景分析。

19.217 旅游资源单体调查表 questionnaire of tourism resource unit

为了存储旅游资源调查资料数据而要求填写的表格。调查表包括了所调查的旅游资源单体的详细信息。

19.218 旅游资源调查实际资料图 firsthand source map of tourism resource investigation

实际记录旅游资源调查过程中获取的各种资料数据,如调查时间、路线、旅游资源单体位置等的地图草图。

19.219 旅游资源调查质量控制 quality control of tourism resource investigation

为保证旅游资源调查成果的科学、客观、准确而制定的调查方法和质量检查评估制度。

19.04 旅游资源评价

19.220 旅游资源评价 tourism resource evaluation

从旅游角度对旅游资源自身的外在表现和内在性质的质量评定。

19.221 旅游资源量值评价 quantity evaluation of tourism resources

对旅游资源进行的定量评定。

19.222 旅游资源特征值评价 feature evaluation of tourism resources

利用表现旅游资源基本类型自身性质的数值对旅游资源单体进行的质量评定。

19.223 旅游资源共有因子评价 common factor evaluation of tourism resources

对不同旅游资源基本类型的共同因子进行评定。包括资源要素价值和资源影响力两个系列。

19.224 旅游资源要素价值系列 value series of tourism resources main factor

包括旅游资源的观赏游憩价值、历史文化科学艺术价值、珍稀或奇特程度、规模、丰度与

概率、完整性。

19.225 旅游资源影响力系列 effect series of tourism resources

包括知名度和影响力、适游期和使用范围。

19.226 旅游资源评价因子权重系数 weighing coefficient of evaluation factor of tourism resources

旅游资源评价因子因它对评价对象的重要性不同而分配的数值比例。

19.227 旅游资源质量等级 grade of tourism resource quality

根据旅游资源质量而划分的级别。

19.228 优良级旅游资源 premier tourism resources

观赏游憩使用价值和历史文化科学艺术价值较高,物种珍稀程度高,形态较奇特,整体较完整,出现频率较高或概率较大的旅游资源单体。

19.229 普通级旅游资源 common tourism

resources

观赏游憩使用价值和历史文化科学艺术价值较高,物种珍稀程度低,形态奇特性一般,整体不很完整,出现频率较低或概率较小的旅游资源单体。

19.230 旅游资源集合 aggregation of tourism resources
群聚在一起的同类型旅游资源单体。

19.231 旅游资源区域组合 regional combination of tourism resources
在一定区域内结合在一起的不同类型旅游资源单体。

19.232 旅游资源区域评价 regional evaluation of tourism resources
对不同区域旅游资源组合的质量评定。

19.233 康乐气候旅游资源评价 evaluation of climate tourism resources for health and recreation
对用于康体健身娱乐活动所进行的气候适宜性的质量评定。

19.234 沙滩旅游资源评价 evaluation to beach tourism resources
对沙滩旅游资源的质量评定。

19.235 湖泊水体旅游资源评价 evaluation to water tourism resources
对湖泊水体旅游资源的质量评定。

19.236 旅游资源赋存环境评价 evaluation to surroundings of tourism resources
对旅游资源外围环境的质量评定。

19.237 旅游资源开发评价 exploitation evaluation of tourism resources
涉及旅游资源、旅游资源赋存环境、旅游开发条件的质量评定。

19.238 旅游资源评价因子 evaluation factor of tourism resources
旅游资源质量评定时的各项依据。

19.239 旅游资源观赏价值 enjoy value of tourism resources
旅游资源单体在被观看欣赏方面的效用和意义。

19.240 旅游资源游憩价值 recreation value of tourism resources
旅游资源单体在游乐休憩方面的作用。

19.241 旅游资源使用价值 usage value of tourism resources
旅游资源单体在被使用方面的价值。

19.242 旅游资源历史价值 historical value of tourism resources
旅游资源单体在历史上的作用和意义。

19.243 旅游资源文化价值 cultural value of tourism resources
旅游资源单体在文化方面的意义与作用。

19.244 旅游资源科学价值 scientific value of tourism resources
旅游资源单体在科学方面的意义与地位。

19.245 旅游资源艺术价值 artistic value of tourism resources
旅游资源单体在艺术方面的意义。

19.246 旅游资源珍稀程度 precious degree of tourism resources
旅游资源单体在物种珍稀性方面达到的水平。

19.247 旅游资源奇特程度 peculiar degree of tourism resources
旅游资源单体在形态奇特方面达到的水平。

19.248 旅游资源规模 scale of tourism resources
旅游资源单体的大小。

19.249 旅游资源丰度 abundance of tourism

resources

旅游资源单体的丰富程度。

旅游资源单体被外界了解、认可的程度和范围。

19.250　旅游资源概率　probability of tourism resources

旅游资源单体在一定时间内出现的次数。

19.253　旅游资源社会影响　social impact of tourism resources

旅游资源单体对社会所起的作用和知名度。

19.251　旅游资源完整性　integrity of tourism resources

旅游资源单体的整体完好程度。

19.254　旅游资源适游期　appropriate tour period of tourism resources

旅游资源单体开发后一年中可以接纳游客观赏和使用的天数。

19.252　旅游资源知名度　popularity of tourism resources

19.05　旅游资源管理

19.255　旅游资源管理　tourism resource management

为实施旅游资源保护和合理开发利用与经营工作所进行的计划、组织、开发、协调、监督的活动过程。

19.256　旅游资源保护　tourism resource protection

对旅游资源实施照管维护使其不受损害的活动。包括旅游开发控制、游客活动控制和旅游环境影响评估等方面。

19.257　旅游资源信息系统　tourism resource information system

通过信息技术对旅游资源数据进行采集、整理、存储、处理、分析、管理和输出、解释、应用的组织严密的连贯整体。

19.258　旅游资源数据库　tourism resource database

与应用彼此独立的、以一定的组织方式存储在一起的、彼此相互关联的、具有较少冗余的、能被多用户共享的旅游资源数据集合。

19.259　旅游资源地图　tourism resource map

在旅游资源调查的基础上,反映旅游资源的类型、等级、空间分布规律的专题地图。

19.260　旅游资源信息因特网发布　tourism resource information by Internet

在系统掌握旅游资源信息的基础上,利用因特网将旅游资源的相关信息在网上公示。

19.261　旅游产品　tourism products

旅游经营者提供给旅游者购买的完整的旅游经历。它所包含的吃、住、行、游、娱、购等六大要素,均与旅游资源有密切关系。

19.262　旅游规划　tourism planning

在一定价值标准下选择所要实现的特定目标,制定达到这一目标的方法和实施程序。旅游资源是编制旅游规划的基础要素。

19.263　旅游资源展示与演示　presentation and exhibition of tourism resources

用实物、图表或影像把旅游资源的发展过程展览、显示出来。

20. 区域资源学

20.01 区域资源学概论

20.001 区域资源系统 regional resource system

一种或多种资源在一定区域范围内相互作用组合而成的资源整体。包括区域自然资源系统和区域社会资源系统。

20.002 资源区位 resource location

某种资源或资源系统的空间位置,反映资源与其周围地理要素的空间关系。包括资源的绝对地理位置和资源的经济地理位置,即资源空间分布及其经济要素的空间关系。

20.003 资源的空间属性 spatial attributes of resources

由于地球与太阳的位置、地球运动、地质构造过程和海陆分布以及资源形成、演变的相关因素所决定的资源在空间分布上的地理位置的固定性和不可移动性。

20.004 区域资源学 regional resource science

研究区域资源系统的形成、演化、质量特征与时空分布以及它与区域社会经济发展、区域自然环境之间相互关系的边缘学科。

20.005 区域资源学研究对象 research object of regional resource science

区域资源学的研究对象是区域资源系统。它既包括作为人类生存与发展物质基础的自然资源系统,又包括与其开发利用密切相关的技术、人力、资本、科技、信息与教育等社会资源系统。

20.006 区域资源学基础理论 basic theories of regional resource science

指导区域资源学建设与发展的基本理论。

包括地域分异论、区位论、人地关系论、地域分工与贸易论和生态平衡理论等。

20.007 资源地域分异规律 laws of geographical differentiation of resources

指自然资源各要素及其综合特性在地球表面呈水平或垂直分布的组合的现象。这主要是由于地球与太阳的位置,地球本身的运动,地质构造过程和海陆分布等因素所决定的。

20.008 资源区域组合规律 laws of combination of regional resources

不同类型的资源在一定地域范围内相互依存、有机排布形成具有一定空间结构的资源整体的规律。

20.009 区域资源互补 regional resource complementation

区域内的资源所具有的相互匹配、组合成资源开发综合体的关系和过程。

20.010 区域资源流动 regional resource flow

不同区域的优势资源在地区贸易和地域分工规律作用下,跨区域交流互补的过程。

20.011 资源区划 resource regionalization

在查清各地资源的地域差异的基础上,根据资源的地域分异、组合规律和相似性与差异性,对资源类型和功能进行分区划片的过程。

20.012 资源区划指标体系 indicator system of resource regionalization

指对资源类型和功能进行分区划片的指标

系统。

20.013 资源区划制图 cartography of resource regionalization

在地域分异规律的指导下绘制区域资源类型图,以便因地制宜地开发、利用和保护资源。

20.014 区域资源综合评价 comprehensive evaluation of regional resources

对区域内各种资源的数量与质量、优势与劣势、现状与潜力、开发条件与限制因素,以及各种资源组合、匹配状况与资源开发的经济、社会和生态效益进行全面分析评价的过程。

20.015 区域资源综合评价方法 method for comprehensive evaluation of regional resources

对区域资源进行实地调查和分析,制定评价指标体系,建立动态模拟等综合评价的系列方法。

20.02 区域资源经济

20.016 区域资源经济学 regional resource economics

研究区域经济发展与资源开发、利用、保护、配置和管理的学科。它是把区域经济学原理和方法应用于资源研究,尤其是应用于资源配置研究的一门综合性、应用性学科。

20.017 区域资源潜力 regional resource potential productivity

主要指区域资源系统优化组合后在预期时间内可开发的价值和前景。

20.018 区域资源绝对优势 absolute advantages of regional resources

指某区域的某资源具有独占性特征,为其他区域所没有。基于这种资源之上的资源生产部门或产品生产部门生产的产品就相应地具有了垄断性地位的状况。

20.019 区域资源比较优势 comparative advantages of regional resources

某区域资源比其他区域资源在数量、质量、匹配、组合以及开发前景等方面虽无独占优势,但具有相对优势的状况。

20.020 区域资源经济评价 economic evaluation of regional resources

应用区域经济学理论、准则和方法,对区域资源的经济价值和开发利用的生态 - 经济效益进行以货币为计量单位的估价和评判。

20.021 区域资源市场 regional resource market

区域资源或自然资源品供求关系总和或交易场所,也是区域生产要素市场的重要组成部分。

20.022 区域资源贸易 regional resource trade

由于资源地区分布的不平衡,按照资源互补和价值规律法则在区域之间所进行的资源或资源品的交易过程。

20.023 区域资源优化配置 optimum allocation of regional resources

资源按照一定原则在不同时间、空间和部门之间的合理分配。依据帕累托定律,资源配置达到最佳,是指资源在各部门和个人之间的配置和使用已达到这样一种状态,即使资源的经济重新配置都不能使任何人的境况变好,同时又不使其他人的境况变坏。

20.024 区域资源开发 regional resource exploitation

在一定技术水平条件下,人类对区域资源的勘探、查明,并通过一定手段把资源转化为自身所需生产资料和生活资料的全过程。这种过程实质上是资源在形态、价值、能量等方面依人类意愿发生变化的运动过程。

20.025　区域资源综合考察　integrated survey of regional resources

组织多学科的科技人员对区域资源进行系统全面的科学调查研究。资源综合考察的目的是查明资源和条件,提出开发利用方案与建议,同时丰富和发展资源科学。

20.026　区域资源开发基地　exploitation base of regional resources

具有地区或国家意义的资源开发比较集中的地点或地区。一般是指那些有区际和全国意义的大型资源综合开发区。

20.027　区域资源开发中心　exploitation center of regional resources

资源开发比较集中的地点或地区。区域资源开发中心规模因其作用大小而不同,但一般是指资源型城市。

20.028　资源综合开发区　regional resource exploitation areas

资源开发在一个较大的地理区域范围,一般由几千到几万平方公里构成。它是由若干资源开发枢纽、资源开发区、资源开发点所在地组成的一种资源开发地域组合类型,具有资源开发地域综合体的作用。

20.029　区域资源开发规划　exploitation planning of regional resources

对区域资源开发利用的方向、规模、结构与布局等进行部署的宏观策划。

20.03　区域资源与可持续发展

20.030　区域资源承载力　regional resource capacity

在一定时期、一定的技术经济条件下,某地区资源对人口增长和经济发展以及生态平衡的支持能力。

20.031　区域资源安全保障体系　security systems of regional resource safety

保障区域社会、经济和生态安全及可持续发展的资源预警、决策、响应、供给和保障的资源战略系统。

20.032　区域资源替代　resource replacement

根据地域分工和资源贸易原理,用区域优势资源替代劣势资源,发挥区域资源优势,克服资源短缺劣势过程。

20.033　资源保护区　natural resource conservation region

在区域内划出一定范围,将自然资源和历史遗迹保护起来的特定区域。

20.034　区域资源战略　regional resource strategy

从全局及长远出发,联系内在和外部环境等因素,对区域资源勘查、评价、开发利用、安全保障、管理和保护等进行的谋划或为此制定的方略。

20.035　资源循环再生　recycle and regeneration of resources

改变传统的"资源—产品—废物"的线性经济流动模式,形成"资源—产品—再生资源"的物质闭环流动型增长模式,将人们生产和生活过程中产生的废物重新纳入人类生产、生活的循环利用过程,并转化为有用的物质产品。这是循环经济发展模式。

21. 人力资源学

21.01　人力资源学概论

21.001　人力资源学　science of human resources

研究人力资源数量、质量、开发、利用、配置、管理以及提高劳动生产力水平和推动社会进步的一门综合性的社会科学。

21.002　人口资源　population resources

指一个国家或地区的人口总体。

21.003　人力资源　human resources

指在一个国家或地区中,处于劳动年龄、未到劳动年龄和超过劳动年龄但具有劳动能力的人口之和。或者表述为:一个国家或地区的总人口中减去丧失劳动能力的人口之后的人口。

21.004　人力资源分类　classification of human resources

为保证人力资源会计核算质量而对人力资源所进行的价值分类。目前我国主要分类方法为:按人口统计体系将劳动人口按行业分为13类,按职业分为8类,按其劳动统计体系将企业就业人员分成工人、学徒、工程技术人员、管理人员、服务人员和其他人员6类。

21.005　人力资源数量　quantity of human resources

包括拥有劳动能力的人口数量或投身有用工作人口的比例及实际劳动量。主要指由就业、求业和失业人口所组成的现实人力资源。

21.006　人力资源质量　quality of human resources

体现人的体力和脑力的生理素质与科学文化素质以及这两者综合的状况。

21.007　人力资源生理素质　physical quality of human resources

人力资源生理素质要求有健康强壮的体质。这不仅是体力得以形成和发挥的生理基础,而且是智力得以改善和提高的生理基础。

21.008　人力资源科学与文化素质　human resource quality of science & culture

人力资源的科学与文化思想造诣与素养,是知识经济的关键要素,是人力资源发展的重要动力,是人力资源核心价值观的具体体现。

21.009　国民整体素质　national quality

是一个国家或一个民族的政治、经济、文化教育、科学技术实力的标志之一,是国家整体力量的综合反映,是国民的政治思想、道德修养和教育科学文化素质的综合表现。国民素质的高低主要是通过劳动者素质体现和反映出来。

21.010　人力资源社会共享　social share of human resources

人力资源是开放性资源,人力资源的增长带来社会人力资本的积累和劳动者知识的增长。这些都最终成为全社会共同拥有的知识总和的一部分,从而为提高全社会,特别是为提高各生产部门的生产要素边际收益递增做出贡献。

21.011　人力资源层次　layer of human resources

人力资源大体可分为人口资源—劳动力资源—人才资源三个层次。这三个层次大致是三角形的架构。

21.012　人力资源类型　type of human resources

将人力资源分为显性知识/高价值、显性知识/低价值、隐性知识/高价值、隐性知识/低价值四类。针对不同的人力资源类型,组织应采取不同的人力资源策略,发挥其各自的优势

21.013　人力资源系统　system of human resources

人力资源系统有广义与狭义之分:(1)广义人力资源系统是指总人口或每个人口,全长发育、成长成熟、培养成才的各个阶段所构成的紧密关联的有机系统。其中包括培养育才阶段的新生儿优生优育阶段、学龄前婴幼儿培育阶段、适时儿童与青少年自主成年的大中小学教育阶段、工作后成才用才的再学习再教育阶段、退离休后人才资源发挥余热阶段等5个子系统。(2)狭义人力资源系统是指广义人力资源系统的某一子系统或子系统的某一层次。

21.014　人力资源生态环境　ecology environment of human resources

人力资源赖以生存的自然和社会生态环境。人力资源正是在一定的生态环境,特别是在一定的社会生态环境下才能得以体现和发挥其作用。

21.015　人力资源自然环境　natural environment of human resources

指由土地、水、气候、生物和矿产以及有关平衡因子所构成的自然环境,对人力资源发展起着一定的制约作用,人力资源也赖以其发展。

21.016　人力资源社会环境　social environment of human resources

涵盖了与人力资源的社会活动有关的各种社会影响因素,可分为社会生态硬环境与软环境。硬环境包括了人类创造的物质环境;软环境则包括社会制度、生产关系、社会秩序、道德风尚、信息系统等等。

21.017　人力资源可持续发展　sustainable development of human resources

人力资源的可持续发展,一方面是指人力资源在数量上比前期有所增长,是一种外延型发展;另一方面是指人力资源在质量上的提高,包括文化水平、劳动技能、劳动经验、科技知识等。劳动者的智力可通过劳动者的平均熟练程度和生产力水平得到提高,是一种内涵型发展。

21.018　人力资源职业结构　career structure of human resources

职业因其劳动内容、方法、对象和劳动条件与环境存在着很大差异,从而就有了职业的分类,也有了人们的社会职业评价和对职业的不同选择。它分为职业的社会阶层结构、职业的微观分层结构。

21.019　人力资源年龄结构　age structure of human resources

同一总体内不同年龄的人力资源的比例构成。人力资源年龄构成取决于人口年龄构成,尤其取决于劳动适龄人口的年龄构成。

21.020　人力资源产业部门结构　industrial structure of human resources

指三大产业结构中下一个层次的各个部门结构。当今我国的部门结构包括20大类。

21.021　人力资源地区结构　regional structure of human resources

人力资源在不同地区的分布。可从自然地理区划、经济区划、行政区划不同方面区分。它是地区生产力配置的基础。

21.022　人力资源社会结构形式　social struc-

ture of human resources

把一个社会或一个国家拥有的劳动人口看作一个整体,然后就其性质、作用与数量或比例分布进行分析而得出的不同结构类型。

21.023 人力资源组织结构形式 organizational structure of human resources

在用人单位内部员工分布的结构类型,即生产工人、工程技术人员、管理人员、服务人员及其比例关系等。

21.024 人力资源组织行为学 behavior theory of human resources

综合运用各种与人的行为有关的知识,研究一定组织中人的行为规范和行为规律的科学。

21.025 人力资源动机激发过程 human resource motivation inspired process

当人们产生某种需要时,心理上会产生紧张或不自在的状态,成为一种内在的驱动力,就产生动机;有了动机就要选择或寻找目标。当目标确定后,随之就为满足需要而进行活动。行为使产生的动机在需要不断满足中逐步减弱,直到行为结束。人的心理紧张也随之解除,而后产生新的需要,引起第二个行为。

21.026 人力资源需要层次理论 human resource demand hierarchy theory

在人类社会各种组织中,只有较低层次的需要得到满足后,较高层次的需要才会产生;任何一种需要的出现并不因为下一个高层次需要的出现而消失,只是高层次需要产生后低层次需要对行为的影响变小而已;只有早期的基本需要高峰过去之后,后一较高层次的需要才能开始发挥优势。各种需要层次的产生和个体发育密切相关。

21.027 人力资源自然性 natural character of human resources

人力资源是基于人体中的劳动能力,而人作为生物机体,是自然界的一部分,因而又与自然界的其他物质形式一样遵循自然界的运动规律,参与自然界的物质循环过程。

21.028 人力资源社会性 social character of human resources

人力资源只有在一定的社会环境和社会实践中才能形成、发展并产生作用。人力资源的开发、配置、使用和管理是人类的有意识的自觉社会活动的结果。

21.029 人力资源受动性 passive character of human resources

人力资源受到它周围环境的制约和影响。

21.030 人力资源能动性 active character of human resources

人力资源能够根据外部可能性和自身条件、愿望,有目的地确定经济活动的方向,并根据目的具体地选择、运用外部条件或主动地适应外部环境。

21.031 人力资源时效性 timing character of human resources

人力资源的形成、开发、使用都具有时间的制约性。

21.032 人力资源有限性 limit of human resources

人们只能在自身的生理条件和社会环境所许可的范围内形成、发展和运用自身的体力与脑力资源。从这一意义说,任何个体和群体的人力资源都是有限的,所以它的开发和使用是有条件的。

21.033 人力资源无限性 infinity of human resources

每一代人所拥有的智力资源都是有限的,但人类一代又一代的延续过程是无限的。每一代人都把他们的知识和技术以及其他认识自然和社会的成果传授给下一代。每一代人都在前一代所达到的认识高度继续向前探索新的领域,而新的探索又形成更新的知识和技术。如此延续,即为人力资源的无限性。

21.034 人力资源功能性 function of human resources

劳动者经过学习、培训而具有的工作能力,在生产经营活动中能体现的才能与作用,即人力资源的功能性。它是劳动者使用价值的综合体现。

21.035 人力资源自我强化 self-enhance of human resources

人力资源自觉调整自身资源的优劣势,发挥优势,克服劣势;并依据需要,不断学习和总结,使其工作与生产能力不断得到提高的过程。

21.036 人力资源稀缺性 scarcity of human resources

包括显性稀缺,即市场上能影响企业盈利性的人力资源供给不足;隐性稀缺,即由于不同企业在人力资源开发与培育方面的差异,而导致的在选择与配置人力资源时所造成的稀缺。

21.037 人力资源无形性 invisibility of human resources

人力资源所蕴含的知识、技能等,具有非显现性和不可触知性。

21.038 人力资源内涵性 connotation of human resources

人力资源隐含在劳动力载体之中,内在而非外部显现。

21.039 人力资源隐蔽性 concealment of human resources

人力资源所蕴含的技能、知识、品行、思想与素质等,在它随行为展现之前是隐含(蔽)于劳动力载体之内的。

21.040 人力资源抽象性 abstraction of human resources

人力资源是众多劳动者体力与脑力的总概括,虽是客观存在,却不能触摸,可以感知却难以直接展现。

21.041 人力资源作用的不确定性 indefinition of human resources

人力资源作用的发挥,不仅受制约于个体的生理、心理状态,还受制于不同组织的管理水平、文化水平与物质基础,受制于所存在的社会环境,故其作用具有不确定性。

21.042 人力资源群体与个体并存性 coexistence of human resource colony and unity

人力资源寓于个体之内,表现在行为过程之中,但不同的个体组成不同的群体。由于其组织结构与个体特点互补的差异性,则会形成不同的人力资源存量与流量。

21.043 人力资源系统协调性 harmony of human resource system

由于人力资源存在着个体独立性,相互间会产生一定的矛盾。因此需要按照一定的结构形式进行系统组合,需要按照效益共享、风险共担、"职权利一体化"的原则进行系统内的协调。

21.044 人力资源生活性 human resource humanism

人力资源以人身作为天然载体,蕴藏在生命个体之中,是一种活的资源,并与人的自然生理特征相联系,具有生活性。要维持发展现有的人力资源,就必须保证人力资源拥有者的生活条件与费用。

21.045 人力资源可控性 controllability of human resources

人们在一定程度上能控制其工作的效率和效果,而保持其生产的数量和质量。

21.046 人力资源变化性与不稳定性 vari-

ance and unstability of human resources

人力资源不仅会因为个人及环境变化而变化,还会随着时间的变化而变化,比如各个年龄阶段的人力资源实际效用的不同而产生活动性差别。

21.047　人力资源再生性　reproduce of human resources

人口的再生产和劳动力再生产,是通过人口总体和劳动力总体内各个个体的不断替换、更新和恢复的过程得以实现的。其中即蕴含着人力资源的再生性。这种再生性除了遵守一般生物学规律之外,还受人类社会意识的支配作用的影响。

21.048　人力资源开发的持续性　sustainability of human resource development

人力资源每经历一次开发,素质就能随之提高,而且以往累积素质还能在新的开发中发挥作用。

21.049　人力资源个体独立性　the independent of human resources

人力资源以个体为单位,独立存在于人群中,受不同个体生理状况、思想与价值观念的影响,表现为个体特性。

21.050　人力资源内耗性　self-decrement of human resources

人力资源内在个体之间往往出现不协调和内在矛盾,而消耗其能力的现象。

21.051　人力资源主导性　leading of human resources

人力资源的载体(人的个体)具有目的性、主观能动性和社会意识性。从古至今在一切经济活动中总是处于主导地位。

21.052　人力资源品德　moral character of human resources

一个人用来调节与处理对己对人对事的稳

定行为特征与倾向,其外表现为行为态度与行为特征,其内表现为个人信念与行为准则。

21.053　人力资源特点　character of human resources

人力资源是一种可再生的生物性资源。它具有社会性、能动性、时效性、稀缺性、无形性、内涵性、隐蔽性、抽象性、作用的不确定性、系统协调性、生活性、可控性、变化性与不稳定性、再生性、独立性等特点。

21.054　人力资源组织心理学　organizational psychology of human resources

将心理学的理论与方法应用于组织管理活动之中,以解决人员与劳动的组织问题,以及针对工作的差别和人的差异,更好地解决选拔、安置、训练、发展、激励与评价等一系列人事问题的科学。

21.055　人力价值　human value

人力资源对社会产出的价值。通过对人们各方面素质的考评,对其工作能力和工作表现用它所在组织的衡量尺度做出测评的结果。

21.056　人力资源哲学　human resource philosophy

企业对其组织中人员意识形态的总体看法,包括世界观、价值观、方法论以及他们在具体行为和政策中的表现。

21.057　人力资源评价　human resource evaluation

狭义的人力资源评价是指对企业员工在履行工作岗位职责过程中表现出来的思想品德、工作态度、工作能力及工作绩效的测评;广义的人力资源评价除对员工进行岗位评价外,还包括对员工素质评价,即心理素质、思想素质、智力素质等方面的评价。

21.058　人力资源素质　human resource quality

国家或地区拥有劳动能力的人口的身体素质、文化素质、品德素质以及专业科技素质等的综合表现。

21.02 人力资本劳动价值及其理论

21.060　人力资本 human capital

通过教育、培训、保健、劳动力迁移、就业信息等获得的凝结在劳动者身上的技能、学识、健康状况和水平的总和。

21.061　人力资本特征 human capital characteristics

对人力投资所形成的资本,表现出依附性(对劳动者)、长期性(对投资者)和收益递增性。它们构成人力资本的三大特征。

21.062　人力资本产权 property right of human capital

人力资本的所持有关系、占有关系、支配关系、利益关系及处置关系,即凝聚于人体之内具有经济价值的知识和技能乃至健康水平等的所有权。它通过对人力资本的投资来获得,因此人力资本产权归人力资本投资者所有。

21.063　人力资本关系 relation of human capital

凝聚在人们身上的体力、知识、创造力、技能及其所表现出来的能力、水平等作为一种形态的资本。它们之间相互作用与相互影响。

21.064　人力资源激励 human resource encouragement

通过各种有效的激励手段,激发人们的需要、动机、欲望,形成某一特定目标,并在追求这一目标过程中保持高昂的情绪和持续的积极状态,最大限度地发挥潜力,以达到预期目标的手段。

21.065　管理功能 function of management

21.059　人力资源激励理论 human resource incentive theory

主要指内容型激励理论、过程型激励理论和行为修正型激励理论。

人力资源管理者或部门在实际工作中所发挥的作用,扮演的角色以及所承担的职责。

21.066　人性阶段 human nature stage

人性发展到一定程度所处的阶段。

21.067　青年成才 the youth becomes a useful person

青年的身体要素、品德要素、智能要素、情商要素等各种内在要素得到良好发展,使青年成长为社会所需人才的过程。

21.068　智力素质 intelligence quality

由先天遗传及经后天学习获得知识而形成的影响青年成才的一种智能要素。包括文化和智能。

21.069　能力素质 ability quality

潜藏在人体身上的一种能动力,包括工作能力、组织能力、决策能力、应变能力和创新能力等素质,是影响青年成才的一种智能要素。

21.070　人力资源能动作用 creative function of human resources

人具有主观能动性,即具有能够主观地、有目的地、有意识地认识客观世界,改造客观世界的作用。

21.071　人力资源成本 human resource cost

获得成本、开发成本、使用成本、离职成本的总称。

21.072　人力资本产权关系 property right relations of human capital

人力资本所有者与使用者、收益者之间的利

益关系。

21.073 人力资本个人产权 personal property right of human capital

人力资本永远凝结在特定的个人体内,并随人体的运动而运动和人体的消亡而消亡。

21.074 人力资本家庭产权 family property right of human capital

特定个人都是特定家庭成员。在人力资本的形成过程中,家庭发挥了相当重要的或基础性作用,如家庭的人力资本投资等,因此家庭享有人力资本产权。

21.075 人力资本国家产权 national property right of human capital

由于国家在人力资本形成过程中的至关重要作用,国家具有人力资本产权。

21.076 人体潜在能力 human body latent capacity

以人为直接承载体,潜在的尚未发现的、人体本身所蕴含的各种可开发利用的能力,包括体能和智能。

21.077 超越自我 surmount oneself

超越自尊,超越自卑,超越成功,超越失败,超越名利等的总称。

21.078 挑战极限 challenge the limit

人们采取一定的方法、措施、行为挑战生理和心理的最大限度,从而实现极限突破。

21.079 人力资源激励力量 human resource encourage force

人力资源激励力量是效用价值与期望值的乘积。

21.080 用人环境 environment of human resources

指人力资源得以开发、利用的内、外部情况和条件。内部环境是指人力资源的合理定位和授权,宽松的人才发展环境,公开、平等、竞争、择优的用人机制等;外部环境一般包括一定社会发展阶段中,基本矛盾的影响及人与人的社会关系、社会道德传统、风俗习惯、文化传统的熏陶、企业组织文化和氛围以及组织发展等。

21.081 创造力的教育体制 education system of creativity

培养创造性思维,培养学生独立思考问题和解决问题的能力,拓宽学生的知识面,全面推行素质教育、发挥学生创造力的教育规范、做法与程序。

21.082 创造力开发 creativity development

指能激发人的创造欲望、创造思维和创造能力并产生创造成果的一系列良好的环境和条件。它与知识、技能、自觉性和能动性的开发紧密联系,是人力资源的高层次开发。

21.083 创造性思维 creative thought

有创见的思维,即通过思维不仅能揭示事物的本质,还能在此基础上提出新的、建树性的设想和意见。创造性思维与一般性思维相比,其特点是思维方向的求异性、思维结构的灵活性、思维进程的飞跃性、思维效果的整体性、思维表达的新颖性等。

21.084 人力资源流动媒介 medium of human resources

人力资源流动所依赖的市场环境或交易场所。借助人力资源的流动媒介,可使人力资源供需双方达成信息上的交流。人力资源流动媒介的具体形式包括:报刊杂志、广播电视、宣传广告、职业介绍所、劳动力市场和因特网等。

21.085 人力资源供求关系 supply-demand relationship of human resources

人力资源供求关系在宏观上主要受社会经济发展水平、社会经济状况景气程度的影响,同时也与人力资源本身的类型和结构相关联。

21.086　人与物有效结合 effective combination of human resources and physical resources

通过人力资源的配置,达到更充分地利用人的体力、智力、知识力、创造力和技能,通过创造良好的环境,促使人力资源与自然资源及其产品更有效的结合,以产生最大的社会效益和经济效益。

21.087　人力资源要素结构 quality structure of human resources

形成人力资源各素质的成分,如知识与经验、个性、能力、思想道德以及业绩状况等的比例构成。

21.088　人力资源资产属性 property characteristic of human resources

人力资源能为企业所控制,可以计量,并能为企业带来经济利益的经济资源,是企业的一项重要的资产,即人力资源具有资产属性。

21.089　劳动者权益 laborer rights and interests

劳动者作为人力资源的所有者,在劳动关系中,凭借从事劳动或从事过劳动这一客观存在获得的应享有的权益,包括平等就业和选择职业的权利、取得劳动报酬的权利、休息休假的权利、获得劳动安全卫生保护的权利、接受职业技能培训的权利、享受社会保险和福利的权利、提请劳动争议处理的权利以及法律规定的其他劳动权利等。

21.090　传统性资产 traditional assets

一般指农耕及工业时代依赖的土地、劳动力与资金等。

21.091　创造性资产 creative assets

包括资金、技术、研究开发能力、组织管理技能、人力资源开发和国际市场网络等,有助于我国现代企业制度和市场竞争机制的确立以及提高经济国际竞争力的诸种高经济

价值能力。

21.092　动态性资产 dynamic assets

能够自由移动而不改变其性质与形态的资产,如机器、设备、运输工具、原材料、现金、有价证券等。

21.093　教育机会成本 educational opportunity cost

它是教育间接成本的主要组成部分。一般包括:学生所放弃的收入;教育部门的免税成本;教育部门的潜在租金等。

21.094　摩擦性失业 rubbing unemployment

一般指在较短时间内,人们由于各种原因,诸如怀孕和工作上的变更等而失去工作,包括由于季节性因素造成的失业。

21.095　结构性失业 structural unemployment

尽管劳动市场有职位空缺,但人们因为没有所需的技能,结果继续失业,也就是由于劳动力的供给和需求不匹配而造成的失业。

21.096　周期性失业 periodic unemployment

又称"需求不足失业"。劳动总需求不足而引起的短期非自愿失业,它表现为实际的总需求低于充分就业的水平,一般出现在经济周期的萧条阶段。

21.097　利润分享式工资 gain sharing type salary

将企业职工部分收入同企业利润挂钩,并给同利润相联系的这部分收入以部分免税优惠。这是英国保守党政府为解决日益恶化的失业问题而准备进行的一项重大改革。

21.098　劳动力 labor force

人的劳动能力,是人的体力和脑力的总和。劳动力存在于活的健康的人体中,是社会生产的永恒条件。

21.099　劳动力商品 labor force's goods

作为买卖对象的劳动力,它和其他商品一样

具有使用价值和价值。

21.100 劳动力价值 labor force's value
劳动力的价值包括:1.维持劳动者自身生存所必须的生活资料的价值;2.劳动者繁衍后代所必须的生活资料的价值;3.劳动者接受教育和训练所支出的费用。此外,劳动力的价值的决定还包含着历史的、道德的因素。

21.101 劳动力使用价值 labor force's use value
同其他商品一样,劳动力商品的使用价值也是在消费过程中实现的,劳动力使用价值的消费过程,就是劳动过程本身。

21.102 资本的生产过程 production process of capital
资本的生产过程是劳动过程和价值增殖过程的统一。

21.103 劳动过程 process of laboring
劳动者有目的借助于劳动工具,作用于劳动对象,生产出具有使用价值的产品的活动过程。

21.104 劳动过程的简单要素 simple key element of the process of laboring
有目的的活动或劳动本身,劳动对象和劳动资料。它们是劳动的最抽象、最一般、最基本的,从而是具有普遍性的要素。

21.105 劳动 work
有劳动能力和劳动经验的人在生产过程中有目的的支出劳动力的活动。

21.106 劳动资料 means of labor
人们用来影响或改变劳动对象的一切物质资料。包括生产工具、生产用的建筑物、土地、道路等。

21.107 劳动对象 subject of labor
人们把自己的劳动加于其上的一切东西,即劳动作用的客体。这种客体既包括天然存在的东西,也包括已被劳动加工生产过的东西。

21.108 人员个性差异 staff personality disparity
个人心理特征的不同之处。概括起来可以归纳为气质差异、能力差异与性格差异。这三个范畴的复杂组合,构成了个体带有稳定性和倾向性的各不相同的个性特征。

21.109 人员气质差异 staff temperament disparity
气质是人们通常所说的"脾气"、"秉性"或"性情",是指人心理活动的速度、强度和灵活性方面表现出来的动力特征。根据希波利特的观点,气质可以划分为胆汁质、多血质、黏液质和抑郁质四类。每种类型都有其独特心理与行为特征。

21.110 人员气质绝对原则 staff absolute temperament principle
要求从事某种特殊工作的人必须具备某些气质特征(先天的或后天培养的)。如果这些气质特征达不到要求的水平,工作就难以开展,甚至会造成重大事故。也就是说,只有具备某种气质的人才能从事该项工作。

21.111 人员气质互补原则 staff temperament complementary principle
人力资源系统中,既要有"管家型"的踏踏实实做工作的人才,也要有有魄力、敢闯敢干的人才;既要有温和善协调的人才,也要有刚强、顶得住风浪的人才。把不同气质的人有机地组合起来,形成气质互补,以提高工作效率。

21.112 人员气质发展原则 staff temperament development principle
气质具有"天赋性",一般难以改变,但在主客观条件的影响下,气质特征会慢慢发生某些变化。

21.113 人的能力发展差异 time difference of people ability development

能力发展的年龄差异。有的人能力发展较早,这叫人才早熟或少年早慧;有的人能力发展较晚,叫大器晚成。

21.114 搜寻成本 search cost

求职者在劳动力市场上寻找工作所付出的直接成本和间接成本。

21.115 保守工资 reservation wage

找寻工作的人可以接受的最低工资。一般来说,无论工作本身多么有吸引力,只要低于这一工资水平,求职者会拒绝此项工作。

21.116 工资报价 quoted wage

劳动力市场上供求双方(用人单位和求职者)针对一定的工作岗位提供自己愿意提供或者可以承受的工资的价格水平。

21.117 失业福利 unemployment welfare

工作者在失业情况下所获得的福利。包括两个部分:一是由于员工自己的原因而失去工作所获得的国家给予的一定数量的救济金,即失业保险;另一部分是企业由于裁员、缩减工时和岗位重组等原因而发给工人一定数额的津贴以维持其生活水平。

21.118 具体劳动 concrete labor

人们在特定的具体形式下所进行的劳动。即生产目的、操作方法、劳动对象、劳动手段互不相同的,创造各种使用价值的劳动。

21.119 抽象劳动 abstract labor

撇开各种具体形式的一般的、无差别的劳动。如人们的脑力和体力的支出。

21.120 价值实体 entity of value

商品中凝结的抽象劳动价值。即交换价值,也就是价值实体的表现形式。

21.121 物化劳动 materialized labor, indirect labor

凝结在劳动对象中,体现为劳动产品的劳动。

21.122 活劳动 direct labor

是与"物化劳动"相对应的概念,指在物质资料生产过程中劳动者支出的体力和脑力。它是生产过程中的决定性因素。

21.123 剩余价值率 rate of surplus value

剩余价值和可变资本的比率。

21.124 必要劳动 necessary labor

与"剩余劳动"相对应。指劳动者为维持和再生产劳动力所必需的劳动。

21.125 剩余劳动 surplus labor

与"必要劳动"相对应。指劳动者超出必要劳动范围所进行的劳动,亦即生产剩余产品所消耗的劳动。

21.126 最低工资法 minimum wage law

是各国政府保护劳动者的一项重要法律,其中心目的是以法律形式来保证工薪劳动者,通过劳动所获得的最低工资能够满足其自身及其家庭成员的基本生存需要。

21.127 要素替代 factor substitution

企业主要依靠资本和劳动力这两种生产要素获得一定量的产出。当一种生产要素的价格上升,它的需求量会下降,企业可以通过提高另一种要素的需求量来达到预定的产出量。

21.128 资本有机构成 organic constitution of capital

反映技术构成变化的资本价值构成。

21.129 边际收益产品 marginal benefit product

企业增加一个单位的劳动力或资本投入所产生的边际收入。亦即由一个单位投入所带来的实物产出变化与每一个实物产出所带来的边际收益的相乘所求得。

21.130 效率组合 efficiency fits
对劳动活动进行优化组合,使其获得最大的组织协同效果,确保此组织活动的整体效率和效果最大化,最终确保此组织目标的实现。

21.131 竞争性工资 competitive wage
雇主支付给员工的工资高于市场上相同职位的工资水平,以达到吸引优秀员工加入该组织的目的,并获取高绩效员工带来的竞争性优势。

21.132 效率工资 efficiency wage
在提高工资的边际收益等于边际成本时,企业利润才能达到最大化,此时的工资即为效率工资。

21.133 心理成本 psychic cost
劳动力在企业外部的劳动力市场进行自愿流动时所承受的一些心理上的变化,包括新的工作环境的压力、新的生活环境的压力、不同社会文化背景的压力等。

21.134 职业歧视 occupational discrimination
雇主故意将具有相同工作能力的 A、B 两个个体(或群体)之中的 B 个体(或群体)安排到低工资报酬的职业上或负较低责任的工作岗位上,而把高工资报酬的工作留给 A 个体(或群体),对 B 个体(或群体)而言即是职业歧视。

21.135 串谋行为 collusion action
雇主们彼此联合起来,合谋对某些特殊群体的劳动力进行压制,从而制造一种被压制群体不得不接受买方独家垄断工资的局面。

21.136 人才资源 talent resources
构成人才并使其能够从事创造性活动的高质量人力资源。

21.137 劳动力资源 laborer resources
一个国家或地区有劳动能力并在"劳动年龄"范围之内的人口总和,是人口资源中拥有劳动能力且进入法定劳动年龄的那一部分劳动人口。

21.138 劳动者 worker, laborer
是指劳动要素的供给者和劳动的承担者。

21.139 体力劳动 physical working
指主要依靠人的身体器官从事劳动,其能量不能不受到劳动者生理界限的限制。

21.140 智力劳动 mental working
以智力为中心的、具有创造性的、拓展自身知识的劳动。具有以下属性:价值的多量性、活动的创造性、工作的人本性、形态的多样性、收益的共享性。

21.141 智力资本 mental capital
在本质上不仅仅是一种静态的无形资产,而且是有效利用知识的过程,是一种实现目标的依托。

21.142 人力资产 human assets
企业拥有或控制,能为企业带来未来经济效益,并能以货币计量的劳动力资源。

21.143 人员能力阈限原则 staff's ability limen principle
工作性质与人的能力水平之间存在着一个镶嵌现象,都有一个能力阈限,它既不期望超过一定能力阈限,也不能低于一定的能力阈限。因此,组织在安排人员工作时,理论上应遵从这一原则。

21.144 人员能力合理安排原则 staff's ability reasonable arrangement principle
在安排工作时,不仅要坚持能力阈限原则,而且要在选用人才时根据选拔对象的素质优势和能力所长,合理地安排他们的工作,使其扬长避短、各尽所能的规范和规则。

21.145 能力互补原则 ability complementary principle
安排员工工作时,集中各种能力的人才,形

成综合实力和优势,使工作系统获得有效运转,体现员工能力互补作用的规范和规则。

21.146 个性测评原则 personality appraising principle

为了正确了解人的个性,通过对人的气质、性格及各种能力、兴趣爱好等进行系统而客观的测量时所遵循的规范和规则。

21.147 客观公正原则 impersonality equity principle

测评必须以人员素质及其功能特性为客观基础,在确定测评对象、掌握测评标准及实施测评时,贯彻平等公正原则,实事求是地对测评对象的素质和行为进行测评的规范和规则。

21.148 标准化原则 standardization principle

由于人员素质测评的结果很容易受到各种主观因素的影响,在人员素质测评中必须强调标准化的重要性。具体包括测评程序标准化、实测条件标准化、实测工具标准化、测量方法标准化。标准化的测评必须具备两个条件:一要有固定的实施方法、标准的指导语、一定的内容、标准的答案、统一的记分方法;二要有常模,即比较标准。

21.149 可行性原则 feasibility principle

任何一次测评方案所需时间、人力、物力、财力要为测评者的客观环境条件所允许,并要求在制定测评方案时,应根据测评目标合理设计方案,并对测评方案进行可行性分析和论证。

21.150 比较性原则 comparison principle

要确定一个人的素质或能力的高低,一个人的行为表现是否符合某一职务角色规范,是否达到某一工作标准,一个群体内部职工的气势、情绪、态度如何等,都必须运用分数进行比较,然后才能进行价值判断。测评分数具有可比性和可鉴别性,是个性测评的一个重要原则。

21.151 人力资源会计 human resource accounting

会计学一个崭新的分支。是鉴别和计量人力资源数据的一种会计程序和方法,其目标是将人力资源无限变化的信息提供给企业和有关人士使用。

21.152 人力资源价值模型 human resource value model

人力资源价值的计量模型大体分为群体价值计量模型和个人价值计量模型。群体价值计量模型认为人力资源的价值是指人力资源会计在组织中的价值;个人价值计量模型认为组织的人力资源是个人价值的总和,只有先求出个人的价值,才有可能求得组织的价值。

21.153 行为科学 behavioral science

可划分为广义与狭义两种。(1)广义的行为科学是与研究人的行为规律有关的诸学科,如心理学、社会学、人类学、经济学、劳动经济学、生理学、哲学、医学等。这些学科都从不同的角度研究人的行为。(2)狭义的行为科学是现代管理科学的重要组成部分,运用类似自然科学的实验法和观察法,也运用社会科学的社会调查法,研究人在工作环境中的行为规律。

21.154 代理人理论 attorney theory

又称"委托－代理理论"。在所有者与经营者相分离的"现代商业企业"中,所有者与经营者之间的委托代理关系成为企业中最重要的合同关系的理论。

21.155 补偿工资理论 theory of compensation wage

因弥补恶劣的工作条件和较高的人力资本投入而形成的工资差别,实质上是对员工进行某一方面的补偿。

21.156 国民经济运动 national economic movement

国民经济通过投资、流通、消费分配、积累这四个环节,而后回到起点,完成一个经济循环。

21.157　劳动力市场运行机制　labor market function mechanism

由供求机制、竞争机制、价格机制所组成。

21.158　希克斯模型　Hicks model

一种包括商品、生产要素、信贷和货币的总市场的完全均衡模型。

21.159　双向选择模型　double direction choice model

用人单位和求职人两者之间都具有自愿、平等的选择权,才能实现人与事的有效结合,才能实现人力资源的使用目的。

21.160　扬长避短原理　principle of showing one's strong points and hiding one's weaknesses

发挥人的特长和优势,尊重人的兴趣和爱好,将其放到最合适的岗位上,以充分发挥其聪明才智。

21.161　竞争开发原理　competition development principle

通过各种有组织的非对抗性的良性竞争,培养和激发人们的进取心、毅力和创造精神,使其全面施展自己的才能,达到服务社会、促进经济发展的目的。

21.162　结构优化原理　configuration optimizing theory

在一个组织中,即使组成的人力资源因素是一样的,但采用不同的组织结构,其组织效力的发挥会大不相同。通过调整系统内部各部分阶层秩序,时间序列,数量比例及相互关系,使各部分作用的正效应增大,减少负效应,从而达到最好的效果。

21.163　层序能级对应原理　layer-orders and ability-classes corresponding principle

能级指人的能力大小分级,不同行业或不同岗位对从业人员能级的标准是不一样的。能级对应使人尽其才,才尽其用。能级对应原理要求建立稳定的组织形态,同时承认能级本身的动态性、可变性与开放性,使人的能级与组织能级动态对应。

21.164　互补增值原理　repair to increase in value with each other principle

由于人力资源系统中个体的多样性、差异性,人力资源整体中则具有能力、性格等多方面的互补性,通过互补发挥个体优势,形成整体功能优化。其中一是知识互补;二是气质互补;三是能力互补;四是性别互补;五是年龄互补。

21.165　需求导向理论　need leading theory

根据社会和市场发展的需要,有意识地引导并创造条件使员工紧密结合社会需求和市场需要而进行学习和技能培养,调整自己的知识结构和提高各种技能水平。这样在满足外在需求的过程中,发挥自己的聪明才智、创造需求,成为适合现代社会发展的实用性人才,为企业创造更大的效益。

21.166　利益对称原理　symmetry principle in benefits

"利益对称"最大特色在于体现"以人为本"的管理理念。而理念带给人们的最大收获是:能够从多层面、多角度对事物产生新的感知,进而启动新的思维和行为方式并以此对人、机、物等企业各类资源进行重新整合,最终实现所有资源的最佳配置。

21.167　持续开发原理　sustainable development principle

通过不断学习、开拓,提高人才的核心竞争力,实现人力资源的持续开发。

21.168　文化凝聚原理　culture agglomeration principle

以价值观、理念等文化因素把员工凝聚在一

起的原理。

21.169　人事管理学　science of personnel management

研究如何科学、合理、系统而有效的进行人事管理并探求其规律的科学。

21.170　利润分享制理论　theory of profit-shared system

企业所有者和企业职工共同分享企业利润的一种纯收入分配模式。实行企业利润分享制,有利于化解资本所有者和企业职工之间的矛盾,把两者的利益和风险捆在一起,从而充分调动资本所有者的投资积极性和企业职工的生产积极性。

21.171　工业心理学　industry psychology

探求工业部门人员劳动在心理上合理化途径的科学。

21.172　期望理论模型　expectation theory model

该模型之理论认为工作或目标对个体激励力量的大小,不单取决于效用价值或期望值的大小,而且取决于二者的合力的大小。

21.173　培训开发理论　training and development theory

为使员工最大限度的实现其自身价值,并促进组织效率的提高和组织目标的实现,应采用各种形式对员工进行有目的、有计划的培养和训练等管理活动,以满足人才的需要。

21.174　认知评价理论　perception evaluation theory

是在心理过程、感知(感觉和知觉)的发生时,由于所在的角度(或立场)不同,不同的个体对同一事物得出不同的描述和结论,即不同的认知和不同的评价。

21.175　自助力原理　self-help theory

在人力资源管理中,欲培养或发展被开发者的某一技能与品性时,最有效的方式是让被开发者重复面对前人当时形成相同技能与品性的情景,让被开发者处于一个积极主动学习与掌握过程中,自己帮助自己取得进步。

21.176　压力动力原理　pressure-impetus theory

一定程度的压力是动力的源泉,没有压力也就没有动力。强大的动力来自于适度的压力,但压力过大也会产生负面影响。

21.177　用进废退原理　advance with use and moving back with obsolescence

人力资本是一个不断投资、不断积累、不断使用、不断更新的过程,存在一个"用进废退"的规律。经过训练和激励,人的能力可能有所提高,尤其是经常从事紧急、艰险困难及重负荷的工作,人的能力就可能得到深化。同样,长期处于没有压力的松懈工作环境中,工作量不饱和,人的能力就会出现衰退和萎缩。

21.178　限制因子改变原理　limiting factor alter principle

人力资源系统本身存在一些限制因子,这些因子严重地影响着人力资源的开发及其效用的发挥。因而在人力资源开发与管理中,要注意借助科学的人员素质测评手段,发现与确定个人或组织人力资源开发系统中的限制因子,改变限制因子进行开发。

21.179　富集原理　enrichment principle

该原理是将起点上的微小优势,经过关键过程的级数放大所能产生更大级别的优势积累。

21.180　通则策略　tactics of general rule

企业在规划人力资源架构时所采用的一种策略。其主要内容为采用同类企业或优势企业的构架经验与人力资源的基本激励方法来构建自身的框架,从而在利用经验的同时节约成本。

21.181 效率合约模型 contract model of efficiency

假定工会与雇主双方共同决定工资和雇用量,那么双方的福利都能够得到改善。由此产生一整套可以使其中一方面获益而却不使另外一方受损的工资和雇用量组合。这些组合被称为"效率合约"。

21.03 人力资源信息、预测与规划

21.182 人力资源信息 human resource information

反映人力资源状态及其发展变化特征的各种消息、情报、文字、语言、符号、图像等具有一定知识性为内涵的信号总称。

21.183 人力资源信息特征 character of human resource information

人力资源信息具有普遍性、客观性、流动性、不完全性和共享性与可开发性等特征。

21.184 人力资源信息收集 collection of human resource information

大量分散的人力资源信息,由专业人员有意识地搜集和整理。这些信息可以在纸上以文字、数据、图表、图像、符号的形式表现,也可以通过计算机以磁信号或光信号的形式记录下来。

21.185 人力资源信息加工 human resource information processing

即将搜集的信息按照一定的程序和方法进行分类、分析、编辑,使之成为一份真实的、规范的信息资料,以利于传递、储存、使用和进一步开发。

21.186 人力资源信息传递 transference of human resource information

人力资源信息的传递是由信源、信道和信宿三个部分组合完成。

21.187 人力资源信息传递方式 transference manner of human resource information

传递方式主要有:计算机网络传递方式、出版物传递方式、广播电视传递方式以及文件、资料传递方式和会议传递方式等。

21.188 人力资源信息储存 storage of human resource information

通过计算机或各种媒介,将已收集整理并加工处理完毕的信息资料以文字、图表、图像以及光信号、磁信号等形式记录储存下来,以备利用。

21.189 人力资源信息开发 human resource information development

开发主要包括对信息本身的内涵开发,以及对拓宽信息使用途径和使用效率方面的外延开发。

21.190 人力资源信息内涵开发 connotation development of human resource information

人力资源信息的开发过程,实际上是一种创造性思维活动过程,它不但是对信息在深层次上的利用,而且能够促使信息再生或新信息的产生。

21.191 人力资源信息外延开发 denotation development of human resource information

主要是指通过提高信息的被利用率和利用效果来进一步挖掘信息的价值。

21.192 信息形式标准化 standardization of information form

对信息的加工处理、传递、储存,以及对信息进行开发时,都要坚持对信息采用同一的标准化形式,做到信息的载体形式标准化、表达方式标准化、传递方式标准化、储存方式

标准化,以避免出现信息的传递混乱和信息的误用和错用。

21.193　人格测量　measure of personality
运用数学原理对人员性格及其功能行为进行定量描述。通常运用问卷法、投射测验、情景测验等方法作出。

21.194　人格评价　appraisal of personality
根据对人员性格的定量描述而又不限于定量描述来确定人员功能行为的价值。

21.195　人员气质评价　appraisal of personal blood
气质是心理活动的动力特征。通过实验手段了解神经过程的基本特征,如强度、灵活性、平衡性等方面来确定其价值。

21.196　人员能力测量　measure of personnel capability
用数字或符号对人的各项活动能力所进行的描述,用以预测人们从事各种活动的适宜性。

21.197　人员能力评价　appraisal of personnel capability
依据定量描述或直觉经验来确定功能行为的价值。

21.198　人力资源预测　forecast of human resources
预测未来工作者所需数量、可供数量、所需技术组合、内部与外部劳动力供给量等。

21.199　人力资源预测内容　forecast content of human resources
预测不同层次人力资源需求量、未来不同层次人力资源可能增量与存量,以及通过预测研究分析不同层次人力资源的系统功能、内部结构变化规律和人才的专业寿命周期等。

21.200　人力资源需求预测　demand forecast of human resources
为实现既定目标而对未来所需员工数量进行估测的过程。

21.201　人力资源增量预测　increment forecast of human resources
对某个目标年度内全社会新增人力资源可能数量,与人力资源新增需求量的比较,找出未来供需之间存在的可能差距,从而确定对不同层次人力资源供需协调进行动态调整的信息。

21.202　人力资源存量预测　deposit forecast of human resources
即对未来可能拥有的不同层次人力资源数量作出预测。

21.203　人力资源计划　planning of human resources
在需要的时间和岗位上获得所需要的合格人员;在组织和员工目标达到最大一致情况下,使人力资源的供给和需求达到平衡;提出在环境变化中的人力资源需求状况,并制定的满足这些要求的必要的政策和措施。

21.204　人力资本存量　stock of human capital
指一个国家、一个地区或社会组织所拥有的人力资源的数量和质量的综合。

21.205　人力资源的可开发性　exploitation of human resources
在生产过程中,存在人力自身的损耗,但通过劳动自身行为的合理化,可使劳动能力得到补偿、更新和发展。

21.206　人员个性测评　measurement and appraisal of individual personality
用以检验和评判人们通过行为方式选择所反映出来的性情特征。

21.207　个性测量鉴定　individual character measurement appraising
在同求职者没有任何预先交往的情况下,运用问卷测验法和投射测验,迅速、准确地判断其个性的测试。

21.208　个性测量观察法　individual character measures the method of observing
直接在工作现场观察被测人员的工作过程，将观察结果记录下来并加以分析的方法。

21.209　个性测量交谈法　measured and talks the method in individual character
又称"面谈法"。是一种应用最广泛的个性测试分析方法，一般分为三种形式：个人访谈、群体访谈和与应聘职务领导访谈。

21.210　投射测验　projective test
广义是指那些把测评项目的加以隐蔽的一切间接测评技术。狭义是指一种特殊的测评手段，即把一些无意义的、模糊的、不确定的图形、句子、故事、动画片等呈现给被测评者，问其看到、听到或想到了什么，以此作为反馈信息，在此基础上加以分析处理和解释。

21.211　智力测验　intelligence test
指对人们的感觉与思维能力，包括记忆、推理、观点表达能力等方面的测验。

21.212　特殊能力测验　special ability test
每一种职业，都有特定的职业能力要求。这就要求从事某一种职业的人具有特定的职业潜在素质。常用的特殊能力测验有以下两类：文书倾向测验；操作能力测验。

21.213　运动能力测验　performance test
对人们身体的爆发力、平衡力和耐久力的测评。

21.214　创造力测验　creativity test
对人们运用已有的知识独创性地发现新问题、解决新问题的能力的测评。创造力测验是智力测验的引申和补充。

21.215　人力资源会计职能　human resource accounting function
通过会计的方法和跨学科领域的方法，测定和报告有关人力资源的会计信息，以提高企业的经营者及其利害关系者的工作质量与效用。

21.216　人力资源会计控制职能　human resource accounting control function
对人力资源的价值运动状况与方向进行直接的把握、调整，促使其向良好的或需要的目标发展。它包括通过会计制度和信息变动来实现，并作用于劳动者的自我控制与会计人员的外在控制两方面。

21.217　人力资源会计预测职能　human resource accounting predict function
预测是根据人力资源会计信息和未来变化的可能性，对与人力资源相连系的价值运动趋势进行推测、估算的职能。

21.218　人力资源会计决策职能　human resource accounting decision function
是指会计在其自身职能范围之内，对项目或业务、行为做出的决定。包括参与决策与直接决策两种形式。

21.219　人力资源供需预测　human resource supply and demand predict
人力资源供给预测分为外部人力资源供给预测和内部人力资源供给预测两方面。外部人力资源的供给预测，就是对人力资源的需求与供给进行分析平衡，既要解决总供给与总需求的平衡问题，又要解决结构性供给与需求的平衡问题，即专业、行业、特殊职业等人力资源供给与需求的平衡问题；内部人力资源供给预测是组织内部通过对现有人力资源的供给测算和流动情况作出的。

21.220　人力资源投资收益分析　human resource investment return analysis
企业人力资源投资收益分析包括：估算投资方案的现金流量；确定投资成本的水平；确定投资方案收入现值；通过收入现值和所需

支出的比较,评价投资收益。

21.221 人力资本比率 capital rate of manpower

特殊的商业要素(如商业销售额或销售人员数量等)和所需员工之间的比例关系,用来确定未来人力资源需求的方法。

21.222 劳动参与率 labor participation rate

该比率表示现实人力资源的相对量,亦即等于劳动力人口占被考察范围总人口的百分比。

21.223 劳动力市场均衡 labor market balance

在劳动力市场上,劳动供给和劳动需求相互作用,当供给等于需求时,即实现了劳动力市场的均衡。

21.224 劳动力市场垄断 labor market monopoly

当某个劳动市场只有一个企业时,这个企业就是劳动力市场的买方垄断者。

21.225 补偿性工资差别 compensating wage differential

公司或企业对不同条件从事同一工种的员工应有不同报酬,以弥补不同环境造成的差异而形成的工资差别。

21.226 竞争性工资差别 competitive wage differential

在劳动力和生产资料可以自由流动的充分竞争条件下,劳动者之间由于本身的劳动效率或劳动技能的差异而形成的工资差别。

21.227 非补偿性工资差别 un-compensating wage differential

由于劳动者自身的原因如劳动素质或劳动力流动受到限制而引起的工资差别。这种工资差别与工作岗位或职业是否有吸引力无关。

21.228 菲利普斯曲线 Phillips curve

表明失业与通货膨胀相互关系的一种曲线。

21.229 外部工资结构 external wage structure

部门之间、产业之间、企业之间以及地区之间的工资比例关系而形成的结构。处理和安排外部工资结构是国家对工资宏观调节、控制的一项重要内容。

21.230 内部工资结构 internal wage structure

指企业、机关、事业等单位内部职工之间的工资比例关系而形成的结构。

21.231 人力资源结构 human resource structure

国家或地区的人力资源总体在不同方面的分布或构成。分为自然结构、社会结构和经济结构三大方面。

21.232 社会结构 social structure

人力资源在教育水平、文化类别、宗教、职业、社会地位阶层、组织内雇佣等方面的结构。

21.233 组织结构 organizational structure

在组织之中的员工结构,包括:生产工人、工程技术人员、管理人员、服务人员。

21.234 素质结构 quality structure

该结构主要在于智力方面,特别是以文化程度划分的文盲、小学程度、初中程度、高中程度、中专程度、大学以及大学以上程度各个等级劳动力人口的比例构成。

21.235 人力资源率 manpower resource rate

该比率表示潜在人力资源相对量,它等于计入潜在人力资源的人口与被考察范围总人口之比。

21.04 人力资源开发、利用、配置

21.236 政治移民 political immigrant
相对于经济移民,是由于政治剧变而被迫逃离其原来所在国家的移民。此类移民决策很少出于经济原因,通常也不是事前计划好的,并且很少是出于自愿性。

21.237 非法移民 illegal immigrant
即未经移民目的地国家法律允许,自行到该国家居住、生活、工作的外国人。

21.238 完全激励 complete encourage
任务内在激励、任务完成激励和任务结果激励的总和。

21.239 结果激励 result encourage
该激励包括在完全激励之中。它表示对一项工作的期望值与任务完成后导致的外在奖励的期望值以及外在奖励的效价综合奖励评价。

21.240 人力资本会计核算 accounting of human capital
是围绕人力资源所掌握的知识计量其货币价值并辅以非货币性的说明,力求全面反映人力资源价值。

21.241 人力资源会计的一般前提 general precondition of human resource accounting
人力资源会计作为财务会计的范畴,仍然具有建立财务会计所必须的前提条件。这就是财务会计的四个基本假设,即:会计主体、持续经营、会计分期、货币计量。

21.242 人力资源会计的实践前提 practical precondition of human resource accounting
人力资源会计真正运用到实践中,需要一定

的时间,更需要具备一定的实际条件,即实践前提:人力资源法制化、加强对人力资源的计量、加强人力资源会计管理。

21.243 人力资源成本会计 human resource cost accounting
是对会计主体拥有和控制的人力资产在其招募、录用、开发、使用、重置等活动中发生的各项支出进行确认、计量和报告的会计。

21.244 人力资源的计量模式 human resource metric mode
该计量模式有两种:一是从对人力资源投入的角度确认和计量支出的人力资源成本计量模式;二是从人力资源产出的角度确认人力资源为企业创造经济价值的人力资源价值计量模式。

21.245 人力资源历史成本法 human resource historical cost method
以历史成本计价原则为基础,对人力资源取得和开发(包括招募、选拔、聘任、培训和辞退等)的费用资本化的方法。

21.246 人力资源重置成本法 human resource replacement cost method
是在当前物价水平下,假设对企业现有工作人员重新取得开发、培训及辞退所需发生的全部支出资本化的方法。

21.247 人力资源机会成本法 human resource opportunity cost method
运用假设企业职工离职使企业所蒙受的经济损失,作为企业人力资产计价依据的方法。

21.248 在职培训成本收益分析 cost-benefit analysis of on-the-job training, cost-

benefit analysis of OJT

企业通过职工培训所获得的收益与培训的成本相比较,来判断在职培训效果的方法。

21.249　人力资源经济价值法　human resource economic value method

是以企业未来收益现值乘以人力资源的投资率来计量人力资源的价值。其中人力资源的投资率是指人力资源投资占用企业总投资额的百分比。

21.250　人力资源未来工资报酬折现法　human resource discounted future wage method

一个职工从录用到因退休或死亡停止支付报酬为止预计将支付的报酬,按一定的折现率折成现值,作为人力资源价值。

21.251　人力资源随机报酬价值法　human resource random reward value method

由于职工在未来时期所处的状态是不确定的,故通过计算个人价值的期望值,将其折现为人力资源价值的方法。

21.252　人力资本投资风险　human capital investment risk

由于人力资本投资的不确定性和长期性,使得人力资本投资的风险较大,其主要的风险有人力资本投资对象选择风险、人职匹配风险、激励政策风险、人事变动风险等。

21.253　离职人员人力资产成本　dimission personnel human capital assets cost

即职工离开企业而产生的成本。包括离职补偿成本、离职前低效成本、空职成本。

21.254　人力资源空职成本　unused cost of human resources

员工离职后职位空缺的损失费用。

21.255　人力资源工资报酬指数法　human resource wage index method

即根据基期的企业人力资源价值推算以后

年度的企业人力资源价值,并且依此来确定人力资源的工资报酬的方法。

21.256　人力资源工资报酬非货币计量法　human resource wage noncurrency method

当一些决定人力资源价值的特殊因素不能完全用货币计量时,可以采用非货币计量方法。它是指绩效评价法、技能一览表法、潜力评价法等。

21.257　人力资源工资报酬工作绩效评价法　human resource wage performance evaluate method

通过对人力资源载体即人的知识水平、工作经验、工作态度、业务技能适应能力、实际工作业绩等因素的综合衡量和评价以确定人力资源经济贡献或经济贡献的潜力,用以计量人力资源的价值,并确定人力资源工资报酬的方法。

21.258　人力资源工资报酬技能一览表法　list of human resource wage and competence

即企业将人力资源技能测定的各要素指标预先设计在劳动技能一览表上,采用主观设计、客观评审的手段,对逐个指标作出评定并加计总分,从而对职工素质作出近乎实际判断的方法。

21.259　人力资源工资报酬潜力评价法　human resource wage potential evaluate method

根据职工为企业提供的潜在服务评价人力资源价值,确定某人在工作中的发展和职务提升的可能性,并由此来确定工资报酬的等级和水平。

21.260　人力资源工资报酬类推法　human resource wage analogy method

把一个人力资源载体和另一个已评估出价值的人力资源载体相比较类推出其价值,并据此确定人力资源工资报酬的方法。

21.261 人力资产损失 human capital loss

企业员工辞职或提前退休以及技能陈旧等原因所造成的损失。

21.262 人力资源摊销 human resource amortization

由于人力资源投资能够提供未来服务或效益,它的成本应予以资本化,列为企业资产。人力资源投资成本作为资产入账后,应在未来的会计期内摊销其成本,使人力资源服务效益和耗费相匹配。

21.263 人力资本投资收益 benefit of human capital investment

人力资本存量在社会经济活动中所创造的价值和产生的有益效应。反映人力资源提高后的收益增加与获得质量提高的成本之间的关系。

21.264 人力资本运营 human capital operation

为了储备和利用战略性的人力资源而进行的创造、使用、保存并转让人力资本的投资和市场运作活动。

21.265 人力资本收益 income of human capital

人力资本的所有者在补偿了其劳动消耗,即得到了工资性收入的前提下,对于人力资本的盈余价值参与分配所获得的剩余收入。

21.266 人力资本分配 distribution of human capital

人力资本参与剩余价值的分享。

21.267 人力资本开发 human capital exploitation

指组织通过培训和开发项目提高员工能力水平和组织业绩的一种有计划、连续性的工作。

21.268 人力资本信息开发 human capital information exploitation

在全员、全程管理基础上,通过植入动态指标量化体系,对时间和任务的过程控制,对业务进行智能分析,实现员工价值全程量化管理、价值分析,优化企业的人力资源配置,实现企业价值与员工价值的双向增值的开发活动。

21.269 劳动者充分就业 laborer full employment

即劳动力供给与劳动力需求处于均衡,国民经济发展充分地满足劳动者对就业岗位需求的状态。

21.270 合理使用人力资源 intelligently using human resources

要求人力资源管理部门按各岗位的任务要求,将企业员工分配到企业的具体岗位上,给予员工不同的职位,赋予具体职责、权力,使他们进入工作角色,为实现组织目标发挥作用。

21.271 改善人力资源结构 improving human resource structure

在对企业现有人力资源的调查审核基础上,对人力资源数量、素质、年龄结构、职位结构进行分析调整,促进企业健康持续发展的过程。

21.272 人力资源发展费用投入 expenditure of human resource exploitation

为增加员工的知识存量,提高员工的技能水平以及维持并改善他们的健康状况的各种投入。

21.273 人力资本吸引 human capital attraction

企业为满足其对人力资本的要求,推动企业不断发展,必须为员工提供和创造各种发展机会,营造创造性与革新的企业文化氛围,建立健全企业的规章制度,完善结构,出台优厚的人才政策,吸引有志之士的加盟。

21.274 人力资本选用 human capital selection

即挑选出最适合某个职位的人选的过程。

21.275 人力资本保值 human capital maintenance

企业作为独立于人力资源所有者之外的法人主体,在自由运用劳动力的同时,必须做到人力资本的保值,采用工资、奖金、福利等形式补偿其价值。人力资本的保值是企业持续发展的前提条件。

21.276 人力资本增值 human capital increment

通过对人力资本的积累、投资和扩充,促使人力资本的价值得以提升。

21.277 人力资本评价 human capital appraisement

运用一系列标准化、系统化的量化指标,对企业人力资本进行全面深入的分析,并在分析的基础上评价人力资本运用和资源管理水平,从中发现并解决问题;在对过去和未来人力资本状况进行分析的基础上,对企业未来人力资本可能发生的变化趋势做出合理的预测。

21.278 人力资源配置的动态性 dynamics of human resource allocation

根据企业发展目标的变化,适时地对人员配备进行调整,以保证始终使合适的员工在合适的岗位上。

21.279 人力价值可变 human value variable

人力资本要素的构成随时代变迁而变化,适应社会需求而不同;人力资本伴随着人的活动,存在可能增值,也可能贬值的变化过程。

21.280 教育过度投资 over-investment in education

教育培训投资带来的产出量远低于教育培

训投资额而不成比例的现象。

21.281 劳动力流动 workforce flow

由于劳动力市场条件的差别,劳动力在不同的地理区域范围内或不同岗位之间、行业之间、职业之间的自愿选择、迁移的现象。

21.282 劳动力流动成本 cost of workforce flow

该成本是指直接成本,即迁徙费用;机会成本,即劳动力流出所放弃的其他收益;心理成本,它并不是实际支出的费用,只是流动者本身的一种主观心理感受,表现为一种效用的负值。

21.283 劳动力低流动成本 low cost of workforce flow

劳动力流动成本小于流动收益的情况。

21.284 劳动力高流动成本 high cost of workforce flow

劳动力流动成本大于流动收益的情况。

21.285 劳动力国际迁移 workforce world moving

即受经济、政治等激励或影响而使劳动者在国与国之间发生的流动。在实际过程中,国际迁移往往受到严格管制。

21.286 劳动力回归现象 phenomenon that the workforce has gone back

无论在国内迁移还是在国际迁移中,迁移活动常常都伴随着迁移者重新迁回到原所在地区的现象。

21.287 劳动力流通速率 speed that the workforce circulates

即一年中一个地区的流动劳动力人数与总的劳动力人数之比。

21.288 劳动力倒流 return of workforce flow

是一批过去由较落后地区到较发达地区居住、工作、生活的劳动力,重新回到原居住地。

21.289 劳动力市场歧视 labor market discrimination

具有相同能力、教育、培训和经历并最终表现出相同的劳动生产率的劳动者,由于一些非经济的个人特征引起的在就业、职业选择、晋升、工资水平、接受培训方面受到不公平的待遇。

21.290 劳动力资源有效配置 effective allocation of workforce resources

对于市场经济而言,通过市场经济规律的作用,使社会有限的资源、特别是劳动力资源配置到效率或效益最高的部门或领域。

21.291 职业劳动市场 professional labor market

提供用工期限在一年以上(含一年)的劳动力市场。

21.292 临时劳动市场 temporary labor market

提供用工期限不超过一年的劳动力市场。

21.293 人力资源开发 human resource development

开发者对被开发者采取教育、培训、调配、使用和管理等有效方式,对特定群体或个体的内在素质和潜能的塑造和发掘,以期提高其质量和利用效率的过程。

21.294 人力资源开发功能 function of human resource development

即人力资源开发所发挥的有益作用和效能。包括人力资源开发的政治功能、经济功能和发展功能。

21.295 人力资源前期开发 development early of human resources

人力资源形成期间与就业前的开发活动。包括家庭教育、学校教育、就业培训等。

21.296 人力资源使用期开发 development usage period of human resources

人力资源使用过程中的开发活动。比如在职培训、职业生涯设计等。

21.297 人力资源后期开发 development later period of human resources

在法定退休年龄后的人力资源开发活动。

21.298 人力资源品德开发 moral qualities development of human resources

即开发者对被开发者的内在心理和价值意识等特质,以及外在的行为活动和行为习惯的塑造与挖掘过程。

21.299 人力资源潜能开发 latent development of human resources

调动人的超过一般正常程度的积极因素,发挥人的主观能动性,使人们有更大的工作热情,为社会做出更多的贡献。

21.300 人力资源技能开发 technical ability development of human resources

对已经受过一定水平的普通教育,将要或已经在一定职业上从事有酬劳动的人员进行的教育培训活动。

21.301 人力资源体能开发 physical development of human resources

开发者对被开发者的身体素质和健康状况的改善。

21.302 人力资源能力开发 ability development of human resources

即开发者对被开发者胜任某项任务的主观条件的塑造和利用的过程。人力资源能力包括一般能力、特殊能力、创造能力等三个层次。

21.303 人力资源智力开发 intelligence development of human resources

开发者对被开发者的知识、技能和劳动能力的发掘及利用所进行的一系列活动。智力开发主要包括：充分有效利用现有人力资源；合理使用人员，允许人员合理流动；发挥人的智能，提高全体劳动者素质；劳动者的智能发挥，不仅靠经济刺激和纪律约束，而且需要平等尊重、理解和自我发展环境。

21.304　人力资源组织开发　human resource organization development

指在组织范围内所进行的一切人力资源开发的活动。其主要手段是文化建设、组织建设、制度建设与管理活动等。

21.305　人力资源区域开发　human resource district development

为提高一定区域内人力资源数量、质量与生产能力而进行的活动。

21.306　工资刚性　wage rigidity

即货币工资确定后的不易变动性。在现实经济生活中，工资水平一经确定，由于人们对收入的高期望值和工资决定企业、劳动者双方利益，使之难于向下浮动。工资刚性所体现的是工资易升不易降，易增不易减的特点。

21.307　基本工资　basic wage

企业为了保证员工的基本生活需要，员工在组织中可以定期拿到、数额固定的劳动报酬。

21.308　激励工资　encouraging wage

该工资是体现薪酬激励功能的主要部分，有绩效工资、可变薪酬、奖酬、奖金、激励报酬等多种形式。激励工资具有高差异性和低刚性（或高可变性），具有很强的灵活性和弹性，常随员工不同的行为、效率、工作业绩和组织绩效等因素的变化而拉开差距，上下浮动。

21.309　成就工资　achievement wage

职工因工作有成就而从组织获得的加入固定收入中的永久性收入。

21.310　法定福利　legal welfare

指有关法律和政策强制规定的、企业必须支付的福利开支。法定应提供的福利有：各种因失业、养老及工作条件等方面的保险。

21.311　工伤事故补偿　industrial accident compensation

企业员工不缴纳任何补偿保险费，仅由企业负担的因工伤事故而进行的补偿。

21.312　社会安全保障　social safety guarantee

社会或国家通过立法实施的一种公共计划，其目的是为社会成员个人及其家庭保证经济安全和提供必要的福利，实现部分社会财力的转移，以提高整个社会的福利水平。

21.313　退休金　pension

国家按照社会保险制度规定，在劳动者年老或丧失劳动能力后，根据他们对社会所作出的贡献和所具备的享受养老保险资格或退休条件，按月或一次支付给货币形式的保险待遇，主要用于保障职工退休后的基本生活需要。

21.314　弹性工资　flexibility wages

依据一定标准，按照一定尺度自动调整工资数额的一种工资形式。

21.315　就业　obtain employment

具有劳动能力且有劳动愿望的人参加社会劳动，并获得相应的劳动报酬或经营收入。

21.316　就业率　employment rate

可能参与社会劳动的全部劳动力的实际利用程度。

21.317　失业　unemployment

即达到就业年龄具备工作能力谋求工作但未得到就业机会的状态。对于就业年龄，不同国家往往有不同的规定，美国为 16 周岁，中国为 18 周岁。按照失业原因，分为摩擦性失业、自愿性失业和非自愿性失业等。

21.318 失业率 unemployment rate

失业人数占劳动力总人数的百分比。

21.319 自然失业率 natural unemployment rate

在没有货币因素干扰下,劳动力市场和商品市场供求力量自发发挥作用情况下应有的

并处于均衡状态的失业率。

21.320 劳动力流动媒介 medium of labor force flow

通过劳动力市场,为劳动者和用人单位提供大量的劳动力供求信息,使劳动力供给与需求的双向选择成为可能。

21.05 人力资源管理

21.321 就业合同 employment contract

即劳动者与用人单位之间确定劳动关系,明确双方权利和义务的书面协议。

21.322 默认性合约 toleration contract

合约条款由合约双方当事人的行为加以推断的合约,未明确写在合约文本中。

21.323 资历制度 longevity institution

在分配晋升机会,提升工资和解聘员工等用人机制上,按照资历进行,而不是按照个人能力。资历长的会优先得到提升,增加工资福利。在经济衰退需要裁减员工时,按照资历长短相反的顺序解雇雇员。

21.324 福利工作 benefits work

对企事业单位工作人员、政府公务员除去工资之外的各种货币或者非货币化的激励和保障措施(补充性工资、保险福利、退休福利、雇员服务福利)的管理。

21.325 人力资源管理 human resource management

对人力资源进行有效开发、合理配置、充分利用和科学管理的制度、法令、程序和方法的总和。它贯穿于人力资源的整个运动过程,包括人力资源的预测与规划,工作分析与设计,人力资源的维护与成本核算,人员的甄选录用、合理配置和使用,还包括对人员的智力开发、教育培训、调动人的工作积极性、提高人的科学文化素质和思想道德觉悟,等等。

21.326 人力资源管理特点 character of human resource management

主要是战略性(带有全局性和整体性,属于组织内最高决策集团的职责和权力范围)和全方位性。

21.327 人力资源管理内容 content of human resource management

主要包括制定人力资源计划,工作分析,合理组织和使用劳动力,员工教育和培训,绩效考评与激励,帮助员工制定个人发展计划,员工的劳动保护、劳动保险和工资福利,员工档案保管等。

21.328 人力资源管理体制 system of human resource management

该体制不仅包括通常的人事管理制度,还包括文化教育制度以及政治、行政、经济等制度。但一般来说,通常把人力资源管理体制狭义地理解为人事管理体制。

21.329 人力资源管理手段 means of human resource management

该管理的基本手段,包括法制、行政、经济、教育等手段。这些手段涉及宏观、中观、微观等三个层次。

21.330 人力资源管理功能 function of human resource management

人力资源管理者或部门在实际工作中所发挥的作用,主要是管理部门提供专业帮助。

21.331 人力资源管理模式 model of human resource management

分为以人为中心和以物为中心两种。发展至今的知识经济时代,应采用以人为中心的模式。

21.332 人力资源管理技术 human resource management technology

一整套使人力资源管理付诸实施的技术和方法。具有可操作性、实用性的特点,包括人才测评技术、培训技术、考核技术、人事诊断技术、工资设计技术等。

21.333 人力资源分类管理 human resource classified management

把管理对象按照需要分类或按其本身特点确定分类依据而后逐一、逐层分解分类,以便于进行科学管理。

21.334 人力资源系统化管理 human resource systematic management

把要组织和管理的人、事,用概率、统计、运筹、模拟等方法,进行人力资源的规划、配置、培训、考核、报酬,以及人力资源的成本和效益核算进行系统化运作等,从而实现人力资源管理的最佳效益。

21.335 人力资源能级对应管理 corresponding level management of human resources

能级对应是指在人力资源开发中,要根据人的能力的大小安排工作、岗位和职位,使人尽其才,才尽其用。能级对应原理要求人们要承认人具有能力的差别。根据人的能级层次状况建立稳定的组织形态,同时承认能级本身的动态性、可变性与开放性,使人的能级与组织能级动态相对应。

21.336 人力资源互补增值管理 mutually complementary increment management of human resources

发挥个体优势,扬长避短,优化人力资源系统的功能,即为互补增值管理。内容有知识、气质、能力、性别、年龄和技能的互补。

21.337 人力资源竞争强化管理 competition intensifying management of human resources

通过各种有组织的良性竞争,培养人们的进取心、毅力和胆魄,使其能全面施展才华,为组织的发展做出更大的贡献。

21.338 员工管理 labor management

通过各种技术手段对员工的数量,技能、福利、环境和在职培训等多方面的管理。

21.339 劳动管理 working management

包括劳动计划编制,劳动组织改善,职工调动安排,劳动定额定员确定,劳动竞赛组织,职工文化、技术与知识的教育,以及劳动保护、工资、奖励等管理工作。

21.340 劳动专业化分工 specialization of working

在专业化生产带动下,生产一个产品可划分为若干环节和若干工序,产品生产流程使每个生产工序环环相扣,则每一个技能岗位所需专业人员技能呈现出链性。每个岗位人员的技能只能是整个产品所需整体性技能的一部分。

21.341 劳动协作 working cooperation

鉴于多人在同一生产过程中,或在不同的但互相联系的生产过程中,有计划地进行协同劳动。关于协作的本质意义是:使人在单一专业中"熟能生巧";节约了劳动时间;形成了劳动过程的连续性、统一性、规则性和程序性;促进了工具的分化、专业化和简化,导致不断创造新工具;使人的才能在自然差别和社会差别的基础上,学有专长地发挥起来。

21.342 劳动管理制度化 systematic working management

对人力资源的各项活动作详细的说明,并通过建立制度约束从而对人的日常工作进行规范,引导和教导人按规章行动。

21.343 人力资源决策 human resource decision

人力资源开发、利用和管理方式方法的多方案比较和选择。

21.344 人力资源政策 human resource policy

为了给决策提供方向而事先制定的一系列人力资源指导方针,而不是条件苛刻的规则。人力资源政策具有一定的灵活性,在应用时需要进行解释和判断。

21.345 人力资源制度设计 designation of human resource system

主要指企业在进行人力资源管理时,针对整个人力资源系统所制定的招聘管理规定、员工辞退与调配管理规定、奖惩条例、培训制度、工作分析制度等一系列制度的总体安排。

21.346 人事制度 personnel system

国家机关或事业单位对工作人员的录用、培训、考核、升降、调配、奖惩、离退休等方面的规章和条例。

21.347 科学管理 scientific management

泰勒开创的科学管理运动,运用时间－动作研究方法,对工作进行科学研究,设计出合理的工作程序,提出员工在体力上应与工作相匹配的劳动定额管理等。

21.348 "进管出"三环节 three tache of "entry, administrate, out"

传统人事管理的过时做法,只是用人,管人,而培养、提高劳动者知识和技能的教育与培训,普遍不予重视。将此种人事管理过程概括为"进管出"三环节。

21.349 服务性管理 serving management

随着人与人之间关系的改变和智力劳动的独立性、主动性、创造性等特征的强化,管理者对被管理者的支配性和强制性管理功能逐渐弱化,而为整个组织服务的功能不断加强。以这种理念为核心的管理方式即为服务性管理。

21.350 强制性管理 forcing management

在以提高劳动生产率为中心的管理中,以强制性操作规程促其去完成预定的工作定额,而无需理会劳动者本人意愿的管理方式。包括劳动定额、流水线作业,计件性工资及各种处罚规定等。

21.351 诱导性管理 inducing management

在知识经济条件下,诱导为主的民主化管理、参与性管理、协商性管理。内容包括尊重劳动者的生活方式、工作方式和研究活动的自主性、独立性,注重劳动成果评价客观性和工作任务的挑战性等。

21.352 人力资源管理新趋势 new trend of human resource management

未来战略型人力资源管理的目标就是围绕企业战略目标为众多利益相关者服务,管理职能明确,效率提高,层次减少,风险付酬,管理技术信息化,资源管理人员应具有更高的素质能力。

21.353 人力资源信息系统 human resource information system

运用人力资源理论,凭借信息技术对人力资源进行开发与管理的系统,主要功能是保证人力资源开发与管理工作的科学化和高效率。

21.354 人力资源管理法制化 legal system of human resource management

建立完整的人事法规体系,把人事管理纳入制度化、规范化的轨道,实现人事管理公开、民主、平等,使人事管理由"人治"向"法治"转变。

21.355 人力资源市场调节 human resource market adjustment

人力资源的流动和配置主要依据市场经济的价格机制、竞争机制和供求平衡的调节来进行，充分开发和合理使用人才，促进人才流动，实现人才与生产资料的优化组合。

21.356 人力资源市场法则 human resource market rule

人力资源的市场配置主要是通过市场对人力资源的需求变化、经济杠杆作用、等价交换原则等市场的经济法制化因素，影响和推动人力资源的流动和调整。

21.357 人力资源配置市场体系 market system of human resource allocation

与人力资源活动有关的整个社会经济市场体系和环境。其体系和环境由人力资源市场法制子体系、人力资源市场管理子体系、人力资源市场开发子体系、人力资源市场中介子体系、人力资源社会保障子体系等所组成。

21.358 人力资源市场法律体系 legal system of human resource market

包括国家和地方制定的有关人力资源市场的法律、行政性法规和规范性文件，以及行业和部门制定的规章制度等层次体系。

21.359 人力资源市场管理体系 management system of human resource market

它主要包括经济手段、行政手段、法律手段等管理，以及与人力资源市场运作有关的行业和机构的内部管理。

21.360 人力资源市场开发体系 development system of human resource market

包括个体开发、群体组织开发和社会环境开发三个层次。人力资源市场开发体系的建立必须考虑这三个层次的协调。

21.361 人力资源市场中介体系 medium system of human resource market

人力资源供求信息服务系统。包括占据一定空间的有形的中介服务机构和职业介绍所等，和不占用具体场所的无形的中介服务机构等。例如广播、电视、报纸、计算机网络等。

21.362 人力资源市场价格体系合理化 rationalization of human resource market price system

在人力资源市场调节机制中，国家应建立完善的市场环境和相关法律政策，辅之以行政措施来保证价格的波动处于适度范围，反映人力资源的需求情况。

21.363 人力资源社会保障体系 social security system of human resource

国家通过立法和设立社会保障机构，对具有劳动能力的人给予物质帮助而采取的各种社会保障措施构成的社会保障整体。

21.364 奖惩 reward and punish

奖励和惩罚是规范人们行为的有效杠杠，是激励职工的起码并必须实施的有效手段。

21.365 人力资源激励的正激励 encouragement of reward that manpower resource encouragement

奖励是可以直接满足人们物质和精神的需求，而较少负面影响，调动员工积极性的一种比较理想的正强化手段。

21.366 人力资源激励的负激励 encouragement of punish that manpower resource encouragement

惩罚是对非期望行为的惩罚，即剥夺其一部分物质的和精神的利益，使其物质和精神需要的满足程度降低，借此减少这种组织非期望行为而转向组织期望方向的负强化手段。

21.367 竞争 competition

能使薪酬管理充满活力，提高激励效应的推

动力。

21.368　人力资源使用方式　way to use manpower resources
将人力资源这一生产要素投入到社会生产及其他经济活动之中,且是运行环节中最为重要的方面。

21.369　人本管理　management of regarding people as the center
是人类管理理念从物本管理向前推进发展为"以人为中心"的一个新阶段。

21.370　劳动力市场　labor force market
劳动力作为商品进行交易的市场。经济活动中的劳动交易场所遵循交易规则,以及国家为维护交易规则所制定的交易制度,从而构成社会的劳动力市场。它是对人力资源进行有效配置的方式与途径。

21.371　外部劳动力市场　outside labor market
在公司外部积极寻求就业,同时又符合公司招聘需求的人,即称为外部劳动力市场。

21.372　劳动力一级市场　workforce's primary market
一般指具有一定知识技能的劳动者,比较容易找到工作。那么,该类劳动者与企业和组织之间即形成劳动交易比较规范和稳定的市场。

21.373　劳动力二级市场　workforce's second market
一般指非熟练工人容易被代替,其雇佣成本相对较低,工作待遇也较低,辞职、辞退率都比较高的市场。

21.374　股权激励方案　encouragement scheme of the stock option
公司允许公司员工在一定时间内以特定价格购买一定数量公司股份的股票期权(权利),从而使公司员工与公司利益相关联,激励员工积极性的作法。

21.375　劳动力供给　workforce supply
(1)广义的劳动力供给,是指所有劳动者;
(2)狭义的劳动力供给,仅指初次进入劳动力市场的就业者。

21.376　劳动力需求　workforce demand
在一定时期内生产过程吸收劳动力的要求和能力。

英 汉 索 引

A

abandoned city and settlement relic 废城与聚落遗迹 19.111

abandoned productive place 废弃生产地 19.109

abandoned temple 废弃寺庙 19.108

ability and consensus structuring theory 能力和共识构建论 02.177

ability complementary principle 能力互补原则 21.145

ability development of human resources 人力资源能力开发 21.302

ability quality 能力素质 21.069

absolute advantages of regional resources 区域资源绝对优势 20.018

absolute humidity 绝对湿度 08.260

[absolute] soil moisture 土壤[绝对]湿度 08.263

abstraction of human resources 人力资源抽象性 21.040

abstract labor 抽象劳动 21.119

abundance of natural resources 自然资源丰度 01.032

abundance of plant resources 植物资源丰度 09.016

abundance of tourism resources 旅游资源丰度 19.249

abundant region of natural resources 自然资源富集区 04.008

accessibility of forest resources 森林资源可及度 11.103

accessorial building 建筑小品 19.144

acclimatization 气候适应 08.027

accounting cost 会计成本 02.082

accounting for the forest resource assets 森林资源资产核算 11.133

accounting of human capital 人力资本会计核算 21.240

accounting profit 会计利润 02.091

accounting system of comprehensive environment and economics 综合环境和经济核算体系 02.139

accumulated frequency of rainfall 降水量保证率 08.253

accumulated temperature 积温 08.190

accumulation of debris flow 泥石流堆积 19.048

achievement wage 成就工资 21.309

active accumulated temperature 活动积温 08.191

active character of human resources 人力资源能动性 21.030

active element of plant 植物活性成分 09.009

active temperature 活动温度 08.185

adaptive administration 适应性管理 05.003

adaptive ecosystem management 生态系统适应性管理 03.008

added value of marine industries 海洋产业增加值 17.044

adjudication inquisition 土地权属调查 14.037

administration management of resources 资源行政管理 01.058

administration system of mineral resources 矿产资源管理体制 16.151

administrative allotment of land-use right 土地使用权划拨 14.102

administrative decision of resource management 资源管理行政复议 07.017

administrative law-suite of resource management 资源管理行政诉讼 07.016

administrative permission 行政许可 05.007

advance with use and moving back with obsolescence 用进废退原理 21.177

advantage minerals 优势矿产资源 16.035

aeolian lake 风蚀湖 04.064

aerial remote sensing 航空遥感 06.072

afforestation 人工造林 11.089

afforestation in plain region 平原绿化 11.125

afforest land 未成林造林地 11.073

age structure of human resources 人力资源年龄结构 21.019

aggregate utility of consumption resource goods 消费资源品总效用 02.056

aggregation of tourism resources 旅游资源集合 19.230

agricultural, forestry and livestock product 农林畜产品及制品 19.179

agricultural condition monitoring using remote sensing 遥感农情监测 06.093

agricultural land reserves 宜农荒地资源 14.018

agricultural resource information 农业资源信息 06.153

agricultural resources 农业资源 01.025

agricultural threshold temperature 农业界限温度 08.189

agricultural water use 农业用水 15.101

agroclimatic division 农业气候区划 08.064

agroclimatic index 农业气候指标 08.080

agroclimatic resources 农业气候资源 08.006

agro-forest ecosystem 农林复合生态系统 11.024

agroforestry 复合农林业 03.088

agro-forestry 农用林业 11.020

air-dry weight 牧草风干重 10.114

airport 航空港 19.172

air resources *空气资源 08.098

air temperature 气温 08.170

albedo 反照率 08.142

albedo of underlying surface 下垫面反照率 08.141

alga resources 藻类植物资源 09.029

alien species 外来种 13.083

allowable content of harmful impurities 有害组分平均允许含量 16.093

alluvial plain 冲积平原 04.050

all-year grazing rangeland 全年放牧草地 10.157

alpine animal 高山动物 13.053

alpine desert-steppe type rangeland 高寒荒漠草原草地 10.054

alpine desert type rangeland 高寒荒漠草地 10.055

alpine meadow-steppe type rangeland 高寒草甸草原草地 10.052

alpine meadow type rangeland 高寒草甸草地 10.065

alpine typical steppe type rangeland 高寒[典型]草原草地 10.053

alternative energy resources 替代能源 18.038

amount of mineral resources 矿产资源量 16.066

amount of precipitation 降水量 08.223

anchorage area 锚地 17.219

ancient channel section 古河道段落 19.060

ancient college 书院 19.162

animal distributional area 动物分布区 13.008

animal husbandry 畜牧业 13.039

animal husbandry climatic resources 牧业气候资源 08.008

animal medicine 动物药 12.013

animal quarantine 动物检疫 13.026

animal resource database 动物资源数据库 13.010

animal resources 动物资源 13.001

animal resource science 动物资源学 13.003

animal resource survey and inventory 动物资源调查与编目 13.007

animal unit 合理载畜量的家畜单位 10.166

animal unit-day 家畜单位日 10.172

animal unit-month 家畜单位月 10.173

annual forage 一年生牧草 10.039

annual limit of total lumber amount 年森林采伐限额 07.074

annual mean 年平均 08.096

annual possible gathering volume of nature medicine resources [天然]药物资源年允收量 12.030

annual producing capacity of mine 矿山年生产能力 16.111

annual range 年较差 08.095

annual rangeland 一年生草地 10.083

annual utilization hours 年利用小时 15.089

annual variation rate of forage yield 产草量年变率 10.108

Antarctic Treaty 南极条约 07.112

anticipative price elasticity of resource goods demand 消费资源品需求预期价格弹性 02.036

anti-corrosion by seawater 防海水腐蚀 17.183

antifouling 防污 17.186

appraisal of personal blood 人员气质评价 21.195

appraisal of personality 人格评价 21.194

appraisal of personnel capability 人员能力评价 21.197

appropriate tour period of tourism resources 旅游资源适游期 19.254

approval system of resource exploitation 资源开发审批制度 07.008

aquaculture 水产养殖 13.072

aquacultured fish 家鱼 13.042

aquatic animal 水生动物 13.050

arboreal forest 乔木林 11.058

architecture and establishment 建筑与设施 19.114

arid climate 干旱气候 08.085

aridity 干燥度 08.284

arid-tropical shrub tussock scattered with trees type range-land 干热稀树灌草丛草地 10.062

arrangement for energy industry 能源工业布局 18.167

art 艺术 19.186

artificial cave 人工洞穴 19.143

artificial fishing reef 人工渔礁 17.088

artificial grassland 人工草地 10.024

artificial groundwater recharge 地下水人工回灌 15.024

artificial island at sea 海上人工岛 17.228

artificial microclimate 人工小气候 08.072

artificial petroleum 人造石油 18.057

artificial precipitation 人工降水 08.250

artificial release 人工放流 17.089

artistic value of tourism resources 旅游资源艺术价值 19.245

assembly for townee 会馆 19.163

assessment of atmospheric environment 大气环境评价 08.106

assessment of living marine resources 海洋生物资源评价 17.050

assets and liabilities accounting for resource industry 资源业资产负债核算 02.146

assets of resources 资源资产 02.002

associated useful component 伴生有用组分 16.091

assuring ratio of natural resources 自然资源保证率 04.021

atmosphere pollution 大气污染 04.079

atmospheric background 大气本底[值] 08.104

atmospheric circulation 大气环流 04.065

atmospheric cleaning 大气净化 08.105

atmospheric composition 大气成分 08.099

atmospheric diffusion 大气扩散 08.114

atmospheric mass 大气质量 08.115

atmospheric ozone 大气臭氧 08.101

atmospheric resources 大气资源 08.098

atmospheric trace gas 大气痕量气体 08.100

attic 楼阁 19.136

attorney theory 代理人理论，＊委托－代理理论 21.154

attribute database for resource information 资源信息属性数据库 06.013

attributive data of resource information 资源信息属性数据 06.037

available area of rangeland 草地可利用面积 10.122

available hydropower resources 可开发水能资源 15.028

available reserves of energy resources 能源保有储量 18.106

available water resource supply 可供水资源 15.016

average available hour using for power generation 发电设备平均利用小时 18.136

average grade of deposit 矿区平均品位 16.085

average water resource amount per capita 人均占有水资源 15.045

average water resource amount per Mu 亩均占有水资源 15.046

azonal lowland meadow type rangeland 低地草甸草地 10.063

azonal rangeland 非地带性草地 10.079

B

background concentration ＊本底浓度 08.104

backup of resource information data 资源信息数据备份 06.118

balance of international payment accounting for resource industry 资源业国际收支核算 02.147

balance schedule on resource economics 资源经济平衡表 02.144

bamboo forest 竹林 11.065

band rejected thickness 夹石剔除厚度，＊最大允许夹石厚度 16.087

barium sulfide nodules of the sea floor 海底硫酸钡结核 17.100

basal cover 基盖度 10.126

base price of land 基准地价 14.079

basic rangeland 基本草原 10.025

basic theories of regional resource science 区域资源学基础理论 20.006

basic types of tourism resources 旅游资源基本类型 19.009

basic wage 基本工资 21.307

basin 盆地 04.047

bathing beach 海水浴场，＊海滨浴场 17.208

bay 海湾 17.003

bay culture 港湾养殖 17.084

beaches resources 滩涂资源 14.021

beach mineral resources 滨海矿产 17.117

beach mining 海滨采矿 17.147

beach placer 海滨砂矿 17.098

beach placer mining 海滨砂矿开采 17.148

beacon tower 烽燧 19.113

bearing capacity of forestry resources 林业资源承载力 11.136

beating degree-day 采暖度日 08.200

behavioral science 行为科学 21.153

behavior theory of human resources 人力资源组织行为学 21.024

beneficial component 有益组分 16.088

benefit of human capital investment 人力资本投资收益 21.263

benefit of land-use 土地资源利用效益 14.057

benefit of marine resource exploitation 海洋资源开发效益 17.026

benefit storage capacity 兴利库容 15.079

benefits work 福利工作 21.324

BIA 生物多样性影响评估 13.023

biennial forage 两年生牧草 10.040

big sedge rangeland 大莎草草地 10.071

bioclimatic law 生物气候定律 08.055

bioconcentration 生物浓缩 03.015

biodiversity 生物多样性 03.060

biodiversity assessment 生物多样性评估 13.021

biodiversity hotspot 生物多样性热点地区 13.027

biodiversity impact assessment 生物多样性影响评估 13.023

biodiversity inventory 生物多样性编目 03.078

biodiversity monitoring 生物多样性监测 13.024

biodiversity of rangeland resources 草地资源生物多样性 10.011

biodiversity protection 生物多样性保护 03.065

biodiversity richness 生物多样性丰富度 13.028

biogas 沼气 18.088

biogeochemical cycle 生物地球化学循环 03.012

biological analysis of tourism resources 旅游资源生物学分析 19.213

biological productivity of medicinal animal 药用动物生产量 12.032

biological productivity of medicinal plant 药用植物生产量 12.031

biological resource information 生物资源信息 06.155

biological resources 生物资源 03.054

biological zero point 生物学零度 08.188

biologic fossil occurrence 生物化石点 19.030

biology landscape 生物景观 19.075

biomagnification 生物放大 03.016

biomass energy 生物质能 18.085

bio-safety 生物安全 03.071

biosphere 生物圈 13.019

biosphere reserve 生物圈保护区 03.076

bittern 苦卤 17.163

bizarre natural phenomenon 奇异自然现象 19.020

bottomland typical tourism area 滩地型旅游地 19.019

bottom sowing culture 底播养殖 17.079

breakwater 防波堤 17.216

breeding 育种 13.093

breeding outside cages 放养 13.092

bridge 桥 19.169

briquette 型煤 18.047

brittleness of plant resources 植物资源脆弱性 09.015

broad-leaved forest 阔叶林 11.050

broadly informatics 广义信息论 06.006

Buddhist pagoda 佛塔 19.134

budget constraint line 预算约束线 02.065

building climate 建筑气候 08.009

building climate division 建筑气候区划 08.065

building with Buddhism lection and joss 经幢 19.154

burned area 火烧迹地 11.077

business geological work 商业性地质工作 16.040

C

cadastral survey 地籍调查 14.036

cadastre management 地籍管理 14.104

cage culture 网箱养殖 17.081

calligraphy and painting in cliff 摩崖字画 19.140

canal 运河 15.097

canal and section of channel 运河与渠道段落 19.175

canal system water utilization coefficient 渠系水利用系数，*渠系水有效利用系数 15.112

canopy cover 冠盖度 10.127

canopy density 郁闭度 11.025

capital rate of manpower 人力资本比率 21.221

capping inversion 覆盖逆温 08.178

captive breeding 圈养 13.091

carbon cycle 碳循环 08.107

carbon cycle of forest 森林碳循环 08.110

carbon cycle on rangeland 草地碳循环 10.015

carbon dioxide concentration within canopy 株间二氧化碳浓度 08.111

carbon dioxide sink 二氧化碳汇 08.109

carbon dioxide source 二氧化碳源 08.108

career structure of human resources 人力资源职业结构 21.018

carrying capacity 载畜量 10.164

carrying capacity of land resources 土地资源承载力 14.063

carrying capacity unit of grazing time 合理载畜量的时间单位 10.167

carrying capacity unit of rangeland area 合理载畜量的草地面积单位 10.168

cartography of resource regionalization 资源区划制图 20.013

cascade hydropower development 梯级水电开发 15.086

castle 城[堡] 19.139

CCT 洁净煤技术 18.138

celebrity 人物 19.184

celebrity residence and historic commemorative building 名人故居与历史纪念建筑 19.161

cemetery 墓[群] 19.167

centralized management of resources 资源集权管理 05.028

challenge the limit 挑战极限 21.078

characteristic market 特色市场 19.165

characteristic store 特色店铺 19.164

characteristic street 特色街巷 19.159

character of human resource information 人力资源信息特征 21.183

character of human resource management 人力资源管理特点 21.326

character of human resources 人力资源特点 21.053

character of mineral resources 矿产资源特点 16.016

character of monsoon climate 季风气候特征 08.059

character of mountain climatic resources 山区气候资源特征 08.060

characters of climatic resources 气候资源特征 08.015

characters of resource information 资源信息特征 06.032

chemical control of rangeland weed 草地化学除莠 10.184

chemical fingerprinting inspection of crude drug 药材化学指纹图谱检查 12.097

chilling damage 低温冷害 08.292

chilling injury 寒害 08.289

China's natural reserves 中国自然保护区 03.058

Chinese herb and medicine product 中草药材及制品 19.181

Chinese materia medica 中药 12.009

Chinese Programme for Natural Protection 中国自然保护纲要 03.068

circular economy 循环经济 03.096

circular flow in four sections of resource economy 四部门资源经济循环流动 02.137

circular flow of resource economy 资源经济循环流动 02.135

circular society 循环型社会 03.095

CITES 濒危野生动植物种国际贸易公约 07.108

classification and delineation of mineral reserves 矿产资源分类储量 16.063

classification of coal gas 煤气分类 18.045

classification of edible plant resources 食用植物资源分类 09.022

classification of forest resources 森林资源分类 11.012

classification of human resources 人力资源分类 21.004

classification of marine resources 海洋资源分类 17.012

classification of mineral resources 矿产资源分类 16.003

classification of natural conservation area 自然保护区分类 03.056

classification of natural gas 天然气分类 18.060

classification of natural medicine resources 天然药物资源分类 12.042

classification of natural resources 自然资源分类 01.022

classification of plant resources 植物资源分类 09.019

classification of resource economics transactor 资源经济交易者分类 02.142

classification of resource information 资源信息分类 06.010

classification of suitability land 土地适宜类 14.042

clean coal technology 洁净煤技术 18.138

cliff and crack 岩壁与岩缝 19.038

climate 气候 08.016

climate model 气候模式 08.026

climate modification 人工影响气候 08.071

climate simulation 气候模拟 08.025

climate system 气候系统 08.030

climatic analogy 气候相似原理 08.033

climatic anomaly 气候异常 08.023

climatic belt 气候带 08.074

climatic change 气候变化 08.017

climatic character of urban 城市气候特征 08.061

climatic circumstance 气候环境 08.048

climatic deterioration 气候恶化 08.053

climatic diagnosis 气候诊断 08.068

climatic division 气候区划 08.063

climatic elements of resources 气候资源要素 08.003

climatic fluctuation 气候振动 08.022

climatic forecast 气候预报 08.034

climatic impact assessment 气候影响评价 08.062

climatic index 气候指标 08.035

climatic information in historical documentation 文献史料气候信息 08.043

climatic nonperiodic variation 气候非周期性变化 08.050

climatic periodic variation 气候周期性变化 08.049

climatic potential productivity 气候资源生产潜力 08.097

climatic probability 气候概率 08.051

climatic reconstruction 气候重建 08.052

climatic resource assessment 气候资源评价 08.014

climatic resource classification 气候资源分类 08.005

climatic resource information 气候资源信息 06.152

climatic resource protection 气候资源保护 08.070

climatic resources 气候资源 08.002

climatic resource survey 气候资源调查 08.036

climatic sensitivity 气候敏感性 08.020

climatic tourist resources 天象气候类旅游资源 08.012

climatic trend 气候趋势 08.021

climatic type 气候型 08.028

climatic variability 气候变率 08.019

climatic variation 气候变迁 08.018

climatography 气候志 08.029

climatological assessment 气候评价 08.024

climatological information 气候情报 08.038

climatological survey 气候考察 08.037

climatotherapy 气候疗法 08.031

climax community 顶极群落 03.024

close cultivation of rangeland 草地封育 10.188

closed fishing season 海洋禁渔期 17.076

closed fishing zone 海洋禁渔区 17.075

closed rangeland 封闭草地 10.085

closed season 禁猎期 07.090

closing the land for reforestation 封山育林 11.091

cloud water resources 云水资源 08.249

clustered mountain 峰丛 19.034

coal 煤炭 18.040

coalfield 煤田 18.043

coal gangue 煤矸石 18.049

coal gas 煤气 18.044

coal liquefaction 煤炭液化 18.048

coal type 煤种 18.042

coal water mixture 水煤浆 18.046

coastal beach 滨海沙滩 17.210

coastal park 滨海公园 17.207

coastal tourism 滨海旅游 17.193

coastal zone mineral resources 海岸带矿产 17.116

cobalt-rich crust *富钴结壳 17.109

coefficient of groundwater over-exploitation 地下水超采系数 15.055

coefficient of wind pressure 风压系数 08.125

coexistence of human resource colony and unity 人力资源群体与个体并存性 21.042

cold spring tourism resources 冷泉旅游资源 19.066

cold wave 寒潮 08.298

collection of human resource information 人力资源信息收集 21.184

collection of medicinal material 药材采收 12.066

collection period of medicinal material 药材采收期 12.065

collusion action 串谋行为 21.135

collusive oligopoly 有勾结资源品寡头垄断 02.113

colonnade 廊 19.150

combating with desertification 荒漠化防治 11.122

combined heat and power generation 热电联产 18.194

comfort current　舒适气流　08.198

comfort index　舒适指数　08.197

comfort temperature　舒适温度　08.194

commerce and husbandry festival　商贸农事节　19.200

commercial energy　商品能源　18.030

common factor evaluation of tourism resources　旅游资源共有因子评价　19.223

common heritage of mankind　人类共同继承财产　07.101

common resources　公共资源　01.028

common tourism resources　普通级旅游资源　19.229

community management of resources　资源社区管理　05.022

comparable energy consumption　可比能耗　18.182

comparative advantages of regional resources　区域资源比较优势　20.019

comparison principle　比较性原则　21.150

compensating wage differential　补偿性工资差别　21.225

compensation of farm land in the process of urbanization　土地补偿费　07.044

compensation point of carbon dioxide　二氧化碳补偿点　08.113

competition　竞争　21.367

competition development principle　竞争开发原理　21.161

competition intensifying management of human resources　人力资源竞争强化管理　21.337

competitive wage　竞争性工资　21.131

competitive wage differential　竞争性工资差别　21.226

complete encourage　完全激励　21.238

composition of energy　能源构成，＊能源结构　18.018

comprehensive development of mineral resources　矿产资源综合开发　16.115

comprehensive evaluation of deposit　矿床综合评价　16.077

comprehensive evaluation of natural medicine resources　天然药物资源综合评价　12.084

comprehensive evaluation of regional resources　区域资源综合评价　20.014

comprehensive utilization of coal gangue　煤矸石综合利用　18.051

comprehensive utilization of mineral resources　矿产资源综合利用　16.119

comprehensive utilization of natural medicine resources　天然药物资源综合利用　12.073

comprehensive utilization of plant resources　植物资源综合利用　09.039

comprehensive utilization of seawater　海水综合利用　17.184

compression of resource information　资源信息压缩　06.112

computer　计算机　06.057

computer emulation　计算机仿真　06.083

computer software　计算机软件　06.062

computer technology　计算机技术　06.061

concealment of human resources　人力资源隐蔽性　21.039

concentrate　[最终]精矿　16.143

concentrated area of mineral resources　矿产资源集中区　16.007

concentrate grade　精矿品位　16.144

concentration control of pollutant discharge　排污浓度控制　15.192

concentration recovery ratio　选矿回收率　16.148

concrete labor　具体劳动　21.118

condition for allocative efficiency in defensive expenditure　预防支出效率条件　02.209

condition for efficiency current value maximization　效用现值最大化条件　02.188

condition for intergenerational synthesize efficiency　代际综合效率条件　02.190

condition for optimal extraction of a single kind of non-renewable resources　单一种类不可再生资源最优开采条件　02.196

condition for physical capital returns efficiency　物质资本回报效率条件　02.212

condition for profit current value maximization　利润现值最大化条件　02.189

condition for two firm's profit maximization　两厂商联合利润最大化条件　02.193

conditions of monopoly in resource goods　完全垄断资源品市场条件　02.103

conditions of perfect competition in resource goods　完全竞争资源品市场条件　02.098

configuration optimizing theory　结构优化原理　21.162

coniferous forest　针叶林　11.049

connotation development of human resource information　人力资源信息内涵开发　21.190

connotation of human resources 人力资源内涵性 21.038

conservation biology 保护生物学 03.074

conservation of forest resources 森林资源保护 11.117

conservation of natural medicine material 天然药物资源保护 12.104

conservation of plant resources 植物资源保护 09.041

conservation zone of fishes resources 渔业资源保护区 07.085

conserve water in rangeland 草地水源涵养 10.017

conserving of germplasm on the plant resources 植物资源种质保存 09.046

constancy of seawater composition 海水组成恒定性 17.155

constituent of seawater 海水成分 17.153

constraint mechanism 约束机制 05.009

construction project and producing area 建设工程与生产地 19.121

consume of forest resources 森林资源消耗量 11.102

consumer equilibrium 消费者均衡 02.061

consumer's criterion 消费标准 02.179

consumer surplus 消费者剩余 02.062

consumption of water amount 用水消耗量 15.121

content of human resource management 人力资源管理内容 21.327

continental climate 大陆性气候 08.081

continental shelf 大陆架 04.069

continental shelf fishing ground 大陆架渔场 17.070

continental shelf mineral resources 大陆架矿产 17.118

continental shelf resource ecosystem 大陆架资源生态系统 03.044

continental slope 大陆坡 04.070

continuous inventory of forest resources 森林资源连续清查 11.081

continuous precipitation 连续性降水 08.227

contract model of efficiency 效率合约模型 21.181

contradiction between ecological strategies 生态对策矛盾 03.025

controllability of human resources 人力资源可控性 21.045

controlled reserves 控制储量 18.104

controlled reserves of oil and natural gas 石油天然气控制储量 18.105

conventional energy resources 常规能源，*传统能源 18.027

Convention Concerning the Protection of the World Cultural and Natural Heritage 保护世界文化和自然遗产公约 07.104

Convention on Biological Diversity 生物多样性公约 07.107

Convention on International Trade in Endangered Species of Wild Fauna and Flora 濒危野生动植物物种国际贸易公约 07.108

Convention on Marine Fishery 海洋渔业的国际公约 07.110

Convention on Wetlands of International Importance Especially as Waterfowl Habitat 关于特别是作为水禽栖息地的国际重要湿地公约 07.109

Convention Relating to the Protection of Marine Environment 海洋环境保护的国际公约 07.111

conversion coefficient for calculation of standard hay 标准干草折算系数 10.109

conversion coefficient of energy resources 能源折算系数 18.183

convertible ratio of resources 资源贴现率 02.153

convertible value of resources 资源贴现价值 02.151

cool damage 冷害 08.287

cooling degree-day 冷却度日 08.201

cooperative land ownership 集体土地所有权 07.038

coral reef 珊瑚礁 13.057

coral reef community 珊瑚礁生物群落 13.058

corresponding level management of human resources 人力资源能级对应管理 21.335

cost-benefit analysis of OJT 在职培训成本收益分析 21.248

cost-benefit analysis of on-the-job training 在职培训成本收益分析 21.248

cost management of resources 资源成本管理 05.035

cost of marine resource exploitation 海洋资源开发成本 17.025

cost of workforce flow 劳动力流动成本 21.282

country forestry 乡村林业 11.019

cover 总覆盖度 10.128

C3 plant C3 植物 10.044

C4 plant C4 植物 10.045

creative assets 创造性资产 21.091

creative function of human resources 人力资源能动作用 21.070

creative thought 创造性思维 21.083

creativity development 创造力开发 21.082

creativity test 创造力测验 21.214

criteria for endangered category 濒危等级标准 13.080

criterion of geological exploration 地质勘查规范 16.041

critical period of [crop] water requirement [作物]需水临界期，*需水关键期 08.274

critical precipitation 降水临界值 08.252

crop water requirement 作物需水量 15.107

crop yield estimation by remote sensing 农作物遥感估产 08.046

cross price elasticity of resource goods demand 消费资源品需求交叉价格弹性 02.035

cross price elasticity of resource goods supply 资源品供给交叉价格弹性 02.049

crude oil 原油 18.053

cultivated land reserves 耕地后备资源 14.019

cultivated medicinal plant resources 栽培药用植物资源 12.079

cultivate land 农用地 14.014

cultural festival 文化节 19.199

cultural layer 文化层 19.102

cultural relic 文物散落地 19.103

cultural value of tourism resources 旅游资源文化价值 19.243

culture agglomeration principle 文化凝聚原理 21.168

cut-off grade 边界品位 16.084

cutting amount of woods 采伐量 11.101

cutting area inventory 伐区调查 11.083

cutting blank 采伐迹地 11.076

CWM 水煤浆 18.046

D

daily intake for livestock 家畜日食量 10.170

daily intake of one sheep unit 羊单位日食量 10.174

dam-type hydropower station 坝式水电站 15.091

Danxia landscape 丹霞景观 19.041

dark frost 黑霜，*杀霜 08.294

database of forest resource management 森林资源管理数据库 11.131

database of natural medicine resources 天然药物资源数据库 12.036

database software 数据库软件 06.063

data coding of resource information 资源信息数据编码 06.116

dead storage capacity 死库容 15.078

debris flow 泥石流 04.072

decision support system for resource utilization 资源利用决策支持系统 06.135

Declaration on the Permanent Sovereignty over Natural Resources 关于自然资源之永久主权宣言 07.102

decoction pieces 饮片 12.070

decomposition of resource ecosystem 资源生态系统的分解作用 03.021

deep mineral resources 深部矿产资源 16.005

deep-sea biological resources 深海生物资源 17.093

deep-sea mineral resources 深海矿产 17.119

deep-sea mining 深海采矿 17.114

deficiency of natural resources 自然资源稀缺性 01.019

degree-day 度日 08.199

degree of exploration 勘探程度 16.071

degree of geological study 地质研究程度 16.076

degree of water resource exploration and utilization 水资源开发利用程度 15.047

delay harvest return 延迟收获回报 02.205

demand curve 需求曲线 02.037

demand elasticity of resource goods 资源品需求弹性 02.032

demand forecast of human resources 人力资源需求预测 21.200

demand function of consumption resource goods 消费资源品需求函数 02.030

demand side management and integrated resource planning 需求侧管理和综合资源规划 18.161

demand theory of resource demand 资源需求理论 02.027

demo room 展示演示场馆 19.130

dendroclimatologic information 树木年轮气候信息 08.042

dendrocole 树栖动物 13.062

denotation development of human resource information 人力资源信息外延开发 21.191

density 密度 10.131

deposit forecast of human resources　人力资源存量预测 21.202

depression of dew point　露点差　08.183

depth of exploration　勘探深度　16.072

depth process of plant resources　植物资源深加工 09.040

desalination of seawater　海水淡化　17.174

descriptive quadrat　描述样方　10.134

desert animal　荒漠动物　13.054

designation of human resource system　人力资源制度设计 21.345

design head of pumping station　泵站设计扬程　15.077

destruction of mineral resources　矿产资源破坏　16.028

detailed exploration　勘探　16.046

detailed survey of rangeland resources　草地资源详查 10.089

detailed survey of tourism resources　旅游资源详查 19.203

determination of ash　灰分测定　12.094

determination of extractive　浸出物测定　12.096

determination of foreign matter　杂质测定　12.091

determination of heavy metal　重金属检测　12.092

determination of pesticide residue　农药残留检测 12.090

determination of water content　水分测定　12.093

development and utilization of forest resources　森林资源 开发利用　11.099

development and utilization of mineral resources　矿产资源 开发利用　16.096

development and utilization rate of energy resources　能源 资源开发利用率　18.144

development early of human resources　人力资源前期开发 21.295

development later period of human resources　人力资源后 期开发　21.297

development of natural medicine resources　天然药物资源 开发　12.072

development system of human resource market　人力资源 市场开发体系　21.360

development usage period of human resources　人力资源使 用期开发　21.296

development variables　发展变量　02.178

dew　露　08.240

dew point　露点　08.182

diastrophism　构造变动　04.034

dictionary of resource information data　资源信息数据词 典　06.031

digital map of natural resources　自然资源数字地图 04.014

digital resource information　数字资源信息　06.040

digitizing of resource information　资源信息数字化 06.108

dilution ratio of water　径污比　15.056

diminishing marginal utility　边际效应递减规律　02.059

dimission personnel human capital assets cost　离职人员人 力资产成本　21.253

direct benefit of forest　森林直接效益　11.108

direct economic benefit of plant resources　植物资源直接 经济效益　09.034

direct introduction of resource plant　资源植物直接引种 09.043

direct labor　活劳动　21.122

direct use of seawater　海水直接利用　17.185

disease control of rangeland plant　草地牧草病害防治 10.181

disequilibrium of mineral resources　矿产资源分布不均衡 性　16.019

dish and beverage　菜品饮食　19.178

distant fishery　远洋渔业　17.062

distillation process for desalination　蒸馏淡化法，＊蒸发 淡化法　17.176

distributing management of resource information　资源信息 分布式管理　06.018

distribution of human capital　人力资本分配　21.266

distribution of marine industries　海洋产业布局　17.041

diurnal range　日较差　08.094

diversion engineering　引水工程　15.065

dividing system based on house-hold population in ancient China　均田制　07.023

diving tourism　潜水旅游　17.196

division of mineral exploration stage　矿产勘查工作阶段 划分　16.042

division of mineral resources　矿产资源区划　16.152

divisions of solar energy resources　太阳能资源区划 08.066

divisions of wind energy resources　风能资源区划 08.067

domesticated animal　家养动物　13.034

domestication 驯化 13.089

domestic seawater technology 大生活用海水技术 17.190

dominant species 优势种 10.124

double direction choice model 双向选择模型 21.159

downfaulted area 陷落地 19.050

drama stage 戏台 19.147

driveway 牧道 10.163

drizzle 毛毛雨 08.232

drop water landscape 跌水景观 19.065

drought 干旱 08.281

drug development of natural resources 天然资源的药物开发 12.074

dry hot wind 干热风 08.296

dry spell 干期 08.279

DSM/IRP 需求侧管理和综合资源规划 18.161

dune landscape 沙丘地景观 19.045

duration of frost-free period 无霜期 08.207

duration of possible sunshine 可照时数 08.137

dyke 海堤，*海岸堤坝 17.215

dynamic administration 动态管理 05.002

dynamic assets 动态性资产 21.092

dynamic character of mineral resources 矿产资源动态性 16.021

dynamic efficiency condition 动态效率条件 02.210

dynamic input and output model of resource product 资源品动态投入产出模型 02.163

dynamic monitoring of land resource change 土地资源变化动态监测 14.116

dynamic of forage yield 草地年产草量动态 10.105

dynamic of resource ecosystem 资源生态系统动态 03.006

dynamic relationship between supply and demand of resource goods 资源品供求动态关系 02.053

dynamic simulation of forest resources 森林资源动态仿真 11.085

dynamics of human resource allocation 人力资源配置的动态性 21.278

dynamic-storage of groundwater resources 地下水资源动储量 15.021

E

earth observation for resources 资源对地观测 06.091

earth observation system 地球观测系统 06.069

earthquake relic 地震遗迹 19.049

earth resource information 地球资源信息 06.148

earth surface resources 地球表层资源 04.004

easement 地役权 07.035

ecoclimate 生态气候 08.054

ecological agriculture 生态农业 03.084

ecological animal husbandry 生态畜牧业 03.086

ecological balance 生态平衡 03.027

ecological benefit of forest 森林生态效益 11.105

ecological capacity 生态承载力 03.036

ecological civilization 生态文明 03.103

ecological compensation 生态补偿 03.094

ecological conservation 生态保护 03.079

ecological consumption 生态消费 03.105

ecological county 生态县 03.100

ecological crisis 生态危机 03.049

ecological deficit 生态赤字 03.037

ecological demonstration region 生态示范区 03.098

ecological disaster 生态灾害 03.046

ecological efficiency 生态效率 03.026

ecological engineering 生态工程 03.083

ecological equivalence 生态等价 03.051

ecological evaluation of land 土地生态评价 14.047

ecological evaluation of natural medicine resources 天然药物资源生态学评价 12.081

ecological fishery 生态渔业 03.087

ecological footprint 生态足迹，*生态占用 03.035

ecological forestry 生态林业 03.085

ecological impact assessment 生态影响评估 13.022

ecological planning 生态规划 03.082

ecological province 生态省 03.101

ecological pyramid 生态锥体，*生态金字塔 03.010

ecological remainder 生态盈余 03.038

ecological restoration 生态恢复 03.080

ecological retaliation 生态报复 03.050

ecological stress 生态胁迫，*生态压力 03.029

ecological succession 生态演替 03.023

ecological sustainable theory 生态可持续论 02.176

ecological village 生态村 03.099

ecological water requirement 生态需水 08.276

ecology environment of human resources 人力资源生态环境 21.014

ecology of rangeland resources 草地资源生态学 10.014

economical evaluation of natural medicine resources 天然药物资源经济学评价 12.082

economic benefit of forest 森林经济效益 11.106

economic division of mineral resources 矿产资源经济区划 16.153

economic evaluation for marine resources 海洋资源经济评价 17.022

economic evaluation of land resources 土地资源经济评价 14.046

economic evaluation of regional resources 区域资源经济评价 20.020

economic feature of resources 资源经济特征 02.007

economic groups of rangeland plants 草地植物经济类群 10.032

economic instrument for pollution control 污染控制经济手段 02.213

economic management of resources 资源经济管理 01.059

economic plant 经济植物 09.003

economic plant resources of natural rangeland 草地野生经济植物资源 10.028

economic region of production 生产的经济区域，*脊线内的区域 02.073

economic service carrying capacity of natural system on the earth 地球自然系统经济服务承载力 02.133

economy of grassland resources 草地资源经济 10.190

economy of scale 规模经济 02.075

ecosystem diversity 生态系统多样性 03.063

ecosystem management 生态系统管理 03.007

ecosystem of rangeland resources 草地资源生态系统 10.013

ecosystem service 生态系统服务 03.034

ecosystem services of rangeland 草地生态系统服务功能 10.016

ecosystem services value 生态系统服务价值 03.066

eco-tourism resources 生态旅游资源 03.093

edible plant resources 食用植物资源 09.021

educational opportunity cost 教育机会成本 21.093

education system of creativity 创造力的教育体制 21.081

effective accumulated temperature 有效积温 08.192

effective allocation of workforce resources 劳动力资源有效配置 21.290

effective combination of human resources and physical resources 人与物有效结合 21.086

effectiveness of resource management 资源管理效能 05.086

effective precipitation 有效降水 08.251

effective temperature 有效温度 08.186

effective use of marine resources 海洋资源有效利用 17.030

effective wind speed 有效风速 08.119

effect of heat island 热岛效应 08.057

effect series of tourism resources 旅游资源影响力系列 19.225

efficiency fits 效率组合 21.130

efficiency of energy processing and conversion 能源加工转换效率 18.149

efficiency of energy use 能源利用效率 18.143

efficiency of land resource use 土地资源利用效率 14.056

efficiency wage 效率工资 21.132

EIA 生态影响评估 13.022

elasticity coefficient of electricity consumption 电力消费弹性系数 18.130

elasticity coefficient of electricity production 电力生产弹性系数 18.129

elasticity coefficient of energy consumption 能源消费弹性系数 18.128

elasticity coefficient of energy production 能源生产弹性系数 18.127

electrical load 用电负荷 18.131

electricity transmission from West to East China 西电东送 18.140

electrodialysis process for desalination 电渗析淡化法 17.177

element in seawater 海水元素 17.154

employment contract 就业合同 21.321

employment rate 就业率 21.316

enclosing and tending for medicinal plant and animal 封山育药 12.103

encouragement of punish that manpower resource encouragement 人力资源激励的负激励 21.366

encouragement of reward that manpower resource encouragement 人力资源激励的正激励 21.365

encouragement scheme of the stock option　股权激励方案　21.374

encouraging wage　激励工资　21.308

endangered animal　濒危动物　13.075

endangered category　濒危等级　13.079

endangered status　濒危现状　13.078

endemic plant resources　特有植物资源　09.026

endemic species　特有种　13.046

energy　能　18.014，能量　18.015

energy conservation　节约能源，＊节能　18.177

energy consumption　能源消费量　18.119

energy consumption for per unity unit products　单位产品能耗　18.152

energy conversion　能源转换　18.148

energy development　能源开发　18.113

energy development strategy　能源发展战略　18.160

energy economics　能源经济学，＊能量资源经济学　18.002

energy economy　能源经济　18.156

energy efficiency　能源效率　18.175

energy efficiency labeling　能源效率标识　18.164

energy efficiency standard　能源效率标准　18.163

energy forecast　能源预测　18.158

energy law　能源法　07.064

energy management　能源管理　18.157

energy minerals　能源矿产　16.022

energy production　能源生产量　18.118

energy project　能源规划　18.159

energy resource evaluation　能源资源评价　18.093

energy resource information　能源资源信息　06.157

energy resource prospecting　能源资源勘探　18.091

energy resources　能源资源　18.017

energy resource survey　能源资源调查　18.090

energy-saving building　节能建筑　18.193

energy saving in narrow sense　狭义节能，＊直接节能　18.179

energy saving rate　节能率　18.181

energy security　能源安全　18.168

energy security system　能源安全体系　18.169

energy service　能源服务　18.166

energy service company　能源服务公司　18.162

energy sources　能源，＊能量资源　18.016

energy system　能源系统　18.154

energy technology economics　能源技术经济学　18.003

engineering geological condition of mining area　矿区工程地质条件　16.056

enjoy value of tourism resources　旅游资源观赏价值　19.239

enrichment principle　富集原理　21.179

entertaining lounge　聚会接待厅　19.128

enthusiasm mechanism　激励机制　05.008

entity of value　价值实体　21.120

environmental energy　环境能源　18.028

environmental pollution　环境污染　04.080

environment of human resources　用人环境　21.080

EOS　地球观测系统　06.069

eothermal tourism resources　地热旅游资源　19.068

epigaeic animal　地栖动物　13.063

ESCO　能源服务公司　18.162

essential useful component　主要有用组分　16.090

esthetics analysis of tourism resources　旅游资源美学分析　19.215

estuarine delta　河口三角洲　17.002

ethnic botany　民族植物学　09.005

ethnic drug　民族药　12.010

eutrophication　富营养化　15.179

evaluation factor of tourism resources　旅游资源评价因子　19.238

evaluation index system for sustainable development　可持续发展评价指标体系　06.141

evaluation of climate tourism resources for health and recreation　康乐气候旅游资源评价　19.233

evaluation of deposit　矿床评价　16.078

evaluation of plant resources　植物资源评价　09.031

evaluation of regional mineral resources　区域矿产资源评价　16.095

evaluation to beach tourism resources　沙滩旅游资源评价　19.234

evaluation to surroundings of tourism resources　旅游资源赋存环境评价　19.236

evaluation to water tourism resources　湖泊水体旅游资源评价　19.235

evaporation　蒸发　08.268

evapotranspiration　蒸散　08.270

event　事件　19.185

excellent forages　优质牧草　10.034

excess profit　经济利润，＊超额利润　02.093

exchange of forest signal　森林信息交换　11.042

exclusive economic zone 专属经济区 07.096

exhaustibility of mineral resources 矿产资源耗竭性 16.017

exhaustibility of natural resources 自然资源耗竭性 01.021

exhibited place of animal and plant 动物与植物展示地 19.123

exotic species 外来种 13.083

expansion path curve 扩展线，*生产扩张线 02.077

expectation theory model 期望理论模型 21.172

expenditure of human resource exploitation 人力资源发展费用投入 21.272

experimental animal 实验动物 13.035

expert system of resource evaluation 资源评价专家系统 06.134

explicit cost 显明成本 02.084

exploitable hydropower 水能可开发量 18.063

exploitable storage of groundwater resources 地下水资源可开采储量 15.023

exploitation base of regional resources 区域资源开发基地 20.026

exploitation center of regional resources 区域资源开发中心 20.027

exploitation evaluation of tourism resources 旅游资源开发评价 19.237

exploitation of grassland resources 草地资源开发 10.142

exploitation of human resources 人力资源的可开发性 21.205

exploitation planning of regional resources 区域资源开发规划 20.029

exploitative stock of natural medicine resources ［天然］药物资源经济量 12.029

exploited reserves of mineral energy resources 矿物能源动用储量 18.110

exploitive extent of hydropower resources 水能资源开发程度 18.064

exploration instrument 勘探手段 16.069

exploration method 勘探方法 16.070

exploration risk 勘查风险 16.049

ex situ conservation 易地保护 03.070

exterior condition of mining area 矿区外部条件 16.102

externality 外部性 02.191

externality of resource development and utilization 资源开发利用外部性 05.055

external wage structure 外部工资结构 21.229

extinction 灭绝度 13.071

extracted ore tonnage 出矿量 16.135

extraction of bromine from seawater 海水提溴 17.168

extraction of lithium from seawater 海水提锂 17.173

extraction of magnesium from seawater 海水提镁 17.170

extraction of mirabilite from seawater 海水提芒硝 17.171

extraction of potassium from seawater 海水提钾 17.169

extraction of uranium from seawater 海水提铀 17.172

F

facilitation rate of high temperature in earing time 高温促进率 08.205

factor of resource enterprise production 资源企业生产要素 02.067

factor substitution 要素替代 21.127

factory at sea 海上工厂 17.222

fair forages 中质牧草 10.036

family contract system of public grassland 草地有偿家庭承包制 10.155

family property right of human capital 人力资本家庭产权 21.074

fancy and shapely rock 奇特与象形山石 19.037

farming land occupation tax 耕地占用税 07.031

farm land returning to woodland 退耕还林 11.127

fast growing forest plantation 人工速生丰产林 11.097

fast propagation of resource plant 植物快速繁殖 09.045

fault landscape 断层景观 19.024

fault subsidence basin 断陷盆地 04.068

fauna 动物区系 13.004

feasibility assessment 可行性评价 16.059

feasibility principle 可行性原则 21.149

feature evaluation of tourism resources 旅游资源特征值评价 19.222

fencing of grassland 草地围栏 10.153

field capacity 田间持水量 08.265

field resource ecosystem 农田资源生态系统 03.040

field water utilization coefficient　田间水利用系数　15.113

final consumption of energy　能源终端消费量　18.120

final recovery rate　最终采收率　18.146

finity of natural resources　自然资源有限性　01.018

fire control of grassland　草原防火　10.180

firewood/coal saving stove　省柴节煤灶　18.190

firm output　保证出力　15.088

firsthand source map of tourism resource investigation　旅游资源调查实际资料图　19.218

fisheries law　渔业法　07.083

fishery　渔业　13.073

fishery resources　渔业资源　13.032

fishing industry　捕捞业　13.074

fishing port　渔港　17.077

fixed cost　固定成本　02.088

fixed drilling platform　固定式钻井平台　17.141

flexibility wages　弹性工资　21.314

flexible price　弹性水价，＊变动水价　15.170

floating oil production　浮式采油　17.137

floating oil storage　浮式储油　17.138

flood　洪涝　08.283

flood control capacity　防洪库容　15.080

flood control planning　防洪规划　15.124

floodplain　河漫滩　04.051

floristic investigation of natural medicines　[天然]药物种类调查　12.027

flower area　花卉地　19.081

flower area in forest　林间花卉地　19.083

flower area in grassland　草场花卉地　19.082

flow of natural resources　自然资源流　04.012

fluidized bed combustion　流化床燃烧　18.188

fly ash　粉煤灰　18.050

fog　雾　08.247

fold landscape　褶曲景观　19.025

folk exercises and games　民间健身活动与赛事　19.192

folk festival　民间节庆　19.190

folk performance　民间演艺　19.191

food chain　食物链　03.014

forage palatability　牧草适口性　10.046

forage plant resources of rangeland　草地饲用植物资源　10.027

forbidden rangeland　禁用草地　10.160

forbidden zone of fishes　禁渔区　07.087

forb rangeland　杂类草草地　10.073

forcing management　强制性管理　21.350

forecast content of human resources　人力资源预测内容　21.199

forecast of human resources　人力资源预测　21.198

forest aerial photogrammetry　森林航空摄影测量　11.087

forest animal　森林动物　13.055

forest biological productivity　森林生物生产量　11.030

forest biomass　森林生物量　11.031

forest by product　林副特产品　11.115

forest climate　森林气候　08.089

forest coverage　森林覆盖率　11.026

forest ecosystem　森林生态系统　11.023

forest energy　森林能源　18.087

forest energy flow　森林能量流动　11.041

forest environment　森林环境　11.007

forest for non-timber products　经济林　11.056

forest for special purpose　特种用途林　11.057

forest function　森林功能　11.022

forest growing stock　森林蓄积量　11.035

forest harvesting　森林采伐　11.112

forest industry　森林工业　11.111

forest land　有林地　11.071

forest landscape resources　森林景观资源　11.005

forest limit harvest　森林限额采伐　11.113

forest management inventory　森林经理调查　11.082

forest management plan　森林经营方案　11.088

forest natural reserve　森林自然保护区　11.124

forest ownership　林权，＊森林所有权　07.070

forest park　森林公园　11.123

forest plan　林业规划　11.016

forest protection　森林保护　11.118

forest regeneration　森林更新　11.092

forest resource information　林业资源信息　06.154

forest resources　森林资源　11.001

forest resources evaluation　森林资源评价　11.130

forestry climatic resources　林业气候资源　08.007

forestry law　森林法　07.069

forestry of sustainable development　可持续林业　11.015

forest steppe　森林草原　11.067

forest structure　森林结构　11.021

forest succession　森林演潜　11.029

forest swamp　森林沼泽　11.068

forest tending　森林抚育　11.094

forest tourism　森林旅游　11.116

forest upper-line　森林线　11.011

forest within watershed　森林流域　11.008

forest zonal distribution　森林地带性分布　11.009

formation of resource information　资源信息产生　06.007

fossil fuel　化石燃料　18.025

fountain　喷泉　19.155

four-side tree planting　四旁植树　11.090

freezing injury　冻害　08.288

freezing process for desalination　冷冻淡化法　17.181

freezing rain　冻雨　08.231

frequency quadrat　频度样方　10.136

fresh water　淡水　15.002

frontal inversion　锋面逆温　08.180

frontier port　边境口岸　19.125

frost　霜　08.241

frost injury　霜冻　08.293

frozen ground　冻土　04.063

frozen storage of fresh medicinal material　鲜药材冷藏　12.075

fuel　燃料　18.026

fuel energy　燃料能源　18.024

fuel-wood forest　薪炭林　11.055

functional zoning of resources　资源功能区划　05.082

function of capital reserve substituting　资本储备替代功能　02.131

function of consumption　消费函数　02.165

function of extraction cost of a single kind of non-renewable resources　单一种类不可再生资源开采成本函数　02.197

function of human resource development　人力资源开发功能　21.294

function of human resource management　人力资源管理功能　21.330

function of human resources　人力资源功能性　21.034

function of management　管理功能　21.065

function of resource ecosystem　资源生态系统功能　03.005

function of resource foundation　自然资源的基础功能　02.130

function of resource goods production　资源品生产函数　02.068

fusion of resource information　资源信息融合　06.113

future marine industry　未来海洋产业　17.036

future value of capital　资本未来值　02.124

G

gain sharing type salary　利润分享式工资　21.097

game playing　博弈　05.011

game theory　博弈论　05.012

garbage energy　垃圾能　18.089

garden-style recreation area　园林游憩区域　19.119

gene bank　基因库　13.017

gene bank of medicinal plant　药用植物基因库　12.108

general exploration　详查　16.045

generalized energy saving　广义节能　18.178

general precondition of human resource accounting　人力资源会计的一般前提　21.241

general survey of rangeland resources　草地资源概查　10.090

general survey of tourism resources　旅游资源概查　19.204

general welfare criterion　广义福利标准　02.182

genetically modified organisms　遗传修饰生物体　13.025

genetic diversity　遗传多样性　03.061

genuine regional drug　道地药材　12.012

geographical information system　地理信息系统　06.119

geographical information system of rangeland resources　草地资源地理信息系统　10.098

geological assurance　地质可靠程度　16.058

geological reserves of mineral energy　矿物能源地质储量　18.098

geological reserves of oil and natural gas　石油天然气地质储量　18.099

geologic average grade　地质平均品位　16.051

geologic environment　地质环境　16.057

geologic grade　地质品位　16.050

geology item　地质工作项目　16.074

geology production　地质工作成果　16.075

geo-resource science　资源地学　04.003

geoscience's analysis of tourism resources　旅游资源地学分析　19.212

geotherm　地热　18.079

geothermal energy　地热能　18.080

geothermal energy utilization　地热能利用　18.082

geothermal power generation　地热发电　18.083

geothermal resources　地热资源　18.081

germplasm bank　种质库　13.018

germplasm bank for domesticated animal　家养动物种质资源库　13.033

germplasm bank for wildlife　野生动物种质资源库　13.011

germplasm resources of medicinal animal　药用动物种质资源　12.025

germplasm resources of medicinal plant　药用植物种质资源　12.024

germplasm resources of rangeland plant　草地植物种质资源　10.008

GIS　地理信息系统　06.119

GIS software　地理信息系统软件　06.064

glacial climate　冰川气候　08.092

glacial lake　冰川湖　04.055

glacier　冰川　04.062

glacier accumulation landscape　冰川堆积景观　19.053

glacier erosion landscape　冰川侵蚀遗迹　19.054

glacier ice　冰川冰　04.061

glacier sightseeing site　冰川观光地　19.073

global allocation of mineral resources　矿产资源全球配置　16.158

global positioning system　全球定位系统　06.082

global warming　全球[气候]变暖　04.076

GMOs　遗传修饰生物体　13.025

good agricultural practice for Chinese crude drug　中药材生产质量管理规范　12.098

good forages　良质牧草　10.035

gorge segment　峡谷段落　19.039

government failure　政府失灵　05.005

government rent-seeking　政府寻租　05.014

GPS　全球定位系统　06.082

gradation and classification on land　土地分等定级　14.048

gradation of natural resources　自然资源层位性　01.016

grade of crude ore　出矿品位　16.137

grade of mined ore　采矿品位　16.136

grade of tourism resource quality　旅游资源质量等级　19.227

grade Ⅰ water　一类水　15.057

grade Ⅱ water　二类水　15.058

grade Ⅲ water　三类水　15.059

grade Ⅳ water　四类水　15.060

grade Ⅴ water　五类水　15.061

graphic data of resource information　资源信息图形数据　06.035

graphic editing of resource information　资源信息图形编辑　06.114

grassland　草场　10.003

grassland animal　草原动物　13.052

grassland class　草地等　10.120

grassland forage yield for year　草地年可食草产量　10.104

grassland for cutting and grazing　割草放牧兼用草地　10.138

grassland for grazing　放牧草地　10.139

grassland grade　草地级　10.121

grassland landscape　草地景观　19.079

grassland law　草原法　07.075

grassland ownership　草原所有权　07.076

grassland plant yield for year　草地年产草量　10.103

grassland productivity　草地生产力　10.141

grassland resource divisions　草地资源区划　10.100

grassland resource monitoring　草地资源监测　10.178

gravel typical tourism area　沙砾石地型旅游地　19.018

grazing rangeland for cold season　冷季放牧草地　10.156

grazing rangeland for warm season　暖季放牧草地　10.158

grazing rest　休牧　10.186

grazing use of grassland　草地放牧利用　10.144

Great Wall relic　长城遗迹　19.112

green consumption　绿色消费　03.106

green energy resources　绿色能源　18.037

greenhouse effect　温室效应　08.047

greenhouse gasses　温室气体　08.103

green lighting　绿色照明　18.191

gross national accounting system　国民大核算体系　02.140

gross output of marine industries　海洋产业总产量　17.042

gross output value of marine industries　海洋产业总产值　17.043

gross radiation intensity　太阳辐射总量　08.132

grotto　石窟　19.137

ground remote sensing 地面遥感 06.073

groundwater and gas minerals 水气矿产 16.025

groundwater depression cone 地下水漏斗 15.062

groundwater over-exploitation 地下水超采 15.054

groundwater resources 地下水资源 15.019

growing period 生长期 08.206

gulf 海湾 17.003

gymnasium 体育健身场馆 19.131

H

habitat for aquatic animal 水生动物栖息地 19.085

habitat for bird 鸟类栖息地 19.087

habitat for butterfly 蝶类栖息地 19.088

habitat for terrestrial animal 陆生动物栖息地 19.086

habitat for wild animal 野生动物栖息地 19.084

hail damage 雹灾 08.297

hail storm 雹暴 08.239

harbor 港口 15.093

harmful component 有害组分 16.092

harmful plant 草地有害植物 10.043

harmony of human resource system 人力资源系统协调性 21.043

harvest model of profit present value maximization in compulsory private property right and competitive market 在强制性私人产权和竞争市场下利润现值最大化收获模型 02.207

harvest model of profit present value maximization in compulsory private property right and monopoly market 在强制性私人产权和垄断市场下利润现值最大化收获模型 02.208

harvest model of social benefit present value 社会收益现值最大化收获模型 02.206

haven, ferry and dock 港口渡口与码头 19.171

hay 干草 10.029

health and recreation resort 康体游乐休闲度假地 19.117

heat balance 热量平衡 08.209

heat balance in field 农田热量平衡 08.214

heat balance in forest 森林热量平衡 08.218

heat exchange in soil 农田土壤热交换 08.217

heat pump 热泵 18.196

heat resources 热量资源 08.169

heat sink 热汇 08.211

heat source 热源 08.210

heat wave 热浪 08.221

heavy rain 大雨 08.235

heliotherapy 日光疗法 08.058

herb 草药 12.011

Hicks model 希克斯模型 21.158

hierarchy of resource demand 资源需求层次性 02.029

hierarchy of resource goods supply 资源品供给层次性 02.044

high consumption country of mineral resources 矿产资源消费大国 16.015

high cost of workforce flow 劳动力高流动成本 21.284

high-efficiency lighting appliance 高效照明器具 18.192

high efficiency motor 高效电动机 18.195

high flow year 丰水年 15.051

high-quality energy 优质能源 18.039

high sea fishery resources 公海渔业资源 17.066

hight resources 光资源 08.130

historical analysis of tourism resources 旅游资源历史学分析 19.214

historical value of tourism resources 旅游资源历史价值 19.242

hitting wave phenomenon 击浪现象 19.071

horticultural plant resources 园艺植物资源 09.023

hot damage 热害 08.286

Hotelling efficiency condition of resource static price 资源静态价格霍特林效率条件 02.211

hot spring tourism resources 温泉旅游资源 19.067

human activity site 人类活动遗址 19.101

human assets 人力资产 21.142

human body latent capacity 人体潜在能力 21.076

human capital 人力资本 21.060

human capital appraisement 人力资本评价 21.277

human capital attraction 人力资本吸引 21.273

human capital characteristics 人力资本特征 21.061

human capital exploitation 人力资本开发 21.267

human capital increment 人力资本增值 21.276

human capital information exploitation 人力资本信息开发 21.268

human capital investment risk 人力资本投资风险 21.252

工资报酬潜力评价法 21.259

human tourism resources 人文旅游资源 19.005

human value 人力价值 21.055

human value variable 人力价值可变 21.279

humid climate 湿润气候 08.087

hunting 狩猎 13.094

hydrate formation process for desalination 水合物淡化法 17.179

hydraulic energy 水能 15.026

hydroenergy utilization 水能利用 15.085

hydrogen energy 氢能 18.084

hydrological cycle 水分循环 08.257

hydrologic condition of mining area 矿区水文地质条件 16.055

hydropower resources of river 河流水能资源, *水能蕴藏量 15.027

hydropower station 水力发电站, *水电站 18.117

hylacole 树栖动物 13.062

hyperspectral remote sensing 高光谱分辨率遥感 06.079

I

ice and snow area 冰雪地 19.072

ice and snow resources 冰雪资源 08.248

identified minerals 查明矿产资源 16.061

IEA 国际能源机构 18.172

igneous rock 火成岩 04.027

illegal immigrant 非法移民 21.237

illuminance [光]照度 08.139

illumination length 光照长度 08.145

image data of resource information 资源信息影像数据 06.036

image processing of resource remote sensing 资源遥感图像处理 06.111

imperfect competitive element market 不完全竞争要素市场 02.117

impersonality equity principle 客观公正原则 21.147

implementation of resource law 资源法的实施 07.014

implicit cost 隐含成本 02.085

improved grassland 改良草地 10.023

improving human resource structure 改善人力资源结构 21.271

income elasticity of resource goods demand 消费资源品需求收入弹性 02.034

income of human capital 人力资本收益 21.265

increment forecast of human resources 人力资源增量预测 21.201

indefinition of human resources 人力资源作用的不确定性 21.041

indemnificatory of non-renewable natural resources 不可再生自然资源保障度 04.020

independent oligopoly 非勾结资源品寡头垄断 02.112

index of economic evaluation for marine resources 海洋资源经济评价指标 17.023

indicator plant 指示植物 10.123

indicator species 指示种 13.086

indicator system of energy security 能源安全指标体系 18.170

indicator system of resource regionalization 资源区划指标体系 20.012

indifference curves 无差异曲线 02.063

indirect benefit of forest 森林间接效益 11.109

indirect economic benefit of plant resources 植物资源间接经济效益 09.035

indirect energy saving 间接节能 18.180

indirect introduction of resource plant 资源植物间接引种 09.044

indirect labor 物化劳动 21.121

individual character measurement appraising 个性测量鉴定 21.207

individual character measures the method of observing 个性测量观察法 21.208

inducing management 诱导性管理 21.351

industrial accident compensation 工伤事故补偿 21.311

industrial energy resources 工业能源 18.034

industrial evaluation of mineral deposit 矿床工业评价 16.080

industrial forestry 林业产业 11.014

industrial goods for daily use 日用工业品 19.183

industrial grade 工业品位 16.083

industrial prospect of deposits 矿床工业远景 16.047

industrial reserves of energy resources 能源工业储量 18.107

industrial resources 工业资源 01.026

industrial structure of human resources　人力资源产业部门结构　21.020

industrial water consumption　工业耗水量　15.110

industrial water requirement　工业需水量　15.109

industry psychology　工业心理学　21.171

inferior forages　低质牧草　10.037

infinity of human resources　人力资源无限性　21.033

information and data collection　资料与数据采集　19.210

information conformity of resources　资源信息整合　06.105

information of climate　气候信息　08.039

information of historical climate　历史气候信息　08.041

information of paleoclimate　地质时期气候信息，*古气候信息　08.040

information of science of resources　资源学科信息　06.147

information system for synthetical evaluation of resources　资源综合评价信息系统　06.140

information technology　信息技术　06.056

information theory　信息论　06.004

infrastructure geology of mine　矿山基建地质　16.107

infrastructure prospecting of mine　矿山基建勘探　16.108

inner-earth resources　地球深层资源　04.006

input and output model of resource product　资源品投入产出模型　02.159

input and output table of material-type resource product　实物型资源品投入产出表　02.160

input and output table of value-type resource product　价值型资源品投入产出表　02.161

insect resources　昆虫资源　13.031

in site conservation　就地保护　03.069

installed capacity of hydropower station　水电站装机容量　15.087

in-stream water use　河道内用水　15.103

intake with dam　有坝取水　15.084

intake without dam　无坝取水　15.083

integrated energy consumption　综合能耗　18.153

integrated gasification combined-cycle　煤气化联合循环发电　18.189

integrated survey of natural resources　自然资源综合考察　01.034

integrated survey of regional resources　区域资源综合考察　20.025

integrated use of marine resources　海洋资源综合利用　17.028

integrated use of natural resources　自然资源综合利用　01.050

integrated utilization of forest　森林综合利用　11.104

integration of natural resources　自然资源整体性　01.015

integration of resource information　资源信息集成　06.106

integrative evaluation of plant resources　植物资源综合评价　09.032

integrity of tourism resources　旅游资源完整性　19.251

intelligence development of human resources　人力资源智力开发　21.303

intelligence quality　智力素质　21.068

intelligence test　智力测验　21.211

intelligent development of mineral resources　矿产资源合理开发　16.114

intelligently using human resources　合理使用人力资源　21.270

intensity of development　开发强度　18.142

intensive forest management　林业集约经营　11.137

intensive land-use　土地集约利用　14.054

intensive utilization of mineral resources　矿产资源集约利用　16.120

intensive utilization of natural resources　自然资源集约利用　01.048

interannual variety of water resources　水资源年际变化　15.048

interbasin water transfer　跨流域调水　15.072

intercepting groundwater flow　截潜流　15.075

internal wage structure　内部工资结构　21.230

International Energy Agency　国际能源机构　18.172

International Law of the Sea　国际海洋法，*海洋法　07.094

International Treaties in the Natural Resources　自然资源国际条约，*国际资源法　07.092

International Water Law　国际水法　07.093

Internet　因特网　06.066

interrelation on development and protection of plant resources　植物资源开发与保护的相关性　09.017

intranet　内联网　06.067

intrazonal　地带隐域　12.038

introduced species 引入种 13.084

introduction and taming of plant resources 植物资源引种驯化 09.042

introduction of medicinal plant and animal 药用动植物引种驯化 12.106

invariable consumption theory 不变消费论 02.172

invariable potential productivity theory 生产潜力不变论 02.173

invasive species 入侵种 13.085

inventory of forest resources 森林资源调查 11.080

inversion layer 逆温层 08.181

investigated area of tourism resources 旅游资源调查区 19.207

investigated route of tourism resources 旅游资源调查线路 19.209

investigated subarea of tourism resources 旅游资源调查小区 19.208

investment cost 投资成本 02.125

invisibility of human resources 人力资源无形性 21.037

ion-exchange process for desalination 离子交换淡化法 17.180

irradiance 辐照度 08.140

irrigating quota 灌溉定额 15.108

irrigation area 灌区 15.068

irrigation planning 灌溉规划 15.126

irrigation water 灌溉用水 15.102

island animal 岛屿动物 13.056

island-reef fishing ground 岛礁渔场 17.072

island region 岛区 19.055

island tourism 海岛旅游 17.194

iso-cost curve 等成本线 02.074

isoquant curve 等产量曲线 02.071

J

jointed rocks landscape 节理景观 19.026

jungle landscape 丛树景观 19.077

K

kariz 坎儿井 15.074

karst landform 喀斯特地貌 04.056

karst physiognomy 喀斯特地貌 04.056

karst plain 喀斯特平原，*岩溶平原 04.058

karst process 喀斯特作用，*岩溶作用 04.057

karst water resources 喀斯特水资源，*岩溶水资源 15.029

keystone species 关键种 13.087

L

laborer 劳动者 21.138

laborer full employment 劳动者充分就业 21.269

laborer resources 劳动力资源 21.137

laborer rights and interests 劳动者权益 21.089

labor force 劳动力 21.098

labor force market 劳动力市场 21.370

labor force's goods 劳动力商品 21.099

labor force's use value 劳动力使用价值 21.101

labor force's value 劳动力价值 21.100

labor management 员工管理 21.338

labor market balance 劳动力市场均衡 21.223

labor market discrimination 劳动力市场歧视 21.289

labor market function mechanism 劳动力市场运行机制 21.157

labor market monopoly 劳动力市场垄断 21.224

labor participation rate 劳动参与率 21.222

labor supply 劳动供给 02.126

lack region of natural resources 自然资源贫乏区 04.009

LAI 叶面积指数 10.130

lake district for sightseeing and recreation 观光游憩湖区 19.061

land 土地 14.001

land appreciation tax 土地增值税 07.032

land character 土地特性 14.002

land classification 土地分类 14.009

land consolidation 土地整理 14.071

land consolidation planning 土地整理规划 14.072

land cover 土地覆被 14.024

land cover classification 土地覆被分类 14.025

land-use regulation system 土地用途管制制度 14.096

land-use system 土地使用制 14.095

land-use type 土地利用类型 14.023

land-use zoning 土地利用分区 14.050

land valuation 土地估价 14.083

large irrigation area 大型灌区 15.069

largescale survey of rangeland resources 大比例尺精度草地资源调查 10.095

laser remote sensing 激光遥感 06.081

latent development of human resources 人力资源潜能开发 21.299

latent heat 潜热 08.212

latent heat exchange in field 农田潜热交换 08.216

late spring cold 倒春寒 08.290

latitudinal zonation 纬度地带性 04.022

lava landscape 熔岩景观 19.052

law of diminishing marginal returns 边际报酬递减规律, *边际收益递减规律 02.069

law of diminishing returns of land 土地报酬递减律 14.088

law of energy conservation 能量守恒定律 18.013

law of nature reserve 自然保护区法 07.079

law of resource goods demand 资源品需求定律 02.031

law of resource goods supply 资源品供给定律 02.046

law of soil and water conservation 水土保持法 07.052

law of the territorial sea and contiguous zone 领海及毗连区法 07.061

laws and regulations relating to marine resources 海洋资源法 07.055

laws of combination of regional resources 资源区域组合规律 20.008

laws of geographical differentiation of resources 资源地域分异规律 20.007

law-suite of ship accident on the sea 海损事故索赔诉讼 07.097

layer of human resources 人力资源层次 21.011

layer-orders and ability-classes corresponding principle 层序能级对应原理 21.163

leading of human resources 人力资源主导性 21.051

leaf area index 叶面积指数 10.130

lease of land-use right 土地使用权出租 14.100

legal system management of resources 资源法制管理 01.060

legal system of human resource management 人力资源管理法制化 21.354

legal system of human resource market 人力资源市场法律体系 21.358

legal welfare 法定福利 21.310

legume rangeland 豆科草草地 10.070

liability of pat to the proof opposite place 举证责任倒置 07.020

liability without fault 无过错责任, *无过失责任 07.019

license of forest harvest 林木采伐许可证 07.072

Liebig's law of minimum 利比希最低量法则, *利比希最小因子定律 03.030

life support system 生命支持系统 03.002

light and temperature potential productivity 光温生产潜力 08.165

light compensation point 光补偿点 08.156

light phenomenon 光现象 19.090

light rain 小雨 08.233

light saturation point 光饱和点 08.155

light sensitive index 感光指数 08.159

limiting factor alter principle 限制因子改变原理 21.178

limit of human resources 人力资源有限性 21.032

line loss 线损电量, *线损 18.133

liquefied natural gas 液化天然气 18.062

liquefied petroleum gas 液化石油气 18.061

list of human resource wage and competence 人力资源工资报酬技能一览表法 21.258

literary and artistic group 文艺团体 19.187

literary and artistic works 文学艺术作品 19.188

litter 草地凋落物量 10.113, 枯枝落叶层 10.132

littoral wetland resources 滨海湿地资源 17.005

livestock 家畜 13.038

living wood growing stock 活立木蓄积量 11.036

LNG 液化天然气 18.062

loan capital 借贷资本 02.120

loan capital interest rate 借贷资本利息率 02.122

local custom and folk comity 地方风俗与民间礼仪 19.189

local management of resources 资源属地化管理 05.021

local precipitation 地方性降水 08.237

location for education, research and experiment 教学科研实验场所 19.116

longevity institution 资历制度 21.323

longitudinal zonation 经度地带性 04.023

long-run cost function of resource goods 资源品长期成本函数 02.095

long-run equilibrium of monopolistic resource enterprise 垄断资源企业长期均衡 02.106

long-run equilibrium of the resource enterprise in perfect competition 完全竞争资源企业长期均衡 02.101

loss of energy processing and transformation 能源加工转换损失量 18.121

loss of mineral resources 矿产资源损失 16.030

loss rate in energy processing and conversion 能源加工转换损失率 18.150

lot price 宗地地价 14.081

low cost of workforce flow 劳动力低流动成本 21.283

lower plant resources 低等植物资源 09.027

low flow year 枯水年 15.053

low temperature damage in autumn 寒露风 08.291

LPG 液化石油气 18.061

lunar resource information 月球资源信息 06.163

M

macroscopical identification of crude drug 药材性状鉴定 12.088

magma 岩浆 04.025

magmatic rock ＊岩浆岩 04.027

magmatism 岩浆作用 04.026

main types of tourism resources 旅游资源主类 19.007

major element in seawater 海水[中的]常量元素 17.157

major fungus resources 大型真菌植物资源 09.030

management and protection of wild medicinal material resources 野生药材资源管理与保护 12.112

management of forest resources 森林资源管理 11.128

management of geological data 地质资料汇交管理 16.173

management of mineral reserves registration and statistics 矿产储量登记统计管理 16.171

management of mineral resource planning 矿产资源规划管理 16.170

management of mineral resource property 矿产资源产权管理 16.172

management of regarding people as the center 人本管理 21.369

management system for resource information 资源信息管理系统 06.017

management system of human resource market 人力资源市场管理体系 21.359

mangrove 红树林 11.066

man-made forest 人工林 11.045

manpower resource rate 人力资源率 21.235

map of grassland resources 草地资源图 10.092

marginal benefit product 边际收益产品 21.129

marginal land 边际土地 14.086

marginal rate of substitution 边际替代率 02.064

marginal rate of technical substitution 边际技术替代率 02.072

marginal utility 边际效用论 02.058

marginal utility of consumption resource goods 消费资源品边际效用 02.057

mariculture 海水养殖 17.078

mariculture area 海水养殖面积 17.085

mariculture production 海水养殖产量 17.086

marine algae resources 海藻资源 17.055

marine animal 海洋动物 17.056

marine animal resources 海洋动物资源 13.064

marine bacteria 海洋细菌 17.058

marine biological productivity 海洋生物生产力 17.019

marine biological resources 海洋生物资源 17.049

marine catches 海洋捕捞量 17.068

marine cephalopod resources 海洋头足类资源 17.054

marine channel 海洋通道 17.238

marine city 海上城市 17.221

marine climate 海洋性气候 08.082

marine climatic resources 海洋气候资源 08.011

marine commercial fishes 海洋经济鱼类 17.073

marine conservation 海洋保护 17.047

marine conventional element 海水[中的]常量元素 17.157

marine court 海事法院 07.056

marine crustacean resources 海洋甲壳类资源 17.052

marine development 海洋开发 17.024

marine directional well 海上定向井 17.130

marine drilling platform 海上钻井平台 17.139

marine drilling ship　海上钻井船　17.125

marine drug　海洋药物　12.016

marine drug resources　海洋药物资源　12.023

marine economics　海洋经济学　17.032

marine economy　海洋经济　17.031

marine energy resources　海洋能源　17.241

marine environmental industry　海洋环境产业　17.039

marine evaluation well　海上评价井　17.127

marine excursion vessel　海上游轮　17.211

marine expedition　海洋探险　17.201

marine exploration well　海上勘探井　17.126

marine facies of coal　海相成煤　04.040

marine facies of gas　海相成气　04.042

marine facies of petroleum　海相生油　04.038

marine fishery　海洋渔业　17.061

marine fishery resources　海洋渔业资源　17.064

marine fishes resources　海洋鱼类资源　17.051

marine fishing　海洋捕捞　17.067

marine fishing ground　海洋渔场　17.069

marine fishing season　海洋渔汛，＊海洋渔期　17.074

marine food web　海洋食物网　17.060

marine high-tech industry　海洋高新技术产业　17.037

marine humanistic landscape　海洋人文景观　17.203

marine industrial structure　海洋产业结构　17.040

marine industry　海洋产业　17.033

marine management　海洋管理　17.045

marine microorganism　海洋微生物　17.059

marine mining dredger　海上采矿船　17.149

marine museum　海洋馆，＊海洋博物馆　17.209

marine natural landscape　海洋自然景观　17.202

marine oil production well　海上采油井　17.129

marine organism　海洋生物　17.048

marine park　海上公园，＊海洋公园　17.234

marine pharmaceutical organism　海洋药用生物　17.092

marine plant　海洋植物　17.057

marine product　水产品及制品　19.180

marine production well　海上生产井　17.128

marine resource chemistry　海洋资源化学　17.156

marine resource conservation　海洋资源保护　17.027

marine resource ecosystem　海洋资源生态系统　03.043

marine resource information　海洋资源信息　06.158

marine resources　海洋资源　17.011

marine service industry　海洋服务业　17.038

marine shellfish resources　海洋贝类资源　17.053

marine sightseeing tourism　海上观光旅游　17.197

marine stock enhancement　海水增殖　17.087

marine strategy　海洋战略　17.046

marine structure　海上构造物　17.226

marine tourist area　滨海旅游景区　17.204

marine tourist industry　海洋旅游业　17.192

marine tourist resources　海洋旅游资源　17.191

marine trace element　海水［中的］痕量元素　17.159

marketable permit and quota　可交易排放许可手段　02.216

market combination　市场组合　02.118

market failure　市场失灵　05.004

marketing value method　市场价值法，＊现行市价法　02.158

market mechanism　市场机制　02.024

market system of human resource allocation　人力资源配置市场体系　21.357

marsh type rangeland　沼泽草地　10.066

material balanced mode　物质平衡模式　02.132

material cycle of forest　森林物质循环　11.040

materialized labor　物化劳动　21.121

material resources　实物性资源　01.027

mathematic model of resource information　资源信息数学模型　06.131

matter cycle　物质循环　03.011

mausoleum　陵寝陵园　19.166

maximum depth of frozen ground　最大冻土深度　08.208

maximum design wind speed　最大设计平均风速　08.121

maximum sustainable yield　最大持续产量　03.045，最大持续渔获量　17.065

means of human resource management　人力资源管理手段　21.329

means of labor　劳动资料　21.106

means of pollution tax　排污税手段　02.214

measured and talks the method in individual character　个性测量交谈法，＊面谈法　21.209

measurement and appraisal of individual personality　人员个性测评　21.206

measure of personality　人格测量　21.193

measure of personnel capability　人员能力测量　21.196

medical climate　医疗气候　08.010

medicinal animal resources　药用动物资源　12.019

medicinal fungi resources　药用菌物资源　12.020

medicinal insect resources 药用昆虫资源 12.022

medicinal material 药材 12.007

medicinal mineral resources 药用矿物资源 12.021

medicinal plant and animal reserve 药用生物保护区 12.105

medicinal plant and animal resources 药用动植物资源 12.018

medium grass rangeland 中禾草草地 10.068

medium of human resources 人力资源流动媒介 21.084

medium of labor force flow 劳动力流动媒介 21.320

medium-scale survey of rangeland resources 中比例尺精度草地资源调查 10.096

medium-sized irrigation area 中型灌区 15.070

medium system of human resource market 人力资源市场中介体系 21.361

Meiyu 梅雨 08.255

memorial archway 牌坊 19.146

mental capital 智力资本 21.141

mental working 智力劳动 21.140

merchant productive bases of man-made forest 人工林商品生产基地 11.098

merchant wood 商品林 11.044

metabolic product of secondary matter in the resource plant 资源植物次生物质代谢产物 09.010

metadatabase of resource information 资源信息元数据库 06.030

metadata standard of resource information 资源信息元数据标准 06.029

metal minerals 金属矿产 16.023

metamorphic rock 变质岩 04.031

metamorphism 变质作用 04.030

metapopulation 集合种群 03.073

meteorological element 气象要素 08.004

meteorological energy resources 气象能源 08.056

metering charge 计量收费 15.166

method for comprehensive evaluation of regional resources 区域资源综合评价方法 20.015

method of climatic resource analysis 气候资源分析方法 08.069

methodology of resource informatics 资源信息学方法论 06.002

microbiological examination 微生物学检查 12.095

microclimate 小气候 08.013

microscopical identification of crude drug 药材显微鉴定 12.089

microwave remote sensing 微波遥感 06.077

mid-earth resources 地球中层资源 04.005

migrant animal 迁徙动物 13.066

migrant bird 候鸟 13.069

migration 迁徙 13.065，洄游 13.067

migratory fishes 洄游鱼类 13.068

military base at sea 海上军事基地 17.239

military relic and ancient battlefield 军事遗址与古战场 19.107

military sightseeing place 军事观光地 19.124

military test areas at sea 海上军事试验场 17.237

milling grade 入选品位 16.142

mine 矿山 16.104

mine closure 矿山闭坑 16.116

mine construction procedure 矿山建设程序 16.026

mine enterprise 矿山企业 16.105

mine enterprise design 矿山企业设计 16.106

mine environment 矿山环境 16.103

mine field 矿区范围 16.178

mine land reclamation 矿区土地复垦 16.117

mine life 矿山服务年限 16.110

mine protection 矿山保护 16.113

mineral base 基础储量 16.065

mineral commodity import-export trade 矿产品进出口贸易 16.168

mineral energy 矿物能源 18.021

mineral frustrating 选矿 16.138

mineral industrial index 矿产工业指标 16.081

mineralized degree of water 水的矿化度 15.040

mineral medicine 矿物药 12.015

mineral processing 选矿 16.138

mineral product stock 矿产品储备 16.099

mineral reserve 矿产资源储量 16.064

mineral resource accounting 矿产资源核算 16.165

mineral resource alarm 矿产资源预警 16.159

mineral resource allocation 矿产资源配置 16.157

mineral resource base 矿产资源基地 16.010

mineral resource benefit 矿产资源效益，*矿产资源开发效益 16.169

mineral resource compensation 矿产资源补偿费 07.067

mineral resource crisis 矿产资源危机 16.031

mineral resource demand 矿产资源需求 16.167

mineral resource depletion 矿产资源枯竭 16.027

mineral resource development strategy 矿产资源开发战略 16.164

mineral resource evaluation 矿产资源评价 16.094

mineral resource exploration strategy 矿产资源勘查战略 16.163

mineral resource guarantee degree 矿产资源保证程度 16.161

mineral resource industry 矿产资源产业 16.156

mineral resource information 矿产资源信息 06.156

mineral resource law 矿产资源法 07.063

mineral resource management 矿产资源管理 16.150

mineral resource ownership 矿产资源所有权 07.066

mineral resource planning 矿产资源规划 16.154

mineral resource policy 矿产资源政策 16.175

mineral resource protection 矿产资源保护 16.177

mineral resource rich area 矿产资源富集区 16.008

mineral resource-rich country 矿产资源大国 16.014

mineral resources 矿产资源 16.002

mineral resource scale 矿产资源规模 16.048

mineral resource security 矿产资源安全 16.097

mineral resource shortage 矿产资源短缺 16.160

mineral resource stock 矿产资源储备 16.098

mineral resource strategy 矿产资源战略 16.162

mineral resource substitution 矿产资源替代 16.032

mineral resource supervision and administration 矿产资源开采监督管理 16.174

mineral resource supply 矿产资源供给 16.166

minimum exploitable thickness 最低可采厚度 16.086

minimum viable population 最小可生存种群 03.072

minimum wage law 最低工资法 21.126

mining areas of country planning 国家规划矿区 16.155

mining city 矿业城市 16.009

mining licensing regime 采矿许可证 07.068

mining method 采矿方法 16.124

mining right 采矿权, *矿产资源使用权 07.065

mining technical condition of deposit 矿床开采技术条件 16.053

minor drainage basin management 小流域治理 03.091

minor element in seawater 海水[中的]微量元素 17.158

mixed forest 混交林 11.052

mobile drilling platform 移动式钻井平台 17.140

model of human resource management 人力资源管理模式 21.331

model of simply accelerator principle 简单加速原理模型 02.169

moderate rain 中雨 08.234

modern festival 现代节庆 19.197

modulus of groundwater resource yield 地下水开采模数 15.025

moisture index 湿润度 08.285

monetary marginal utility 货币边际效用 02.060

monitoring of forest resources 森林资源监测 11.132

monitoring of water pollution using remote sensing 水污染遥感监测 15.190

monopolistic competition market 垄断竞争市场 02.108

monopoly profit of monopolistic resource enterprise 垄断资源企业垄断利润 02.104

moral character of human resources 人力资源品德 21.052

moral qualities development of human resources 人力资源品德开发 21.298

mortality rate of trees 林木枯损率 11.034

mortgage of landuse right 土地使用权抵押 14.101

moss resources 苔藓类植物资源 09.028

mountain 山地 04.045

mountain climate 山地气候 08.083

mountain typical tourism area 山丘型旅游地 19.016

moving observation 流动观测 06.089

MRTS 边际技术替代率 02.072

MSY 最大持续产量 03.045

multi-dimension analysis for resource information 资源信息多维分析 06.138

multiplier theory 乘数理论 02.168

multispectral remote sensing 多谱段遥感, *多波段遥感 06.078

mutually complementary increment management of human resources 人力资源互补增值管理 21.336

MVP 最小可生存种群 03.072

N

narrowly informatics 狭义信息论 06.005

national control of water resources 水总量控制权

07.053

national economic accounting system 国民经济核算体系 02.138

national economic movement 国民经济运动 21.156

national income accounting for resource industry 资源业国民收入核算 02.145

national income distribution of resource industry 资源业国民收入分配 02.015

national income fluctuation in resource industry 资源业国民收入波动 02.167

national income gap in resource industry 资源业国民收入缺口 02.166

national park 国家公园 03.075

national property right of human capital 人力资本国家产权 21.075

national quality 国民整体素质 21.009

native crude drug 原产药材 12.017

natural acetylenic compound resources 天然炔类资源 12.059

natural alkaloid resources 天然生物碱类资源 12.044

natural bile acid resources 天然胆酸类资源 12.063

natural carbohydrate resources 天然糖类资源 12.064

natural character of human resources 人力资源自然性 21.027

natural conservation area 自然保护区 03.055

natural coumarin resources 天然香豆素类资源 12.052

natural cyanogenic glucoside resources 天然氰苷类资源 12.046

natural enemy 天敌 13.012

natural environment of human resources 人力资源自然环境 21.015

natural flavonoid resources 天然黄酮类资源 12.045

natural forest 天然林 11.046

natural forest conservation 天然林保护 03.090

natural gas 天然气 18.059

natural gas field 气田 18.055

natural gas hydrate 天然气水合物 17.112

natural history museum 自然博物馆 13.096

natural lignanoid resources 天然木脂素类资源 12.053

natural lipid resources 天然脂类资源 12.056

natural material 自然物 01.013

natural medicine 天然药物 12.001

natural medicine resources 天然药物资源 12.002

natural organic acid resources 天然有机酸类资源

12.060

natural parameter of deposit 矿床自然参数 16.052

natural pigment resources 天然色素类资源 12.054

natural product chemistry 天然产物化学 12.043

natural quinone resources 天然醌类资源 12.050

natural rangeland-conservation area 草地自然保护区 10.179

natural resin and gum resources 天然树脂和树胶资源 12.058

natural resource atlas 自然资源地图集 04.013

natural resource attribute 自然资源属性 01.012

natural resource conservation 自然资源保护 01.053

natural resource conservation region 资源保护区 20.033

natural resource database 自然资源数据库 01.040

natural resource degradation 自然资源退化 03.047

natural resource evaluation 自然资源评价 01.029

natural resource information 自然资源信息 06.149

natural resource quality 自然资源质量 01.031

natural resource quantity 自然资源数量 01.030

natural resource regeneration 自然资源再生 03.048

natural resources 自然资源 01.002

natural resources mapping 自然资源制图 01.038

natural resource stock 资源储备 01.051

natural resource structure 自然资源结构 01.009

natural resource survey 自然资源调查 01.035

natural resource system 自然资源系统 01.007

natural resource type 自然资源类型 01.008

natural river flow 天然径流量 15.037

natural steroid resources 天然甾体类资源 12.047

natural stilbenoid resources 天然芪类资源 12.057

natural sweet principle resources 天然甜味质资源 12.062

natural symbol place 自然标志地 19.021

natural tannin resources 天然鞣质类资源 12.055

natural terpenoid resources 天然萜类资源 12.048

natural thioglycoside resources 天然硫苷类资源 12.051

natural tourism resources 自然旅游资源 19.004

natural toxin resources 天然毒素资源 12.061

natural unemployment rate 自然失业率 21.319

natural volatile oil resources 天然挥发油资源 12.049

nature conservation 自然保护 03.053

navigation lock 船闸 15.094

necessary condition for social net benefit maximization 社

会净收益最大化必要条件 02.202

necessary condition for social welfare maximization 社会福利最大化必要条件 02.198

necessary labor 必要劳动 21.124

need leading theory 需求导向理论 21.165

negative accumulated temperature 负积温 08.193

neotectonic movement 新构造运动 04.035

net radiation *净辐射 08.143

network of resource information 资源信息网络 06.052

new energy resources 新能源 18.029

newly emerging marine industry 新兴海洋产业 17.035

new trend of human resource management 人力资源管理新趋势 21.352

niche 生态位 03.022

nitrogen cycle 氮循环 03.013

nival climate 冰雪气候 08.093

non-commercial energy 非商品能源 18.031

non-descending natural resource theory 自然资源不下降论 02.174

non-district distribution of forest 森林非地带性分布 11.010

non-material tourism resources 非物质旅游资源 19.012

nonmetallic minerals 非金属矿产 16.024

non-point source pollution 面源污染 15.185

non-price competition 非价格竞争 02.110

non-renewable energy 不可再生能源 18.023

non-renewable marine resources 海洋不可再生资源 17.021

non-renewable resources 不可再生资源，*耗竭性资源 01.024

non-renewal of mineral resources 矿产资源不可再生性 16.020

non-timber resources 非木质资源 11.003

normal flow year 平水年 15.052

normal profit 正常利润 02.092

nuclear energy 核能 18.065

nuclear fuel 核燃料 18.067

nuclear power plant 核电站，*核电厂 18.068

nursery 苗圃 11.078

nutritional gross of rangeland 草地营养物质总量 10.118

nutritional ratio of rangeland 草地营养比 10.119

nutritive evaluation of grassland resources 草地资源营养评价 10.117

nutritive value of forage 牧草营养价值 10.116

O

observation of fixed station 定位观测 06.088

observation site for aura phenomenon 光环现象观察地 19.092

observation site for heaven 日月星辰观察地 19.091

observing station network 观测台站网络 06.090

obtain employment 就业 21.315

occupational discrimination 职业歧视 21.134

occurrence 产状 04.067

ocean current 洋流 04.066

ocean current energy 海流能 17.251

ocean current power generation 海流发电 17.252

ocean exploitation 海洋开发 17.024

oceanic bottom biological resources 洋底生物资源 17.094

ocean ranch 海洋牧场 17.091

ocean ranching 海洋农牧化 17.090

ocean space resources 海洋空间资源 17.212

ocean thermal energy 海水热能，*海水温差能 17.243

ocean thermal power generation 海水温差发电 17.244

ocean transport industry 海上运输业 17.220

ocean wind power generation 海洋风能发电 17.254

offshore fishery 近海渔业 17.063

offshore gas 海洋天然气 17.097

offshore gas production 海上采气 17.134

offshore oil 海洋石油 17.096

offshore oil and gas basin 海洋油气盆地 17.121

offshore oil and gas industry 海洋油气业 17.120

offshore oil and gas reserves 海洋油气储量 17.122

offshore oil production 海上采油 17.133

offshore oil production platform 海上采油平台 17.142

offshore oil storage platform 海上储油平台 17.143

offshore oil transportation platform 海上输油平台 17.144

off-stream water use 河道外用水 15.104

oil and natural gas prospecting 石油天然气勘探 18.092

oil field 油田 18.054

oil field development 油田开发 18.114

oil-gas-bearing basin 含油气盆地 18.096

oil shale 油页岩 18.056

oligopoly monopoly market 寡头垄断市场 02.111

once-through salt water cooling system 海水直流冷却系统 17.188

once-through seawater cooling system 海水直流冷却系统 17.188

OPEC 石油输出国组织，＊欧佩克 18.171

open forest land 疏林地 11.072

opening date 开放日期 10.162

open mining 露天开采，＊露天采矿 16.126

open mining of coal 煤炭露天开采 18.115

operation of resource economy in national economy 国民经济中资源经济运行 02.134

opportunity cost 机会成本 02.083

opportunity cost method 机会成本法 02.157

optimal extraction model of a single kind of non-renewable resources 单一种类不可再生资源最优开采模型 02.195

optimal extraction model of non-single kind of non-renewable resources 非单一种类不可再生资源最优开采模型 02.201

optimal extraction of a single kind of non-renewable resources 单一种类不可再生资源最优开采 02.194

optimal extraction of non-single kind of non-renewable resources 非单一种类不可再生资源最优开采 02.199

optimal time for collection 适宜采收期 12.067

optimal utility theory of renewable resources 可再生资源最优利用理论 02.203

optimization of input and output model of resource product 资源品投入产出优化模型 02.164

optimum allocation of regional resources 区域资源优化配置 20.023

ore dilution 矿石贫化，＊贫化 16.130

ore grade 矿石品位 16.082

ore loss 矿石损失 16.127

ore occurrence, vein and ore accumulation 矿点矿脉与矿石集聚地 19.029

ore recovery ratio 矿石回收率 16.129

organic constitution of capital 资本有机构成 21.128

organizational psychology of human resources 人力资源组织心理学 21.054

organizational structure 组织结构 21.233

organizational structure of human resources 人力资源组织结构形式 21.023

Organization of the Petroleum Exporting Countries 石油输出国组织，＊欧佩克 18.171

ornamental animal 观赏动物 13.036

orogeny 造山运动 04.036

orographic rain 地形雨 08.238

Outer Space Law 外层空间法 07.100

outer space resource information 太空资源信息 06.162

output effect of production factor 生产要素产量效应 02.079

output of desalted water 淡化水产量 17.182

output of offshore oil and gas 海洋油气产量 17.123

output value of offshore oil and gas 海洋油气产值 17.124

outside labor market 外部劳动力市场 21.371

oven-dry weight 牧草烘干重 10.115

overall recovery rate of energy resources 能源总回采率 18.147

overgrazing 过度放牧 10.161

overground biomass of rangeland 草地地上部生物量 10.101

overharvesting 过度捕捞 13.095

over-investment in education 教育过度投资 21.280

owner management of resources 资源业主管理 05.018

oxbow lake 牛轭湖 04.053

ozone hole 臭氧空洞 04.077

ozonosphere 大气臭氧层 08.102

P

pagoda-shape building 塔形建筑物 19.135

paid use system of resources 资源有偿使用制度 07.010

paid water supply 有偿供水 15.169

paid water use 水资源有偿使用 15.163

participatory management of resources 资源参与式管理 05.026

passive character of human resources 人力资源受动性

pumping station 泵站，*抽水站，*扬水站 15.076 | pure forest 纯林 11.051

Q

qualitative evaluation of land resources 土地资源定性评价 14.043

quality control of Chinese materia medica 中药质量控制 12.086

quality control of tourism resource investigation 旅游资源调查质量控制 19.219

quality of human resources 人力资源质量 21.006

quality of mineral resources 矿产资源质量 16.013

quality structure 素质结构 21.234

quality structure of human resources 人力资源要素结构 21.087

quantitative analysis of forest 森林数量分类 11.013

quantitative evaluation of land resources 土地资源定量评价 14.044

quantity evaluation of tourism resources 旅游资源量值评价 19.221

quantity of human resources 人力资源数量 21.005

quantum efficiency of photosynthesis 光合作用量子效率 08.152

questionnaire of tourism resource unit 旅游资源单体调查表 19.217

quoted wage 工资报价 21.116

R

radiation balance 辐射平衡 08.143

radiation balance in field 农田辐射平衡，*农田净辐射 08.161

radiation balance in forest 森林辐射平衡 08.162

radiation inversion 辐射逆温 08.177

raft culture 筏式养殖 17.080

rain 雨 08.228

rain day 雨日 08.229

rainfall [amount] 雨量 08.230

rainwater use 雨水利用 15.119

rainy season 雨季 08.256

raised medicinal animal resources 人工养殖药用动物资源 12.080

Ramsar Convention on Wetlands *拉姆萨尔湿地公约 07.109

ranching 圈养 13.091

rangeland 草地 10.001

rangeland classification system of China 中国草地分类系统 10.048

rangeland degradation 草地退化 10.175

rangeland for fattening animal 育肥草地 10.084

rangeland of difficult use 难利用草地 10.159

rangeland plant resources 草地植物资源 10.007

rangeland recreation 草地游憩 10.018

rangeland resource database 草地资源数据库 10.099

rangeland resource function 草地资源功能 10.006

rangeland resources 草地资源 10.004

rangeland resource science 草地资源学 10.005

rangeland salification 草地盐渍化 10.177

rangeland sandification 草地沙化 10.176

rangeland soil erosion 草地水土流失 10.189

rangeland type 草地类型 10.047

rare animal 珍稀动物 13.048

rare endangered species of medicinal animal and plant 珍稀濒危药用动植物 12.111

rate of development and utilization of mineral resources 矿产资源开发利用率，*矿产资源总回收率 16.123

rate of energy processing and conversion 能源加工转化率 18.151

rate of line loss 输电线路损率 18.135

rate of ore dilution 矿石贫化率，*贫化率 16.131

rate of ore loss 矿石损失率 16.128

rate of surplus value 剩余价值率 21.123

rational input region of resource enterprise 资源企业要素投入合理区 02.070

rationalization of human resource market price system 人力资源市场价格体系合理化 21.362

rational utilization of grassland resources 草地资源合理利用 10.143

rational utilization of mineral resources 矿产资源合理利用 16.118

rational utilization of plant resources 植物资源合理利用 09.038

ratio of concentration 选矿比 16.149

ratio of energy utilization　能源利用率　18.176

ratio of mining and excavation　采掘比　16.134

ratio of reserves to production　储采比　18.141

ravine　沟壑地　19.040

raw coal　原煤　18.041

raw ore　原矿　16.140

reach of underground river　暗河河段　19.059

real estate law　不动产法　07.026

real estate right　不动产物权　07.028

recirculating salt water cooling system　海水循环冷却系统　17.189

recirculating seawater cooling system　海水循环冷却系统　17.189

reclaiming land from the sea by building dykes　围海造地　17.214

reclamation of mining area　矿区复垦　03.092

reconnaissance　预查　16.043

recoverable reserves of energy resources　矿物能源可采储量　18.108

recoverable reserves of oil　石油可采储量　18.109

recovery rate of energy resources　能源资源采收率　18.145

recreational fishing on the sea　海上游钓　17.200

recreation square　游憩广场　19.142

recreation value of tourism resources　旅游资源游憩价值　19.240

recycle and regeneration of resources　资源循环再生　20.035

red list　红色名录　13.076

reflected infrared remote sensing　反射红外遥感　06.075

regeneration of plant resources　植物资源可再生性　09.013

regeneration of species population of medicinal plant and animal　药用动植物种群更新　12.035

regeneration resources of medicinal material　药物再生资源　12.076

regional combination of tourism resources　旅游资源区域组合　19.231

regional evaluation of tourism resources　旅游资源区域评价　19.232

regional geological survey　区域地质调查　16.068

regional geology　区域地质　16.067

regionalism of plant resources　植物资源地域性　09.012

regionalization of Chinese natural medicine resources　中国天然药物资源区划　12.039

regionalization of medicinal material producting　药材区划生产　12.041

regionalization of natural resources　自然资源区域性　01.017

regionalization of natural resources　自然资源地带律　04.015

regional resource capacity　区域资源承载力　20.030

regional resource complementation　区域资源互补　20.009

regional resource economics　区域资源经济学　20.016

regional resource exploitation　区域资源开发　20.024

regional resource exploitation areas　资源综合开发区　20.028

regional resource flow　区域资源流动　20.010

regional resource market　区域资源市场　20.021

regional resource potential productivity　区域资源潜力　20.017

regional resource science　区域资源学　20.004

regional resource strategy　区域资源战略　20.034

regional resource system　区域资源系统　20.001

regional resource trade　区域资源贸易　20.022

regional structure of human resources　人力资源地区结构　21.021

registration of land vesting　土地权属登记　07.045

regrowth rate of forage　牧草再生率　10.107

regulation of resource information sharing　资源信息共享规则　06.047

Regulations of the People's Republic of China on Nature Reserves　中华人民共和国自然保护区条例　03.059

reintroduction　再引入　13.082

relation of human capital　人力资本关系　21.063

relationship between aggregate supply and aggregate demand of resource goods　资源品供给和需求总量关系　02.051

relationship of resource property right　资源权属关系　02.010

relative humidity　相对湿度　08.259

relative soil moisture　土壤相对湿度　08.264

reliability of water resources　水资源保证率　15.050

relic of natural change　自然变迁遗迹　19.047

relic of social, economical and cultural activities　社会经济文化活动遗址遗迹　19.105

religion and sacrificial place　宗教与祭祀活动场所

19.118

religious activities 宗教活动 19.193

remainder reserves of mineral energy resources 矿物能源
剩余储量 18.111

remaining ore 残留矿产资源 16.101

remaining rate of withered herbage 枯草保存率 10.133

remaining recoverable reserves of mineral energy resources
矿物能源剩余可采储量 18.112

remote sensing display of tourism resources 旅游资源遥感
显示 19.211

remote sensing for rangeland resource survey 草地资源遥
感调查 10.087

remote sensing in agriculture 农业遥感 06.092

remote sensing in city 城市遥感 06.099

remote sensing in disaster 灾害遥感 06.101

remote sensing in forestry 林业遥感 06.094

remote sensing information of climatic resources 遥感气候
资源信息 08.045

remote sensing in geology 地质遥感 06.096

remote sensing in global change 全球变化遥感 06.100

remote sensing in grassland 草地遥感 06.095

remote sensing in ocean 海洋遥感 06.098

remote sensing in oil and gas 油气遥感 06.097

remote sensing mapping of forest resources 森林资源遥感
制图 11.086

remote sensing technology 遥感技术 06.068

renewability of natural resources 自然资源可更新性
01.020

renewable energy 可再生能源 18.022

renewable marine resources 海洋可再生资源 17.020

renewable resource harvest function 可再生资源收获函数
02.204

renewable resource non-regionalization 可再生自然资源
非地带性 04.017

renewable resource regionalization 可再生自然资源地带
性 04.016

renewable resources 可再生资源, *可更新资源
01.023

renewal investigation of natural medicine resources 天然药
物资源更新调查 12.033

renewal of medicinal organ 器官更新 12.034

rent of sea area to the national government 海域租金
07.060

rent seeking 寻租 05.013

repair to increase in value with each other principle 互补
增值原理 21.164

reproduce of human resources 人力资源再生性 21.047

reproduction 繁殖 13.090

research object of regional resource science 区域资源学
研究对象 20.005

reservation wage 保守工资 21.115

reservation zone of fishes resources 渔业资源保全区
07.086

reserves classification of mineral energy 矿物能源储量级
别 18.094

reserves of energy resources 能源资源量 18.097

reserves rating of oil and natural gas 石油天然气储量分
级 18.095

resident bird 留鸟 13.070

residential energy resources 生活能源 18.036

resource accounting 资源核算, *资源会计 05.047

resource accounting management 资源核算管理 05.032

resource accounting system 资源核算制度 05.079

resource agency 资源机构 05.096

resource allocation 资源配置 01.044

resource and environment accounting 资源与环境核算
02.148

resource animal 资源动物 13.002

resource annual reporting 资源年报 05.046

resource appraisal 资源评估 05.050

resource arbitration 资源仲裁 05.070

resource asset management 资源资产管理 01.061

resource auction 资源拍卖 05.056

resource audit 资源审计 05.049

resource balance 资源平衡 05.073

resource behavior 资源行为 05.065

resource censor 资源普查 05.053

resource census statistics 资源普查统计 06.103

resource characteristics 资源特征 01.006

resource chemistry of natural medicine 天然药物资源化
学 12.004

resource community 资源共同体 05.091

resource concept 资源观念 05.063

resource conflicts 资源纠纷 05.074

resource consumption preference 资源消费偏好 05.066

resource cost management 资源成本化管理 05.034

resource crime 资源犯罪 07.018

resource crisis 资源危机 01.055

resource culture 资源文化 05.064

resource dealing 资源交易 05.088

resource decision making 资源决策 05.092

resource depletion 资源耗竭 01.054

resource development 资源开发 05.054

resource distribution 资源分布 01.010

resource dynamic monitoring 资源动态监测 06.102

resource ecology 资源生态学 03.001

resource economic accounting 资源经济核算 02.141

resource economic development 资源经济发展 02.171

resource economic distribution systems 资源经济分配制
度 02.013

resource economic growth 资源经济增长 02.170

resource economics 资源经济学 02.001

resource economic systems 资源经济制度 02.011

resource economy 资源经济 02.006

resource economy supply 资源经济供给 02.043

resource ecosystem 资源生态系统 03.003

resource efficiency 资源效率 05.072

resource enterprise 资源企业 02.004

resource enterprise distribution 资源企业分配 02.016

resource enterprise systems 资源企业制度 02.019

resource entrance 资源准入 05.083

resource entrance system 资源准入制度 05.084

resource ethics 资源伦理 05.067

resource evaluation index framework 资源评价指标体系
06.132

resource evaluation method 资源估价方法 02.155

resource evaluation model 资源评价模型 06.133

resource evaluation system 资源评价制度 07.012

resource examining and approving system 资源审批制度
05.080

resource exploitation and utilization 资源开发利用
01.047

resource geography 资源地理学 04.001

resource geography of natural medicine 天然药物资源地
理学 12.006

resource geology 资源地质学 04.002

resource globalization 资源全球化 05.087

resource goods demand 资源品需求 02.028

resource goods production theory 资源品生产理论
02.066

resource group 资源集团 05.090

resource income distribution 资源收益分配 02.014

resource industry 资源产业 02.005

resource informatics 资源信息学 06.001

resource information 资源信息 01.037

resource information acquisition 资源信息获取 06.009

resource information application 资源信息应用 06.022

resource information code 资源信息编码 06.027

resource information communication 资源信息通信
06.128

resource information conception model 资源信息概念模
型 06.129

resource information construction 资源信息建设 06.019

resource information criterion 资源信息规范 06.025

resource information database 资源信息数据库 06.012

resource information data display 资源信息数据显示
06.123

resource information data input 资源信息数据输入
06.120

resource information data output 资源信息数据输出
06.121

resource information evaluation 资源信息评价 06.044

resource information increment 资源信息增量 06.043

resource information inputting 资源信息录入 06.107

resource information inventory 资源信息存量 06.042

resource information maintenance 资源信息维护
06.020

resource information management 资源信息管理
06.016

resource information metadata 资源信息元数据 06.028

resource information mining 资源信息挖掘 06.126

resource information model base 资源信息模型库
06.146

resource information observation 资源信息观测 06.087

resource information processing 资源信息处理 06.015

resource information quality 资源信息质量 06.045

resource information quantity 资源信息量 06.041

resource information replay 资源信息回放 06.122

resource information search 资源信息检索 06.124

resource information sharing 资源信息共享 06.046

resource information standard 资源信息标准 06.024

resource information storage 资源信息存储 06.011

resource information structure 资源信息结构 06.033

resource information structure model 资源信息结构模型
06.130

resource information transmission 资源信息传输

06.021

resource information update 资源信息更新 06.125

resource information warehouse 资源信息仓库 06.117

resource information worth 资源信息价值 06.049

resource interpellation 资源质询 05.081

resource knowledge 资源意识 05.062

resource law 资源法规 05.094，资源法 07.002

resource law responsibility 资源法律责任 07.013

resource layout 资源布局 01.045

resource legal relationship 资源法律关系 07.005

resource legal system 资源法律制度 07.006

resource legislation 资源立法 07.004

resource location 资源区位 20.002

resource management 资源管理 01.057

resource management bulletin 资源公示 05.043

resource management by information technology 资源信息化管理 05.039

resource management law 资源管理法 07.003

resource management level by level 资源分级管理 05.031

resource management of natural medicine 天然药物资源管理学 12.005

resource market management 资源市场管理 05.036

resource nationalization 资源国有化 05.076

resource organization 资源组织 05.095

resource-oriented industry management 资源产业管理 05.027

resource ownership 资源所有制 05.068

resource permission 资源许可 05.085

resource permit system 资源许可制度 07.009

resource planning 资源规划 01.042

resource plant 资源植物 09.002

resource policy 资源政策 01.046

resource price 资源价格 02.152

resource price management 资源价格管理 05.033

resource pricing 资源估价 05.051

resource privatization 资源私有化 05.075

resource product 资源产品 02.003

resource production factor demand 资源生产要素需求 02.119

resource protection system 资源保护制度 07.011

resource quality management 资源质量管理 05.038

resource quantity management 资源数量管理 05.037

resource quotation 资源配给 05.040

resource quotation system 资源配给制度 05.041

resource reconnaissance 资源勘察 05.052

resource regionalization 资源区划 20.011

resource register 资源登记 05.048

resource remote sensing 资源遥感 01.036

resource remote sensing survey 资源遥感调查 06.086

resource rent 资源租赁 05.057

resource rent seeking 资源寻租 05.042

resource replacement 区域资源替代 20.032

resource reporting 资源报告 05.045

resource reporting system 资源报告制度 05.077

resource royalty 资源权利金 02.129

resources 资源 01.001

resource sampling statistics 资源抽样统计 06.104

resource scenario 资源情景 06.144

resource science 资源科学 01.005

resource security 资源安全 01.056

resource shortage 资源短缺 04.078

resource situation 资源态势 01.033

resources of international seabed area 国际海底资源 17.010

resources of medicinal plant 药用植物资源 09.025

resources of sea island 海岛资源 17.006

resources of the coastal zone 海岸带资源 17.001

resources of the continental shelf 大陆架资源 17.007

resources of the exclusive economic zone 专属经济区资源 17.008

resources of the high seas 公海资源 17.009

resource statistics 资源统计 01.039

resource statistics system 资源统计制度 05.078

resource strategy 资源战略 01.043

resource substitute 资源替代 01.052

resource supervision 资源监督 05.071

resource supply 资源供给 02.042

resource survey system 资源勘查制度 07.007

resource tax 资源税 02.127

resource tax law 资源税法 07.029

resource trade 资源贸易 05.089

resource transfer 资源转让 05.058

resource trusteeship 资源托管 05.059

resource use fee 资源使用费 02.128

resource value 资源价值 02.150

resource zoning 资源分区 01.011

responsible resource policy 负责的资源政策 05.097

restoration ecology 恢复生态学 03.081

restrained water supply 限制供水 15.151

result encourage 结果激励 21.239

return farmland to forestland or grassland 退耕还林还草 03.089

return of workforce flow 劳动力倒流 21.288

return rate of investment 投资净生产力，*投资收益率 02.121

returns to scale of resource enterprise 资源企业生产规模报酬 02.081

reuse of wastewater 污水再生利用 15.092

revenue effect of resource goods 资源品收入效应 02.040

revenue of land scale 土地规模效益 14.089

revenue of the resource enterprise in perfect competition 完全竞争资源企业收益 02.099

reverse osmosis process for desalination 反渗透淡化法 17.178

reward and punish 奖惩 21.364

right in grassland use 草原使用权 07.077

right in land use 土地使用权 07.047

right in the collective land use 集体土地使用权 07.048

right of examination and approval in land use 土地审批权 07.046

right of innocent passage 无害通过权 07.095

right of permanent land rental 永佃权 07.036

right use in water and sand band 水面滩涂使用权 07.049

risk allocation 风险分配 03.052

river basin water resource management 水资源流域管理 15.136

river capture 河流袭夺 04.052

river runoff 河川径流 15.018

river segment for sightseeing and recreation 观光游憩河段 19.058

river terrace 河流阶地 04.048

rock cay 岩礁 19.056

rockery 假山 19.156

rock fill cave 堆石洞 19.043

rocky cavity and grotto 岩石洞与岩穴 19.044

rodent control of rangeland 鼠害防治 10.185

rotational collection of medicinal material 药材轮采 12.102

rotational grazing 划区轮牧 10.151

routine survey for rangeland resources 草地资源常规调查 10.088

3R principles 3R 原则 03.102

rubbing unemployment 摩擦性失业 21.094

running mechanism of resource economy 资源经济运行机制 02.023

running object of resource economy 资源经济运行客体 02.022

running of resource economy 资源经济运行 02.020

running subject of resource economy 资源经济运行主体 02.021

runoff isoline method 径流等值线法，*径流等量线法 15.035

run-of-river hydropower station 径流式水电站 15.090

rural energy resources 农村能源 18.035

S

sacral place 祭拜场馆 19.129

sacrificial stone stack 祭祀堆石 19.157

safety management 安全管理 05.010

sage semi-brush rangeland 蒿类半灌木草地 10.074

salt chemical industry 盐化工 17.167

salt crystal 食盐结晶 17.166

salt pan 盐田，*盐池 17.164

salt water 咸水 15.003

sample plot inventory 样地调查 11.084

sanctuary 禁猎区 07.089

sanctuary of medicinal animal 药用动物禁猎区 12.107

sandstorm 沙尘暴 04.081

SAR 合成孔径雷达 06.080

satellite remote sensing 卫星遥感 06.071

saturated brine 饱和卤水 17.165

saturation difference 饱和差 08.262

saturation moisture capacity 饱和持水量 08.267

saturation point of carbon dioxide 二氧化碳饱和点 08.112

saturation vapor pressure 饱和水汽压 08.261

scale of mine 矿山规模 16.112

scale of mineral exploitation 矿产资源开发规模 16.100

scale of tourism resources 旅游资源规模 19.248

scarce forest and grassland landscape 疏林草地景观 19.080

scarce minerals 紧缺矿产资源 16.036

scarcity of human resources 人力资源稀缺性 21.036

scarcity of mineral resources 矿产资源稀缺性 16.018

scattered trees 散生木 11.079

scenery enjoy spot 景物观赏点 19.126

science of bio-energy resources 生物能资源学 18.007

science of climatic resources 气候资源学 08.001

science of coal resources 煤炭资源学 18.004

science of digital plant resources 数字化植物资源学 09.007

science of energy resources 能源资源学, *能源学 18.001

science of forest resources 森林资源学 11.006

science of geothermal energy 地热能学 18.010

science of human resources 人力资源学 21.001

science of hydraulic energy resources 水能资源学 18.006

science of living marine resources 海洋生物资源学 17.014

science of marine energy 海洋能学 18.008

science of marine energy resources 海洋能资源学 17.018

science of marine resources 海洋资源学 17.013

science of marine tourism resources 海洋旅游资源学 17.017

science of mineral resources 矿产资源学 16.001

science of natural medicine resources 天然药物资源学 12.003

science of nuclear energy 核能学 18.012

science of personnel management 人事管理学 21.169

science of petroleum and natural gas resources 石油天然气资源学 18.005

science of plant resources 植物资源学 09.004

science of resource administration 资源管理学 05.001

science of resource law 资源法学, *自然资源法学 07.001

science of seawater resources 海水资源学 17.016

science of solar energy 太阳能学 18.011

science of submarine mineral resources 海底矿产资源学 17.015

science of tourism resources 旅游资源学 19.002

science of water resource economics 水资源经济学 15.008

science of water resource-engineering 水资源工程学 15.007

science of water resource management 水资源管理学 15.009

science of water resources 水资源学 15.006

science of wind energy 风能学 18.009

scientific management 科学管理 21.347

scientific value of tourism resources 旅游资源科学价值 19.244

sculpture 雕塑 19.145

SDR 综合算术优势度 10.125

sea bottom forest 海底森林 17.206

sea bridge 跨海桥梁, *海上桥梁 17.227

sea district for sightseeing 观光游憩海域 19.069

seadrome 海上机场, *海上航空港 17.229

sea port 海港 17.217

search cost 搜寻成本 21.114

sea salt industry 海盐业 17.161

season of fishes prohibition 禁渔期 07.088

season of forest fire prevention 森林防火期 07.071

sea surfing 海上冲浪 17.199

seawater chemical resources 海水化学资源 17.152

seawater cooling system 海水冷却系统 17.187

seawater desalting plant 海水淡化厂 17.175

seawater encroachment 海水倒灌 04.074

seawater intrusion 海水入侵 15.063

seawater resources 海水资源 17.151

seawater resource utilization industry 海水资源利用业 17.160

seawater salinity gradient energy 海水盐差能 17.245

seawater salinity gradient power generation 海水盐差发电 17.246

secondary energy resources 二次能源 18.033

secondary forest 次生林 11.047

secondary production 次级生产 03.019

secondary production of rangeland 草地次级生产, *草地第二性生产 10.149

secondary productivity of rangeland 草地次级生产力, *草地第二性生产力 10.150

secondary rangeland 次生草地 10.020

secondary times utilization of mineral resources 矿产资源二次利用 16.122

social environment of human resources 人力资源社会环境 21.016

social feature of resources 资源社会特征 02.008

social forestry 社会林业 11.017

social impact of tourism resources 旅游资源社会影响 19.253

social resources 社会资源 01.003

social safety guarantee 社会安全保障 21.312

social security system of human resource 人力资源社会保障体系 21.363

social share of human resources 人力资源社会共享 21.010

social structure 社会结构 21.232

social structure of human resources 人力资源社会结构形式 21.022

soil and water conservation 水土保持 14.110

soil and water conservation forest 水土保持林 11.060

soil and water loss 水土流失 04.075

soil animal 土壤动物 13.059

soil climate 土壤气候 08.088

soil forest 土林 19.036

soil water balance 土壤水分平衡 08.277

soil water content 土壤含水量 08.278

solar cell 太阳能电池 18.073

solar collector 太阳能集热器 18.071

solar constant 太阳常数 08.133

solar energy 太阳能 18.069

solar energy power generation station 太阳能发电站 18.074

solar energy use 太阳能利用 18.070

solar radiation 太阳辐射 08.131

solar spectrum 太阳光谱 08.134

solar water heater 太阳能热水器 18.072

solid minerals 固体矿产资源 16.060

source of natural resources 自然资源源 04.010

source of resource information 资源信息源 06.008

space remote sensing 航天遥感 06.070

spatial analysis of resource information 资源信息空间分析 06.137

spatial attributes of resources 资源的空间属性 20.003

spatial database of resource information 资源信息空间数据库 06.014

spatial distribution of mineral resources 矿产资源空间分布 16.004

spatial distribution of resource information 资源信息空间分布 06.038

spatialization of natural resources 自然资源空间律 04.018

spatialization of resource information 资源信息空间化 06.109

special ability test 特殊能力测验 21.212

special community 特色社区 19.160

special costume 特色服饰 19.196

special eating custom 特色饮食风俗 19.195

special export license of wildlife 野生动物允许出口证明书 07.082

specialization of working 劳动专业化分工 21.340

special permit of wildlife hunting 野生动物特许猎捕证 07.081

special welfare criterion 狭义福利标准 02.181

species 物种, *种 13.005

species diversity 物种多样性 03.062

species richness 物种丰富度 13.020

speed that the workforce circulates 劳动力流通速率 21.287

sport festival 体育节 19.201

SPR 石油战略储备 18.174

stability of renewable natural resources 可再生自然资源稳定度 04.019

stabilization mechanism of ecosystem 生态系统稳态机制 03.028

staff's ability limen principle 人员能力阈限原则 21.143

staff's ability reasonable arrangement principle 人员能力合理安排原则 21.144

staff absolute temperament principle 人员气质绝对原则 21.110

staff personality disparity 人员个性差异 21.108

staff temperament complementary principle 人员气质互补原则 21.111

staff temperament development principle 人员气质发展原则 21.112

staff temperament disparity 人员气质差异 21.109

stand 林分 11.070

standard coal consumption for power generation 发电标准煤耗, *煤耗 18.137

standard coal consumption for power generation coal 标准煤, *煤当量 18.155

standard hay of artificial grassland 人工草地标准干草 10.031

standard hay of grassland 天然草地标准干草 10.030

standardization of Chinese materia medica 中药标准化 12.085

standardization of information form 信息形式标准化 21.192

standardization of resource information 资源信息标准化 06.026

standardization principle 标准化原则 21.148

standardized price of land 标定地价 14.080

standard operating procedure 标准操作规程 12.099

standing carrying capacity 现存载畜量 10.169

standing dead yield 草地立枯产草量 10.112

staple mineral resources 大宗矿产资源 16.037

state land use conveyance 土地使用权出让 07.039

state-owned land ownership 国有土地所有权 07.037

state ownership of mineral resources 矿产资源国家所有 16.176

state policy of resources 资源国策 05.093

static condition for efficiency 静态效率条件 02.187

static consumer utility maximization model 消费者效用最大化静态模型 02.184

static firm cost minimization model 厂商成本最小化静态模型 02.185

static firm profit maximization model 厂商利润最大化静态模型 02.186

static input and output model of resource product 资源品静态投入产出模型 02.162

static optimum resource allocation model in competitive market 竞争市场资源最优配置静态模型 02.183

static relationship of resource goods supply and demand 资源品供求静态关系 02.050

static storage of groundwater resources 地下水资源静储量 15.022

station 车站 19.170

3S technology for rangeland resource survey 草地资源调查 3S 技术 10.091

steles forest 碑碣[林] 19.141

steppe 草原 10.002

stock of human capital 人力资本存量 21.204

stock of natural medicine resources [天然]药物资源蕴藏量 12.028

stone forest 石林 19.035

storage coefficient 库容系数 15.082

storage engineering 蓄水工程 15.067

storage medium of resource information 资源信息存储介质 06.115

storage of crude drug 药材贮藏 12.071

storage of human resource information 人力资源信息储存 21.188

storm runoff use 暴雨利用 15.120

strait train ferry 海峡火车轮渡 17.240

strategic minerals 战略性矿产资源 16.034

strategic petroleum reserve 石油战略储备 18.174

strategic stock of oil 石油战略储备 18.174

strategies for biodiversity protection 生物多样性保护策略 03.077

stratigraphic section 地层剖面 19.027

street value 路线价 14.082

stripping ratio 剥采比 16.132

structural relationship between supply and demand of resource goods 资源品供给和需求结构关系 02.052

structural unemployment 结构性失业 21.095

structure of conventional energy resources 常规能源资源结构 18.020

structure of element market 要素市场结构 02.115

structure of energy consumption 能源消费结构 18.126

structure of energy production 能源生产结构 18.125

structure of energy resources 能源资源结构 18.019

structure of resource ecosystem 资源生态系统结构 03.004

structures of resource goods market 资源品市场结构 02.096

stumpage price 林价 11.134

subgroups of tourism resources 旅游资源亚类 19.008

subject of labor 劳动对象 21.107

sublet of the land rental 土地转包 07.042

submarine cable 海底电缆 17.230

submarine chimney 海底烟囱 17.111

submarine gas field 海上气田 17.132

submarine gas production system 水下采气系统 17.136

submarine hydrothermal deposit 海底热液矿床 17.110

submarine mineral resources 海底矿产资源 17.095

submarine oil field 海上油田 17.131

submarine oil production system 水下采油系统 17.135

submarine sulfur ore deposit 海底硫矿 17.101

submarine tunnel 海底隧道 17.233

submerged pipeline　海底管道　17.232

submerged tank　海底油罐，＊水下油库　17.224

subsea completion system　水下完井系统　17.145

subsidence inversion　下沉逆温　08.179

subsidy on pollution abatement　污染削减补贴手段　02.215

subspecies　亚种　13.006

substantial tourism resources　实体旅游资源　19.011

substitute effect of resource goods　资源品替代效应　02.039

substitution effect of production factor　生产要素替代效应　02.078

successional type of rangeland　草地演替类型　10.081

suitable land for forest　宜林地　11.075

suitable region of medicinal plant and animal　药用动植物适宜区　12.040

summed dominance ratio　综合算术优势度　10.125

summer resort　避暑气候地　19.096

sun scald　日灼　08.168

sunshine duration　日照时数　08.136

supercomputer　巨型计算机，＊超级计算机　06.059

supervision of natural resources　资源监测　01.041

supplementary grassland　附属草地，＊补充草地　10.026

supply and demand balance of water resources　水资源供需平衡　15.014

supply and demand equilibrium theory of production element　资源生产要素供求均衡理论　02.114

supply and demand mechanism　供求机制　02.026

supply-demand relationship of human resources　人力资源供求关系　21.085

supply elasticity of resource goods　资源品供给弹性　02.047

supply function of resource goods　资源品供给函数　02.045

supply theory of resources　资源供给理论　02.041

supporting capacity of rangeland　草地资源承载力　10.009

surface inversion　地面逆温　08.176

surface temperature　地面温度　08.171

surface water resources　地表水资源　15.017

surging tide phenomenon　涌潮现象　19.070

surmount oneself　超越自我　21.077

surplus energy　余能　18.184

surplus labor　剩余劳动　21.125

surrounding of tourism resources　旅游资源赋存环境　19.013

survey and evaluation of mineral resources　矿产资源调查评价　16.038

surveyed mean river flow　实测河川径流量　15.036

survey of agricultural land reserves　宜农荒地资源调查　14.032

survey of cultivated land reserves　耕地后备资源调查　14.033

survey of natural medicine resources　［天然］药物资源调查　12.026

survey of rangeland resources　草地资源调查　10.086

survey of tourism resources　旅游资源调查　19.202

suspending coffin　悬棺　19.168

sustainability of human resource development　人力资源开发的持续性　21.048

sustainable consumption　可持续消费　03.104

sustainable development of human resources　人力资源可持续发展　21.017

sustainable development principle　持续开发原理　21.167

sustainable land management　可持续土地资源管理　14.117

sustainable output theory　可持续产出论　02.175

sustainable use of rangeland resources　草地资源可持续利用　10.192

sustainable utilization of forest resources　森林资源永续利用　11.100

sustainable utilization of marine resources　海洋资源可持续利用　17.029

sustainable utilization of mineral resources　矿产资源可持续利用　16.121

sustainable utilization of natural resources　资源可持续利用　01.049

sustained utilization of plant resources　植物资源永续利用　09.037

symbiotic animal　共生动物　13.013

symmetry principle in benefits　利益对称原理　21.166

synthetical analysis of resource information　资源信息综合分析　06.139

synthetical evaluation information system for sustainable development　可持续发展综合评价信息系统　06.142

synthetic aperture radar　合成孔径雷达　06.080

synthetic benefit of plant resources 植物资源综合效益 09.036

synthetic human culture tourism site 综合人文旅游地 19.115

synthetic natural tourism area 综合自然旅游地 19.015

systematic management of resources 资源系统管理 05.020

systematic working management 劳动管理制度化 21.342

system engineering of forestry 林业系统工程 11.135

system of bulletin 资源公示制度 05.044

system of grassland fire prevention 草地防火制度 07.078

system of human resource management 人力资源管理体制 21.328

system of human resources 人力资源系统 21.013

systems of natural resource ownership 自然资源所有制 02.012

systems of nature resource property right 自然资源产权制度 02.018

systems of resource property right 资源产权制度 02.017

T

tactics of general rule 通则策略 21.180

tailing grade 尾矿品位 16.146

tailings 尾矿 16.145

talent resources 人才资源 21.136

tall grass rangeland 高禾草草地 10.067

tame forage resources for cultivation 栽培牧草资源 10.033

target management of resources 资源目标管理 05.025

tax of fishes resource conservation 渔业资源增殖保护费 07.084

taxonomical system of resource plant 资源植物分类系统 09.018

technical ability development of human resources 人力资源技能开发 21.300

technical management of resources 资源技术管理 05.016

technical system for resource informatics 资源信息学技术体系 06.003

technological type of ore 矿石工艺类型 16.139

tectonic lake 构造湖 04.054

tectonic movement 构造运动 04.033

temperate desert-steppe type rangeland 温性荒漠草原草地 10.051

temperate desert type rangeland 温性荒漠草地 10.057

temperate meadow-steppe type rangeland 温性草甸草原草地 10.049

temperate montane meadow type rangeland 温性山地草甸草地 10.064

temperate steppe-desert type rangeland 温性草原化荒漠草地 10.056

temperate steppe type rangeland 温性草原草地 10.050

temperature-difference energy 温差能 08.220

temperature lapse rate 气温直减率 08.174

temperature profile 温度廓线 08.184

temple fair and folk assembly 庙会与民间集会 19.194

temporary grassland 短期草地 10.022

temporary grassland for grazing 临时放牧地 10.140

temporary labor market 临时劳动市场 21.292

terrace 台 19.148

terrestrial animal 陆生动物 13.049

terrestrial facies of coal 陆相成煤 04.039

terrestrial facies of gas 陆相成气 04.041

terrestrial facies of petroleum 陆相生油 04.037

terrestrial resource ecosystem 陆地资源生态系统 03.039

territorial resources 国土资源 01.004

territory programming 国土规划 05.060

territory reconstruction 国土整治 05.061

the income of sea rental by the provincial government 海域出让金 07.058

the income of subletting the rental sea 海域转让金 07.059

the independent of human resources 人力资源个体独立性 21.049

theorem for least-cost pollution control 污染控制最小成本定理 02.217

theory of centers of cultivated plant origin 栽培植物起源中心学说 09.008

theory of compensation wage 补偿工资理论 21.155

theory of photostage 光照阶段学说 08.167

theory of profit-shared system 利润分享制理论 21.170

theory of resource goods consumption behavior 资源品消费行为理论 02.054

the real estate insituation law 不动产所在地法 07.027

the right of land rental 土地承包经营权 07.041

thermal effect of shelterbelts 林带热力效应 08.219

thermal infrared remote sensing 热红外遥感 06.076

thermal power plant 火力发电厂 18.116

thermonasty 感温性 08.202

thermoperiodism 温周期现象 08.203

the youth becomes a useful person 青年成才 21.067

threat factor 致危因素 13.077

three fundamental points temperature 三基点温度 08.187

three tache of "entry, administrate, out" "进管出"三环节 21.348

tidal energy 潮汐能 17.247

tidal flat 潮滩 17.004

tidal flat culture 滩涂养殖 17.083

tidal power generation 潮汐发电 17.248

ties of consanguinity 亲缘关系 09.011

timber forest 用材林 11.054

timber resources 木质资源 11.002

time difference of people ability development 人的能力发展差异 21.113

time-series analysis of resource information 资源信息时间序列分析 06.136

time-series of resource information 资源信息时间序列 06.039

timing character of human resources 人力资源时效性 21.031

tissue culture of medicinal plant 药用植物组织培养 12.109

toleration contract 默认性合约 21.322

topoclimate 地形气候 08.090

torrential rain 暴雨 08.236

total amount of mineral resources 矿产资源总量 16.011

total natural resources 自然资源总量 04.007

total quantity control of pollutant discharge 排污总量控制 15.193

total quantity control of water consumed 用水总量控制 15.143

total quantity control of water pollutant 水污染总量控制 15.195

total revenue of resource enterprise 资源企业销售产品总收益 02.090

total storage capacity 总库容 15.081

total sum of excavation 采掘总量 16.133

tourism commodity 旅游商品 19.177

tourism festival 旅游节 19.198

tourism planning 旅游规划 19.262

tourism products 旅游产品 19.261

tourism resource classification system 旅游资源分类系统 19.003

tourism resource database 旅游资源数据库 19.258

tourism resource evaluation 旅游资源评价 19.220

tourism resource hierarchy 旅游资源层次结构 19.006

tourism resource information 旅游资源信息 06.161

tourism resource information by Internet 旅游资源信息因特网发布 19.260

tourism resource information system 旅游资源信息系统 19.257

tourism resource management 旅游资源管理 19.255

tourism resource map 旅游资源地图 19.259

tourism resource protection 旅游资源保护 19.256

tourism resources 旅游资源 19.001

tourism resource survey organization 旅游资源调查组织 19.205

trace of geological and physiognomic process 地质地貌过程形迹 19.031

trade of water resources 水权贸易，＊水权转让 07.054

trade prohibition of sea area in Min & Qing dynasty 禁海令 07.062

traditional and native architecture 传统与乡土建筑 19.158

traditional assets 传统性资产 21.090

traditional boondoggle and artware 传统手工产品与工艺品 19.182

traditional Chinese medicine 传统中药 12.008

traditional marine industry 传统海洋产业 17.034

traffic relic 交通遗迹 19.110

tragedy of the commons 公地悲剧 05.015

training and development theory 培训开发理论 21.173

transaction classification of resource economics 资源经济交易分类 02.143

transference manner of human resource information 人力资源信息传递方式 21.187

transference of human resource information 人力资源信息传递 21.186

transpiration 蒸腾 08.271

transpiration coefficient 蒸腾系数 08.273

tree annual ring 树木年轮 11.039

trestle road along cliff 栈道 19.173

trophic level 营养级，*营养水平 03.017

tropical monsoon forest 热带季雨林 11.064

tropical rain forest 热带雨林 11.063

tropical shrub tussock type rangeland 热性灌草丛草地 10.061

tropical tussock type rangeland 热性草丛草地 10.060

tufa 石灰华 19.028

turbulence inversion 湍流逆温 08.175

twenty-four solar terms 二十四节气 08.044

two-period optimal extraction of non-single kind of non-renewable resources 非单一种类不可再生资源两时段最优开采 02.200

type of deposit exploration 矿床勘探类型 16.073

type of human resources 人力资源类型 21.012

type of resource information 资源信息类型 06.034

type of waste heat 余热类型 18.186

U

un-compensating wage differential 非补偿性工资差别 21.227

unconventional mineral resources 非传统矿产资源 16.033

underground biomass of rangeland 草地地下部生物量 10.102

underground lake 暗湖 04.060

underground mining 地下开采，*坑采 16.125

underground river 地下河 04.059

undergrowth resources under tree crowns 林下资源 11.004

undersea barite ore deposit 海底重晶石矿 17.107

undersea christmas tree 海底采油树 17.146

undersea coal ore deposit 海底煤矿 17.105

undersea iron ore deposit 海底铁矿 17.104

undersea mining 海底采矿 17.113

undersea mining technology 海底采矿技术 17.115

undersea potassium salt ore deposit 海底钾盐矿 17.103

undersea rock salt ore deposit 海底岩盐矿 17.102

undersea tin ore deposit 海底锡矿 17.106

underwater atoll reef 水下环礁 17.205

underwater laboratory 水下实验室 17.236

underwater nuclear power station 海底核电站 17.223

underwater optical fabric cable 海底光缆 17.231

underwater storehouse 海底仓库 17.225

underwater tourism 海底旅游 17.195

unemployment 失业 21.317

unemployment rate 失业率 21.318

unemployment welfare 失业福利 21.117

uniform management of resources 资源统一管理 05.029

United Nations Framework Convention on Climate Change 联合国气候变化框架公约 07.105

unit of energy 能源计量单位 18.165

unit of tourism resources 旅游资源单体 19.010

unused cost of human resources 人力资源空职成本 21.254

unused land 未利用地 14.016

upwelling fishing ground 上升流渔场 17.071

uranium mineral 铀矿物 18.066

urban climate 城市气候 08.091

urban forestry 城市林业 11.018

urban land use tax 城镇土地使用税 07.033

urban plan law 城市规划法 07.091

urban water affairs 城市水务 15.156

urban water use 城市用水 15.100

usability of natural resources 自然资源可用性 01.014

usage value of tourism resources 旅游资源使用价值 19.241

useful component 有用组分 16.089

use of ocean wind energy 海洋风能利用 17.253

use rate of rangeland 草地利用率 10.137

use right of sea area 海域使用权 07.057

user network of resource information 资源信息用户网络 06.055

users of resource information 资源信息用户 06.023

use value of resources 资源使用价值 02.149

utility feature of resources 资源效用特征 02.009

utility of consumption resource goods 消费资源品效用 02.055

utility of plant resources 植物资源多用性 09.014

utilizable water resources 可利用水资源 15.015

utilizable yield of grassland 草地牧草经济产量 10.110

utilization efficiency of light 光能利用率 08.150

utilization efficiency of water resources 水资源利用效率 15.106

utilization of bamboo forest 竹林利用 11.110

utilization of biomass energy 生物质能利用 18.086

utilization of ocean energy 海洋能利用 17.242

utilization of ocean space 海洋空间利用 17.213

utilization rate of regenerated water 污水再生利用率 15.198

V

valley typical tourism area 谷地型旅游地 19.017

value of marginal product 边际产品价值 02.076

value series of tourism resources main factor 旅游资源要素价值系列 19.224

variable cost 可变成本 02.089

variance and unstability of human resources 人力资源变化性与不稳定性 21.046

vector animal 疾病传媒动物 13.044

vernalization 春化现象 08.204

vertical belt 垂直自然地带 19.022

vertical-belt distribution of rangeland 垂直带草地 10.080

vertical climatic zone 垂直气候带 08.075

vertical management of resources 资源垂直管理 05.023

vertical zonation 垂直地带性 04.024

vicarious species 替代种 13.047

Vienna Convention for the Protection of Ozone Layer 保护臭氧层维也纳公约 07.106

virtual environment for resource research 资源研究虚拟环境 06.051

virtual modeling of resources 虚拟资源建模 06.145

virtual reality 虚拟现实 06.084

virtual resource research 虚拟资源研究 06.050

visible light remote sensing 可见光遥感 06.074

visualization for resource information 资源信息可视化 06.110

VMP 边际产品价值 02.076

volcano eruption 火山喷发 04.032

volcano landscape 火山景观 19.051

VR 虚拟现实 06.084

W

wage rigidity 工资刚性 21.306

wall located inside and outside gate of building 影壁 19.153

warm-temperate shrub tussock type rangeland 暖性灌草丛草地 10.059

warm-temperate tussock type rangeland 暖性草丛草地 10.058

waste disposal zone at sea 海洋倾废区 17.235

waste heat 余热 18.185

waste heat utilization 余热利用 18.187

waste of mineral resources 矿产资源浪费 16.029

wastewater treatment plant 污水处理厂 15.186

watchtower on either side of a palace gate 阙 19.149

water 水 15.001

water administration 水政 15.154

water administration construction 水政建设 15.155

water affairs bureau 水务局 15.157

water and soil resource coupling 水土资源耦合 15.044

water area landscape 水域风光 19.057

water balance 水分平衡 08.258

water body 水体 15.004

water body pollution 水体污染 15.180

water-body resource ecosystem 水体资源生态系统 03.042

water conservancy disputes 水利纠纷 15.159

water conservancy establishment 水利设施 15.158

water conservation forest 水源涵养林 11.061

water deficit of rangeland 缺水草地 10.152

water demand management 需水管理 15.148

water-drawing permit system 取水许可制度 15.145

water energy investigation 水能资源调查 15.034

water environment 水环境 15.174

water environmental background value 水环境本底值, *水环境背景值 15.178

water environmental capacity 水环境容量 15.175

water environmental construction 水环境建设 15.177

Y

Z

zero discharge 零排放 03.097

zonal 地带显域 12.037

zonal rangeland 地带性草地 10.078

zoobenthos 底栖动物 13.060

zooplankton 浮游动物 13.061

zootechny 野生动物驯养业 13.088

汉 英 索 引

A

矮禾草草地　short grass rangeland　10.069
安全管理　safety management　05.010
岸滩　shore　19.046

暗河河段　reach of underground river　19.059
暗湖　underground lake　04.060

B

坝式水电站　dam-type hydropower station　15.091
半干旱气候　semi-arid climate　08.086
半灌木草地　semi-brush rangeland　10.075
半野生药用动植物　semi-wild medicinal plant and animal　12.078
伴生有用组分　associated useful component　16.091
雹暴　hail storm　08.239
雹灾　hail damage　08.297
饱和差　saturation difference　08.262
饱和持水量　saturation moisture capacity　08.267
饱和卤水　saturated brine　17.165
饱和水汽压　saturation vapor pressure　08.261
保护臭氧层维也纳公约　Vienna Convention for the Protection of Ozone Layer　07.106
保护生物学　conservation biology　03.074
保护世界文化和自然遗产公约　Convention Concerning the Protection of the World Cultural and Natural Heritage　07.104
保守工资　reservation wage　21.115
保证出力　firm output　15.088
暴雨　torrential rain　08.236
暴雨利用　storm runoff use　15.120
碑碣[林]　steles forest　19.141
*本底浓度　background concentration　08.104
泵站　pumping station　15.076
泵站设计扬程　design head of pumping station　15.077
比较性原则　comparison principle　21.150
必要劳动　necessary labor　21.124
避寒气候地　winter resort　19.097
避暑气候地　summer resort　19.096

边际报酬递减规律　law of diminishing marginal returns　02.069
边际产品价值　value of marginal product, VMP　02.076
边际技术替代率　marginal rate of technical substitution, MRTS　02.072
边际收益产品　marginal benefit product　21.129
*边际收益递减规律　law of diminishing marginal returns　02.069
边际替代率　marginal rate of substitution　02.064
边际土地　marginal land　14.086
边际效应递减规律　diminishing marginal utility　02.059
边际效用论　marginal utility　02.058
边界品位　cut-off grade　16.084
边境口岸　frontier port　19.125
*变动水价　flexible price　15.170
变质岩　metamorphic rock　04.031
变质作用　metamorphism　04.030
标定地价　standardized price of land　14.080
标准操作规程　standard operating procedure　12.099
标准干草折算系数　conversion coefficient for calculation of standard hay　10.109
标准化原则　standardization principle　21.148
标准煤　standard coal consumption for power generation coal　18.155
滨海公园　coastal park　17.207
滨海矿产　beach mineral resources　17.117
滨海旅游　coastal tourism　17.193
滨海旅游景区　marine tourist area　17.204
滨海沙滩　coastal beach　17.210
滨海湿地资源　littoral wetland resources　17.005

濒危等级 endangered category 13.079

濒危等级标准 criteria for endangered category 13.080

濒危动物 endangered animal 13.075

濒危现状 endangered status 13.078

濒危野生动植物种国际贸易公约 Convention on International Trade in Endangered Species of Wild Fauna and Flora, CITES 07.108

冰川 glacier 04.062

冰川冰 glacier ice 04.061

冰川堆积景观 glacier accumulation landscape 19.053

冰川观光地 glacier sightseeing site 19.073

冰川湖 glacial lake 04.055

冰川气候 glacial climate 08.092

冰川侵蚀遗迹 glacier erosion landscape 19.054

冰雪地 ice and snow area 19.072

冰雪气候 nival climate 08.093

冰雪资源 ice and snow resources 08.248

波浪发电 wave power generation 17.250

波浪能 wave energy 17.249

剥采比 stripping ratio 16.132

博弈 game playing 05.011

博弈论 game theory 05.012

补偿工资理论 theory of compensation wage 21.155

补偿性工资差别 compensating wage differential 21.225

*补充草地 supplementary grassland 10.026

捕捞业 fishing industry 13.074

不变消费论 invariable consumption theory 02.172

不动产法 real estate law 07.026

不动产所在地法 the real estate insituation law 07.027

不动产物权 real estate right 07.028

不可再生能源 non-renewable energy 18.023

不可再生资源 non-renewable resources 01.024

不可再生自然资源保障度 indemnificatory of non-renewable natural resources 04.020

不完全竞争要素市场 imperfect competitive element market 02.117

C

采伐迹地 cutting blank 11.076

采伐量 cutting amount of woods 11.101

采掘比 ratio of mining and excavation 16.134

采掘总量 total sum of excavation 16.133

采矿方法 mining method 16.124

采矿品位 grade of mined ore 16.136

采矿权 mining right 07.065

采矿许可证 mining licensing regime 07.068

采暖度日 beating degree-day 08.200

菜品饮食 dish and beverage 19.178

残留矿产资源 remaining ore 16.101

草场 grassland 10.003

草场花卉地 flower area in grassland 19.082

草地 rangeland 10.001

草地初级生产 primary production of rangeland 10.147

草地初级生产力 primary productivity of rangeland 10.148

草地次级生产 secondary production of rangeland 10.149

草地次级生产力 secondary productivity of rangeland 10.150

草地等 grassland class 10.120

草地地上部产草量 plant mass above ground 10.111

草地地上部生物量 overground biomass of rangeland 10.101

草地地下部生物量 underground biomass of rangeland 10.102

*草地第二性生产 secondary production of rangeland 10.149

*草地第二性生产力 secondary productivity of rangeland 10.150

*草地第一性生产 primary production of rangeland 10.147

*草地第一性生产力 primary productivity of rangeland 10.148

草地凋落物量 litter 10.113

草地防火制度 system of grassland fire prevention 07.078

草地放牧利用 grazing use of grassland 10.144

草地封育 close cultivation of rangeland 10.188

草地化学除莠 chemical control of rangeland weed 10.184

草地级 grassland grade 10.121

草地景观 grassland landscape 19.079

草地景观资源 landscape resources of rangeland 10.012

草地可利用面积 available area of rangeland 10.122

草地类型　rangeland type　10.047

草地立枯产草量　standing dead yield　10.112

草地利用率　use rate of rangeland　10.137

草地牧草病害防治　disease control of rangeland plant　10.181

草地牧草经济产量　utilizable yield of grassland　10.110

草地牧草现存量　present forage yield of grassland　10.106

草地年产草量　grassland plant yield for year　10.103

草地年产草量动态　dynamic of forage yield　10.105

草地年可食草产量　grassland forage yield for year　10.104

草地沙化　rangeland sandification　10.176

草地生产力　grassland productivity　10.141

草地生态系统服务功能　ecosystem services of rangeland　10.016

草地水土流失　rangeland soil erosion　10.189

草地水源涵养　conserve water in rangeland　10.017

草地饲用植物资源　forage plant resources of rangeland　10.027

草地碳循环　carbon cycle on rangeland　10.015

草地退化　rangeland degradation　10.175

草地围栏　fencing of grassland　10.153

草地盐渍化　rangeland salification　10.177

草地演替类型　successional type of rangeland　10.081

草地遥感　remote sensing in grassland　06.095

草地野生动物　wildlife of rangeland　10.010

草地野生经济植物资源　economic plant resources of natural rangeland　10.028

草地营养比　nutritional ratio of rangeland　10.119

草地营养物质总量　nutritional gross of rangeland　10.118

草地游憩　rangeland recreation　10.018

草地有偿家庭承包制　family contract system of public grassland　10.155

草地有毒植物　poisonous plant　10.042

草地有毒植物防治　prevention and control of poisonous plant in grassland　10.183

草地有害植物　harmful plant　10.043

草地植物经济类群　economic groups of rangeland plants　10.032

草地植物种质资源　germplasm resources of rangeland plant　10.008

草地植物资源　rangeland plant resources　10.007

草地资源　rangeland resources　10.004

草地资源常规调查　routine survey for rangeland resources　10.088

草地资源承载力　supporting capacity of rangeland　10.009

草地资源的动物生产　wildlife production of rangeland resources　10.145

草地资源的植物生产　plant production of rangeland resources　10.146

草地资源地理信息系统　geographical information system of rangeland resources　10.098

草地资源调查　survey of rangeland resources　10.086

草地资源调查3S技术　3S technology for rangeland resource survey　10.091

草地资源概查　general survey of rangeland resources　10.090

草地资源功能　rangeland resource function　10.006

草地资源合理利用　rational utilization of grassland resources　10.143

草地资源监测　grassland resource monitoring　10.178

草地资源经济　economy of grassland resources　10.190

草地资源开发　exploitation of grassland resources　10.142

草地资源可持续利用　sustainable use of rangeland resources　10.192

草地资源区划　grassland resource divisions　10.100

草地资源生态系统　ecosystem of rangeland resources　10.013

草地资源生态学　ecology of rangeland resources　10.014

草地资源生物多样性　biodiversity of rangeland resources　10.011

草地资源数据库　rangeland resource database　10.099

草地资源图　map of grassland resources　10.092

草地资源系列地图　serial maps of rangeland resources　10.093

草地资源详查　detailed survey of rangeland resources　10.089

草地资源学　rangeland resource science　10.005

草地资源遥感调查　remote sensing for rangeland resource survey　10.087

草地资源遥感系列制图　serial mapping by remote sensing of rangeland resources　10.094

草地资源营养评价　nutritive evaluation of grassland resources　10.117

草地自然保护区　natural rangeland-conservation area　10.179

草地自然灾害防治　prevention and control of grassland natural disaster　10.182

草药　herb　12.011

草业　pratacultural industry　10.191

草原　steppe　10.002

草原产权　property right of grassland　10.154

草原动物　grassland animal　13.052

草原法　grassland law　07.075

草原防火　fire control of grassland　10.180

草原使用权　right in grassland use　07.077

草原所有权　grassland ownership　07.076

测产样方　yield-test quadrat　10.135

层序能级对应原理　layer-orders and ability-classes corresponding principle　21.163

查明矿产资源　identified minerals　16.061

产草量年变率　annual variation rate of forage yield　10.108

产率　yield　16.147

产状　occurrence　04.067

长城段落　section of the Great Wall　19.138

长城遗迹　Great Wall relic　19.112

长年积雪地　perennial snow area　19.074

常规能源　conventional energy resources　18.027

常规能源资源结构　structure of conventional energy resources　18.020

厂商成本最小化静态模型　static firm cost minimization model　02.185

厂商利润最大化静态模型　static firm profit maximization model　02.186

＊超额利润　excess profit　02.093

＊超级计算机　supercomputer　06.059

超越自我　surmount oneself　21.077

潮滩　tidal flat　17.004

潮汐发电　tidal power generation　17.248

潮汐能　tidal energy　17.247

车站　station　19.170

沉积岩　sedimentary rock　04.029

沉积与构造景观　sedimentation and tectonic landscape　19.023

沉积作用　sedimentation　04.028

成就工资　achievement wage　21.309

城[堡]　castle　19.139

城市规划法　urban plan law　07.091

城市林业　urban forestry　11.018

城市气候　urban climate　08.091

城市气候特征　climatic character of urban　08.061

城市水务　urban water affairs　15.156

城市遥感　remote sensing in city　06.099

城市用水　urban water use　15.100

城镇供水规划　water supply planning　15.125

城镇土地使用税　urban land use tax　07.033

乘数理论　multiplier theory　02.168

持续开发原理　sustainable development principle　21.167

冲积平原　alluvial plain　04.050

宠物　pet　13.037

＊抽水站　pumping station　15.076

抽象劳动　abstract labor　21.119

臭氧空洞　ozone hole　04.077

出矿量　extracted ore tonnage　16.135

出矿品位　grade of crude ore　16.137

初级生产　primary production　03.018

储采比　ratio of reserves to production　18.141

传粉昆虫　pollinator　13.043

传统海洋产业　traditional marine industry　17.034

＊传统能源　conventional energy resources　18.027

传统手工产品与工艺品　traditional boondoggle and artware　19.182

传统性资产　traditional assets　21.090

传统与乡土建筑　traditional and native architecture　19.158

传统中药　traditional Chinese medicine　12.008

船闸　navigation lock　15.094

串谋行为　collusion action　21.135

创造力测验　creativity test　21.214

创造力的教育体制　education system of creativity　21.081

创造力开发　creativity development　21.082

创造性思维　creative thought　21.083

创造性资产　creative assets　21.091

垂直带草地　vertical-belt distribution of rangeland　10.080

垂直地带性　vertical zonation　04.024

垂直气候带　vertical climatic zone　08.075

垂直自然地带　vertical belt　19.022

春化现象　vernalization　08.204

纯林　pure forest　11.051
次级生产　secondary production　03.019
次生草地　secondary rangeland　10.020

次生林　secondary forest　11.047
丛树景观　jungle landscape　19.077

D

大比例尺精度草地资源调查　largescale survey of range-
　land resources　10.095
大陆架　continental shelf　04.069
大陆架矿产　continental shelf mineral resources　17.118
大陆架渔场　continental shelf fishing ground　17.070
大陆架资源　resources of the continental shelf　17.007
大陆架资源生态系统　continental shelf resource ecosys-
　tem　03.044
大陆坡　continental slope　04.070
大陆性气候　continental climate　08.081
大气本底[值]　atmospheric background　08.104
大气成分　atmospheric composition　08.099
大气臭氧　atmospheric ozone　08.101
大气臭氧层　ozonosphere　08.102
大气痕量气体　atmospheric trace gas　08.100
大气环境评价　assessment of atmospheric environment
　08.106
大气环流　atmospheric circulation　04.065
大气净化　atmospheric cleaning　08.105
大气扩散　atmospheric diffusion　08.114
大气污染　atmosphere pollution　04.079
大气质量　atmospheric mass　08.115
大气资源　atmospheric resources　08.098
大莎草地　big sedge rangeland　10.071
大生活用海水技术　domestic seawater technology
　17.190
大型灌区　large irrigation area　15.069
大型真菌植物资源　major fungus resources　09.030
大雨　heavy rain　08.235
大宗矿产资源　staple mineral resources　16.037
代际综合效率条件　condition for intergenerational synthe-
　size efficiency　02.190
代理人理论　attorney theory　21.154
丹霞景观　Danxia landscape　19.041
单体活动场馆　single place for cultural or sports activities
　19.127
单位产品能耗　energy consumption for per unity unit
　products　18.152

单一种类不可再生资源开采成本函数　function of ex-
　traction cost of a single kind of non-renewable resources
　02.197
单一种类不可再生资源最优开采　optimal extraction of a
　single kind of non-renewable resources　02.194
单一种类不可再生资源最优开采模型　optimal extrac-
　tion model of a single kind of non-renewable resources
　02.195
单一种类不可再生资源最优开采条件　condition for
　optimal extraction of a single kind of non-renewable
　resources　02.196
淡化水产量　output of desalted water　17.182
淡水　fresh water　15.002
氮循环　nitrogen cycle　03.013
岛礁渔场　island-reef fishing ground　17.072
岛区　island region　19.055
岛屿动物　island animal　13.056
倒春寒　late spring cold　08.290
道地药材　genuine regional drug　12.012
等产量曲线　isoquant curve　02.071
等成本线　iso-cost curve　02.074
低等植物资源　lower plant resources　09.027
低地草甸草地　azonal lowland meadow type rangeland
　10.063
低温冷害　chilling damage　08.292
低质牧草　inferior forages　10.037
堤坝段落　section of dyke　19.176
底播养殖　bottom sowing culture　17.079
底栖动物　zoobenthos　13.060
地表水资源　surface water resources　15.017
地层剖面　stratigraphic section　19.027
地带显域　zonal　12.037
地带性草地　zonal rangeland　10.078
地带隐域　intrazonal　12.038
地方风俗与民间礼仪　local custom and folk comity
　19.189
地方性降水　local precipitation　08.237
地籍调查　cadastral survey　14.036

地籍管理　cadastre management　14.104

地理信息系统　geographical information system，GIS　06.119

地理信息系统软件　GIS software　06.064

地面沉降　land subsidence　04.073

地面逆温　surface inversion　08.176

地面温度　surface temperature　08.171

地面遥感　ground remote sensing　06.073

地栖动物　epigaeic animal　13.063

地球表层资源　earth surface resources　04.004

地球观测系统　earth observation system，EOS　06.069

地球深层资源　inner-earth resources　04.006

地球中层资源　mid-earth resources　04.005

地球资源信息　earth resource information　06.148

地球自然系统经济服务承载力　economic service carrying capacity of natural system on the earth　02.133

地热　geotherm　18.079

地热发电　geothermal power generation　18.083

地热旅游资源　eothermal tourism resources　19.068

地热能　geothermal energy　18.080

地热能利用　geothermal energy utilization　18.082

地热能学　science of geothermal energy　18.010

地热资源　geothermal resources　18.081

地上权　land right for above the ground　07.034

地文景观　physiographic landscape　19.014

地下河　underground river　04.059

地下开采　underground mining　16.125

地下水超采　groundwater over-exploitation　15.054

地下水超采系数　coefficient of groundwater over-exploitation　15.055

地下水开采模数　modulus of groundwater resource yield　15.025

地下水漏斗　groundwater depression cone　15.062

地下水人工回灌　artificial groundwater recharge　15.024

地下水资源　groundwater resources　15.019

地下水资源动储量　dynamic-storage of groundwater resources　15.021

地下水资源静储量　static storage of groundwater resources　15.022

地下水资源可开采储量　exploitable storage of groundwater resources　15.023

地形气候　topoclimate　08.090

地形雨　orographic rain　08.238

地役权　easement　07.035

地震遗迹　earthquake relic　19.049

地质地貌过程形迹　trace of geological and physiognomic process　19.031

地质工作成果　geology production　16.075

地质工作项目　geology item　16.074

地质环境　geologic environment　16.057

地质勘查规范　criterion of geological exploration　16.041

地质可靠程度　geological assurance　16.058

地质品位　geologic grade　16.050

地质平均品位　geologic average grade　16.051

地质时期气候信息　information of paleoclimate　08.040

地质研究程度　degree of geological study　16.076

地质遥感　remote sensing in geology　06.096

地质资料汇交管理　management of geological data　16.173

地租　land rent　14.077

电力生产弹性系数　elasticity coefficient of electricity production　18.129

电力消费弹性系数　elasticity coefficient of electricity consumption　18.130

电渗析淡化法　electrodialysis process for desalination　17.177

电网　power grid　18.134

凋萎湿度　wilting moisture　08.266

雕塑　sculpture　19.145

跌水景观　drop water landscape　19.065

蝶类栖息地　habitat for butterfly　19.088

顶极群落　climax community　03.024

定位观测　observation of fixed station　06.088

动态管理　dynamic administration　05.002

动态效率条件　dynamic efficiency condition　02.210

动态性资产　dynamic assets　21.092

动物分布区　animal distributional area　13.008

动物检疫　animal quarantine　13.026

动物区系　fauna　13.004

动物药　animal medicine　12.013

动物与植物展示地　exhibited place of animal and plant　19.123

动物资源　animal resources　13.001

动物资源调查与编目　animal resource survey and inventory　13.007

动物资源数据库　animal resource database　13.010

动物资源学　animal resource science　13.003

冻害　freezing injury　08.288

冻土　frozen ground　04.063

冻雨　freezing rain　08.231

豆科草草地　legume rangeland　10.070

独峰　single mountain　19.033

独树景观　single tree landscape　19.078

度日　degree-day　08.199

短期草地　temporary grassland　10.022

断层景观　fault landscape　19.024

断陷盆地　fault subsidence basin　04.068

堆石洞　rock fill cave　19.043

*多波段遥感　multispectral remote sensing　06.078

多金属结核　polymetallic nodule　17.108

多金属结核采矿设备　polymetallic nodule mining rig　17.150

多金属结壳　polymetal crust　17.109

多年生草地　perennial plant rangeland　10.082

多年生牧草　perennial forage　10.041

多谱段遥感　multispectral remote sensing　06.078

E

二次能源　secondary energy resources　18.033

二类水　grade Ⅱ water　15.058

二十四节气　twenty-four solar terms　08.044

二氧化碳饱和点　saturation point of carbon dioxide　08.112

二氧化碳补偿点　compensation point of carbon dioxide　08.113

二氧化碳汇　carbon dioxide sink　08.109

二氧化碳源　carbon dioxide source　08.108

F

发电标准煤耗　standard coal consumption for power generation　18.137

发电量　power generation　18.122

发电设备平均利用小时　average available hour using for power generation　18.136

发展变量　development variables　02.178

伐区调查　cutting area inventory　11.083

筏式养殖　raft culture　17.080

法定福利　legal welfare　21.310

繁殖　reproduction　13.090

反射红外遥感　reflected infrared remote sensing　06.075

反渗透淡化法　reverse osmosis process for desalination　17.178

反照率　albedo　08.142

防波堤　breakwater　17.216

防海水腐蚀　anti-corrosion by seawater　17.183

防洪规划　flood control planning　15.124

防洪库容　flood control capacity　15.080

防护林　protective forest　11.053

防沙治沙　prevention and control of desertification　11.126

防污　antifouling　17.186

放牧草地　grassland for grazing　10.139

放养　breeding outside cages　13.092

非补偿性工资差别　un-compensating wage differential　21.227

非传统矿产资源　unconventional mineral resources　16.033

非单一种类不可再生资源两时段最优开采　two-period optimal extraction of non-single kind of non-renewable resources　02.200

非单一种类不可再生资源最优开采　optimal extraction of non-single kind of non-renewable resources　02.199

非单一种类不可再生资源最优开采模型　optimal extraction model of non-single kind of non-renewable resources　02.201

非地带性草地　azonal rangeland　10.079

非法移民　illegal immigrant　21.237

非勾结资源品寡头垄断　independent oligopoly　02.112

非价格竞争　non-price competition　02.110

非金属矿产　nonmetallic minerals　16.024

非木质资源　non-timber resources　11.003

非商品能源　non-commercial energy　18.031

非物质旅游资源　non-material tourism resources　19.012

菲利普斯曲线　Phillips curve　21.228

废城与聚落遗迹　abandoned city and settlement relic　19.111

废弃生产地　abandoned productive place　19.109

废弃寺庙　abandoned temple　19.108

粉煤灰　fly ash　18.050

丰水年　high flow year　15.051

风场评价　wind field assessment　08.122

风电场　wind farm　18.077

风寒指数　wind-chill index　08.196

风化壳　weathering crust　04.044

风化作用　weathering　04.043

风力发电　wind power generation　18.078

风能　wind energy　18.075

风能利用　wind energy utilization　18.076

风能利用系数　wind-power utilization coefficient　08.123

风能玫瑰[图]　wind energy rose　08.120

风能密度　wind energy density　08.117

风能潜力　wind energy potential　08.118

风能学　science of wind energy　18.009

风能资源　wind energy resources　08.116

风能资源区划　divisions of wind energy resources 08.067

风频率　wind frequency　08.129

风蚀湖　aeolian lake　04.064

风险分配　risk allocation　03.052

风压　wind pressure　08.124

风压系数　coefficient of wind pressure　08.125

风振系数　wind vibration coefficient　08.128

封闭草地　closed rangeland　10.085

封山育林　closing the land for reforestation　11.091

封山育药　enclosing and tending for medicinal plant and animal　12.103

峰丛　clustered mountain　19.034

烽燧　beacon tower　19.113

锋面逆温　frontal inversion　08.180

佛塔　Buddhist pagoda　19.134

服务器　server　06.060

服务性管理　serving management　21.349

浮式采油　floating oil production　17.137

浮式储油　floating oil storage　17.138

浮游动物　zooplankton　13.061

福利标准　welfare criteria　02.180

福利工作　benefits work　21.324

辐射逆温　radiation inversion　08.177

辐射平衡　radiation balance　08.143

辐照度　irradiance　08.140

负积温　negative accumulated temperature　08.193

负责的资源政策　responsible resource policy　05.097

附属草地　supplementary grassland　10.026

复合农林业　agroforestry　03.088

*富钴结壳　cobalt-rich crust　17.109

富集原理　enrichment principle　21.179

富营养化　eutrophication　15.179

覆盖逆温　capping inversion　08.178

G

改良草地　improved grassland　10.023

改善人力资源结构　improving human resource structure　21.271

干草　hay　10.029

干旱　drought　08.281

干旱气候　arid climate　08.085

干期　dry spell　08.279

干热风　dry hot wind　08.296

干热稀树灌草丛草地　arid-tropical shrub tussock scattered with trees type rangeland　10.062

干燥度　aridity　08.284

感光性　photonasty　08.158

感光指数　light sensitive index　08.159

感觉温度　sensible temperature　08.195

感热　sensible heat　08.213

感温性　thermonasty　08.202

港口　harbor　15.093

港口渡口与码头　haven, ferry and dock　19.171

港口水域　port water area　17.218

港湾养殖　bay culture　17.084

高光谱分辨率遥感　hyperspectral remote sensing 06.079

高寒草甸草地　alpine meadow type rangeland　10.065

高寒草甸草原草地　alpine meadow-steppe type rangeland 10.052

高寒[典型]草原草地　alpine typical steppe type rangeland　10.053

高寒荒漠草地　alpine desert type rangeland　10.055

高寒荒漠草原草地　alpine desert-steppe type rangeland 10.054

高禾草草地　tall grass rangeland　10.067

高山动物　alpine animal　13.053

H

海底岩盐矿　undersea rock salt ore deposit　17.102

海底油罐　submerged tank　17.224

海底重晶石矿　undersea barite ore deposit　17.107

海港　sea port　17.217

海流发电　ocean current power generation　17.252

海流能　ocean current energy　17.251

海上采矿船　marine mining dredger　17.149

海上采气　offshore gas production　17.134

海上采油　offshore oil production　17.133

海上采油井　marine oil production well　17.129

海上采油平台　offshore oil production platform　17.142

海上城市　marine city　17.221

海上冲浪　sea surfing　17.199

海上储油平台　offshore oil storage platform　17.143

海上定向井　marine directional well　17.130

海上工厂　factory at sea　17.222

海上公园　marine park　17.234

海上构造物　marine structure　17.226

海上观光旅游　marine sightseeing tourism　17.197

*海上航空港　seadrome　17.229

海上机场　seadrome　17.229

海上军事基地　military base at sea　17.239

海上军事试验场　military test areas at sea　17.237

海上勘探井　marine exploration well　17.126

海上评价井　marine evaluation well　17.127

海上气田　submarine gas field　17.132

*海上桥梁　sea bridge　17.227

海上人工岛　artificial island at sea　17.228

海上生产井　marine production well　17.128

海上输油平台　offshore oil transportation platform　17.144

海上油田　submarine oil field　17.131

海上游钓　recreational fishing on the sea　17.200

海上游轮　marine excursion vessel　17.211

海上运输业　ocean transport industry　17.220

海上钻井船　marine drilling ship　17.125

海上钻井平台　marine drilling platform　17.139

海事法院　marine court　07.056

海水成分　constituent of seawater　17.153

海水淡化　desalination of seawater　17.174

海水淡化厂　seawater desalting plant　17.175

海水倒灌　seawater encroachment　04.074

海水化学资源　seawater chemical resources　17.152

海水冷却系统　seawater cooling system　17.187

海水热能　ocean thermal energy　17.243

海水入侵　seawater intrusion　15.063

海水提钾　extraction of potassium from seawater　17.169

海水提锂　extraction of lithium from seawater　17.173

海水提芒硝　extraction of mirabilite from seawater　17.171

海水提镁　extraction of magnesium from seawater　17.170

海水提溴　extraction of bromine from seawater　17.168

海水提铀　extraction of uranium from seawater　17.172

海水温差发电　ocean thermal power generation　17.244

*海水温差能　ocean thermal energy　17.243

海水循环冷却系统　recirculating seawater cooling system, recirculating salt water cooling system　17.189

海水盐差发电　seawater salinity gradient power generation　17.246

海水盐差能　seawater salinity gradient energy　17.245

海水养殖　mariculture　17.078

海水养殖产量　mariculture production　17.086

海水养殖面积　mariculture area　17.085

海水浴场　bathing beach　17.208

海水元素　element in seawater　17.154

海水增殖　marine stock enhancement　17.087

海水直接利用　direct use of seawater　17.185

海水直流冷却系统　once-through seawater cooling system, once-through salt water cooling system　17.188

海水制盐　production of salt from seawater　17.162

海水[中的]常量元素　major element in seawater, marine conventional element　17.157

海水[中的]痕量元素　marine trace element　17.159

海水[中的]微量元素　minor element in seawater　17.158

海水资源　seawater resources　17.151

海水资源利用业　seawater resource utilization industry　17.160

海水资源学　science of seawater resources　17.016

海水综合利用　comprehensive utilization of seawater　17.184

海水组成恒定性　constancy of seawater composition　17.155

海损事故索赔诉讼　law-suite of ship accident on the sea　07.097

海湾　bay, gulf　17.003

海峡火车轮渡　strait train ferry　17.240

海相成煤 marine facies of coal 04.040

海相成气 marine facies of gas 04.042

海相生油 marine facies of petroleum 04.038

海盐业 sea salt industry 17.161

海洋保护 marine conservation 17.047

海洋贝类资源 marine shellfish resources 17.053

*海洋博物馆 marine museum 17.209

海洋捕捞 marine fishing 17.067

海洋捕捞量 marine catches 17.068

海洋不可再生资源 non-renewable marine resources 17.021

海洋产业 marine industry 17.033

海洋产业布局 distribution of marine industries 17.041

海洋产业结构 marine industrial structure 17.040

海洋产业增加值 added value of marine industries 17.044

海洋产业总产量 gross output of marine industries 17.042

海洋产业总产值 gross output value of marine industries 17.043

海洋动物 marine animal 17.056

海洋动物资源 marine animal resources 13.064

*海洋法 International Law of the Sea 07.094

海洋风能发电 ocean wind power generation 17.254

海洋风能利用 use of ocean wind energy 17.253

海洋服务业 marine service industry 17.038

海洋高新技术产业 marine high-tech industry 17.037

*海洋公园 marine park 17.234

海洋馆 marine museum 17.209

海洋管理 marine management 17.045

海洋环境保护的国际公约 Convention Relating to the Protection of Marine Environment 07.111

海洋环境产业 marine environmental industry 17.039

海洋甲壳类资源 marine crustacean resources 17.052

海洋禁渔期 closed fishing season 17.076

海洋禁渔区 closed fishing zone 17.075

海洋经济 marine economy 17.031

海洋经济学 marine economics 17.032

海洋经济鱼类 marine commercial fishes 17.073

海洋开发 marine development, ocean exploitation 17.024

海洋可再生资源 renewable marine resources 17.020

海洋空间利用 utilization of ocean space 17.213

海洋空间资源 ocean space resources 17.212

海洋旅游业 marine tourist industry 17.192

海洋旅游资源 marine tourist resources 17.191

海洋旅游资源学 science of marine tourism resources 17.017

海洋牧场 ocean ranch 17.091

海洋能利用 utilization of ocean energy 17.242

海洋能学 science of marine energy 18.008

海洋能源 marine energy resources 17.241

海洋能资源学 science of marine energy resources 17.018

海洋农牧化 ocean ranching 17.090

海洋气候资源 marine climatic resources 08.011

海洋倾废区 waste disposal zone at sea 17.235

海洋人文景观 marine humanistic landscape 17.203

海洋生物 marine organism 17.048

海洋生物生产力 marine biological productivity 17.019

海洋生物资源 marine biological resources 17.049

海洋生物资源评价 assessment of living marine resources 17.050

海洋生物资源学 science of living marine resources 17.014

海洋石油 offshore oil 17.096

海洋食物网 marine food web 17.060

海洋探险 marine expedition 17.201

海洋特别保护区 preservation zone of the sea 07.098

海洋天然气 offshore gas 17.097

海洋通道 marine channel 17.238

海洋头足类资源 marine cephalopod resources 17.054

海洋微生物 marine microorganism 17.059

海洋细菌 marine bacteria 17.058

海洋性气候 marine climate 08.082

海洋遥感 remote sensing in ocean 06.098

海洋药物 marine drug 12.016

海洋药物资源 marine drug resources 12.023

海洋药用生物 marine pharmaceutical organism 17.092

海洋油气产量 output of offshore oil and gas 17.123

海洋油气产值 output value of offshore oil and gas 17.124

海洋油气储量 offshore oil and gas reserves 17.122

海洋油气盆地 offshore oil and gas basin 17.121

海洋油气业 offshore oil and gas industry 17.120

海洋鱼类资源 marine fishes resources 17.051

海洋渔场 marine fishing ground 17.069

*海洋渔期 marine fishing season 17.074

化石燃料　fossil fuel　18.025
划区轮牧　rotational grazing　10.151
环境能源　environmental energy　18.028
环境污染　environmental pollution　04.080
环境植物资源　plant resources for environment and special use　09.024
荒漠动物　desert animal　13.054
荒漠化防治　combating with desertification　11.122
灰分测定　determination of ash　12.094
恢复生态学　restoration ecology　03.081
洄游　migration　13.067
洄游鱼类　migratory fishes　13.068

会馆　assembly for townee　19.163
混交林　mixed forest　11.052
活动积温　active accumulated temperature　08.191
活动温度　active temperature　08.185
活劳动　direct labor　21.122
活立木蓄积量　living wood growing stock　11.036
火成岩　igneous rock　04.027
火力发电厂　thermal power plant　18.116
火山景观　volcano landscape　19.051
火山喷发　volcano eruption　04.032
火烧迹地　burned area　11.077
货币边际效用　monetary marginal utility　02.060

J

击浪现象　hitting wave phenomenon　19.071
机会成本　opportunity cost　02.083
机会成本法　opportunity cost method　02.157
积温　accumulated temperature　08.190
积雪　snow cover　08.243
基本草原　basic rangeland　10.025
基本工资　basic wage　21.307
基本农田　prime cropland　14.108
基本农田保护区　prime cropland preservation area　14.109
基础储量　mineral base　16.065
基盖度　basal cover　10.126
基因库　gene bank　13.017
基准地价　base price of land　14.079
激光遥感　laser remote sensing　06.081
激励工资　encouraging wage　21.308
激励机制　enthusiasm mechanism　05.008
极地旅游　polar tourism　17.198
极端与特殊气候显示地　place with uttermost and special climate　19.098
疾病传媒动物　vector animal　13.044
3S 集成技术　3S integrated technology　06.085
集合种群　metapopulation　03.073
集体土地使用权　right in the collective land use　07.048
集体土地所有权　cooperative land ownership　07.038
*脊线内的区域　economic region of production　02.073
计划供水　planned water supply　15.144
计划机制　planned mechanism　02.025
计量收费　metering charge　15.166

计算机　computer　06.057
计算机仿真　computer emulation　06.083
计算机技术　computer technology　06.061
计算机软件　computer software　06.062
季风气候特征　character of monsoon climate　08.059
祭拜场馆　sacral place　19.129
祭祀堆石　sacrificial stone stack　19.157
夹石剔除厚度　band rejected thickness　16.087
家畜　livestock　13.038
家畜单位日　animal unit-day　10.172
家畜单位月　animal unit-month　10.173
家畜日食量　daily intake for livestock　10.170
家畜野生原型　wild archetype of livestock　13.045
家禽　poultry　13.040
家养动物　domesticated animal　13.034
家养动物种质资源库　germplasm bank for domesticated animal　13.033
家鱼　aquacultured fish　13.042
价格竞争　price competition　02.109
价值实体　entity of value　21.120
价值型资源品投入产出表　input and output table of value-type resource product　02.161
假山　rockery　19.156
*尖峰负荷　peak load　18.132
间接节能　indirect energy saving　18.180
简单加速原理模型　model of simply accelerator principle　02.169
建设工程与生产地　construction project and producing area　19.121

军事遗址与古战场 military relic and ancient battlefield 19.107

均田制 dividing system based on house-hold population in ancient China 07.023

K

喀斯特地貌 karst landform, karst physiognomy 04.056
喀斯特平原 karst plain 04.058
喀斯特水资源 karst water resources 15.029
喀斯特作用 karst process 04.057
开发强度 intensity of development 18.142
开放日期 opening date 10.162
勘查风险 exploration risk 16.049
勘探 detailed exploration 16.046
勘探程度 degree of exploration 16.071
勘探方法 exploration method 16.070
勘探深度 depth of exploration 16.072
勘探手段 exploration instrument 16.069
坎儿井 kariz 15.074
康乐气候旅游资源评价 evaluation of climate tourism resources for health and recreation 19.233
康体游乐休闲度假地 health and recreation resort 19.117
科学管理 scientific management 21.347
可比能耗 comparable energy consumption 18.182
可变成本 variable cost 02.089
可持续产出论 sustainable output theory 02.175
可持续发展评价指标体系 evaluation index system for sustainable development 06.141
可持续发展综合评价信息系统 synthetical evaluation information system for sustainable development 06.142
可持续林业 forestry of sustainable development 11.015
可持续土地资源管理 sustainable land management 14.117
可持续消费 sustainable consumption 03.104
*可更新资源 renewable resources 01.023
可供水资源 available water resource supply 15.016
可见光遥感 visible light remote sensing 06.074
可交易排放许可手段 marketable permit and quota 02.216
可开发水能资源 available hydropower resources 15.028
可利用水资源 utilizable water resources 15.015
*可能蒸散 potential evapotranspiration 08.272
可行性评价 feasibility assessment 16.059

可行性原则 feasibility principle 21.149
可再生能源 renewable energy 18.022
可再生资源 renewable resources 01.023
可再生资源收获函数 renewable resource harvest function 02.204
可再生资源最优利用理论 optimal utility theory of renewable resources 02.203
可再生自然资源地带性 renewable resource regionalization 04.016
可再生自然资源非地带性 renewable resource non-regionalization 04.017
可再生自然资源稳定度 stability of renewable natural resources 04.019
可照时数 duration of possible sunshine 08.137
客观公正原则 impersonality equity principle 21.147
*坑采 underground mining 16.125
空间原理 principle of space 03.032
*空气资源 air resources 08.098
控制储量 controlled reserves 18.104
枯草保存率 remaining rate of withered herbage 10.133
枯水年 low flow year 15.053
枯枝落叶层 litter 10.132
苦卤 bittern 17.163
库容系数 storage coefficient 15.082
跨海桥梁 sea bridge 17.227
跨流域调水 interbasin water transfer 15.072
会计成本 accounting cost 02.082
会计利润 accounting profit 02.091
矿产储量登记统计管理 management of mineral reserves registration and statistics 16.171
矿产工业指标 mineral industrial index 16.081
矿产勘查工作阶段划分 division of mineral exploration stage 16.042
矿产品储备 mineral product stock 16.099
矿产品进出口贸易 mineral commodity import-export trade 16.168
矿产资源 mineral resources 16.002
矿产资源安全 mineral resource security 16.097
矿产资源保护 mineral resource protection 16.177

L

M

码头 wharf 15.095

毛毛雨 drizzle 08.232

锚地 anchorage area 17.219

梅雨 Meiyu, plum rain 08.255

*煤当量 standard coal consumption for power generation coal 18.155

煤矸石 coal gangue 18.049

煤矸石综合利用 comprehensive utilization of coal gangue 18.051

*煤耗 standard coal consumption for power generation 18.137

煤气 coal gas 18.044

煤气分类 classification of coal gas 18.045

煤气化联合循环发电 integrated gasification combined-cycle 18.189

煤炭 coal 18.040

煤炭露天开采 open mining of coal 18.115

煤炭液化 coal liquefaction 18.048

煤炭资源学 science of coal resources 18.004

煤田 coalfield 18.043

煤种 coal type 18.042

*锰结核 polymetallic nodule 17.108

密度 density 10.131

*面谈法 measured and talks the law in individual character 21.209

面源污染 non-point source pollution 15.185

苗圃 nursery 11.078

描述样方 descriptive quadrat 10.134

庙会与民间集会 temple fair and folk assembly 19.194

灭绝度 extinction 13.071

民间健身活动与赛事 folk exercises and games 19.192

民间节庆 folk festival 19.190

民间演艺 folk performance 19.191

民族药 ethnic drug 12.010

民族植物学 ethnic botany 09.005

名人故居与历史纪念建筑 celebrity residence and historic commemorative building 19.161

摩擦性失业 rubbing unemployment 21.094

摩崖字画 calligraphy and painting in cliff 19.140

默认性合约 toleration contract 21.322

母树林 seed production stand 11.062

亩均占有水资源 average water resource amount per Mu 15.046

木材提取物 wood extractive 11.114

木质资源 timber resources 11.002

牧草风干重 air-dry weight 10.114

牧草烘干重 oven-dry weight 10.115

牧草适口性 forage palatability 10.046

牧草营养价值 nutritive value of forage 10.116

牧草再生率 regrowth rate of forage 10.107

牧道 driveway 10.163

牧业气候资源 animal husbandry climatic resources 08.008

墓[群] cemetery 19.167

N

内部工资结构 internal wage structure 21.230

内联网 intranet 06.067

纳污能力 pollutant-holding capacity 15.194

南极条约 Antarctic Treaty 07.112

难利用草地 rangeland of difficult use 10.159

能 energy 18.014

能力和共识构建论 ability and consensus structuring theory 02.177

能力互补原则 ability complementary principle 21.145

能力素质 ability quality 21.069

能量 energy 18.015

能量守恒定律 law of energy conservation 18.013

*能量资源 energy sources 18.016

*能量资源经济学 energy economics 18.002

能源 energy sources 18.016

能源安全 energy security 18.168

能源安全体系 energy security system 18.169

能源安全指标体系 indicator system of energy security 18.170

能源保有储量 available reserves of energy resources 18.106

能源发展战略 energy development strategy 18.160

农业资源　agricultural resources　01.025
农业资源信息　agricultural resource information　06.153
农用地　cultivate land　14.014
农用林业　agro-forestry　11.020
农作物遥感估产　crop yield estimation by remote sensing　08.046

暖季放牧草地　grazing rangeland for warm season　10.158
暖性草丛草地　warm-temperate tussock type rangeland　10.058
暖性灌草丛草地　warm-temperate shrub tussock type rangeland　10.059

O

* 欧佩克　Organization of the Petroleum Exporting Countries, OPEC　18.171

P

排污浓度控制　concentration control of pollutant discharge　15.192
排污税手段　means of pollution tax　02.214
排污许可制度　pollutant discharge permit system　15.184
排污总量控制　total quantity control of pollutant discharge　15.193
牌坊　memorial archway　19.146
* 炮炙　processing　12.069
炮制　processing　12.069
培训开发理论　training and development theory　21.173

喷泉　fountain　19.155
盆地　basin　04.047
* 贫化　ore dilution　16.130
* 贫化率　rate of ore dilution　16.131
频度样方　frequency quadrat　10.136
平水年　normal flow year　15.052
平原　plain　04.046
平原绿化　afforestation in plain region　11.125
普查　prospecting　16.044
普通级旅游资源　common tourism resources　19.229
瀑布景观　waterfall landscape　19.064

Q

七十二候　seventy two pentads　08.032
期望理论模型　expectation theory model　21.172
奇特与象形山石　fancy and shapely rock　19.037
奇异自然现象　bizarre natural phenomenon　19.020
气候　climate　08.016
气候变化　climatic change　08.017
气候变率　climatic variability　08.019
气候变迁　climatic variation　08.018
气候重建　climatic reconstruction　08.052
气候带　climatic belt　08.074
气候恶化　climatic deterioration　08.053
气候非周期性变化　climatic nonperiodic variation　08.050
气候概率　climatic probability　08.051
气候环境　climatic circumstance　08.048
气候考察　climatological survey　08.037
气候疗法　climatotherapy　08.031
气候敏感性　climatic sensitivity　08.020

气候模拟　climate simulation　08.025
气候模式　climate model　08.026
气候评价　climatological assessment　08.024
气候情报　climatological information　08.038
气候区划　climatic division　08.063
气候趋势　climatic trend　08.021
气候适应　acclimatization　08.027
气候系统　climate system　08.030
气候相似原理　climatic analogy　08.033
气候信息　information of climate　08.039
气候型　climatic type　08.028
气候异常　climatic anomaly　08.023
气候影响评价　climatic impact assessment　08.062
气候预报　climatic forecast　08.034
气候诊断　climatic diagnosis　08.068
气候振动　climatic fluctuation　08.022
气候指标　climatic index　08.035
气候志　climatography　08.029

全球定位系统 global positioning system, GPS 06.082

全球[气候]变暖 global warming 04.076

缺水草地 water deficit of rangeland 10.152

阙 watchtower on either side of a palace gate 19.149

R

燃料 fuel 18.026

燃料能源 fuel energy 18.024

热泵 heat pump 18.196

热带季雨林 tropical monsoon forest 11.064

热带雨林 tropical rain forest 11.063

热岛效应 effect of heat island 08.057

热电联产 combined heat and power generation 18.194

热害 hot damage 08.286

热红外遥感 thermal infrared remote sensing 06.076

热汇 heat sink 08.211

热浪 heat wave 08.221

热量平衡 heat balance 08.209

热量资源 heat resources 08.169

热性草丛草地 tropical tussock type rangeland 10.060

热性灌草丛草地 tropical shrub tussock type rangeland 10.061

热源 heat source 08.210

人本管理 management of regarding people as the center 21.369

人才资源 talent resources 21.136

人的能力发展差异 time difference of people ability development 21.113

人格测量 measure of personality 21.193

人格评价 appraisal of personality 21.194

人工草地 artificial grassland 10.024

人工草地标准干草 standard hay of artificial grassland 10.031

人工洞穴 artificial cave 19.143

人工放流 artificial release 17.089

人工降水 artificial precipitation 08.250

人工林 man-made forest 11.045

人工林商品生产基地 merchant productive bases of man-made forest 11.098

人工气候室 phytotron 08.073

人工速生丰产林 fast growing forest plantation 11.097

人工小气候 artificial microclimate 08.072

人工养殖药用动物资源 raised medicinal animal resources 12.080

人工影响气候 climate modification 08.071

人工渔礁 artificial fishing reef 17.088

人工造林 afforestation 11.089

人均占有水资源 average water resource amount per capita 15.045

人口资源 population resources 21.002

人口资源信息 population resource information 06.159

人类共同继承财产 common heritage of mankind 07.101

人类活动遗址 human activity site 19.101

人力价值 human value 21.055

人力价值可变 human value variable 21.279

人力资本 human capital 21.060

人力资本保值 human capital maintenance 21.275

人力资本比率 capital rate of manpower 21.221

人力资本产权 property right of human capital 21.062

人力资本产权关系 property right relations of human capital 21.072

人力资本存量 stock of human capital 21.204

人力资本分配 distribution of human capital 21.266

人力资本个人产权 personal property right of human capital 21.073

人力资本关系 relation of human capital 21.063

人力资本国家产权 national property right of human capital 21.075

人力资本会计核算 accounting of human capital 21.240

人力资本家庭产权 family property right of human capital 21.074

人力资本开发 human capital exploitation 21.267

人力资本评价 human capital appraisement 21.277

人力资本收益 income of human capital 21.265

人力资本特征 human capital characteristics 21.061

人力资本投资风险 human capital investment risk 21.252

人力资本投资收益 benefit of human capital investment 21.263

人力资本吸引 human capital attraction 21.273

人力资本信息开发 human capital information exploitation 21.268

人力资本选用 human capital selection 21.274

S

生物景观　biology landscape　19.075

生物能资源学　science of bio-energy resources　18.007

生物浓缩　bioconcentration　03.015

生物气候定律　bioclimatic law　08.055

生物圈　biosphere　13.019

生物圈保护区　biosphere reserve　03.076

生物学零度　biological zero point　08.188

生物质能　biomass energy　18.085

生物质能利用　utilization of biomass energy　18.086

生物资源　biological resources　03.054

生物资源信息　biological resource information　06.155

生长期　growing period　08.206

省柴节煤灶　firewood/coal saving stove　18.190

盛行风　prevailing wind　08.127

剩余价值率　rate of surplus value　21.123

剩余劳动　surplus labor　21.125

失业　unemployment　21.317

失业福利　unemployment welfare　21.117

失业率　unemployment rate　21.318

湿地景观　wetland landscape　19.062

湿地资源　wetland resources　14.020

湿地资源生态系统　wetland resource ecosystem　03.041

湿害　wet damage　08.282

湿期　wet spell　08.280

湿润度　moisture index　08.285

湿润气候　humid climate　08.087

石灰华　tufa　19.028

石窟　grotto　19.137

石林　stone forest　19.035

石油　petroleum　18.052

石油可采储量　recoverable reserves of oil　18.109

石油输出国组织　Organization of the Petroleum Exporting Countries, OPEC　18.171

石油天然气储量分级　reserves rating of oil and natural gas　18.095

石油天然气地质储量　geological reserves of oil and natural gas　18.099

石油天然气勘探　oil and natural gas prospecting　18.092

石油天然气控制储量　controlled reserves of oil and natural gas　18.105

石油天然气预测储量　predicted reserves of oil and natural gas　18.100

石油天然气远景资源量　prospective resources of oil and natural gas　18.102

石油天然气资源学　science of petroleum and natural gas resources　18.005

石油战略储备　strategic stock of oil, strategic petroleum reserve, SPR　18.174

时间原理　principle of time　03.033

实测河川径流量　surveyed mean river flow　15.036

实体旅游资源　substantial tourism resources　19.011

实物型资源品投入产出表　input and output table of material-type resource product　02.160

实物性资源　material resources　01.027

实验动物　experimental animal　13.035

食物链　food chain　03.014

食盐结晶　salt crystal　17.166

食用植物资源　edible plant resources　09.021

食用植物资源分类　classification of edible plant resources　09.022

世界能源危机　world energy crisis　18.197

世界能源委员会　World Energy Council, WEC　18.173

世界遗产地　world heritage site　03.057

世界自然宪章　World Charter for Nature　07.103

世界自然资源保护大纲　World Conservation Strategy　03.067

市场机制　market mechanism　02.024

市场价值法　marketing value method　02.158

市场失灵　market failure　05.004

市场组合　market combination　02.118

事件　event　19.185

适宜采收期　optimal time for collection　12.067

适应性管理　adaptive administration　05.003

狩猎　hunting　13.094

书院　ancient college　19.162

疏林草地景观　scarce forest and grassland landscape　19.080

疏林地　open forest land　11.072

舒适气流　comfort current　08.198

舒适温度　comfort temperature　08.194

舒适指数　comfort index　08.197

输电线路损率　rate of line loss　18.135

鼠害防治　rodent control of rangeland　10.185

树木年轮　tree annual ring　11.039

树木年轮气候信息　dendroclimatologic information　08.042

树栖动物　dendrocole, hylacole　13.062

数据库软件　database software　06.063

数字化植物资源学　science of digital plant resources 09.007

数字资源信息　digital resource information　06.040

双向选择模型　double direction choice model　21.159

霜　frost　08.241

霜冻　frost injury　08.293

水　water　15.001

水产品及制品　marine product　19.180

水产养殖　aquaculture　13.072

水的矿化度　mineralized degree of water　15.040

*水电站　hydropower station　18.117

水电站装机容量　installed capacity of hydropower station 15.087

水法　water law　07.051

水费构成　water fee components　15.171

水费管理　water fee management　15.165

水分测定　determination of water content　12.093

水分平衡　water balance　08.258

水分循环　hydrological cycle　08.257

水功能区　water function area　15.173

水合物淡化法　hydrate formation process for desalination 17.179

水环境　water environment　15.174

水环境保护标准　water environmental protection standards 15.196

*水环境背景值　water environmental background value 15.178

水环境本底值　water environmental background value 15.178

水环境建设　water environmental construction　15.177

水环境容量　water environmental capacity　15.175

水环境要素　water environmental factor　15.176

水价　water price　15.167

水库观光游憩区段　sightseeing section of reservoir 19.174

水力发电站　hydropower station　18.117

水利纠纷　water conservancy disputes　15.159

水利设施　water conservancy establishment　15.158

水煤浆　coal water mixture, CWM　18.046

水面滩涂使用权　right use in water and sand band 07.049

水能　hydraulic energy　15.026

水能可开发量　exploitable hydropower　18.063

水能利用　hydroenergy utilization　15.085

*水能蕴藏量　hydropower resources of river　15.027

水能资源调查　water energy investigation　15.034

水能资源开发程度　exploitive extent of hydropower resources　18.064

水能资源学　science of hydraulic energy resources 18.006

水气矿产　groundwater and gas minerals　16.025

水禽　waterfowl　13.051

水权　water right　15.138

水权管理　water right administration　15.140

水权贸易　trade of water resources　07.054

*水权转让　trade of water resources　07.054

水生动物　aquatic animal　13.050

水生动物栖息地　habitat for aquatic animal　19.085

水事　water event　15.146

水体　water body　15.004

水体污染　water body pollution　15.180

水体资源生态系统　water-body resource ecosystem 03.042

水田水温　water temperature in paddy field　08.172

水土保持　soil and water conservation　14.110

水土保持法　law of soil and water conservation　07.052

水土保持林　soil and water conservation forest　11.060

水土流失　water loss and soil erosion, soil and water loss 04.075

水土资源耦合　water and soil resource coupling　15.044

水污染控制　water pollution control　15.191

水污染遥感监测　monitoring of water pollution using remote sensing　15.190

水污染治理　water pollution control　15.187

水污染总量控制　total quantity control of water pollutant 15.195

水务局　water affairs bureau　15.157

水下采气系统　submarine gas production system　17.136

水下采油系统　submarine oil production system　17.135

水下环礁　underwater atoll reef　17.205

水下实验室　underwater laboratory　17.236

水下完井系统　subsea completion system　17.145

*水下油库　submerged tank　17.224

水域风光　water area landscape　19.057

水源保护区　water source conservation areas　15.188

水源地保护规划　water source conservation planning 15.189

水源涵养林　water conservation forest　11.061

水政　water administration　15.154

水政建设　water administration construction　15.155

水质调查　water quality investigation　15.039

水质管理　water quality management　15.150

水质监测　water quality monitoring　15.041

水质模型　water quality model　15.182

水质评价　water quality assessment　15.181

水质预报　water quality forecast　15.199

水资源　water resources　15.005

水资源安全　water resource security　15.012

水资源保护　water resource protection　15.172

水资源保证率　reliability of water resources　15.050

水资源补偿调节　water resource adjustment　15.128

水资源承载力　water resource carrying capacity　15.011

水资源调查　water resource investigation　15.030

水资源调度　water resource regulation　15.134

水资源短缺　water resource shortage　15.043

水资源法　water resource law　07.050

水资源费　water resource fee　15.164

水资源分配　water resource distribution　15.129

水资源工程学　science of water resource-engineering　15.007

水资源供需平衡　supply and demand balance of water resources　15.014

水资源管理　water resource management　15.122

水资源管理学　science of water resource management　15.009

水资源规划　water resource planning　15.123

水资源核算　water resource accounting　15.162

水资源价格　water resource price　15.161

水资源价值　water resource value　15.160

水资源监测　water resource monitoring　15.130

水资源经济学　science of water resource economics　15.008

水资源开发利用　water resource development and utilization　15.064

水资源开发利用程度　degree of water resource exploration and utilization　15.047

水资源勘察　water resource reconnaissance　15.033

水资源可持续利用　water resource sustainable utilization　15.013

水资源利用评价　water resource assessment　15.042

水资源利用效率　utilization efficiency of water resources　15.106

水资源流域管理　river basin water resource management　15.136

水资源年际变化　interannual variety of water resources　15.048

水资源年内分配　water resource variety in a year　15.049

水资源配置　water resource allocation　15.132

水资源使用权　water resource use right　15.141

水资源所有权　water resource ownership　15.142

水资源物探　water resource physical exploration　15.031

水资源系统　water resource system　15.010

水资源系统模拟　water resource system simulation　15.131

水资源信息　water resource information　06.151

水资源行政区域管理　water resource management in administrative district　15.137

水资源学　science of water resources　15.006

水资源遥感　water resource remote sensing　15.032

水资源优化调度　water resource optimum regulation　15.135

水资源优化配置　water resource optimum allocation　15.133

水资源有偿使用　paid water use　15.163

水资源预测　water resource forecasting　15.038

水总量控制权　national control of water resources　07.053

＊私人成本　production cost　02.086

死库容　dead storage capacity　15.078

四部门资源经济循环流动　circular flow in four sections of resource economy　02.137

四类水　grade Ⅳ water　15.060

四旁植树　four-side tree planting　11.090

搜寻成本　search cost　21.114

素质结构　quality structure　21.234

T

苔藓类植物资源　moss resources　09.028

太空资源信息　outer space resource information　06.162

塔形建筑物　pagoda-shape building　19.135

台　terrace　19.148

cine 12.004

[天然]药物资源经济量 exploitative stock of natural medicine resources 12.029

天然药物资源经济学评价 economical evaluation of natural medicine resources 12.082

天然药物资源开发 development of natural medicine resources 12.072

[天然]药物资源年允收量 annual possible gathering volume of nature medicine resources 12.030

天然药物资源生态学评价 ecological evaluation of natural medicine resources 12.081

天然药物资源数据库 database of natural medicine resources 12.036

天然药物资源学 science of natural medicine resources 12.003

天然药物资源药学评价 pharmaceutical evaluation of natural medicine resources 12.083

[天然]药物资源蕴藏量 stock of natural medicine resources 12.028

天然药物资源综合利用 comprehensive utilization of natural medicine resources 12.073

天然药物资源综合评价 comprehensive evaluation of natural medicine resources 12.084

天然有机酸类资源 natural organic acid resources 12.060

天然甾体类资源 natural steroid resources 12.047

天然脂类资源 natural lipid resources 12.056

天然资源的药物开发 drug development of natural resources 12.074

天象气候类旅游资源 climatic tourist resources 08.012

天象与气候景象 landscape of astronomical phenomenon and climate 19.089

田间持水量 field capacity 08.265

田间水利用系数 field water utilization coefficient 15.113

田律 land law of ancient China 07.021

挑战极限 challenge the limit 21.078

亭 pavilion 19.151

通则策略 tactics of general rule 21.180

投射测验 projective test 21.210

投资成本 investment cost 02.125

投资净生产力 return rate of investment 02.121

*投资收益率 return rate of investment 02.121

凸峰 protruding mountain 19.032

土地 land 14.001

土地报酬 land return 14.087

土地报酬递减律 law of diminishing returns of land 14.088

土地补偿费 compensation of farm land in the process of urbanization 07.044

土地产权 land property right 14.099

土地承包经营权 the right of land rental 07.041

土地单元 land unit 14.010

土地登记 land registration 14.106

土地调查 land survey 14.027

土地法 land law 07.024

土地分等定级 gradation and classification on land 14.048

土地分类 land classification 14.009

土地复垦 land reclamation 14.115

土地覆被 land cover 14.024

土地覆被分类 land cover classification 14.025

土地覆被类型 land cover type 14.026

土地改良 land improvement 14.073

土地功能 land function 14.003

土地供给 land supply 14.075

土地估价 land valuation 14.083

土地管理法 land management law 07.025

土地规模效益 revenue of land scale 14.089

土地荒漠化 land desertification 14.112

土地集约利用 intensive land-use 14.054

土地价格 land price 14.078

土地监察 land supervision 14.118

土地交易 land transaction 14.084

土地金融 land finance 14.091

土地可持续利用 land sustainable use 14.007

土地类型 land type 14.011

土地类型分类 land type classification 14.013

土地类型图 land-type map 14.012

土地利用 land-use 14.049

土地利用分类 land-use classification 14.022

土地利用分区 land-use zoning 14.050

土地利用概查 land-use general survey 14.031

土地利用工程 land-use engineering 14.066

土地利用规划 land-use planning 14.069

土地利用结构 land-use composition 14.052

土地利用类型 land-use type 14.023

土地利用率 land-use ratio 14.058

土地利用区划 land-use regionalization 14.051

土地利用图 land-use map 14.053

土地利用详查 land-use detailed survey 14.030

土地区位 land location 14.076

土地权属 land property 14.098

土地权属登记 registration of land vesting 07.045

土地权属调查 adjudication inquisition 14.037

土地人口承载力 population supporting capacity of land 14.064

土地人口承载潜力 potential population supporting capacity of land 14.065

土地审批权 right of examination and approval in land use 07.046

土地生产率 land productivity 14.059

土地生态规划 land ecological planning 14.070

土地生态评价 ecological evaluation of land 14.047

土地生态系统 land ecosystem 14.006

土地使用费 land occupancy charge 14.092

土地使用权 right in land use 07.047

土地使用权出让 state land use conveyance 07.039

土地使用权出租 lease of land-use right 14.100

土地使用权抵押 mortgage of landuse right 14.101

土地使用权划拨 administrative allotment of land-use right 14.102

土地使用权转让 land use conveyance 07.040

土地使用制 land-use system 14.095

土地市场 land market 14.085

土地适宜类 classification of suitability land 14.042

土地适宜性 land suitability 14.040

土地收购储备制度 land purchase and reserve system 14.097

土地税 land tax 07.030

土地所有制 land ownership 14.094

土地特性 land character 14.002

土地退化 land degradation 14.111

土地污染 land pollution 14.114

土地限制性 land limitation 14.041

土地需求 land demand 14.074

*土地盐碱化 land salinization 14.113

土地盐渍化 land salinization 14.113

土地遥感调查 land remote sensing survey 14.034

土地用途管制制度 land-use regulation system 14.096

土地增值税 land appreciation tax 07.032

土地诊断 land diagnosis 14.038

土地征用 land expropriation 07.043

土地整理 land consolidation 14.071

土地整理规划 land consolidation planning 14.072

土地制度 land institution 14.093

土地质量 land quality 14.004

土地转包 sublet of the land rental 07.042

土地资源 land resources 14.005

土地资源保护 land resource conservation 14.107

土地资源变化动态监测 dynamic monitoring of land resource change 14.116

土地资源承载力 carrying capacity of land resources 14.063

土地资源调查 land resource survey 14.028

土地资源定量评价 quantitative evaluation of land resources 14.044

土地资源定性评价 qualitative evaluation of land resources 14.043

土地资源管理 land resource management 14.103

土地资源核算 land resource assessment 14.090

土地资源经济评价 economic evaluation of land resources 14.046

土地资源开发 land resource development 14.055

土地资源利用现状调查 land-use currency survey 14.029

土地资源利用效率 efficiency of land resource use 14.056

土地资源利用效益 benefit of land-use 14.057

土地资源评价 land resource evaluation 14.039

土地资源潜力 land resource capability 14.060

土地资源生产力 land resource productive 14.061

土地资源生产潜力 land resource potential productivity 14.062

土地资源数据库 land resource database 14.067

土地资源统计 land resource statistics 14.105

土地资源图 land resource map 14.035

土地资源信息 land resource information 06.150

土地资源信息系统 land resource information system 14.068

土地资源学 land resource science 14.008

土地资源自然评价 physical evaluation of land resources 14.045

土林 soil forest 19.036

土壤动物 soil animal 13.059

土壤含水量 soil water content 08.278

土壤[绝对]湿度 [absolute] soil moisture 08.263
土壤气候 soil climate 08.088
土壤水分平衡 soil water balance 08.277
土壤相对湿度 relative soil moisture 08.264
湍流逆温 turbulence inversion 08.175

退耕还林 farm land returning to woodland 11.127
退耕还林还草 return farmland to forestland or grassland 03.089
退休金 pension 21.313

W

外部工资结构 external wage structure 21.229
外部劳动力市场 outside labor market 21.371
外部性 externality 02.191
外层空间法 Outer Space Law 07.100
外来种 exotic species, alien species 13.083
完全激励 complete encourage 21.238
完全竞争市场 perfect competitive market 02.097
完全竞争要素市场 perfect competitive element market 02.116
完全竞争资源品市场条件 conditions of perfect competition in resource goods 02.098
完全竞争资源企业长期均衡 long-run equilibrium of the resource enterprise in perfect competition 02.101
完全竞争资源企业短期均衡 short-run equilibrium of the resource enterprise in perfect competition 02.100
完全竞争资源企业收益 revenue of the resource enterprise in perfect competition 02.099
完全垄断市场 perfect monopoly market 02.102
完全垄断资源品市场条件 conditions of monopoly in resource goods 02.103
万维网 World Wild Web, WWW 06.065
万元 GDP 用水量 water use amount per ten thousand Yuan GDP 15.111
网箱养殖 cage culture 17.081
微波遥感 microwave remote sensing 06.077
微生物学检查 microbiological examination 12.095
围海造地 reclaiming land from the sea by building dykes 17.214
尾矿 tailings 16.145
尾矿品位 tailing grade 16.146
纬度地带性 latitudinal zonation 04.022
*委托－代理理论 attorney theory 21.154
卫星遥感 satellite remote sensing 06.071
未成林造林地 afforest land 11.073
未来海洋产业 future marine industry 17.036
未利用地 unused land 14.016

温差能 temperature-difference energy 08.220
温度廓线 temperature profile 08.184
温泉旅游资源 hot spring tourism resources 19.067
温室气体 greenhouse gasses 08.103
温室效应 greenhouse effect 08.047
温性草甸草原草地 temperate meadow-steppe type rangeland 10.049
温性草原草地 temperate steppe type rangeland 10.050
温性草原化荒漠草地 temperate steppe-desert type rangeland 10.056
温性荒漠草地 temperate desert type rangeland 10.057
温性荒漠草原草地 temperate desert-steppe type rangeland 10.051
温性山地草甸草地 temperate montane meadow type rangeland 10.064
温周期现象 thermoperiodism 08.203
文化层 cultural layer 19.102
文化活动场所 place of cultural activity 19.120
文化节 cultural festival 19.199
文化凝聚原理 culture agglomeration principle 21.168
文物散落地 cultural relic 19.103
文献史料气候信息 climatic information in historical documentation 08.043
文学艺术作品 literary and artistic works 19.188
文艺团体 literary and artistic group 19.187
污染控制经济手段 economic instrument for pollution control 02.213
污染控制最小成本定理 theorem for least-cost pollution control 02.217
污染削减补贴手段 subsidy on pollution abatement 02.215
污染源控制 pollutant source control 15.183
污水处理厂 wastewater treatment plant 15.186
污水再生利用 reuse of wastewater 15.092
污水再生利用率 utilization rate of regenerated water 15.198

污水资源化　polluted water renovating　15.197

无坝取水　intake without dam　15.083

无差异曲线　indifference curves　02.063

无过错责任　liability without fault　07.019

*无过失责任　liability without fault　07.019

无害通过权　right of innocent passage　07.095

无霜期　duration of frost-free period　08.207

五类水　grade Ⅴ water　15.061

物候景观　phonological landscape　19.099

物候历　phenological calendar　08.079

物候律　phenological law　08.078

物候期　phenophase　08.077

物候现象　phenological phenomenon　08.076

物化劳动　materialized labor，indirect labor　21.121

物质平衡模式　material balanced mode　02.132

物质循环　matter cycle　03.011

物质资本回报效率条件　condition for physical capital returns efficiency　02.212

物种　species　13.005

物种多样性　species diversity　03.062

物种丰富度　species richness　13.020

雾　fog　08.247

X

西电东送　electricity transmission from West to East China　18.140

西气东输　project of natural gas transmission from West to East China　18.139

希克斯模型　Hicks model　21.158

戏台　drama stage　19.147

峡谷段落　gorge segment　19.039

狭义福利标准　special welfare criterion　02.181

狭义节能　energy saving in narrow sense　18.179

狭义信息论　narrowly informatics　06.005

下沉逆温　subsidence inversion　08.179

下垫面反照率　albedo of underlying surface　08.141

鲜药材冷藏　frozen storage of fresh medicinal material　12.075

咸水　salt water　15.003

显明成本　explicit cost　02.084

现存载畜量　standing carrying capacity　10.169

现代节庆　modern festival　19.197

*现行市价法　marketing value method　02.158

现值法　present value method　02.156

*线损　line loss　18.133

线损电量　line loss　18.133

限制供水　restrained water supply　15.151

限制因子改变原理　limiting factor alter principle　21.178

陷落地　downfaulted area　19.050

乡村林业　country forestry　11.019

相对湿度　relative humidity　08.259

详查　general exploration　16.045

消费标准　consumer's criterion　02.179

消费函数　function of consumption　02.165

消费者均衡　consumer equilibrium　02.061

消费者剩余　consumer surplus　02.062

消费者效用最大化静态模型　static consumer utility maximization model　02.184

消费资源品边际效用　marginal utility of consumption resource goods　02.057

消费资源品效用　utility of consumption resource goods　02.055

消费资源品需求函数　demand function of consumption resource goods　02.030

消费资源品需求价格弹性　price elasticity of resource goods demand　02.033

消费资源品需求交叉价格弹性　cross price elasticity of resource goods demand　02.035

消费资源品需求收入弹性　income elasticity of resource goods demand　02.034

消费资源品需求预期价格弹性　anticipative price elasticity of resource goods demand　02.036

消费资源品总效用　aggregate utility of consumption resource goods　02.056

小比例尺精度草地资源调查　small-scale survey of rangeland resources　10.097

小流域治理　minor drainage basin management　03.091

小气候　microclimate　08.013

小乔木草地　small tree rangeland　10.077

小莎草草地　small sedge rangeland　10.072

小型灌区　small-sized irrigation area　15.071

小雨　light rain　08.233

效率工资　efficiency wage　21.132

效率合约模型　contract model of efficiency　21.181

效率组合　efficiency fits　21.130

效用现值最大化条件　condition for efficiency current value maximization　02.188

谢尔福德耐受性定律　Shelford's law of tolerance　03.031

榭　pavilion on terrace　19.152

心理成本　psychic cost　21.133

新构造运动　neotectonic movement　04.035

新能源　new energy resources　18.029

新兴海洋产业　newly emerging marine industry　17.035

薪炭林　fuel-wood forest　11.055

信息技术　information technology　06.056

信息论　information theory　06.004

信息形式标准化　standardization of information form　21.192

兴利库容　benefit storage capacity　15.079

行为科学　behavioral science　21.153

行政许可　administrative permission　05.007

型煤　briquette　18.047

休牧　grazing rest　10.186

虚拟现实　virtual reality, VR　06.084

虚拟资源建模　virtual modeling of resources　06.145

虚拟资源研究　virtual resource research　06.050

＊需求不足失业　periodic unemployment　21.096

需求侧管理和综合资源规划　demand side management and integrated resource planning, DSM/IRP　18.161

需求导向理论　need leading theory　21.165

需求曲线　demand curve　02.037

＊需水关键期　critical period of [crop] water requirement　08.274

需水管理　water demand management　15.148

畜牧业　animal husbandry　13.039

蓄水工程　storage engineering　15.067

悬棺　suspending coffin　19.168

选矿　mineral processing, mineral frustrating　16.138

选矿比　ratio of concentration　16.149

选矿回收率　concentration recovery ratio　16.148

雪　snow　08.242

雪量　snowfall [amount]　08.244

雪日　snow day　08.246

雪深　snow depth　08.245

雪灾　snow damage　08.295

寻租　rent seeking　05.013

驯化　domestication　13.089

循环经济　circular economy　03.096

循环型社会　circular society　03.095

Y

压力动力原理　pressure-impetus theory　21.176

雅丹景观　yardang landscape　19.042

亚种　subspecies　13.006

延迟收获回报　delay harvest return　02.205

岩壁与岩缝　cliff and crack　19.038

岩浆　magma　04.025

＊岩浆岩　magmatic rock　04.027

岩浆作用　magmatism　04.026

岩礁　rock cay　19.056

＊岩溶平原　karst plain　04.058

＊岩溶水资源　karst water resources　15.029

＊岩溶作用　karst process　04.057

岩石洞与岩穴　rocky cavity and grotto　19.044

沿海国保护权　protect right of coastal state　07.099

＊盐池　salt pan　17.164

盐化工　salt chemical industry　17.167

盐田　salt pan　17.164

扬长避短原理　principle of showing one's strong points and hiding one's weaknesses　21.160

＊扬水站　pumping station　15.076

羊单位　sheep unit　10.171

羊单位日食量　daily intake of one sheep unit　10.174

洋底生物资源　oceanic bottom biological resources　17.094

洋流　ocean current　04.066

养禽业　poultry husbandry　13.041

样地调查　sample plot inventory　11.084

遥感技术　remote sensing technology　06.068

遥感农情监测　agricultural condition monitoring using remote sensing　06.093

遥感气候资源信息　remote sensing information of climatic resources　08.045

药材　medicinal material　12.007

药材采收　collection of medicinal material　12.066

约束机制 constraint mechanism 05.009
月球资源信息 lunar resource information 06.163
云水资源 cloud water resources 08.249
云雾多发区 place appearing cloud and fog frequently 19.095
运动能力测验 performance test 21.213
运河 canal 15.097
运河与渠道段落 canal and section of channel 19.175

Z

杂类草草地 forb rangeland 10.073
杂质测定 determination of foreign matter 12.091
灾害遥感 remote sensing in disaster 06.101
栽培牧草资源 tame forage resources for cultivation 10.033
栽培药用植物资源 cultivated medicinal plant resources 12.079
栽培植物起源中心学说 theory of centers of cultivated plant origin 09.008
载畜量 carrying capacity 10.164
再引入 reintroduction 13.082
在强制性私人产权和竞争市场下利润现值最大化收获模型 harvest model of profit present value maximization in compulsory private property right and competitive market 02.207
在强制性私人产权和垄断市场下利润现值最大化收获模型 harvest model of profit present value maximization in compulsory private property right and monopoly market 02.208
在职培训成本收益分析 cost-benefit analysis of on-the-job training, cost-benefit analysis of OJT 21.248
藻类植物资源 alga resources 09.029
造山运动 orogeny 04.036
展示演示场馆 demo room 19.130
战略性矿产资源 strategic minerals 16.034
栈道 trestle road along cliff 19.173
沼气 biogas 18.088
沼泽草地 marsh type rangeland 10.066
褶曲景观 fold landscape 19.025
针叶林 coniferous forest 11.049
珍稀濒危药用动植物 rare endangered species of medicinal animal and plant 12.111
珍稀动物 rare animal 13.048
阵性降水 showery precipitation 08.226
蒸发 evaporation 08.268
*蒸发淡化法 distillation process for desalination 17.176

*蒸发力 potential evaporation 08.269
蒸馏淡化法 distillation process for desalination 17.176
蒸散 evapotranspiration 08.270
*蒸散势 potential evapotranspiration 08.272
蒸腾 transpiration 08.271
蒸腾系数 transpiration coefficient 08.273
正常利润 normal profit 02.092
政府失灵 government failure 05.005
政府寻租 government rent-seeking 05.014
政治移民 political immigrant 21.236
*直接节能 energy saving in narrow sense 18.179
职业劳动市场 professional labor market 21.291
职业歧视 occupational discrimination 21.134
C3 植物 C3 plant 10.044
C4 植物 C4 plant 10.045
植物化学 phytochemistry 09.006
植物活性成分 active element of plant 09.009
植物快速繁殖 fast propagation of resource plant 09.045
植物体温 plant temperature 08.173
植物药 phytomedicine 12.014
植物种盖度 piants cover 10.129
植物资源 plant resources 09.001
植物资源保护 conservation of plant resources 09.041
植物资源脆弱性 brittleness of plant resources 09.015
植物资源地域性 regionalism of plant resources 09.012
植物资源多用性 utility of plant resources 09.014
植物资源分类 classification of plant resources 09.019
植物资源丰度 abundance of plant resources 09.016
植物资源合理利用 rational utilization of plant resources 09.038
植物资源间接经济效益 indirect economic benefit of plant resources 09.035
植物资源开发与保护的相关性 interrelation on development and protection of plant resources 09.017
植物资源可再生性 regeneration of plant resources 09.013
植物资源评价 evaluation of plant resources 09.031

植物资源潜力评价　potential evaluation of plant resources 09.033

植物资源深加工　depth process of plant resources 09.040

植物资源学　science of plant resources 09.004

植物资源引种驯化　introduction and taming of plant resources 09.042

植物资源永续利用　sustained utilization of plant resources 09.037

植物资源直接经济效益　direct economic benefit of plant resources 09.034

植物资源种质保存　conserving of germplasm on the plant resources 09.046

植物资源综合利用　comprehensive utilization of plant resources 09.039

植物资源综合评价　integrative evaluation of plant resources 09.032

植物资源综合效益　synthetic benefit of plant resources 09.036

指示植物　indicator plant 10.123

指示种　indicator species 13.086

致危因素　threat factor 13.077

智力测验　intelligence test 21.211

智力劳动　mental working 21.140

智力素质　intelligence quality 21.068

智力资本　mental capital 21.141

中比例尺精度草地资源调查　medium-scale survey of rangeland resources 10.096

中草药材及制品　Chinese herb and medicine product 19.181

中国草地分类系统　rangeland classification system of China 10.048

中国天然药物资源区划　regionalization of Chinese natural medicine resources 12.039

中国自然保护纲要　Chinese Programme for Natural Protection 03.068

中国自然保护区　China's natural reserves 03.058

中禾草草地　medium grass rangeland 10.068

中华人民共和国自然保护区条例　Regulations of the People's Republic of China on Nature Reserves 03.059

中型灌区　medium-sized irrigation area 15.070

中药　Chinese materia medica 12.009

中药标准化　standardization of Chinese materia medica 12.085

中药材理化鉴定　physical and chemical identification of Chinese crude drug 12.087

中药材生产质量管理规范　good agricultural practice for Chinese crude drug 12.098

中药质量控制　quality control of Chinese materia medica 12.086

中雨　moderate rain 08.234

中质牧草　fair forages 10.036

＊种　species 13.005

种群　population 13.009

种群动态　population dynamics 13.014

种群动态监测　population dynamics monitoring 13.015

种质库　germplasm bank 13.018

重金属检测　determination of heavy metal 12.092

周期性失业　periodic unemployment 21.096

株间二氧化碳浓度　carbon dioxide concentration within canopy 08.111

竹林　bamboo forest 11.065

竹林利用　utilization of bamboo forest 11.110

主导风向　predominant wind direction 08.126

主要有用组分　essential useful component 16.090

专属经济区　exclusive economic zone 07.096

专属经济区资源　resources of the exclusive economic zone 17.008

资本储备替代功能　function of capital reserve substituting 02.131

资本的生产过程　production process of capital 21.102

资本未来值　future value of capital 02.124

资本现值　present value of capital 02.123

资本有机构成　organic constitution of capital 21.128

资历制度　longevity institution 21.323

资料与数据采集　information and data collection 19.210

资源　resources 01.001

资源安全　resource security 01.056

资源保护区　natural resource conservation region 20.033

资源保护制度　resource protection system 07.011

资源报告　resource reporting 05.045

资源报告制度　resource reporting system 05.077

资源布局　resource layout 01.045

资源参与式管理　participatory management of resources 05.026

资源产品　resource product 02.003

资源产权制度 systems of resource property right 02.017

资源产业 resource industry 02.005

资源产业管理 resource-oriented industry management 05.027

资源成本管理 cost management of resources 05.035

资源成本化管理 resource cost management 05.034

资源抽样统计 resource sampling statistics 06.104

资源储备 natural resource stock 01.051

资源垂直管理 vertical management of resources 05.023

资源的空间属性 spatial attributes of resources 20.003

资源登记 resource register 05.048

资源地理学 resource geography 04.001

资源地学 geo-resource science 04.003

资源地域分异规律 laws of geographical differentiation of resources 20.007

资源地质学 resource geology 04.002

资源动态监测 resource dynamic monitoring 06.102

资源动物 resource animal 13.002

资源短缺 resource shortage 04.078

资源对地观测 earth observation for resources 06.091

资源法 resource law 07.002

资源法的实施 implementation of resource law 07.014

资源法规 resource law 05.094

资源法律关系 resource legal relationship 07.005

资源法律责任 resource law responsibility 07.013

资源法律制度 resource legal system 07.006

资源法学 science of resource law 07.001

资源法制管理 legal system management of resources 01.060

资源犯罪 resource crime 07.018

资源分布 resource distribution 01.010

资源分级管理 resource management level by level 05.031

资源分区 resource zoning 01.011

资源分散管理 separate management of resources 05.030

资源公共管理 public management of resources 05.017

资源公示 resource management bulletin 05.043

资源公示制度 system of bulletin 05.044

资源功能区划 functional zoning of resources 05.082

资源供给 resource supply 02.042

资源供给理论 supply theory of resources 02.041

资源共同体 resource community 05.091

资源估价 resource pricing 05.051

资源估价方法 resource evaluation method 02.155

资源观念 resource concept 05.063

资源管理 resource management 01.057

资源管理法 resource management law 07.003

资源管理效能 effectiveness of resource management 05.086

资源管理行政复议 administrative decision of resource management 07.017

资源管理行政诉讼 administrative law-suite of resource management 07.016

资源管理学 science of resource administration 05.001

资源规划 resource planning 01.042

资源规划管理 planning management of resources 05.019

资源国策 state policy of resources 05.093

资源国有化 resource nationalization 05.076

资源过程管理 process management of resources 05.024

资源耗竭 resource depletion 01.054

资源核算 resource accounting 05.047

资源核算管理 resource accounting management 05.032

*资源核算价格 shadow price of resources 02.154

资源核算制度 resource accounting system 05.079

*资源会计 resource accounting 05.047

资源机构 resource agency 05.096

资源集权管理 centralized management of resources 05.028

资源集团 resource group 05.090

资源技术管理 technical management of resources 05.016

资源价格 resource price 02.152

资源价格管理 resource price management 05.033

资源价值 resource value 02.150

资源监测 supervision of natural resources 01.041

资源监督 resource supervision 05.071

资源交易 resource dealing 05.088

资源经济 resource economy 02.006

资源经济部门 sections of resource economy 02.136

资源经济发展 resource economic development 02.171

资源经济分配制度 resource economic distribution systems 02.013

资源经济供给 resource economy supply 02.043

资源经济管理 economic management of resources 01.059

product 02.159

资源品投入产出优化模型 optimization of input and output model of resource product 02.164

资源品消费行为理论 theory of resource goods consumption behavior 02.054

资源品需求 resource goods demand 02.028

资源品需求定律 law of resource goods demand 02.031

资源品需求弹性 demand elasticity of resource goods 02.032

资源平衡 resource balance 05.073

资源评估 resource appraisal 05.050

资源评价模型 resource evaluation model 06.133

资源评价指标体系 resource evaluation index framework 06.132

资源评价制度 resource evaluation system 07.012

资源评价专家系统 expert system of resource evaluation 06.134

资源普查 resource censor 05.053

资源普查统计 resource census statistics 06.103

资源企业 resource enterprise 02.004

资源企业分配 resource enterprise distribution 02.016

资源企业生产规模报酬 returns to scale of resource enterprise 02.081

资源企业生产要素 factor of resource enterprise production 02.067

资源企业销售产品总收益 total revenue of resource enterprise 02.090

资源企业要素投入合理区 rational input region of resource enterprise 02.070

资源企业制度 resource enterprise systems 02.019

资源情景 resource scenario 06.144

资源区划 resource regionalization 20.011

资源区划指标体系 indicator system of resource regionalization 20.012

资源区划制图 cartography of resource regionalization 20.013

资源区位 resource location 20.002

资源区域组合规律 laws of combination of regional resources 20.008

资源全球化 resource globalization 05.087

资源权利金 resource royalty 02.129

资源权属关系 relationship of resource property right 02.010

资源社会特征 social feature of resources 02.008

资源社区管理 community management of resources 05.022

资源审计 resource audit 05.049

资源审批制度 resource examining and approving system 05.080

资源生产要素供求均衡理论 supply and demand equilibrium theory of production element 02.114

资源生产要素需求 resource production factor demand 02.119

资源生态系统 resource ecosystem 03.003

资源生态系统的分解作用 decomposition of resource ecosystem 03.021

资源生态系统的生产作用 productivity of resource ecosystem 03.020

资源生态系统动态 dynamic of resource ecosystem 03.006

资源生态系统功能 function of resource ecosystem 03.005

资源生态系统结构 structure of resource ecosystem 03.004

资源生态学 resource ecology 03.001

资源生态学原理 principles of resource ecology 03.009

资源使用费 resource use fee 02.128

资源使用价值 use value of resources 02.149

资源市场管理 resource market management 05.036

资源收益分配 resource income distribution 02.014

资源属地化管理 local management of resources 05.021

资源数量管理 resource quantity management 05.037

资源税 resource tax 02.127

资源税法 resource tax law 07.029

资源私有化 resource privatization 05.075

资源所有制 resource ownership 05.068

资源态势 resource situation 01.033

资源特征 resource characteristics 01.006

资源替代 resource substitute 01.052

资源贴现价值 convertible value of resources 02.151

资源贴现率 convertible ratio of resources 02.153

资源统计 resource statistics 01.039

资源统计制度 resource statistics system 05.078

资源统一管理 uniform management of resources 05.029

资源托管 resource trusteeship 05.059

资源危机 resource crisis 01.055

资源文化 resource culture 05.064

资源系统管理 systematic management of resources

资源信息数据显示 resource information data display 06.123

资源信息数学模型 mathematic model of resource information 06.131

资源信息数字化 digitizing of resource information 06.108

资源信息特征 characters of resource information 06.032

资源信息通信 resource information communication 06.128

资源信息图形编辑 graphic editing of resource information 06.114

资源信息图形数据 graphic data of resource information 06.035

资源信息挖掘 resource information mining 06.126

资源信息网络 network of resource information 06.052

资源信息网站 website of resource information 06.053

资源信息维护 resource information maintenance 06.020

资源信息系统产品 product of resource information system 06.127

资源信息学 resource informatics 06.001

资源信息学方法论 methodology of resource informatics 06.002

资源信息学技术体系 technical system for resource informatics 06.003

资源信息压缩 compression of resource information 06.112

资源信息应用 resource information application 06.022

资源信息影像数据 image data of resource information 06.036

资源信息用户 users of resource information 06.023

资源信息用户网络 user network of resource information 06.055

资源信息元数据 resource information metadata 06.028

资源信息元数据标准 metadata standard of resource information 06.029

资源信息元数据库 metadatabase of resource information 06.030

资源信息源 source of resource information 06.008

资源信息增量 resource information increment 06.043

资源信息整合 information conformity of resources 06.105

资源信息质量 resource information quality 06.045

资源信息综合分析 synthetical analysis of resource information 06.139

资源行为 resource behavior 05.065

资源行政管理 administration management of resources 01.058

资源需求层次性 hierarchy of resource demand 02.029

资源需求理论 demand theory of resource demand 02.027

资源许可 resource permission 05.085

资源许可制度 resource permit system 07.009

资源学科信息 information of science of resources 06.147

资源寻租 resource rent seeking 05.042

资源循环再生 recycle and regeneration of resources 20.035

资源研究虚拟环境 virtual environment for resource research 06.051

资源演变模拟 simulation of resource evolvement 06.143

资源遥感 resource remote sensing 01.036

资源遥感调查 resource remote sensing survey 06.086

资源遥感图像处理 image processing of resource remote sensing 06.111

资源业国际收支核算 balance of international payment accounting for resource industry 02.147

资源业国民收入波动 national income fluctuation in resource industry 02.167

资源业国民收入分配 national income distribution of resource industry 02.015

资源业国民收入核算 national income accounting for resource industry 02.145

资源业国民收入缺口 national income gap in resource industry 02.166

资源业主管理 owner management of resources 05.018

资源业资产负债核算 assets and liabilities accounting for resource industry 02.146

资源意识 resource knowledge 05.062

资源影子价格 shadow price of resources 02.154

资源有偿使用制度 paid use system of resources 07.010

资源与环境核算 resource and environment accounting 02.148

资源战略 resource strategy 01.043

资源政策 resource policy 01.046